色谱技术丛书（第三版）

傅若农　主　编

汪正范　刘虎威　副主编

各分册主要执笔者：

《色谱分析概论》	傅若农
《气相色谱方法及应用》	刘虎威
《毛细管电泳技术及应用》	陈　义
《高效液相色谱方法及应用》	于世林
《离子色谱方法及应用》	牟世芬　朱　岩　刘克纳
《色谱柱技术》	赵　睿　刘国诠
《色谱联用技术》	白　玉　汪正范　吴侔天
《样品制备方法及应用》	李攻科　汪正范　胡玉玲　肖小华
《色谱手性分离技术及应用》	袁黎明　刘虎威
《液相色谱检测方法》	欧阳津　那　娜　秦卫东　云自厚
《色谱仪器维护与故障排除》	张庆合　李秀琴　吴方迪
《色谱在环境分析中的应用》	蔡亚岐　江桂斌　牟世芬
《色谱在食品安全分析中的应用》	吴永宁
《色谱在药物分析中的应用》	胡昌勤　马双成　田颂九
《色谱在生命科学中的应用》	宋德伟　董方霆　张养军

“十三五”国家重点出版物出版规划项目

色谱技术丛书

液相色谱检测方法

第三版

欧阳津 那 娜 秦卫东 云自厚 编著

化学工业出版社

·北京·

本书是“色谱技术丛书”的一个分册，全面系统地介绍了高效液相色谱检测器的基本原理、仪器构造及应用。全书共分八章，对紫外-可见光检测器、荧光检测器、示差折光检测器、电化学检测器以及蒸发光散射检测器等分别作为一章予以详细介绍；对化学发光检测器、电化学发光检测器、手性检测器、分子量检测器、放射性检测器、热学性质检测器等多种专用型检测器予以适当介绍。此外，还总结介绍了重要液相色谱检测技术及其发展情况。

本书在内容结构上较第二版有较大的调整。增补了液相色谱检测器的理论前沿和发展动态以及新型检测器的工作原理和应用。

本书适合于各行业中从事液相色谱分析工作的技术人员及大专院校有关专业师生学习参考。

图书在版编目（CIP）数据

液相色谱检测方法/欧阳津等编著. —3 版 . —北京：化学工业出版社，2020.1

（色谱技术丛书）

ISBN 978-7-122-35373-3

Ⅰ.①液… Ⅱ.①欧… Ⅲ.①液相色谱-检测 Ⅳ.①O657.7

中国版本图书馆 CIP 数据核字（2019）第 227113 号

责任编辑：傅聪智　任惠敏　　　　文字编辑：张　欣

责任校对：王素芹　　　　装帧设计：刘丽华

出版发行：化学工业出版社（北京市东城区青年湖南街 13 号　邮政编码 100011）

印　　刷：北京京华铭诚工贸有限公司

装　　订：三河市振勇印装有限公司

710mm×1000mm　1/16　印张 21¼　字数 416 千字　2020 年 1 月北京第 3 版第 1 次印刷

购书咨询：010-64518888　　　　售后服务：010-64518899

网　　址：http://www.cip.com.cn

凡购买本书，如有缺损质量问题，本社销售中心负责调换。

定　　价：88.00 元

序

“色谱技术丛书”从2000年出版以来，受到读者的普遍欢迎。主要原因是这套丛书较全面地介绍了当代色谱技术，而且注重实用、语言朴实、内容丰富，对广大色谱工作者有很好的指导作用和参考价值。2004年起丛书第二版各分册陆续出版，从第一版的13个分册发展到23个分册（实际发行22个分册），对提高我国色谱技术人员的业务水平以及色谱仪器制造和应用行业的发展起了积极的作用。现在，10多年又过去了，色谱技术又有了长足的发展，在分析检测一线工作的技术人员迫切需要了解和应用新的技术，以提高分析测试水平，促进国民经济的发展。作为对这种社会需求的回应，化学工业出版社和丛书作者决定对第二版丛书的部分分册进行修订，这是完全必要的，也是非常有意义的。应出版社和丛书主编的邀请，我很乐意为丛书第三版作序。

根据色谱技术的发展现状和读者的实际需求，丛书第三版与第二版相比，作了较大的修订，增加了不少新的内容，反映了色谱的发展现状。第三版包含了15个分册，分别是：傅若农的《色谱分析概论》，刘虎威的《气相色谱方法及应用》，陈义的《毛细管电泳技术及应用》，于世林的《高效液相色谱方法及应用》，牟世芬等的《离子色谱方法及应用》，赵睿、刘国诠等的《色谱柱技术》，白玉、汪正范等的《色谱联用技术》，李攻科、汪正范等的《样品制备方法及应用》，袁黎明等的《色谱手性分离技术及应用》，欧阳津等的《液相色谱检测方法》，张庆合等的《色谱仪器维护与故障排除》，蔡亚岐、江桂斌等的《色谱在环境分析中的应用》，吴永宁等的《色谱在食品安全分析中的应用》，胡昌勤等的《色谱在药物分析中的应用》，宋德伟等的《色谱在生命科学中的应用》。这些分册涵盖了色谱的主要技术和主要应用领域。特别是第三版中《样品制备方法及应用》是重新组织编写的，这也反映了随着仪器自动化的日臻完善，色谱分析对样品制备的要求越来越高，而样品制备也越来越成为色谱分析乃至整个分析化学方法的关键步骤。此外，《色谱手性分离技术及应用》的出版也使得这套丛书更为全面。总之，这套丛书的新老作者都是长期耕耘在色谱分析领域的专家学者，书中融入了他们广博的知识和丰富的经验，相信对于读者，特别是色谱分析行业的年轻工作者以及研究生会有很好的参考价值。

感谢丛书作者们的出色工作，感谢出版社编辑们的辛勤劳动，感谢安捷伦科技有限公司的再次热情赞助！中国拥有世界上最大的色谱市场和人数最多的色谱工作者，我们正在由色谱大国变成色谱强国。希望第三版丛书继续受到读者的欢迎，也祝福中国的色谱事业不断发展。是为序。

2017年12月于大连

前言

高效液相色谱技术是分离和分析复杂成分样品的重要手段，它广泛应用于食品、环境、药物、临床以及生命科学分析研究等领域。检测器是高效液相色谱仪的关键部件之一，高效液相色谱技术的进步对检测器提出了更高的要求，如更快的响应速度和更高的灵敏度等。相应地，检测器性能的提升也会促进分离系统的变革，如检测器的小型、微型化加速了便携式液相色谱技术的发展。

《液相色谱检测方法》第一版于2000年出版，系统介绍了常见液相色谱检测器的原理和应用，积极地促进了液相色谱技术的推广。本书第二版自2005年发行以来仍然受到读者的广泛关注，先后重印了5次。十多年来，由于现代分离技术的进步，液相色谱检测技术有了长足的进展，为适应这些变化，这次再版我们对本书作了一些修订。此次修订仍延续了第一版（作者：张晓彤，云自厚）和第二版（作者：云自厚，欧阳津，张晓彤）的实用风格，在原有框架基础上对各个章节内容作了必要的调整和改编，并增补了液相色谱检测器的新方法和新技术，如电化学发光检测器、电喷雾式检测器、微型池一体化检测器、质谱检测器小型化、超高效液相色谱检测器、电容耦合非接触式电导检测器、凝结核光散射检测器等，使得本书进一步结合科学前沿，能够给读者以更多启发。

本次修订由欧阳津进行整体规划和部署，各章内容分别由欧阳津（第一章、第七章）、那娜（第二章、第三章、第七章、第八章）、秦卫东（第四章、第五章、第六章、第七章）进行更新，最后由那娜进行汇总整理，欧阳津进行了最后定稿。云自厚对本书第三版的编写给予了热情的关心、支持和指导。

本次修订得到了同行专家的大力支持，他们提出了不少宝贵意见和建议；同时，编者在修订过程中参阅了有关参考书和资料，在此谨向广大读者、同行专家和有关作者，特别是本书前两版的主要作者之一张晓彤，表示诚挚的谢意！

由于编者水平所限，书中难免有疏漏与不妥之处，恳请广大读者给予指正！

编者

2019年9月于北京

第一版前言

高效液相色谱是重要的现代分析手段之一。它具有分离效率高、分析速度快和应用范围广的特点，尤其适用于目前最活跃的研究领域之一——生命科学中的多肽、蛋白质及核酸等生物大分子的分离分析及制备提纯，是分析化学家和生物化学家解决各种实际分析和分离课题必不可少的工具。检测器是液相色谱仪的三大关键部件之一，在液相色谱系统中起着非常重要的作用，因此在实际应用中特别需要选择合适的检测器和检测方法。

目前国内已有一批优秀的色谱法专著和参考书，但还没有全面介绍液相色谱检测器和检测方法的教材及参考书，给液相色谱工作者带来了困难。为了促进液相色谱技术的普及、推广和应用，我们编写了《液相色谱检测方法》一书，为读者提供对液相色谱检测器的基本认识和操作，了解检测技术的近期发展情况。

本书系统地叙述了高效液相色谱检测器的基本原理、仪器构造及应用。全书共分七章，第一章概述，第二章紫外-可见光检测器，第三章荧光检测器，第四章示差折光检测器，第五章电化学检测器，第六章其它类型液相色谱检测器，第七章液相色谱检测技术。

本书承傅若农先生审阅，另外在该书的编写中参阅了许多专家的著作，在此一并表示感谢。

由于编者学识水平和经验有限，书中缺点和疏漏在所难免，恳请读者批评指正。

编者

1999年11月

第二版前言

高效液相色谱是重要的现代分析手段之一。它具有分离效率高、分析速度快和应用范围广的特点，尤其适用于目前最活跃的研究领域之一——生命科学中的多肽、蛋白质及核酸等生物大分子的分离分析及制备提纯，是分析化学家和生物化学家解决各种实际分析和分离课题必不可少的工具。检测器是液相色谱仪的三大关键部件之一，在液相色谱仪器系统中起着非常重要的作用。目前已经有多种基于不同原理的检测器和重要的检测技术在液相色谱分析中获得应用，因此在实际工作中特别需要了解如何选择合适的检测器和检测方法。

近年来，国内已出版了一批色谱学著作和参考书，但还没有全面介绍液相色谱检测器和检测方法的专门著作。为了促进液相色谱技术的普及、推广和应用，我们编写了《液相色谱检测方法》一书，于2000年出版，书中介绍了液相色谱检测器的基本知识，检测技术的发展情况等内容，受到了广大读者的欢迎。

本书是在第一版的基础上修订改编而成的。在保持原有基本框架体系的前提下，增加了蒸发光散射检测器一章，对其他各章节做了必要的调整或增删，补充了新的知识内容，特别是注意对发展前沿的介绍。第二版的编写继续贯彻了“简明扼要，深入浅出，通俗易懂，新颖实用”的编写原则。

在第二版的编写过程中，得到了许多专家学者的热情帮助，他们为本书提供了重要的资料，本丛书主编傅若农先生审阅了书稿，在此一并表示感谢。

由于编者学识水平和经验有限，书中缺点和疏漏仍在所难免，恳请读者批评指正。

编者

2004 年 10 月

目录

第一章　高效液相色谱检测器概述

第二章　紫外-可见光检测器

第三章 荧光检测器

第四章 示差折光检测器

第五章　电化学检测器

第六章　蒸发光散射检测器

第七章　其它类型液相色谱检测器

第八章　液相色谱检测技术

CHAPTER1

第一章 高效液相色谱检测器概述

第一节 高效液相色谱检测器的发展

高效液相色谱法（high performance liquid chromatography，HPLC）具有分离效率高、选择性好、分析速度快、适用范围广等特点。经过数十年的发展，随着高效液相色谱技术的不断改进和发展，高效液相色谱法已成为化学分离分析的重要手段。至今，已在化学、生命科学、制药工业、食品行业、环境监测、石油化工等领域获得了广泛的应用。

在分离方法迅速发展的同时，高效液相色谱检测技术的不断进步也是其得到广泛应用的原因之一。高效液相色谱检测器是一种与色谱柱联用的信号接收和信号转换装置，它是高效液相色谱仪器的核心部件之一。检测器的作用是将色谱柱流出物中样品组成和含量变化转化为可供检测的信号，进行定性定量检测及判断分离的情况。因此，色谱检测器性能的好坏直接关系着色谱分析定性定量分析结果的可靠性和准确性。高效液相色谱检测器是液相色谱仪的“眼睛”，它在液相色谱系统中起着非常重要的作用。如只在色谱柱中进行分离，却不进行检测，就达不到色谱分析的目的。所以说，液相色谱检测器是液相色谱检测方法的基础。液相色谱检测器和液相色谱检测方法的发展与科学技术的进步、色谱理论和色谱技术的发展密不可分。

纵观液相色谱检测器发展的历史，可以归纳为三个阶段，即目视检测、流出组分收集检测和在线检测阶段。目视检测是一种最早应用于液相色谱，并在当今薄层色谱分离中有部分应用的检测方法。在 1906 年 M. Tswett 所开创的色谱分离实验中，就是根据所观察到在碳酸钙上混合色素被分成不同色带的现象而进行混合物组分的目视检测的，“色谱”法也是因此而得名的。M. Tswett 的发现在色谱发展的历史上具有非常重要的意义，但是，这种检测方法只适合于带颜色的化合物之间的相互分离，因此，应用范围极为有限。加之人眼判断颜色的不准确性，使这种方法只能够作为色谱定性和半定量分析的手段，不能做精确的定量分析。为了能够对色谱分离后的大多数无色的组分进行分析测定，人们又采用了分别收集柱后流出的各组分，然后用紫外分光光度计或滴定计进行测定的方法。这种方法能够准确测定被分离组分的含量，但由于收集柱后流出的各组分时所产生的稀释效应，导致柱后色谱峰的展宽，降低了检测灵敏度和色谱分离效率，加之非在线分析可能造成的时间、人力的浪费，降低了工作效率。

20 世纪 70 年代初建立的色谱柱与柱后检测器直接连接的液相色谱检测方法，使在线分析成为现实。系统输出的信号随时在记录仪上记录下来，得到了样品组分分离的色谱图。根据色谱峰的位置进行定性，依据色谱峰的峰高或面积进行定量分析及判断分离情况的优劣。色谱柱与检测器的连接，对于现代高效液相色谱的建立和发展起了很大的促进作用。

在线分析对检测器的基本要求是检测器要具有较高的通用性，能够实时响应不同物质组分的浓度变化，早期出现的示差折光检测器和紫外-可见光吸收检测器能够满足这一要求，因此获得广泛应用。示差折光检测器是通用型检测器，但灵敏度较低，且对流动相的组成变化敏感，因此不适合梯度洗脱。紫外-可见光检测器有比较高的灵敏度，特别是光电二极管阵列检测器允许对柱流出物进行不停流的瞬间波长快速扫描，通过微处理机控制，获得光吸收、波长和时间的三维色谱-光谱图，从而获得更多的定性和色谱峰纯度鉴定信息，是一种比较理想的检测器。但是紫外-可见光检测器的主要限制是只能检出在紫外和可见区有光吸收的化合物。

荧光检测器也是高效液相色谱仪常用的一种检测器，用紫外线照射色谱馏分，当试样组分具有荧光性能时，即可检出。荧光检测器具有灵敏度高、检测限低等特点，一般说来灵敏度可比紫外-可见光检测器高 10～1000 倍，但其线性范围不如紫外检测器宽，它是现在应用发展较快的一类检测器。荧光检测器的另一个特点是选择性高，只适合检测自身具有荧光的物质，例如，可用于多环芳烃及各种荧光物质的痕量分析。该检测器也可用于检测不发荧光但经化学反应衍生后可发荧光的物质，例如在酚类分析中，多数酚类不发荧光，先要经过处理使其变为荧光物质而后进行分析。随着高效液相色谱-荧光衍生法的不断发展，越来越多新衍生化试剂被不断开发，新的衍生化方法不断被应用，都有利于解决荧光检测器适用范围窄的问题。采用激光作为荧光检测器的光源而产生的激光诱导荧光检测器极大地增强了荧光检测的信噪比，因而具有很高的灵敏度，在痕量和超痕量分析中得到广泛应用，是荧光检测器的一个重要发展方向。

近年来，蒸发光散射检测器（evaporative light-scattering detector，ELSD）的发展部分弥补了紫外-可见光检测器和荧光检测器的不足，ELSD 最大的优越性在于能检测不含发色团的化合物，即能够检测在紫外和可见区没有明显吸收或自身不发荧光的物质组分，如糖类、饱和脂肪酸类、脂类、聚合物、未衍生脂肪酸和氨基酸、表面活性剂等，并在没有标准品和化合物结构参数未知的情况下检测未知化合物。现在 ELSD 越来越多地作为通用型检测器应用于高效液相色谱、超临界色谱和逆流色谱中。但 ELSD 的灵敏度仍然是限制其取代紫外-可见光以及荧光检测器的主要障碍。

除上述几种常用的液相色谱检测器外，一些选择性的液相色谱检测器由于具有很高的灵敏度，也得到了较为广泛的应用，如电化学检测器、放射性检测器等。电化学检测器也是一类高灵敏度的检测器，例如对有机胺类化合物，安培型电化学检测器的灵敏度可比紫外-可见光检测器高 2～3 个数量级。但只能选择性地测定具有电活性的物质。较常用的高灵敏度液相色谱检测器还有化学发光检测器、电化学发光检测器、手性检测器、放射性检测器、可变波长光电检测器等，它们在某些特定的领域中具有特殊的用途。还有一些检测器能与液相色谱仪联用，作为液相色谱的检测器，获得了更为广泛的应用，例如质谱仪等。此外，由于检测器对高效液相色谱分析技术的发展具有十分重要的作用，因此，检测器的开发研究始终是液相色谱研究领域的一个热点。回顾历史，在液相色谱检测器的发展过程中，曾经出现过数十种检测器。例如移动丝式氢火焰离子化检测器、微吸附热检测器、反应热检测器、喷射碰撞检测器、隔膜检测器、压电石英晶体质量检测器、蒸气相渗透压计检测器、密度检测器等。它们中许多是为了满足特殊的需要或者扩大某些应用领域而研制的，一直处于改进和试用阶段，或者曾获得重要的地位，但因用途专一等原因，逐渐被淘汰。

目前，色谱联用技术特别是液相色谱与质谱联用技术得到了越来越广泛的应用。此外，人们还开发出了液相色谱与傅里叶变换红外光谱、核磁共振谱、电感耦合等离子体发射光谱等联用技术[1～3]。色谱联用技术对于从根本上解决色谱流出物的定性检测问题起到了很大的推动作用，液相色谱-质谱、液相色谱-电感耦合等离子体发射光谱等技术还具有很高的检测灵敏度，应用较为广泛。上述联用技术多数已经商品化，是液相色谱检测器发展的一个重要的方向。

在目前的液相色谱联用技术中，质谱检测器是当今最受欢迎的高效液相色谱联用检测器之一[4]。质谱技术具有高灵敏度，能够提供分子量和结构信息。由于质谱的离子源已取得的重大突破和进展，例如电喷雾电离离子源（ESI）、大气压化学电离离子源（ACPI）、基质辅助激光解吸附离子源（MALDI）等离子化方法的出现，使色谱-质谱联用技术得到了飞速发展。色谱-质谱技术的结合，在复杂体系的分析检测中具有强大的生命力。液相色谱-质谱联用技术在生物、药物、食品、环保以及各种复杂体系的分析检测中的应用越来越广泛。

虽然液相色谱检测器已获得长足的发展，但与气相色谱检测器相比较而言，液相色谱检测器的进展还相对滞后。理想的检测器要求能准确、及时、连续地对不同的样品通过色谱峰的变化反映出浓度的变化。具体来说应具有灵敏度高、对所有样品都有响应、不受温度和流动相流速变化的影响、线性范围宽、对样品无破坏、稳定、可靠、重现性好、使用方便等优点。但实际上，目前的液相色谱检测器，没有一种能够完全符合以上要求。这也在很大程度上制约了高效液相色谱分析整体技术的发展。液相色谱检测器进展缓慢的主要原因是在大多数条件下，流动相与样品的物理性质相似，在大量流动相中测定痕量组分有一定困难。解决这一困难可以采取以下三种办法：

① 在检测之前除去流动相；

② 对样品和流动相两者都具有的性质采用差分测量法；

③ 选择一项可测量的但为流动相所不具有的样品性质。

气相色谱的快速发展在很大程度上得益于气相色谱检测器的发展。而在近代分析测试仪器发展中处于领先地位的高效液相色谱，迄今还没有一种通用型高灵敏度的检测器能与气相色谱中的氢火焰离子化检测器相比，即能完成各类物质的定性定量任务。因此，检测器是现代液相色谱中有待进一步发展的薄弱环节。发展通用、灵敏、专一的检测器仍是今后探索的重要方向。

除此之外，由于新型的高效液相色谱仪器不断涌现，如二维及多维液相色谱技术、毛细管和纳升高效液相色谱仪以及超高效液相色谱仪（ultra high performance liquid chromatography，UHPLC 或 UPLC）的发展[4,5]，对液相色谱的检测器提出了更高的要求，各种新型的检测器不断问世，大量与液相色谱联用的新技术正在不断涌现。部分具体内容本书后面将详细介绍。

第二节　检测器的分类[6~8]

液相色谱检测器有多种分类方法，同一检测器可分属于不同类别。

一、按检测器性质或应用范围分类

液相色谱检测器按其性质或应用范围可以分为总体性能检测器（bulk property detector）和溶质性能检测器（solute property detector）两大类。

总体性能检测器测量的是一般化合物均有的性质，是测量色谱柱流出物（样品和不含样品的流动相）某些物理性质总的变化的检测器。属于该类检测器的有示差折光检测器、介电常数检测器、电导检测器等。常常采用差分测量法，即将含有被测物质的流动相与不含被测物质的流动相的同一物理性质进行比较测量。因为总体性能检测器所测量的是任何液体都存在的物理量，所以具有广泛的适用范围。但是由于只有当两组测量（流动相与样品＋流动相的测量）结果存在较大差异时结果才比较可靠，加之流动相本身有响应，因此易受温度变化、流量波动以及流动相组成等因素的影响，引起较大的基线噪声和漂移，灵敏度低，不适于痕量分析，且不能用于梯度洗脱，使用范围受到限制。

溶质性能检测器，是测量流动相中溶质的物理或化学特性的检测器。这类检测器只会对某个特定的样品特征有响应，属于该类检测器的液相色谱检测器较多，有紫外-可见光检测器、荧光检测器、化学发光检测器、安培检测器、手性检测器等。因为溶质性能检测器选择性地测量溶质有别于流动相的某一物理或化学特性，仅对被测定的物质有较大响应，而对流动相本身没有响应或响应很小，所以检测灵敏度高，受操作条件变化和外界环境影响小，并且可用于梯度洗脱操作。但与总体性能检测器相比，应用范围受到限制。

总体性能检测器和溶质性能检测器的划分也不是绝对的。例如，紫外-可见光检测器通常为溶质性能检测器，但在间接光度离子色谱法中则成为一种总体性能检测器。

另外，根据检测器对各类物质响应的差别，液相色谱检测器又可分为通用型和专用型。通用型检测器对所有物质都有响应，而专用型检测器只选择性地对某些物质有响应，又常称为选择性检测器。例如，紫外检测器是最常用的专用型检测器，它利用样品会吸收特定波长的紫外光而产生响应的特性，对该样品进行定性、定量检测。虽然在液相色谱中，通用型和选择性检测器的划分标准与总体性能和溶质性能检测器的划分标准不同，但结果是相同的，即通用型检测器又属于总体性能检测器，选择性检测器又属于溶质性能检测器。

二、按测量信号性质分类

液相色谱检测器按测量信号性质的不同可分为浓度敏感型检测器（concentration sensitive detector）和质量敏感型检测器（mass sensitive detector）两类。浓度敏感型检测器的响应值正比于溶质在流动相中的浓度，测量的是流动相中溶质浓度瞬间的变化，紫外检测器、荧光检测器、示差折光检测器等大部分常用的液相色谱检测器都属于该类检测器。当样品量一定时，检测器瞬间响应，即峰高响应值与流动相流速无关；峰面积响应值与流速成反比，峰面积与流速乘积为常数。质量敏感型检测器的响应值正比于单位时间内通过检测器的物质质量，即正比于质量流速。库仑检测器就是一种质量敏感型检测器，其峰面积与流动相流速无关，峰高响应与流速成正比。质谱检测器作为一种质量型检测器目前使用比较普遍。掌握这两类检测器的响应特点，对选择操作条件和定量方法有益。

三、按测量原理分类

液相色谱检测器按测量原理的不同可分为光学性质检测器、电学及电化学性质检测器和热学性质检测器等。光学性质检测器是根据被测物质对光的吸收、发射和散射等性质而进行检测的。较多的液相色谱检测器属于该类检测器，例如紫外-可见光检测器、荧光检测器、示差折光检测器、蒸发光散射检测器、化学发光检测器、手性检测器等。质谱检测器的原理是利用离子源将样品的溶质分子离子化，再经过质谱的质量分析器将离子按照质量数分开，然后经过质谱检测器记录和处理得到质谱图。电学及电化学性质检测器是根据被测物质的电化学性质进行检测的，常用的有安培检测器、电导检测器、库仑检测器、介电常数检测器、极谱检测器等。该类检测器通常将色谱流出液作为化学电池的一个组成部分，通过测量电池的某种电参数（如电流、电阻、电量等）进行检出和测定。利用热学原理进行检测的热学性质检测器有光声检测器、热透镜和光热偏转检测器等，分别利用了光声光谱和光热光谱等技术。激光在这些检测器中的应用，使灵敏度得到较大提高，例如，激光诱导荧光检测器，蒸发光散射检测器等已经有了广泛的应用。

四、其它分类

除上述划分外，还有按信号记录方式的不同，将液相色谱检测器分为积分型检测器和微分型检测器。积分型检测器显示某一物理量随时间的累加，即它所显示的信号是指在给定时间内物质通过检测器的总量，色谱图为台阶形曲线，它的灵敏度低，定性困难，应用很少。微分型检测器显示某一物理量随时间的变化，即它所显示的信号表示在给定时间内每一瞬时通过检测器的量，得到一系列峰形色谱图，它的灵敏度高，成为一般色谱分析中的常用检测器。另外，按样品是否变化还可以将液相色谱检测器分为破坏性和非破坏性检测器，样品流出非破坏性检测器后可进行馏分收集，而破坏性检测器不能用于制备色谱。

一台性能完备的液相色谱仪应配有一种通用型和几种专用型检测器。紫外-可见光检测器是目前液相色谱使用最广泛的检测器，特别是光电二极管阵列检测器作为一种理想的检测器获得了广泛的应用。其它专用型检测器，如荧光检测器、电化学检测器，也有一定的应用领域。此外，质谱仪和高效液相色谱仪联用，作为非选择性的质量型检测器，也是近年来使用较多、覆盖范围非常广泛的检测器。

第三节　检测器的性能指标[3,6~8]

理想的检测器要求对不同样品，在不同浓度和淋洗条件下，能准确、及时、连续地反映出色谱峰浓度变化。具体地说，一个理想的检测器，应具备以下特点：

① 灵敏度高，以便能作痕量分析，能检测出 10^{-6}g 以下的样品量；

② 对所有的样品都能响应；

③ 不受温度和流动相流速变化的影响；

④ 线性范围宽，在样品含量有几个数量级变化时，也能落在检测器的线性动态范围之内，以便准确、方便地进行定量测定；

⑤ 噪声低，漂移小，对流动相组分的变化不敏感，从而在进行梯度淋洗时也能测定；

⑥ 死体积小，不引起很大的柱外谱带扩张效应，以保持高的分离效能；

⑦ 对样品无破坏性；

⑧ 响应快，快速、精确地将流出物转换成能记录下来的电信号；

⑨ 能给出定性信息；

⑩ 稳定、可靠、重现性好、使用方便；

⑪ 价格便宜；

⑫ 气密性良好。

实际上，目前在液相色谱中使用的检测器，没有一种能够完全符合以上特点。但是，它们在一定条件下都能符合某些主要要求，可以满足分离测定的具体需要。因此，我们可以按照分离工作的要求去选择检测器，或者去创造条件，尽量能使现有检测器满足工作需要。

为了评价按照不同原理设计制造的众多检测器，需要给出一致的性能指标，通常从以下几个主要方面来考虑。

一、噪声和漂移

噪声和漂移是检测器稳定性的主要表现。

噪声（noise）又称噪音，定义为没有溶质通过检测器时，检测器输出的信号变化，以 N_D 表示。噪声是指与被测样品无关的检测器输出信号的随机扰动变化。噪声分为短噪声和长噪声两种形式（图 1-1）。短噪声俗称毛刺，使基线呈绒毛状，因信号频率的波动而引起，是比色谱峰的有效值频率更高的基线扰动。短噪声的存在并不影响色谱峰的分辨，但对检测限有一定影响。短噪声通常来自仪器的电子系统和泵的脉动，可以用适当的滤波器加以消除。长噪声是输出信号随机的和低频的变化情况，是由与色谱峰相类似频率的基线扰动构成的。长噪声可能是有规律的波动，基线呈波浪形，也可能是无规律的波动，引起色谱峰分辨的困难。对不同类型的检测器，长噪声的主要来源可能是不同的。有的是由于检测器本身部件不稳定，有的是由于流动相含有气泡或被污染，还可能是温度变化和流速波动等引起长噪声。对示差折光检测器而言，来源于周围环境和流动相流速变化而引起的温度和压力的波动，使检测池内液体的折射率发生改变，是引起长噪声的主要原因。降低长噪声可以通过改进检测器的设计来完成。

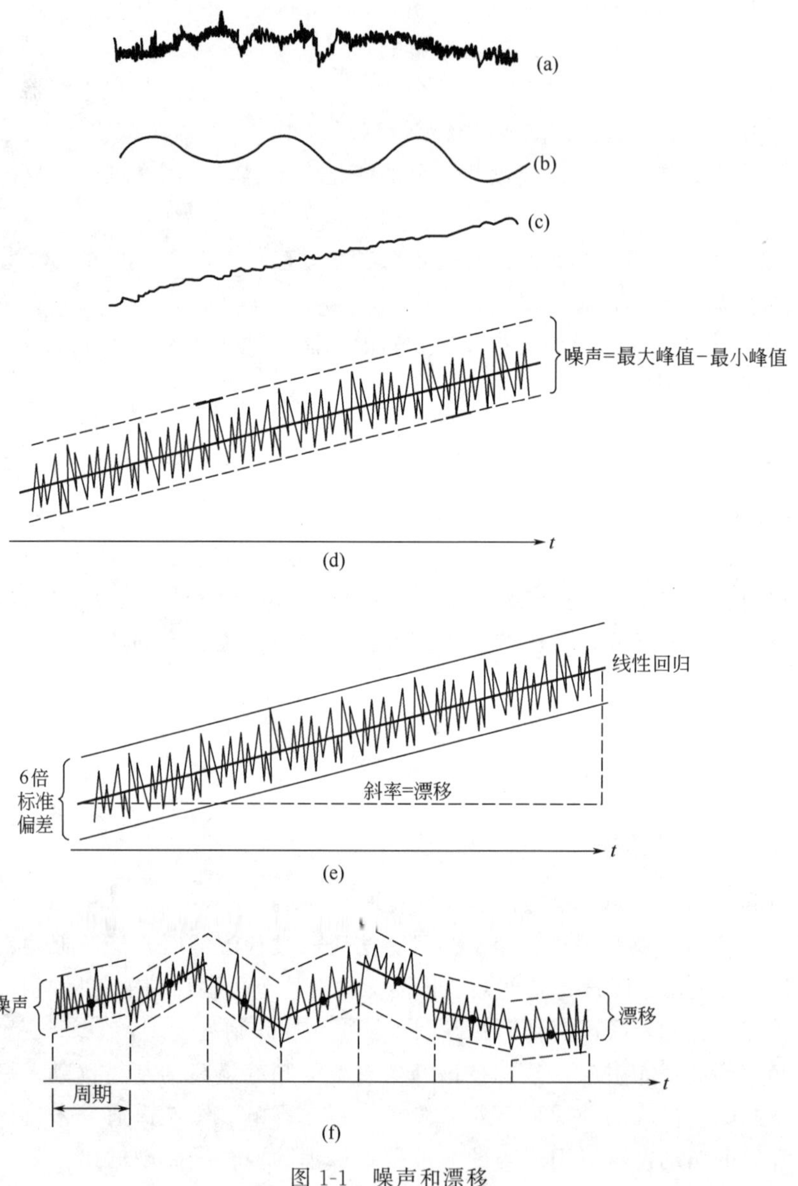

图 1-1 噪声和漂移

（a）短噪声；（b）长噪声；（c）漂移；（d）（e）（f）噪声和漂移的表示方式

漂移（drift）是指基线随时间的增加朝单一方向的偏离。它是比色谱峰有效值更低频率的输出扰动，不会使色谱峰模糊，但是为了有效地工作需要经常调整基线。造成漂移的原因是电源电压不稳；温度及流动相流速的缓慢变化；固定相从柱中冲刷下来；更换的新溶剂在柱中尚未达到平衡等。

噪声和漂移直接影响分析工作的误差及检测能力，严重时使仪器系统无法工作，应根据不同情况采取相应措施加以消除。

测定噪声和漂移时，需要使流动相从柱中不断地流出进入检测器。在较低的衰减挡，取超过长噪声一个周期测量长短噪声总的最大幅值。

$$N_D = KH = H/B \tag{1-1}$$

式中，N_D 为检测器噪声；K 为衰减倍数；B 为放大倍数；H 是测量得到的记录仪毫伏数标度。

由公式可知，放大倍数与衰减倍数是互成倒数的关系。通过相互变换，噪声可以用检测器自身的物理量作单位来表示，或者用最高灵敏度下记录仪满量程的百分比来表示。漂移则是在同一条件下，测量 1h 基线偏离原点的数值，用检测器自身的物理量作单位来表示。

噪声可以用如上所述的最常用的峰对峰噪声表示方法，即校正过漂移后，在测量时间内最大值减最小值的峰值差，如图 1-1(d)。此外，还可以将漂移以回归曲线斜率的方式给出，测定线性回归的标准偏差的 6 倍值作为噪声［图 1-1(e)］。

美国材料与试验协会规定的 ASTM（美国材料试验标准）噪声测定方法，以峰对峰的测量为基础，按时间周期大小分为长期噪声、短期噪声和超短期噪声。长期噪声是指每小时内有 6～60 个变化周期的噪声，测定时间应至少 1h；短期噪声是指每分钟内有 1～10 个变化周期的噪声，测定时间应在 10～60min 内；超短期噪声是指每分钟内有 10 个以上的变化周期，测定时间应至少大于 1min。另外，在一个周期内应至少取 7 个数据点进行计算。在 ASTM 方法中，漂移的测定是以噪声对噪声的中间值为基础进行的。

二、灵敏度

灵敏度是检测器主要的性能指标。

一定量的物质通过检测器时所给出的信号大小叫作该检测器对该物质的灵敏度(sensitivity)。灵敏度也称为响应值。具体地说，一定浓度或一定质量（m）的样品进入检测器产生响应信号（R），以 R 对 m 作图，可得到一条通过原点的曲线（图 1-2）。这种表示样品量与检测器响应信号之间关系的曲线叫作响应曲线，图中直线部分的斜率就是检测器的灵敏度，以 S 表示：

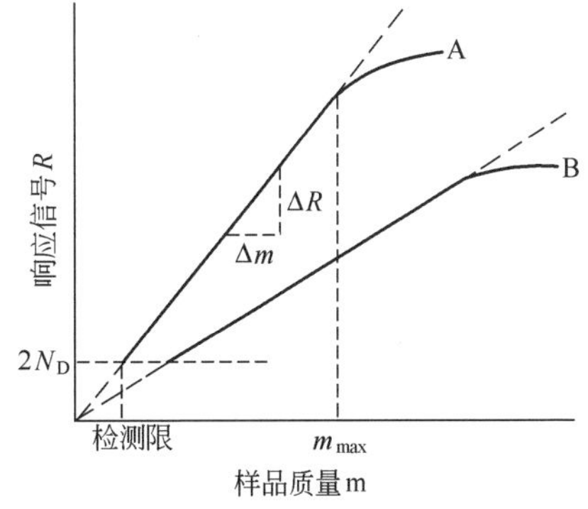

图 1-2　检测器的响应曲线

$$S = \Delta R / \Delta m$$

式中，Δm 为样品量增值，ΔR 为信号的增值，因此灵敏度就是响应信号对进样量的变化率。

对于不同的检测器，原始响应信号也不同，可以分别是电压、电流、电导或其它物理量，所以 R 的单位视检测器类型不同而不同，如电压（mV）、电流（A）等。另外，原始响应值也可以用测量的物理参数表示，如紫外-可见光检测器用吸光度（AU）或光密度（OD），示差折光检测器用折射率（RI）等表示。液相色谱检测器绝大多数是浓度敏感型的，测量的是流动相中样品浓度瞬间的变化，此时 Δm 用 g/mL 作单位。质量敏感型检测器测量的是单位时间内样品进入检测器的质量，Δm 的单位应为 g/s。

由图 1-2 可知：①在同一检测器上，A、B 两种物质的斜率不同，斜率越大，灵敏度越高，即检测器的灵敏度与样品性质有关，因此用这种方法给出灵敏度数值时，需同时说明是何种样品及用何种溶剂；②检测器限制了最大允许进样量（m_{max}），超过此限，响应信号不再与样品量成线性关系；③灵敏度越高，检测限越小。

当采用浓度已知的标准样品，连续导入未填充固定相的色谱柱、检测器，此时 R 和 m 均可获得稳定值，根据定义就能直接求出 S 值。但在一般色谱分析中，采用瞬时进样，溶质进入检测器后，R、m 均为随时间而变化的量，无法直接测量。因此需要推算出在实际工作中灵敏度的计算公式。

对于常用的微分型检测器，正常的色谱峰近似为高斯分布曲线（图 1-3）。

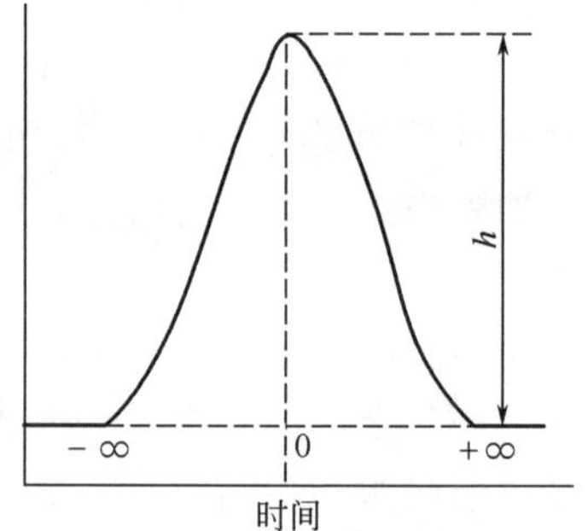

图 1-3　色谱流出曲线图

1. 浓度敏感型检测器

进入检测器的样品量（m）等于它在流动相中的浓度（c）在全部流动相体积（V）下的积分值：

$$m=\int_{-\infty}^{+\infty} c\,\mathrm{d}V \tag{1-2}$$

其中浓度 c 为

$$c=\frac{hu_2}{S} \tag{1-3}$$

式中，h 为峰高；u_2 为记录仪灵敏度；S 为检测器灵敏度。流动相体积 V 为

$$V=F_c t=F_c \frac{x}{u_1} \tag{1-4}$$

式中，F_c 为流动相的体积流速；t 为时间；x 为记录纸所走的距离；u_1 为记录仪的纸速。则

$$m=\int_{-\infty}^{+\infty} c\,\mathrm{d}V$$

$$=\int_{-\infty}^{+\infty}\frac{hu_2}{S}\mathrm{d}\left(F_c\frac{x}{u_1}\right)$$

$$=\int_{-\infty}^{+\infty}\frac{hu_2}{S}\times\frac{F_c}{u_1}\mathrm{d}x$$

$$=\frac{u_2}{u_1}\times\frac{F_c}{S}\int_{-\infty}^{+\infty}h\,\mathrm{d}x$$

$$=\frac{u_2F_cA}{u_1S}$$

所以
$$S=\frac{u_2F_cA}{u_1m}\tag{1-5}$$

式中，A 为样品组分的峰面积。式中各量的单位为：u_2，mV/cm；F_c，mL/min；A，cm^2；u_1，cm/min；由此得到 S 的单位为 mV/(g/mL)。

2. 质量敏感型检测器

横坐标采用时间单位，则

$$m=\int_{-\infty}^{+\infty}c\,\mathrm{d}t$$

$$=\int_{-\infty}^{+\infty}\frac{hu_2}{S}\mathrm{d}t$$

$$=\int_{-\infty}^{+\infty}\frac{hu_2}{S}\mathrm{d}(x/u_1)$$

$$=\int_{-\infty}^{+\infty}\frac{hu_2}{Su_1}\mathrm{d}x$$

$$=\frac{u_2}{u_1}\times\frac{1}{S}\int_{-\infty}^{+\infty}h\,\mathrm{d}x$$

$$=\frac{u_2A}{u_1S}$$

故
$$S=\frac{u_2A}{u_1m}\tag{1-6}$$

在此式中时间为 s，若考虑到常用的纸速单位为 cm/min，加进 1min=60s 的换算系数，则

$$S=\frac{60u_2A}{u_1m}\tag{1-7}$$

式中，S 单位为 mV/(g/s)。

另外，灵敏度除用检测器对物质的响应值表示外，还常用对所检测的物理参数变化量来表示，即在一定量的噪声下，使记录仪达到满标偏转时所对应的物理量的变化值。通常的办法是将一已知物理量的标准溶液直接注入检测器进行测定。紫外-可见光检测器用 AUFS，或 AU/FS，或 OD/FS 表示；示差折光检测器用

RIFS，或 RI/FS 表示，其中 FS 是满标（满量程）偏转的意思。这种表示法的优点在于，它与样品性质无关，便于比较同一类型检测器的性能优劣。但这种表示法对分析工作者来说，使用不太方便也不直观。

灵敏度是衡量检测器性能的重要指标，可用来评价检测器的好坏，并可同其它种类的检测器比较。我们希望检测器有较高的灵敏度，因灵敏度高，就意味着对等量的同一样品，检测器的响应信号大。但是检测器灵敏度的高低，并不能严格表示检测器的检测能力。

三、检测限

在定义检测器灵敏度时，只考虑了样品响应信号的大小，并没有考虑检测器的噪声，当检测器噪声与响应信号大小相近时，两者就无法区分。而且对于某些检测器，其输出信号要经过放大后才能输出到记录仪。电子放大器几乎可以把一个信号放大到任意倍数，这样似乎可以任意提高检测器的灵敏度。其实不然，因为在放大信号时也同时放大了仪器的固有噪声，故有效检测信号不一定要大。因此仅用灵敏度还不能很好地衡量检测器的质量，需要一个更为全面的衡量检测器性能的指标——检测限。

检测限（detectability）又称敏感度，定义为响应值为 2 倍（或 3 倍）噪声时所需的样品量。具体地说，是指在噪声背景上恰能产生可辨别的信号时，在单位体积或单位时间内需向检测器送入的样品量。可辨别的信号一般规定要大于等于 2 倍噪声，即

$$D=2N_D/S \tag{1-8}$$

式中，N_D 为噪声；S 为灵敏度；D 为检测限。D 的单位对浓度敏感型检测器为 g/mL，对质量敏感型检测器为 g/s。

检测限实质上是信噪比，它考虑了噪声的影响，因而能更全面地反映检测器质量，在评价检测器优劣时不可缺少，是衡量检测器性能的重要指标。检测限小，说明检测器的检测能力强，性能好，检测时所需要的样品量少。检测器的噪声小，检测限也小；具有一定噪声水平的同一台检测器，灵敏度高的物质检测限小。检测限除与检测器噪声及灵敏度有关外，减小色谱柱尺寸和柱外死体积也可降低检测限。

可以用两种方法求得检测限：一种是直接测量法，即把一个已知量的标准溶液不经过色谱分离，直接注入检测器中，根据检测限的定义来测定其大小；另一种是间接换算法，即先通过换算得到灵敏度，再实际测量噪声，然后按照公式求得检测限。计算时，要注意噪声单位与信号单位一致，并要在同一衰减水平上。

四、线性范围

检测器的输出信号有三种响应类型：积分型、微分型和比例型。积分型响应

和微分型响应对色谱峰的鉴别都有一定困难，一般较少采用。比例型的检测信号直接正比于溶质在流动相中的浓度。当用于定量分析时，比例型检测器的线性响应减少了校正和计算过程。而在许多情况下，从检测器的传感器输出的信号不是线性的，可能是对数型或指数型的。因此，需要相关的电子元件将对数或指数信号转换成线性信号。例如指数信号输出的传感器需要一个对数放大器来提供线性响应。

但是，由于电子和机械等原因，检测器不可能做到绝对线性。检测器的响应信号（R）与流动相中样品浓度（c）之间的关系由下式表示：

$$R=Bc^{x} \tag{1-9}$$

式中，B 为比例常数，称为响应因子；x 为检测器的响应指数。当 $x=1$ 时，$R=Bc$，为线性响应。当 $x\neq1$ 时，则认为是非线性响应了。精确计算样品浓度与响应信号之间的关系时，需要求出响应指数。

通常有两种方法求响应指数：增量法和对数稀释法。增量法是根据公式$R=Bc^{x}$，两边取对数，则 $\lg R=x\lg c+\lg B$。以 $\lg R$ 为纵坐标，$\lg c$ 为横坐标，采用实验数据，以二元线性回归法推知直线的斜率，即 x 值。直线的截距为 $\lg B$。对数稀释法是更为精确的求算响应指数的方法。具体计算过程可参考文献［1］。通过计算表明，常用检测器的响应指数多在 0.98～1.02 之间，工作中一般可认为是线性的，即 $R=Bc$。

如图 1-2 所示，检测器的线性是有一定范围的。检测器的线性范围（linear range）定义为检测信号与被检测物质量呈线性关系的范围，以呈线性响应的样品量上限、下限之比值表示。线性范围的下限规定为噪声的两倍值。当样品量大于某一数值后，直线开始弯曲，检测器输出的信号不再随样品量的增加而呈线性增加。这个转折点为线性范围的上限，即图中的 $m_{\max}$，该值可由实验测得。线性范围是个比值，无量纲。常见的液相色谱检测器的线性范围在 $10^4\sim10^5$ 之间，虽然不能和许多气相色谱检测器相比，但通常已够用。

在线性范围之内，用输出信号的大小进行定量分析既方便又准确。若在非线性部分，以输出信号大小判断样品含量，将产生负偏差。检测器有一定的线性范围，不可能在它的响应范围内完全呈线性，一般希望检测器的线性范围尽可能大些，这样可以同时测定大量的和痕量的组分。

五、色谱系统的最小检测量和最低检测浓度

实际工作中为使样品经液相色谱系统（包括进样装置、色谱柱、检测器及各连接管等）分离检测后，所产生的信号能从记录仪的谱图上观测出来，必须使这一信号（峰高）大于等于 2 倍（或 3 倍）的基线波动，因此定义了色谱系统的最小检测量和最低检测浓度。

最小检测量（minimum detectable quantity）定义为产生的信号响应等于2倍噪声时的进样量，以$m_{\min}$表示，单位为g或mg。最小检测量，也称最小检知量，是根据一定量的物质可相应产生一定大小的信号的原理求得的。在检测器线性范围内，进样量为m_i，相应流出色谱峰高为hu_2（单位为mV），则

$$\frac{m_i}{hu_2}=\frac{m_{\min}}{2R_N}$$

式中，R_N为2倍噪声时的检测器信号响应。

$$m_{\min}=\frac{2R_N m_i}{hu_2} \tag{1-10}$$

实验中可根据上式求得$m_{\min}$的值。

最小检测量与检测限有相关之处，但两者是不同的概念。下面的公式导出最小检测量与检测限的关系。

对于浓度敏感型检测器：

$$\begin{aligned} m_{\min} &= \frac{2R_N m_i}{hu_2} \\ &= \frac{SDm_i}{hu_2} \\ &= \frac{m_i \dfrac{u_2 A_i F_c}{u_1 m_i}}{hu_2} D \\ &= \frac{A_i F_c}{hu_1} D \\ &= \frac{1.065 W_{\frac{1}{2}} h F_c}{hu_1} D \\ &= \frac{1.065 W_{\frac{1}{2}} F_c}{u_1} D \end{aligned} \tag{1-11}$$

式中，$W_{\frac{1}{2}}$为半峰宽，cm。

类似地，可推出对质量敏感型检测器：

$$m_{\min}=\frac{1.065W_{\frac{1}{2}}}{u_1}\times 60D \tag{1-12}$$

从以上关系式可以看出，最小检测量除与检测器性能有关外，还与色谱条件有关。即$m_{\min}$与峰形有关，越窄的峰（$W_{\frac{1}{2}}$小的峰）越有利于样品的检出。而检测限与色谱操作条件无关，并没有考虑不同溶质谱带的分辨能力，对同一物质，只与检测器性能有关。一般最小检测量比检测限要大1～2个数量级，色谱峰越窄，两者相差越小。还应注意到，它们的单位不同。

最小检测量的度量有时也用样品的浓度来表示，叫作最低检测浓度。最低检测浓度是在一定色谱条件下，最小检测量与进样体积（也可用进样质量）之比。

即在一定进样量时，色谱分析所能检测的最低浓度，以 $c_{\min}$ 表示，单位为 mg/mL 或 μg/mL。

$$c_{\min}=\frac{m_{\min}}{V} \tag{1-13}$$

式中，V 为进样体积。最低检测浓度与检测器性能、色谱条件和允许进样量有关。

另外，应该指出检测限、最小检测量和最低检测浓度的概念是不断发展的。对这些性能指标的定义标准，在不同时期和不同仪器生产厂家可能有所不同，由此导致许多书中的定义也有不一致之处。

六、影响色谱峰扩展的因素

在高效液相色谱法中，除了追求通用性和高灵敏外，由于色谱柱体积小，且溶质在液相中扩散系数很低，柱外效应对色谱峰扩展是个不可忽略的因素。柱外效应直接影响了色谱系统的最小检测量，而且间接限制了容量因子的最大值，应尽可能减小。随着快速柱和微径柱的发展，检测系统造成的峰展宽问题就显得更为重要了。检测系统造成峰展宽的主要来源是：柱外死体积，包括样品池体积和连接管体积；时间常数，包括放大器及记录仪的时间常数等。

样品池体积是检测器的重要参数。池体积大，使样品被流动相稀释，不仅会降低检测灵敏度，还使峰展宽。除了池体积大小的影响外，池的结构特点（几何形状）和池内的流动特性（从连接管到样品池由于直径变化引起的）都会影响峰展宽，极端情况就是在池内发生完全的湍流混合。此时检测池内产生的色谱峰扩展等于检测池体积，这是检测池内色谱峰扩展的上限，实际上不存在完全的紊乱混合。有关研究表明，只要检测池体积 V_d 小于色谱峰体积 V_P（取决于容量因子 k'）的 1/10（即 $V_d<0.1V_P$）时，检测池造成的峰扩展就不严重。目前使用的检测池体积大多数都小于等于 8μL，对于常规分析一般没有多大影响。但是，当使用小体积高效柱时，检测池引起的峰扩展应予重视，对出峰早的化合物（$k'<2$）尤为重要。故希望检测池体积小于 5μL，微量色谱的池体积应减少到 1μL，甚至更小。

连接管对色谱峰扩展的影响，是由于流动相在空管中的流动速度分布的纵断面呈抛物线状，管中心的样品分子比管壁部分的样品分子先到达样品池，而样品分子在液体中的径向扩散很慢，因此引起了峰扩展。样品池和连接管对峰扩展的贡献有可能使在色谱柱上已经分离了的组分在样品池中又重叠混合。检测池与色谱柱出口的连接，或者几个检测器之间的连接，应采用细内径连接管并控制最短的距离，以使峰扩展最小。但应注意，连接管内径减小时，管内压力降会有所增加。

检测器的时间常数也叫响应时间，定义为从样品进入检测池到真实信号输出63.2%的时间，用 τ 表示，是样品进入检测器产生响应信号时间的度量，反映了检测器跟踪组分浓度变化的快慢。

检测器的时间常数包括检测器传感器和电子元件的响应时间，它间接对色谱系统的最小检测量和最低检测浓度产生影响。一般说来，传感器的响应较快。而检测器放大器和记录仪的时间常数有可能过大，使色谱峰变形失真，导致柱效下降，也影响色谱分析的可靠性和准确性。对保留值小的组分及进行快速分析时，问题就显得更为突出，尤其需要使用时间常数小的检测器和记录仪。目前使用的检测器和记录仪的时间常数一般在 0.5～1.0s 就是合适的。需要特别注意的是，当进行高灵敏度检测时，自动加上去的滤波电路的时间常数可达 1.5s。另外，检测器的时间常数也取决于检测器的死体积。对浓度型检测器，死体积越小，浓度变化越快，则时间常数越小。有研究表明，为了测定色谱柱的“真实柱效”，应使用时间常数很小的检测器（τ<0.1s），或使用容量因子 k' 大于等于 6 的溶质进行。

另外，应该指出的是，检测限、最小检测量和最低检测浓度的概念是不断发展的。对这些性能指标的定义标准，在不同时期和不同仪器生产厂家可能有所不同，由此导致许多书中的定义也有一定出入。

七、其它参数

上述各项性能指标是影响检测器质量的主要因素，使用者在选择检测器时需要把它们综合起来考虑。此外，流动相的流速、压力和温度对检测器的噪声、漂移和响应值都有影响。流动相流速、压力和温度灵敏度分别定义为单位流速、压力和温度的改变所能引起的响应值的变化，单位分别是 mV·min/mL、mV·m^2/kg 和 mV/℃。不同类型的检测器，对流动相流速、压力和温度变化的灵敏度会有很大不同。另外，对检测器的最大工作压力和温度适用范围也应有所了解，还有检测器的配件和流路系统的气密性；检测器后形成反压的方便与否；检测器的体积；几何形状以及安排；操作维修的简易性；使用时的耐用可靠性和成本价格的合理性等也都是需要考虑的因素。

表 1-1 给出了几种常用检测器的主要性能。应该指出的是，各种检测器的主要性能指标仍在不断改进和提高。

表 1-1　常用检测器的主要性能

项　目	检测器				
	紫　外	荧　光	折　光	安　培	电　导
测量参数	吸光度	荧光强度	折射率	电流	电导率
类型	选择性	选择性	通用	选择性	选择性
池体积/μL	1～10	3～20	3～10	<1	1

续表

项　目	检测器				
	紫　外	荧　光	折　光	安　培	电　导
噪声/测量参数单位	10^{-4}	10^{-3}	10^{-7}	10^{-9}	10^{-3}
最小检出量/(g/mL)	10^{-10}	10^{-11}	10^{-7}	10^{-12}	10^{-8}
线性范围	10^{5}	10^{3}	10^{4}	10^{5}	10^{4}
温度影响	小	小	大	大	大
流速影响	无	无	有	有	有
可否用于梯度洗脱	能	能	不能	不能	不能
对样品有无破坏性	无	无	无	无	无

参考文献

[1] Wilson I D, Brinkman U A Th. J Chromatogr A, 2003, 1000: 325-356.
[2] William R, LaCourse. Anal Chem, 2002, 74:2813-2832.
[3] Scott R P W. Liquid Chromatography detectors. 2nd ed. New York:Elsevier Science Publishers B V, 1986.
[4] Pocs talvi G, Stanly C, Fiume I, et al. J Chromatogr A, 2016,1439: 26-41.
[5] Feketes, Venthey I, Guillarme D. J Chromatogr A, 2015, 1408: 1-14.
[6] 王俊德，商振华，郁蕴璐. 高效液相色谱法. 北京：中国石化出版社，1992.
[7] 朱彭龄，云自厚，谢光华. 现代液相色谱. 兰州：兰州大学出版社，1989.
[8] 达世禄. 色谱学导论. 2 版. 武汉：武汉大学出版社，1999.

CHAPTER2

紫外-可见光检测器

紫外-可见光检测器（ultraviolet-visible detector，UV-Vis），又称紫外可见吸收检测器、紫外吸收检测器（UV）、紫外光度检测器，或直接称紫外检测器。该类检测器主要由光学系统、数据处理系统、显示部分等组成，是基于溶质分子吸收紫外-可见光的性质而进行设计的。其工作原理是朗伯-比耳（Lambert-Beer）定律，即当一束单色光透过吸收池时，若流动相不吸光，则吸光度与组分浓度和吸收池的光程长度成正比。此类检测器是液相色谱应用最广泛的检测器，使用率占70％左右，对占物质总数约80％的有紫外吸收的物质均有响应，既可测190～350nm范围（紫外光区）的光吸收变化，也可向可见光范围350～700nm延伸。几乎所有的液相色谱装置都配有紫外-可见光检测器。随着技术的进步，在传统紫外-可见检测器的基础上，又发展了光电二极管阵列检测器，大大提高了该类检测器的检测性能。该检测器的广泛应用，源于以下主要特点。

① 灵敏度高，噪声低，对紫外光吸收不强的样品也可检测，线性范围宽，应用广泛。

② 对流动相基本无响应，属于浓度敏感型检测器，受操作条件变化和外界环境影响很小，一般对流速和温度变化不太敏感，适于梯度洗脱。

③ 属于选择性检测器，对无紫外吸收的物质如饱和烃及有关衍生物无响应。

④ 属于非破坏型检测器，能用于制备色谱，或与其它检测器串联使用。

⑤ 结构简单，使用维修方便。

第一节　工作原理和主要性能

一、工作原理

1. 朗伯-比耳定律

紫外-可见光检测器是通过测定样品在检测池中吸收紫外-可见光的大小来确定样品含量的。该检测器测量的是物质对光的吸收，属于吸收光谱分析类型的仪器，无论采取什么设计方法，其工作原理都是基于光的吸收定律朗伯-比耳定律。该定律指出，当一束单色光辐射通过物质溶液时，如果溶剂不吸收光，则溶液的吸光度与吸光物质的浓度和光经过溶液的距离成正比。

$$A = abc = \lg \frac{I_0}{I} = \lg \frac{1}{T}$$

$$I = I_0 10^{-abc}$$

$$T = \frac{I}{I_0}$$

式中，I 为透过光强度；I_0 为入射光强度；T 为透过率；A 为吸光度（absorbance），又称光密度（optical density，OD）或消光值（extinction，E）；b 是光在溶液中经过的距离，一般为吸收池厚度；c 是吸光物质溶液的浓度；a 为吸光系数。如果溶液浓度单位采用 mol/L，b 的单位为 cm，则相应的吸光系数为摩尔吸光系数（molar absorptivity）或摩尔消光系数，单位为L/(mol · cm)，用符号 ε 表示，则

$$A = \varepsilon bc \tag{2-1}$$

由上式可见，吸光度与吸光系数、溶液浓度和光路长度成直线关系，也就是说对于给定的检测池（此时 b 一定），在固定的波长下（ε 为定值），紫外-可见光检测器应输出一个与样品浓度（c）成正比的光吸收信号——吸光度（A）。而实际上检测器光电元件的输出信号与透过率成正比，所以为了定量计算方便，在仪器设计中采用对数放大器，将透过率转换成吸光度，此时仪器输出信号与样品浓度成正比。故紫外-可见光检测器属于浓度敏感型检测器。

2. 摩尔吸光系数与分子结构

紫外-可见光检测器的灵敏度很大程度上取决于样品的摩尔吸光系数。摩尔吸光系数表明物质分子对特定波长辐射的吸收能力，是物质的重要特性。ε 的大小与物质的分子结构、波长有关，不同类型物质的 ε 值差别很大。这是由于这些物质分子中某些基团的存在。当用光照射时，基团中的电子吸收光能发生能级改变，同时伴随着振动和转动能级的改变，形成特征的强吸收带。这些基团称作生色团（或发色团），它们都含有不饱和键或未共用电子对，如C═C、C═O、S═C、C

═N、N═N、N═O 等，能产生 π-π* 及 n-π* 的跃迁。由于跃迁时吸收的能量较低，在近紫外区和可见光区出现吸收。不饱和键的存在是有机物发色（指在 200～1000nm 波长光谱区内产生吸收峰）的主要条件。

另外，某些基团本身不产生吸收峰，但与生色团相连时，常常引起吸收峰位移和吸收强度改变，这些基团称为助色团。主要的助色团有羟基、烃氧基、氨基、烷氧基、芳氨基等。这些基团都能引起氧原子上或氮原子上未共用电子的共轭作用，由于助色团的存在，使生色团吸收峰的波长向长波方向移动。表 2-1 列出了各类有机化合物及基团的紫外光谱区的最大吸收波长和相应的摩尔吸光系数。

表 2-1　一些发色基团的最大吸收波长 λ_{max} 和相应的摩尔吸光系数 ε

发色团系统		λ_{max}/nm	ε/[L/(mol·cm)]	λ_{max}/nm	ε/[L/(mol·cm)]
醚基	—O—	185	1000		
硫醚基	—S—	194	4600	215	1600
氨基	$—NH_2$	195	2800		
硫醇基	—SH	195	1400		
二硫化物	—S—S—	194	5500	255	400
溴化物	—Br	208	300		
碘化物	—I	260	400		
腈	—C≡N	160			
乙炔化物	—C≡C—	175～180	6000		
砜	$—SO_2$	180			
肟	—NOH	190	5000		
叠氮化物	>C═N—	190	5000		
烯烃类	>C═C<	190	8000		
酮	>C═O	195	1000	270～285	18～30
硫酮	>C═S	205	强		
酯	—COOR	205	50		
醛	—CHO	210	强	280～300	11～18
羧酸	—COOH	200～210	50～70		
亚砜	>S═O	210	1500		
硝基化合物	$—NO_2$	210	强		
亚硝酸酯	—ONO	220～230	1000～2000	300～400	10
偶氮	—N═N—	285～400	3～25		
苯		184	46700	202	6900
联苯				246	20000
萘		220	112000	275	7900
蒽		252	199000	375	7900

除有机化合物外，许多金属离子和非金属离子也可利用紫外-可见光吸收检测器进行检测。表 2-2 列出了一些可用紫外光检测器检测的无机阴离子，其中 NO_2^-、NO_3^-、Br^- 等离子可以得到较用电导检测器检测时更高的灵敏度。

表 2-2　在 200nm 波长以上有紫外吸收的无机阴离子

S^{2-}	NO_2^-	SeO_4^{2-}	I^-
SO_3^{2-}	NO_3^-	$SeCN^-$	IO_3^-
SCN^-	N_3^-	AsO_3^{3-}	BrO_3^-
$S_2O_3^{2-}$	Cl^-（非常弱）	AsO_4^{3-}	ClO_3^-（非常弱）
SeO_3^{2-}	Br^-		ClO_4^-

紫外-可见光检测器传统上只能检测具有紫外-可见光吸收的物质。后续发展的间接光度色谱，采用一般的紫外-可见光检测器，检测非紫外-可见光吸收物质，使其应用范围扩大。

3. 检测波长

测定时一般都选择在对样品有最大吸收的波长下进行，以获得最大的灵敏度和抗干扰能力。但应特别注意在选择测定波长时，必须考虑到所使用的流动相的紫外吸收性质。也就是说，使用紫外-可见光检测器时，溶剂不应吸收测定波长的紫外光，样品测定波长应当在溶剂紫外吸收波长上限以上，噪声降至 10^{-4}～10^{-5} AU，才能保证检测的灵敏度，才能用于梯度洗脱。

溶剂吸收波长的上限，就是透过波长的下限。表 2-3 列出了液相色谱中常用溶剂透过波长的下限。波长的下限规定为溶剂在以空气为参比，样品池厚度为 1cm 的条件下，恰好产生 1.0 吸光度时相对应的波长值，即溶剂透过率为 10%时的波长。

表 2-3　常用溶剂透过波长下限

溶剂名称	透过波长下限/nm	溶剂名称	透过波长下限/nm
丙酮	330	甲酸乙酯	260
乙腈	210	乙酸乙酯	260
苯	280	甘油	220
三溴甲烷	360	庚烷	210
乙酸丁酯	255	己烷	210
丁醚	235	甲醇	210
二硫化碳	380	甲基环己烷	210
四氯化碳	265	甲酸甲酯	265
三氯甲烷	245	硝基甲烷	380
环己烷	210	正戊烷	210
二氯乙烷	230	异丙醇	210
二氯甲烷	230	吡啶	305
二甲基甲酰胺	270	四氯代乙烯	290

续表

溶剂名称	透过波长下限/nm	溶剂名称	透过波长下限/nm
二氧六环	220	甲苯	285
二乙醚	260	间二甲苯	290
环戊烷	210	2,2,4-三甲基戊烷	210
甲乙酮	330	异辛烷	210
二甲苯	290	乙醚	220
异丙醚	220	甲基异丁酮	330
氯代丙烷	225	四氢呋喃	220
二乙胺	275	戊醇	210

溶剂中如果含有吸收紫外光的杂质，同样会使检测背景提高，灵敏度降低，且用作梯度洗脱时会引起严重漂移。因此，液相色谱系统对溶剂纯度要求较高，一般应使用分光纯或分析纯溶剂，在有条件时，色谱纯溶剂为首选。应注意不能使用化学纯及纯度更低的溶剂。有时需要对溶剂进行专门纯化处理。

4. 理论估算检测限

各种物质的摩尔吸光系数差别很大，因此检测灵敏度也有较大不同。根据朗伯-比耳定律，可从理论上估算紫外-可见光检测器的检测限、最小检测量和最低检测浓度。

例如，普通紫外-可见光检测器的噪声为 10^{-4}AU，检测池光程长 1cm，若检测一个分子量为 300 的有紫外吸收的物质，其摩尔吸光系数为 10^{4}L/(mol · cm)，则检测限为

$$
\begin{aligned}
c &= \frac{2N_{\mathrm{D}}}{\varepsilon b} \\
&= \frac{2\times10^{-4}}{10^{4}(\mathrm{L/mol})} \\
&= 2\times10^{-8}\,\mathrm{mol/L}
\end{aligned}
$$

$$
\begin{aligned}
D &= 2\times10^{-8}\,\mathrm{mol/L}\times300\,\mathrm{g/mol}\times10^{-3}\,\mathrm{L/mL} \\
&= 6\times10^{-9}\,\mathrm{g/mL}
\end{aligned}
$$

考虑到色谱分离过程中的稀释作用，假定稀释倍数为 25，则最低检测浓度为

$$c_{\min}=6\times10^{-9}\,\mathrm{g/mL}\times25=1.5\times10^{-7}\,\mathrm{g/mL}$$

进样体积为 5μL，那么最小检测量为

$$
\begin{aligned}
m_{\min} &= 1.5\times10^{-7}\,\mathrm{g/mL}\times5\mu\mathrm{L}\times10^{-3}\,\mathrm{mL}/\mu\mathrm{L} \\
&= 7.5\times10^{-10}\,\mathrm{g}
\end{aligned}
$$

表 2-4 列出了紫外-可见光检测器对不同类型化合物的理论检测限、最小检测量的估算值。

表 2-4　紫外-可见光检测器的理论检测限

物　质	ε	检测限 (噪声水平 2×10^{-4}AU)/(g/mL)	最小检测量 (8μL 检测池)/g
饱和羰基化合物	20	2×10^{-6}	1.6×10^{-8}
苯	200	1.5×10^{-7}	1.2×10^{-9}
苯甲醛	11000	3.8×10^{-9}	3.0×10^{-11}
蒽	220000	3.5×10^{-10}	2.8×10^{-12}

二、检测器的性能

（一）噪声和漂移

光学吸收检测器的噪声主要来源于检测器和分离系统两方面。确定噪声来源最常用的方法是系统地改变流动相的流速，如果噪声与流速变化正相关，则噪声可能来源于分离系统；当噪声与流速变化严格成正比关系时，可以确定噪声一定来源于分离系统。

1. 来源于检测器的噪声

对于光学吸收检测器，当没有样品吸收时，检测信号是与波长有关的光强、光学系统的传播效率和光电转换效率的函数。如果光电转换效率低，则输出信号小，接近于光电转换元件的自然噪声。可以通过采用强光源或宽谱带的办法来增加光强，提高信噪比。如果仅提高放大器的放大倍数，会同时放大噪声，信噪比也得不到提高。许多光学吸收检测器使用氘灯做光源，随着使用时间的增加，氘灯光强降低，噪声不断加大。另外，由于静电作用，检测器在使用过程中易于从周围环境中吸尘，覆盖在光学元件上的尘埃降低了光的传播效率，提高了光的散射，因此对检测不利。强紫外光的照射还会使一些光学材料涂层发生降解，也会慢慢增加噪声。检测器的信噪比一年可降低 1/4 或更多。

2. 来源于分离系统的噪声

早期紫外-可见光检测器对流动相流速的变化非常敏感，因此也导致了恒流泵的使用和发展。温度变化引起流动相折射率改变是紫外-可见光检测器流速灵敏度产生的主要原因。入射光进入检测池之前必须通过空气-光窗和光窗-流动相两个界面，入射光因此产生了反射或散射损失，具有与化合物吸光相同的效果（大约是 10^{-4}）。当介质之间折射率的差异较大时，会有更多的光被反射、散射损失掉。由于折射率对温度的变化非常敏感（大多数溶剂折射率的温度系数在 $10^{-4}\sim10^{-3}$之间），因此需要控制检测池流动相的温度，利用热平衡减少光损失。热交换器是热平衡的典型设备。除温度外，流动相折射率的变化还与其压力有关。泵的脉冲导致流动相压力变化，也会引起流动相折射率的改变，而影响通过流动相的紫外光传播。可以用增加脉冲阻尼器的方法来改善压力基线噪声。

检测池内气泡的存在，是检测器噪声的重要来源。原因是检测池内一个很微小的气泡都会形成一个反射面，造成光的反射、散射损失，引起吸光误差。使用经充分脱气的流动相通过检测池可以避免气泡。提高检测池压力，是防止气泡形成的较好办法。具体做法是在检测器出口设置限制器（1m×0.25mm 聚四氟乙烯管），使之保持一定的反压；或者在检测器出口处接一根旧的短柱。但应注意增加的压力不能太高，如果超过规定的压力限，可能引起检测池的破裂，色谱参数也可能发生变化。气泡内含氧时，在波长小于 260nm 处经常可以观察到很高的噪声水平，此时流动相用氦气脱气是消除水平噪声的有效手段。

除了会引起检测器产生噪声外，流动相温度的缓慢变化、光学元件如光源等的迅速老化也会引起检测器的漂移。现代紫外-可见光检测器的漂移更多地来自流动相组成的改变，尤其是进行梯度洗脱时。为弥补梯度洗脱造成的漂移，可采用双柱分离、双光束检测的办法以差减法去除漂移，但操作烦琐；或者将含有样品的流动相和不含样品的空白流动相先后进行同样的梯度洗脱，将两者差减后，去除漂移。另外，还可用化学方法加入负梯度物质，进行负向补偿流动相溶剂造成的基线漂移。但此时由于本底提高，要求紫外-可见光检测器有较大的线性范围。

（二）线性范围

朗伯-比耳定律只适用于单色光和均匀非散射溶液。对于连续光源，当单色器色散能力较低时，得到的是具有一定波长范围的较宽谱带，吸光系数近似为常数，导致对定律的偏离。不仅使线性范围变小，而且吸收峰不敏锐。朗伯-比耳定律中的仪器偏差是定量分析的根本性限制。当待测物质浓度较大时，这种偏差表现为响应曲线的斜率变小。此时吸光质点的光散射较大，特别是在紫外区，散射更为严重。杂散光作为主要光源被光敏元件检测，光电转换元件和其它电子元件的灵敏度较差等原因都会导致对朗伯-比耳定律的偏离，进而使检测器线性范围降低。

为了克服非单色光引起的偏离，应尽量设法得到比较窄的入射光谱带，这就需要较好的单色器和合适的狭缝宽度。棱镜和光栅的谱带宽度仅几个纳米，一般已够用。检测限与线性范围有着相互依赖的关系。狭缝宽度大，光通量增加，有利于灵敏检测，但线性范围小；狭缝宽度过窄，又会降低信噪比。另外，将入射光波长选择在被测物的最大吸收波长（λ_{max}）处，不仅测定灵敏度高，而且在 λ_{max} 附近的一个很小的范围内吸收曲线较为平坦，吸光系数相差不大，因此由杂散光引起的偏离就会比其它波长处小得多，而且因波长不稳定引起的偏差也会较小。检测的精确度、准确度都较高（图 2-1）。图中虚线和实线表示相同的光谱，只是移位了 1nm。

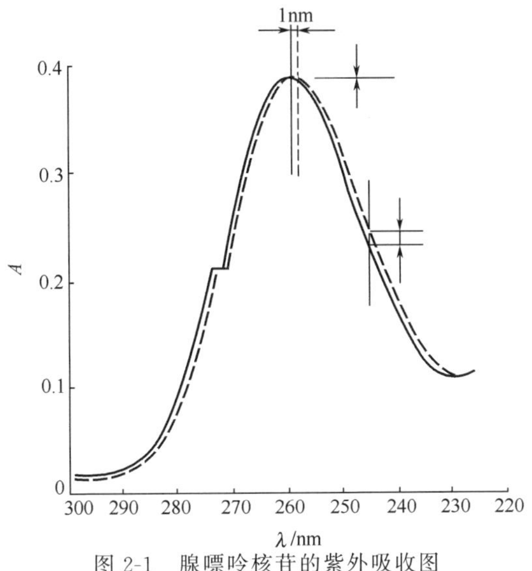

图 2-1 腺嘌呤核苷的紫外吸收图

狭缝宽度：2nm 扫描速度：10nm/min 参比：水

（三）温度影响

与气相色谱检测器相比，液相色谱检测器的温度影响要小得多。但为了在保留时间和峰面积方面取得较大的精确度和准确度，将噪声尽可能地降低，检测器的温度控制仍是有益的。除了前面所说的流动相温度变化引起折射率改变之外，一些化合物的紫外吸收光谱也会随温度变化而改变，其中染料分子的吸收光谱变化较大，甲苯吸光度的温度系数可达－0.75%/℃。还有的化合物，因分子结构随温度改变，从而引起吸收光谱的变化，室温变化 2℃可导致分析结果 1%的变动。为了控制检测器的温度，液相色谱系统应放在空气流通的环境中，既不要隔绝空气，也不要空气流动过大，要远离热源、加热管道等。

（四）其它

在操作使用紫外-可见光检测器时，应注意以下几点。

① 因紫外光会损伤眼睛，不要直接观察点亮的紫外灯。

② 接触高压仪器部件时要小心。

③ 某些光源会产生臭氧，对人有害。用惰性气体吹扫检测器是最常用的消除有害气体的办法，热催化也可以用来分解臭氧。

④ 检测池容易发生泄漏。紫外-可见光检测器的溶剂泄漏时，溶剂蒸气可能毁坏光学元件表面。

⑤ 紫外灯寿命有限。

第二节 仪器结构

紫外-可见光检测器属于吸收光谱分析类型的仪器，光的吸收定律即朗伯-比耳定律是该类分析仪器的工作原理。因而紫外-可见光检测器的基本结构与一般紫外可见分光光度计是相同的，包括光源、分光系统、试样室和检测系统四大部分。从光源和分光系统可以得到朗伯-比耳定律中要求的单色光，单色光通过试样室（即流通池）时，一部分光被试样室中的待测吸光物质吸收，剩余的透射光到达检测系统的接收器（注：光电二极管阵列检测器的光路与上述过程不相同）。接收器实际上就是光电转换器，它能把接收到的光信号转换成电信号，再经过电子线路的放大等，最终得到与待测吸光物质浓度成正相关的仪器输出信号。

一、分类

随着高效液相色谱的发展，紫外-可见光检测器也发展为多种类型，用于满足不同分析任务及各种紫外吸收物质检测的需求。

紫外-可见光检测器按光路系统分，有单光路（单光束，single beam）和双光路（双光束，double beam）两种。

单光路检测器直接测量流动相通过检测池时，是以其中所含样品对紫外光的吸收引起接收元件输出信号的变化来获得样品浓度。由于是单光路，也无补偿电路，对流动相性质、温度、流速等外界因素的变化很敏感。虽然结构简单，但稳定性不佳，目前已很少采用。

双光路检测器包括检测光路和参比光路两部分，它有几种不同的结构类型（图 2-2）。例如不设参比池，只以空气作参比的非对称双光路（a）；只有一个光源的单光源双光路（b）（c）（e）；有两个光源的双光源双光路（d）。双光路检测器系统的共同之处是利用两个接收元件分别接收来自样品池和参比光路的光束，以两者的光强差为输出信号，反映被测样品的浓度。参比光路的主要部分按具体情况可以是充满流动相的参比池，连续流过流动相的参比池，也可以不设参比池，只以空气作参比。双光路检测系统的最大优点是补偿了由于电源电压变动引起的光源强度改变，因而提高了检测器的稳定性，降低了噪声和漂移。

紫外-可见光检测器按波长来分，有固定波长和可变波长两类。固定波长检测器又有单波长式和多波长式两种；可变波长检测器可以按照对可见光的检测与否分为紫外-可见分光检测器和紫外分光检测器，按波长扫描的不同又有不自动扫描、自动扫描和多波长快速扫描等。其中属于多波长快速扫描的光电二极管阵列检测器具有很多优点，是液相色谱最有发展前途的检测器。

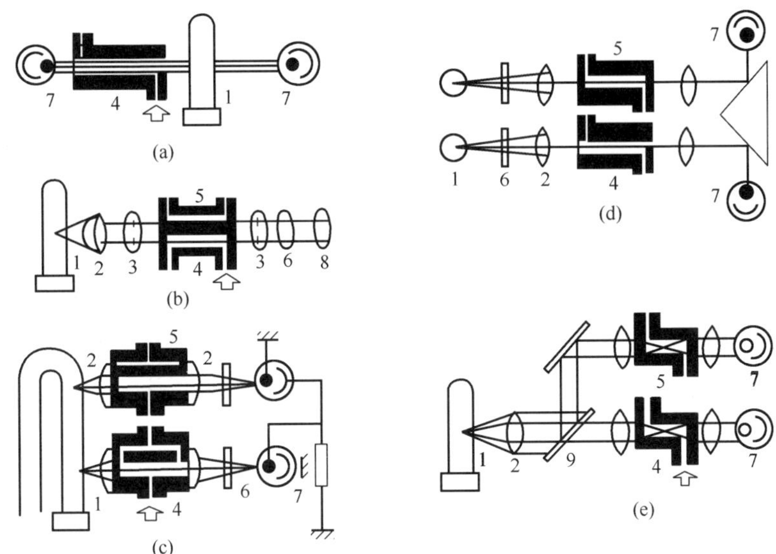

图 2-2 几种紫外吸收检测器的光学系统

1—低压汞灯；2—透镜；3—遮光板；4—测量池；5—参比池；6—紫外滤光片；7—光电倍增管；8—双紫外光敏电阻；9—半透光反射镜

二、结构

不同类型的紫外-可见光检测器的结构差异主要体现在光源、与光源相匹配的光路、分光系统与检测系统方面，检测池结构与检测器类型之间关联不大。下面对不同类型检测器做具体介绍[1~3]。

（一）固定波长紫外-可见光检测器

1. 光源

固定波长紫外-可见光检测器（fixed wavelength UV-Vis detector），顾名思义，是指光源发射不连续可调，只选择固定的单一光源波长作为检测波长。这种检测器结构简单，价格便宜，有相当广的应用范围，因此基本上所有的液相色谱仪制造厂商都提供有该种检测器配套。其测量范围在 3×10^{-4}～5.12（AUFS），常用为 0.005～2.0（AUFS）。

固定波长紫外吸收检测器可分为单波长式和多波长式两类。紫外-254 检测器是一种常用的单波长式检测器。该种检测器需使用线光谱光源，最常用的光源是低压汞灯。由于低压汞灯检测波长 254nm 的谱线宽仅 0.2nm，因此检测光路中无需使用其它单色器分光，只要用滤光片在光源处过滤除掉 254nm 波长以外的谱线，就能实际获得单色光。低压汞灯全部辐射能约 90%是汞的特征谱线 254nm，因而单一波长光源能量高，辐射强度大，单色性好，且附加噪声小，光源稳定。

这些特点都有利于检测，得到的检测灵敏度高。有紫外吸收的化合物，往往在254nm都有一定的吸收，虽然254nm不一定是它们的最大吸收波长，但由于紫外-254检测器灵敏度很高，所以对许多有紫外吸收的化合物都能进行检测，特别是对芳香族化合物。

另一种用得较多的固定波长是280nm。常采用磷光转换的方法，将254nm的紫外光照在可移动的磷片上，磷片被激发产生280nm的紫外光（图2-3）。由于这种激发光谱带宽通常至少为10nm，相对较宽，因此需要在样品池和光电转换器之间插入滤光片以提高线性范围。该光源系统的发光强度低于元素的自然辐射发光，通常噪声是254nm的2～4倍。另外，还可以在石英卤灯或汞灯上涂一层荧光物质，荧光物质受激，发出可见光，待测物质在可见光区被检测。

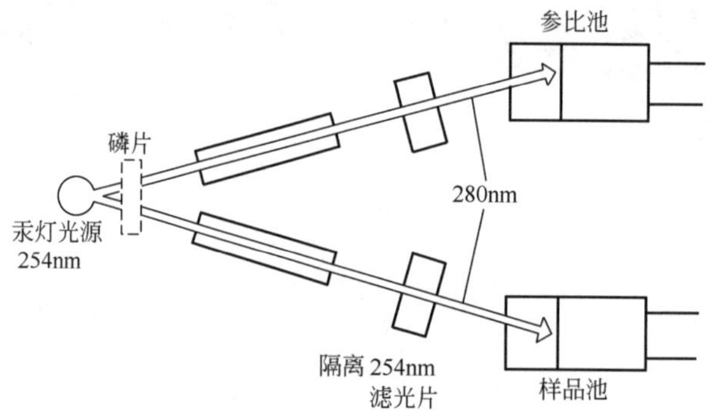

图2-3 用磷片将254nm光源转变为280nm

低压汞灯是最常用的单波长式光源，其它检测器光源还有低压镉灯、低压锌灯、镁灯等。每种光源都有不同的启动电压和工作电流。这些灯使用的光源波长都更短，适于那些在200～230nm处吸收比254nm处更强的化合物。因此增加了化合物的检测范围，尤其是生物化学中的一些重要物质，如肽、蛋白质等，而且检测灵敏度也得到较大提高。使用镉灯在药物及农药分析中的检测灵敏度比使用254nm波长光源要高几十倍。在图2-4中，229nm波长的镉灯光源使心脏病药物毛地黄苷的检测灵敏度提高了10倍[4]。

从低压汞灯、低压锌灯和低压镉灯的紫外发射光谱（图2-5）中可以看出，除了作为光源的单色光谱线外，还有一些强度较低的分立的光谱线。为防止干扰，需使用合适的滤光片将杂散光谱线滤掉。表2-5列出了一些光源用于液相色谱检测时的典型发射谱线[5]。

多波长式紫外吸收检测器多采用氘灯、氢灯或中压汞灯等作为光源，用滤光片取得所需的单波长，仪器工作更加灵活。如中压汞灯，可以选用的波长有254nm、280nm、313nm、334nm和365nm。氘灯和氢灯在200～400nm范围内有较好的连续光谱，可以通过一组滤光片选择所需工作波长，提高检测器的线性和

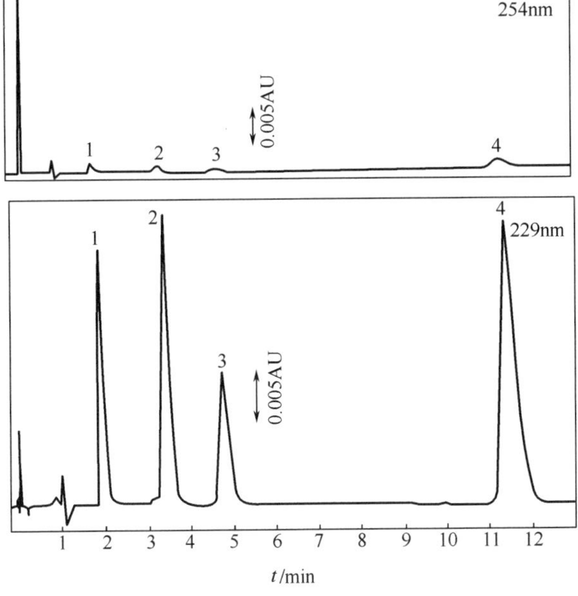

图 2-4 两个不同波长下毛地黄苷的色谱图

色谱柱：Zorbax ODS 15cm×4.0mm　柱温：53℃

流动相：乙腈-水（体积比=30：70）　流速：1.2mL/min

色谱峰：1—毛地黄毒苷；2—毛花苷 C；3—异羟基毛地黄苷原；4—毛地黄毒苷配基

表 2-5 HPLC 检测器光源的使用波长

光源	发射线/nm	磷光/nm	光源	发射线/nm	磷光/nm
汞	254	280	镉	229	
	313	300		326	
	365	320	锌	214	
	405	340		308	
	436	470	镁	206	
	546	510	氘	190～350	
	578	610			
		660			

选择性。多波长式紫外吸收检测器的光路与单波长式基本一致，由于采用了多波长光源，能量要在各个波长处分配，因而灵敏度比单波长式检测器略低。

20 世纪 90 年代出现了一种新颖的多波长式紫外吸收检测器——紫外光子检测器[6]，其光源工作原理基于塞林柯夫效应（Cerenkov effect）。用^{90}Sr作放射源，当^{90}Sr的 β 射线放射的电子速度高于光在该介质中的速度时，就产生了塞林柯夫效应——释放光子，能量降低，直至等于介质光速为止。选择 210nm、254nm 或 280nm 的滤光片滤去其它波长的塞林柯夫光子流，测量 210nm、254nm 或 280nm 的射线强度便可进行定量检测。

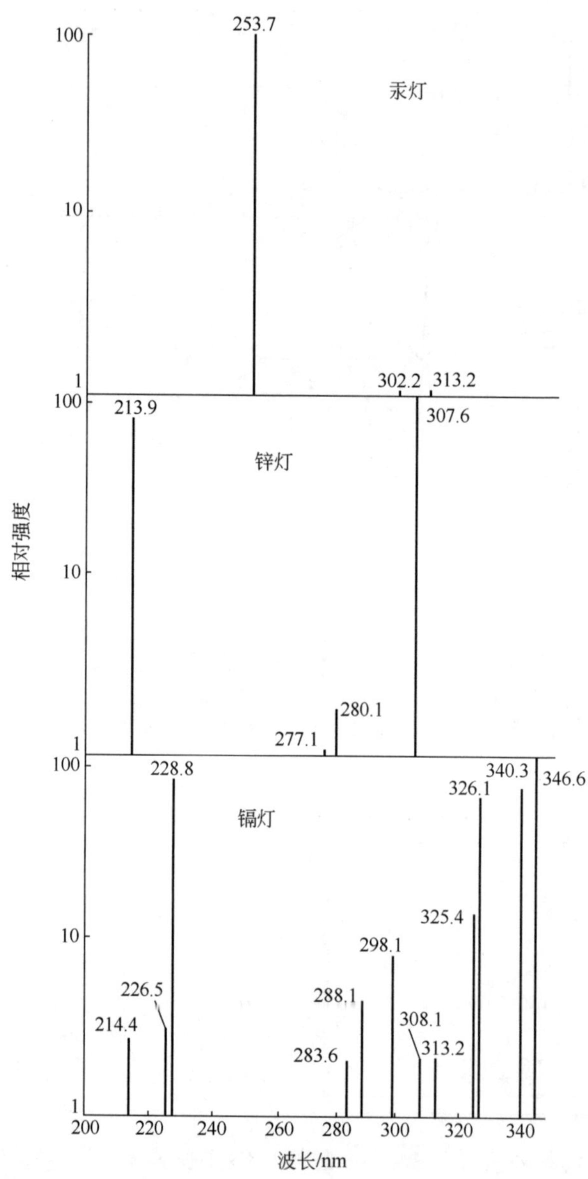

图 2-5 低压汞灯、低压锌灯和低压镉灯的紫外发射光谱

2. 单色器和敏感器

紫外吸收检测器的基本部件是灯、流通池和敏感器，还有滤光片和光栅作为单色器用于选择单色光。

用于紫外吸收检测器的滤光片有两种：剪切式滤光片和光通带滤光片。剪切式滤光片是从一特定的波长处切去长于它的波长光而让短波长光通过（短通式滤光片），或切去短于它的波长光让长波长光通过（长通式滤光片）。光通带滤光片是由滤光片决定通过一狭窄范围的光，如 546nm 光通带滤光片仅透过 540～555nm 范围的光，是固定波长检测器常用的滤光片。单色器光栅透过的光连续可调，用于可变波长检测器。

敏感器，也就是光电转换元件，可采用光电池、光敏电阻、光电管和光电倍增管。光电池结构简单，使用方便，产生的光电流较大。缺点是光电流与照射光的强度并不是很好的线性关系。此外，易产生疲劳效应。经强光照射时，光电流很快升至一较高值，然后逐渐下降。用光电管作接收元件时，要求光电管严格配对，暗电流低，噪声小。光电管的输出信号由微电流放大器放大。放大器是高稳定度的线性放大器或对数放大器，这样能提高仪器的线性范围。使用光敏电阻作接收元件时，测量电路采用普通的惠斯登电桥。用得最多的是光电倍增管，它的作用是将微弱光能量转换成电信号，利用二次电子发射现象放大光电流。由于它既有光电转换效应，又有放大作用，因此提高了检测器灵敏度，可以测量十分微弱的光强。

3. 流通池

无论何种检测器，流通池的设计都非常重要，其体积和构型直接影响柱效和检测器的灵敏度。设计中应注意尽量减少紊流、光散射、流量和温度等因素对检测器稳定性的影响。紫外-可见光检测器流通池是样品流过的光学通道（样品池）及流动相贮存或流通的光学通道（参比池）。为了提高灵敏度，减小池内色谱峰扩展，要求流通池长而内径小，池体积愈小愈好。增加池的光程会使检测灵敏度增大，但光程的提高有一定的限制。为了降低池体积引起的峰扩展，当光程增加时，样品池的内径必须减少，但会导致光敏元件上光照减少，使信噪比降低。所以两种效果是矛盾的。除非在光敏元件上有很低的内在噪声水平，否则提高灵敏度的程度有一定局限。一般标准池体积为 5～8μL，光程为 5～10mm，内径小于 1mm。据统计，商品紫外-可见光检测器有 70 多种，其中 50 多种的流通池体积为 8μL，占总数的 75%以上。目前快速发展的微量色谱中，为适应微径柱的要求，池体积已缩小到0.5～1μL。可用石英毛细管做成直通型的，但这种直通型池光程短，灵敏度低。流通池应选用惰性材料，如不锈钢和聚四氟乙烯，透光材料为石英。

经典的流通池结构为 Z 形（双 L 形），现已少用，常用的为 H 形，还有 U 形等。Z 形流通池外形呈圆柱形，上下两端各钻两个孔，一个孔作样品池，一个孔作参比池。参比池可以用空气作参比，遇高吸收的流动相应在参比池内注满同样的流动相，以降低背景吸收。流动相通路呈 Z 形［图 2-6(a)］，流动相从一端进入，沿池流动，从另一端流出，呈现了良好的液流特征。池的侧面是石英窗，用聚四氟乙烯圈密封。为了减少由于流速变化而造成的噪声和基线漂移，近些年来常用 H 形流通池［图 2-6(b)］。流动相从池下方中间流入后，分成两路，按相反方向流动到达窗口，从上方中间汇合流出。流通池内壁要精心抛光和保持清洁，以防止孔壁形成的多次反射和折射。H 形池体不但有利于补偿由于流速变化造成的噪声和基线漂移，同时可防止峰形展宽，因此是一种较好的结构形式。为了消除由于池内液体的折射率的变化形成的“液体棱镜”效应，还出现了圆锥形池[或称阶梯形池，图 2-6(c)]。梯度洗脱时溶剂组成的变化、系统流速的变化、温度变化、样品和溶剂折射率的差别等都可能产生“液体棱镜”效应。平时，靠近死时间的地方出现的所谓溶剂峰，就是“液体棱镜”效应的表现。检测器因减少内部干扰以及最小的折射效应而改善了信噪比，可为检测器提高更大的稳定性和灵敏度。在流通池前可装热交换器，保持进入检测器的柱流出物温度稳定，以减少噪声。

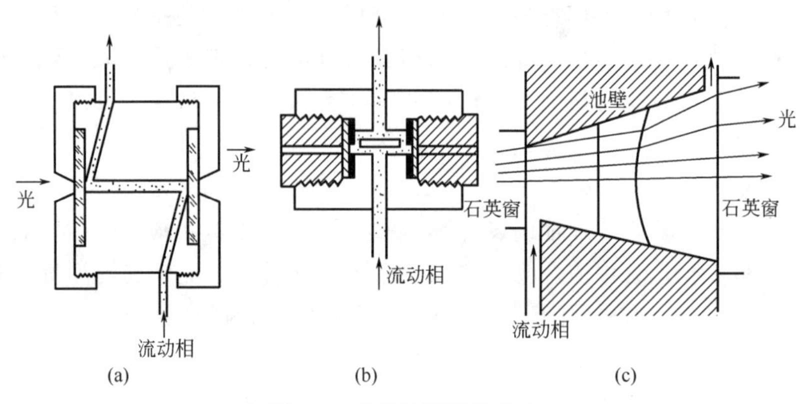

图 2-6　紫外检测器样品池

(a) Z 形；(b) H 形；(c) 圆锥形

4. 双波长检测

紫外吸收检测器中的固定波长技术已存在多年，至今仍占有一定的市场。因为这种检测器结构简单，价格便宜，噪声低，适于梯度洗脱和定量分析，而且可提供足够的选择性。

紫外吸收检测器仅用单一波长检测不能提供足够信息，难以满足检测的各种要求（如高灵敏度、抗干扰等），而双波长检测（dual wavelength monitoring）是一种在同一流通池上允许两波长同时检测得到更多的信息的特殊技术，它采取离轴的显示方式。图 2-7 是一种固定波长检测器双波长检测的光路图。从低压汞灯发出的 254nm 的单色光分为两束，一束光直接照射流通池，另一束光是 254nm 的单色光激发磷片产生的 280nm 的激发光，也照射入同一流通池。两种波长的光分别由不同的参比和样品光电池接收。尽管双波长检测为液相色谱固定波长检测提供了便利，提高了检测效率，但离轴显示增加了流速噪声，且光在流通池小角度处的损失大，一般会使其噪声是相应单一波长检测的 4 倍。检测波长固定，检测灵

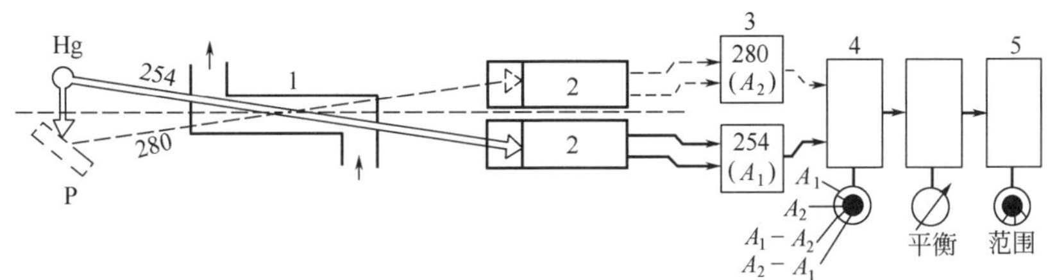

图 2-7　双波长检测的光路图

1—流通池；2—参比和样品光电池；3—线性放大器；4—模式选择器；5—输出衰减器

活性也有限。

为了提高检测的灵活性，可以使用连续光源氘灯作为检测器光源，入射光通过流通池后，经光栅色散，多个光电池排列用作光电接收元件（图 2-8）。这里的检测波长选择范围增加了，可以是 210nm，220nm，…，280nm 等。该检测器是光学多道检测的前身。

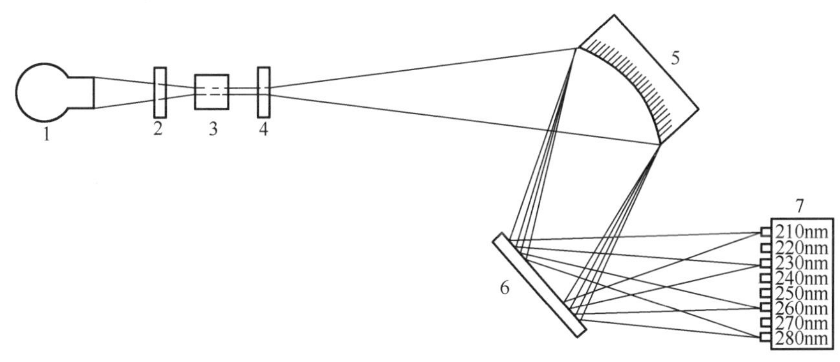

图 2-8　连续光源固定波长检测器

1—氘灯；2—分光透镜；3—流通池；4—狭缝平板；5—凹面光栅；6—平面镜；7—光电池阵列

（二）可变波长紫外-可见光检测器[7,8]

为了拓宽固定波长式紫外吸收检测器的应用范围，按照被测试样的紫外吸收特性任意选择工作波长，提高仪器的选择性等要求，发展了可变波长紫外-可见光检测器。可变波长紫外-可见光检测器是一种应用非常广泛的检测器，虽然固定波长检测器可以提供多种光源波长进行检测，但可变波长检测器的波长选择是任意可调的，因此与固定波长检测器相比，有以下优点：

① 可以选择样品的最大吸收波长作为检测波长，提高检测灵敏度。

② 可以选择样品有强吸收而干扰组分无吸收的波长处进行分析，提高分析的

选择性。

③ 可以选择在梯度洗脱时，流动相组成改变，而其吸光度不变的波长下进行检测，有利于梯度洗脱。

可变波长检测器在广义上讲主要可分为两种类型：色散型检测器和光学多道检测器（通常意义上的可变波长检测器仅指色散型检测器）。两种类型检测器都使用连续光谱光源，如氘灯、氙灯，其中氘灯最为常用。色散型检测器通过停流（停泵）扫描或不停流（不停泵）扫描获得样品的紫外吸收光谱图；光学多道检测器不停流，在一次色谱操作中可同时得到吸光度-时间-溶质紫外光谱图的三维图谱。

两种类型检测器在光路上有重要区别：色散型检测器中，入射光在进入流通池之前已经色散，因此通过流通池的光实际上是单色光。光学多道检测器以光电二极管阵列检测器为代表。在光电二极管阵列检测器中，光源所有波长的光都会通过流通池，透过光被多色仪色散，得到的色散光谱带聚焦在二极管阵列上，每个二极管探测不同波长的光。另外，由于光敏元件上检测到的光除了光源发出的光，还可能包含荧光，因此流通池的入射光单色性越强，则荧光效果越小，定量结果准确可靠。就以上这点而言，色散型检测器较二极管阵列检测器还是有一定的优越性。

1. 结构

通常意义上的可变波长检测器，就是装有流通池的紫外分光光度计或紫外可见分光光度计。图 2-9 是一个普通可变波长紫外吸收检测器的结构图。从氘灯发出的多色光经过透镜及滤光片聚焦在单色仪（主要部分为光栅）的入口狭缝上，单色仪选择性地将一窄谱带的光透过出口狭缝。从狭缝出来的光束经过流通池，被其中的溶液部分吸收。通过测定吸收后到达光电二极管的光强度与空白参比时的光强度，来确定样品的吸收值。大部分可变波长检测器通过分光器将光束的一部分送到在参比一侧的第二个光电二极管。参比光束以及参比二极管用于补偿因光源波动产生的光强变化。由于经过分光器分光后，单色光强度变弱，故灵敏度比固定波长检测器低。

氘灯一般用作分光检测器的紫外光部分的光源，光强度大，稳定性好。与同样设计和相同电压下的氢灯相比，氘灯的强度是氢灯的 3～5 倍。因此近年来紫外光源多以氘灯代替氢灯。高压氘气被电子激发放电形成连续发射光谱，最低波长可达 165nm。石英光窗吸收 200nm 以下波长的光，对低紫外波长的氘灯发射光谱是个限制因素。另外，随着波长加大，氘灯强度降低。常规氘灯的使用范围在 195～400nm 之间。可见光源一般为钨灯，使用范围在 400～850nm 之间。可见光源还有石英卤灯、碘钨灯等，可延伸可见光区到近红外光区。尽管氘灯在 350～700nm 的发射光强度仅为紫外光区的 1/10，但一些仪器制造厂家已成功地将氘灯

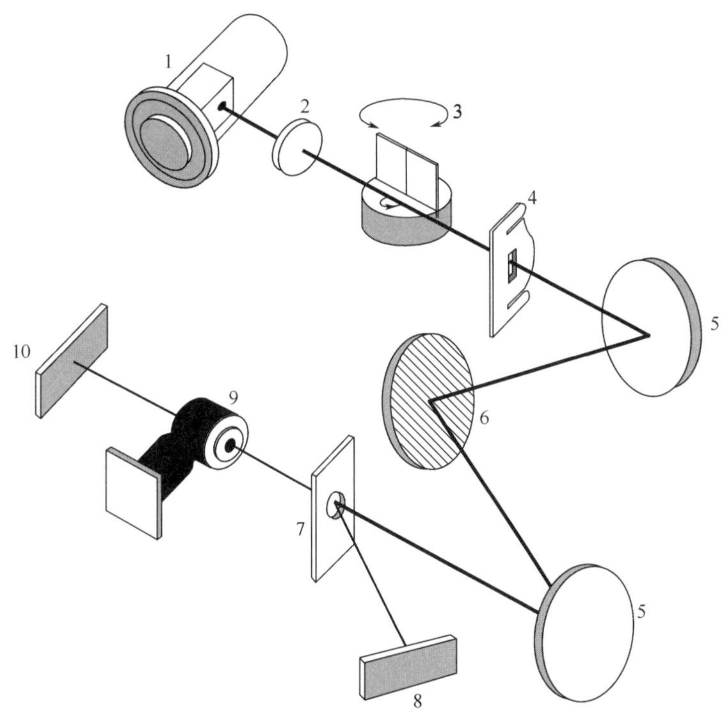

图 2-9　可变波长紫外吸收检测器光学系统图

1—氘灯；2—透镜；3—滤光片；4—狭缝；5—反射镜；6—光栅；
7—分束器；8—参比光电二极管；9—流通池；10—样品光电二极管

应用到可见光区。使用高强度的氘灯（辉度是普通强度氘灯的 2 倍，甚至 3～5 倍），能够弥补 350nm 以上可见光区部分噪声的相对提高；利用硅光电二极管的量子效率随波长增加而增加；用滤光片代替光栅作为单色光元件，减少分光带来的光强损失等。以上这些措施和特点都有利于在整个紫外可见光区使用单一光源。

单色光系统包括聚光镜（凸凹面镜及反射镜）、狭缝机构和单色器，主要部件是单色器。可变波长检测器采用光栅作单色器。光栅单色器的优点是固定的狭缝宽度可以产生几乎恒定的带宽，色散均匀，呈线性，与波长无关。可变波长检测器与一般分光光度计相比，前者对波长的单色性要求不高，光谱宽度可达 10nm，波长精度约±1nm。

常用流通池除了上一节提到的各种设计外，为了提高通过流通池的光通量，加强信号，并保证光束平行以防止反射和杂散效应，一些厂家还设计了可控光学成像流通池（图 2-10）。采用五个精密棱镜，经多次聚焦，将来自单色器、经过样品的平行光束，尖锐地聚焦在光电二极管上，消除了折射效应的影响，从而获得平直的基线和很好的灵敏度。

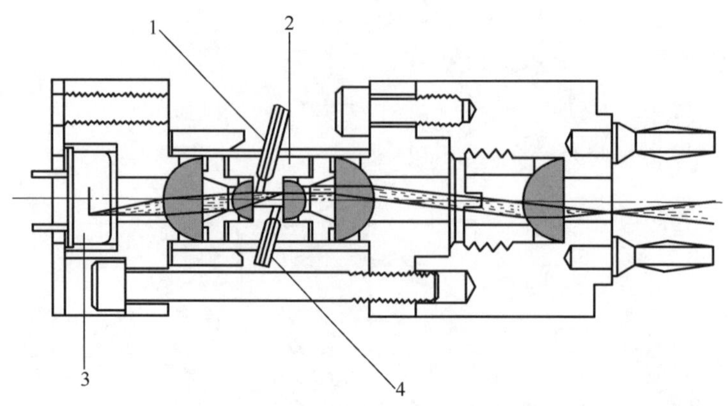

图 2-10 可控光学成像流通池紫外-可见光检测器的光学系统

1—样品入口；2—流通池；3—样品光电二极管；4—样品出口

现有的紫外-可见光检测器大多性能完备，具有完善的自诊功能，操作和维修方便。例如，在光路上加氧化钬滤光片（3 个校正波长）或氧化钬的高氯酸溶液（14 个校正波长），用于紫外及可见光区的波长校正；光源的更换无需调整光路；拥有一定寿命的部件的工作时间能记忆显示；拥有多种选择、更换方便的流通池——微型池、高压池、制备池和标准池等。选择的原则可参考表 2-6。

表 2-6 流通池的选择

体积/μL	光程长/mm	灵敏度(AU)	适用类型
11	10	0.001～1	HPLC
40	10	0.001～1	LC
1.3	5	0.002～2	微径 LC
10	2	0.005～5	制备 LC
2.5	0.5	0.02～20	制备 LC
0.3	0.1	0.1～100	制备 LC

2. 特殊技术

随着计算机技术的迅速发展，检测器的功能也得到不断开发，如微机控制程序改变波长（波长程序），双波长同时测定等。这些功能提高了紫外-可见光检测器的灵活性、可靠性、灵敏度和稳定性，降低了干扰，满足现代液相色谱对检测器的要求。

痕量分析中，灵敏度的提高是非常重要的。为了使色谱分析过程中各个组分峰都获得最灵敏的检测，要求单色器能够编程控制，便于在运行过程中自动变换波长。图 2-11 表示一个多核芳烃样品的紫外吸收色谱图。其中图(a)仅在 254nm 固定波长下检测，图(b)使用了波长程序。可以看出，波长程序明显地提高了某些成分的灵敏度。

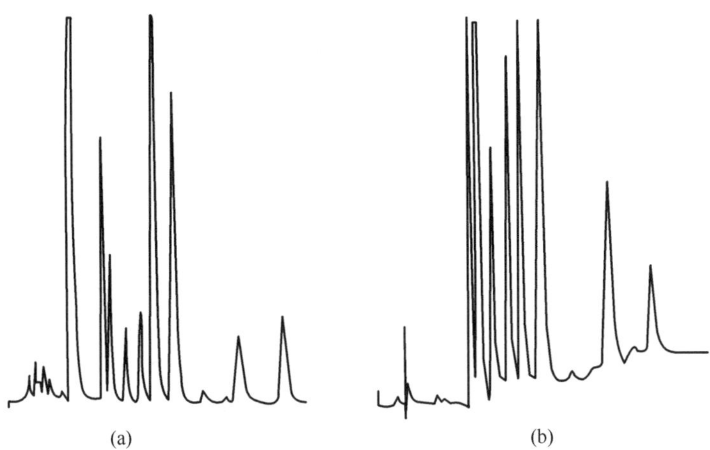

图 2-11 在固定波长和波长程序下检测的灵敏度

(a) 固定波长 254nm；(b) 波长程序如下表：

时间/min	波长/nm	时间/min	波长/nm
3.50	245	6.30	260
4.50	205	8.50	205
5.10	235	10.50	260
5.50	250		

此外，波长程序还可改变化合物的选择性，降低干扰。图 2-12 中，只有选择 357nm 作为检测波长才能消除其它化合物对血浆中四环素测定的干扰。波长程序还可用于提高液相色谱定量分析的重现性，这是因为在化合物最大吸收波长处的不稳定性对定量分析结果的影响要比在其它波长处小得多（图 2-1）。

双波长检测可用于评价色谱峰纯度、重叠色谱峰的定量以及去除干扰等。双波长检测除了可在固定波长检测器上实现外，可变波长检测器也有双波长同时测定的功能。例如在维生素测定中，一般情况下采用较长波长 270nm 测定，可以避开杂质干扰，但泛酸峰几乎测不出；如果采用 220nm 检测，杂质影响大，而且维生素 B_2 的响应也较小。但利用双波长同时测定，上述情况不再成为问题。

为了从色谱图中得到更多的信息，在双波长检测的基础上还可以给出两个波长色谱检测的比例色谱。对于遵循朗伯-比耳定律的某组分两波长的吸光度之比，应该等于该组分的摩尔吸光系数之比。

$$A\lambda_1=\varepsilon_1 cL \qquad A\lambda_2=\varepsilon_2 cL$$

$$\frac{A\lambda_1}{A\lambda_2}=\frac{\varepsilon_1 cL}{\varepsilon_2 cL}=\frac{\varepsilon_1}{\varepsilon_2} \tag{2-2}$$

从上式可以看出，组分的吸收比是个定值，与浓度无关。在复杂化合物的色

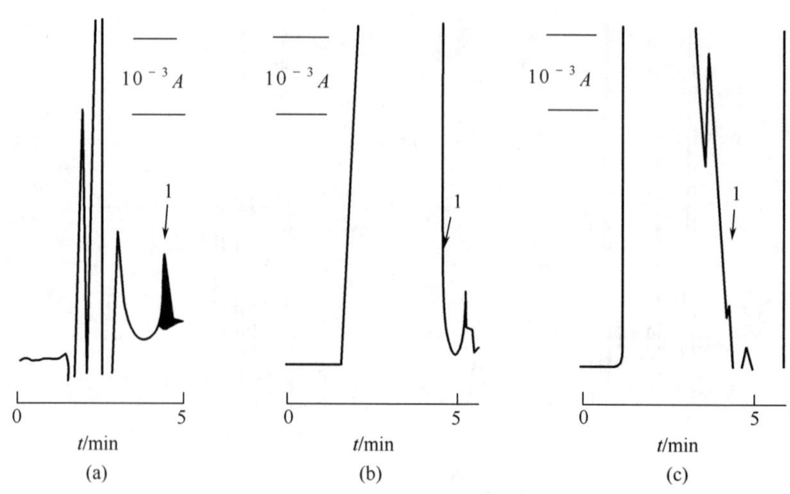

图 2-12 检测选择性

（a）357nm；（b）270nm；（c）220nm

1—四环素

谱分离中，有时一个色谱峰不一定只代表一个单一组分，可能是由未完全分离的两个（或更多）组分组成，给色谱定性带来困难。由于在比例色谱图中，不同组分的吸收比是特征的，因而由未完全分离的两个（或多个）组分组成的比例色谱的顶端就会发生弯曲。

图 2-13 是双波长色谱和比例色谱的示意图，从比例色谱中可以得到两个重要信息：

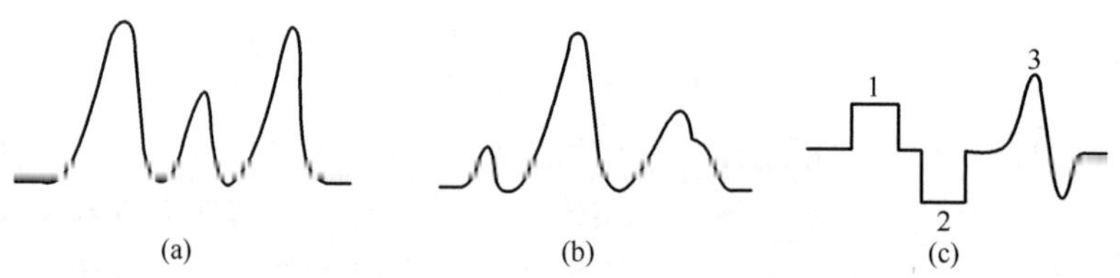

图 2-13 双波长色谱和比例色谱图

（a）254nm；（b）280nm；（c）254nm/280nm

① 色谱峰的纯度。如果是单一组分色谱峰，则比例色谱的顶端不会弯曲，色谱峰呈现矩形。图中色谱峰 1、2 为纯组分，3 为两组分。

② 比例色谱的高度。如果是单一组分色谱峰，则比例色谱的高度是该组分固有的性质，与浓度无关，可用于定性。

比例色谱图中显示的吸收比又称响应比率（response ratio），对于浓度敏感型检测器，如荧光检测器、折光检测器等，比例色谱图的响应比率同样能提供一定的定性信息。据不完全统计，以保留时间定性的准确度为 75％左右，再借助于比例色谱技术，定性的准确度可提高到95%。

除了可以利用保留时间和比例色谱的高度进行定性外，许多紫外-可见光检测器还具有光谱扫描功能。不管是停流（光谱）扫描，还是不停流（光谱）扫描，得到的组分的紫外吸收光谱都能提供一定的定性信息。这里的停流、不停流扫描是指当进行待测组分的检测波长光谱扫描时，流动相的流动状况是停止的（停泵），还是正常流动的（不停泵）。光谱扫描时要求得到平直的基线，为此需要进行流动相背景校正。可以采用先贮存流动相的光谱，再在后来的光谱扫描中扣除贮存的流动相光谱的方法。不自动扫描的紫外-可见光检测器只能采用停流扫描。具有停流扫描功能的检测器价格相对便宜，但停流可能引起峰扩展。扫描时间往往需要数秒甚至数分钟才能完成，这同波长范围有关。通常，一个普通的可变波长检测器进行光谱扫描的时间要长于组分色谱峰的洗脱时间（即色谱峰宽）。为此，近年来许多研究者致力于提高光谱扫描速度，实现不停流状态下的跟随色谱峰自动扫描。

由于微型计算机技术的发展，产生了新颖的多波长快速扫描紫外-可见光检测器，而传统的光吸收检测器都是在单波长下工作。多波长快速扫描检测器与传统紫外吸收检测器的区别在于，光源发射的光在整个波长范围内全部通过流通池，而不是选择一定波长的光通过流通池。多波长快速扫描紫外吸收检测器的特点是：快速光谱采集；在实时波长切换下，多组分的高灵敏度、选择性检测；利用内参比方法，即在一个检测波长（或范围）下，选择另一个波长（或范围）的信号为参比信号，可以降低噪声，抑制梯度洗脱的基线漂移、抑制溶剂折光效应，并可以对未分离色谱峰进行峰隐除处理；宽谱带检测；峰纯度检测等[9,10]。

光谱扫描主要采用两种办法：一是在原有的波长扫描基础上改进扫描机构及数据采集方法，提高扫描速度。可以用微处理器控制光栅移动进行多波长扫描。由于仍采用光电倍增管做接收元件，价格便宜，可靠性好，灵敏度高。还可用按制电路控制反光镜角度，达到全波长扫描目的。接收元件为光电倍增管，但该办法做不到随时扫描。另一种办法是采用光电二极管阵列（或电荷耦合器件阵列，硅靶摄像管等）作为检测元件，构成多通道并列检测。光学系统无需旋转，靠电子学扫描二极管阵列，获得光谱图。这种检测能同时检测多种波长，在一次色谱操作过程中获得时间-波长-吸光值为坐标的三维图像，增加了色谱分析信息。目前，多波长紫外吸收检测器已获得广泛的应用。但传统的多波长检测器由于采用普通光学系统，因而在光谱信息采集与处理及多通道信息编程与切换中尚存在着一些局限性，影响光谱的实时采集速度及波长的精度。

表2-7列出了安捷伦1290 InfinityⅡ紫外-可见光检测器的一些性能指标，可以作为了解当今商品可变波长紫外-可见光检测器性能的参考。

表 2-7 安捷伦 1290 Infinity Ⅱ紫外-可见光检测器性能指标

项　目	指　标
检测器类型	双光束光度计
光源	氘灯
通道数量	单波长及双波长检测
最大采样速率	240Hz（单波长检测） 2.5Hz（双波长检测）
噪声	$<\pm0.15\times10^{-5}$ AU（单波长检测，在 230nm 处） $<\pm0.80\times10^{-5}$ AU（双波长检测，在 230nm 及 254nm 处）
漂移	$<1\times10^{-4}$ AU/h，在 230nm 处
线性	>2.5 AU 上限
波长范围	190～600nm
波长准确度	±1nm，用氘灯谱线自校准，用氧化钬滤光片验证
波长精度	<±0.1nm
狭缝宽度	6.5nm，通常在整个波长范围内
按时间编程	波长、极性、峰宽、灯开/关
流通池	标准型：14μL，10mm 光程，最大压力 40bar（588psi） 微量型：2μL，3mm 光程，最大压力 120bar（1760 psi） 半微量型：5μL，6mm 光程，最大压力 40bar（588psi） 制备型：4μL，3mm 光程，最大压力 120bar（1760psi） 制备型：0.3mm 光程，最大压力 50bar（725psi） 制备型：0.06mm 光程，最大压力 50bar（725psi）
光谱工具	停流光谱扫描

注：1bar=10^5Pa；1psi=6894.76Pa。

第三节　光电二极管阵列检测器

光电二极管阵列检测器的开发是近 20 多年来高效液相色谱技术最重要的进步。1975 年 Talmi 首次报道了二极管阵列系统的使用，后来 Yatex、Kuwana和 Milano 等对该项技术做了进一步发展。1982 年惠普公司推出世界上第一台商品化二极管阵列检测器 HP 1040A（图 2-14），它是根据该公司开发的第一台光电二极管阵列分光光度计技术设计而成的。从此液相色谱分析获得许多重大发展，一次进样可得到更多的信息，数据处理更快，不仅可以克服普通紫外可见吸收检测器的缺点，而且还能获重色谱分离组分的三维光谱色谱图，为分析工作者提供十分丰富的定性定量信息。此后该种检测器又有一些新的改进，获得了更好的波长分辨率和更高的灵敏度。

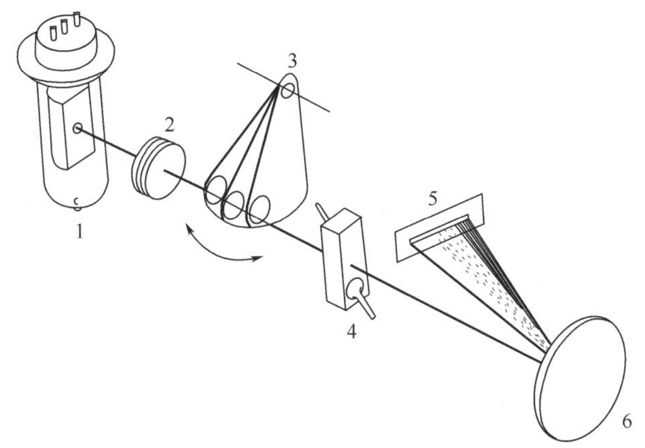

图 2-14　HP 1040A 二极管阵列检测器

1—氘灯；2—消色差透镜；3—斩光器；4—流通池；5—光电二极管阵列；6—全息光栅

光电二极管阵列检测器，又称光电二极管列阵检测器或光电二极管矩阵检测器，表示为 DAD（diode array detector）、PDA（photo-diode array ）或 PDAD（photo-diode array detector）。此外，还有的商家称之为多通道快速紫外-可见光检测器（multichannel rapid scanning UV-Vis detector），三维检测器（three dimensional detector）等。光电二极管阵列检测器目前已在高效液相色谱分析中大量使用，一般认为是液相色谱最有发展前途、最好的检测器。

光学多通道检测技术不仅仅可以采用光电二极管阵列作为光电检测元件。硅光导摄像管是首先被应用到液相色谱阵列检测器的光电检测元件，但由于紫外响应弱，成本比光电二极管阵列高，响应慢等缺点而较少应用。电荷耦合阵列检测器（charge-coupled device array detector，CCD 检测器）具有很多优异的性能：光谱范围宽、量子效率高、暗电流小、噪声低、线性范围宽等。但 CCD 检测器的紫外响应弱，信号收率低，有碍它的进一步发展。其它的光电检测元件同样具有以上这些缺点，因此光电二极管成为目前最主要、最常用的光学多通道检测技术的光电检测元件。

其中主要包括：安捷伦（Agilent）、沃特世（Waters）、岛津（Shimadzu）、赛默飞（Thermo Fisher）、日立（Hitachi）、诺尔（Knauer）等。二极管阵列检测器的技术发展已比较成熟[11,12]。几乎所有的国外主要分析仪器制造商都开发了二极管阵列检测器。

一、工作原理和仪器结构

由于光电二极管阵列检测器在结构上的主要特点是用光电二极管阵列同时接受来自流通池的全光谱透过光。为了适应这种特点，它在结构和光路安排上与普通的色散型紫外-可见光检测器有重要区别（图 2-15）。色散型紫外-可见光检测器光源发出的光线，先经过单色器（光栅式或滤光片式）分光，选择特定波长的单色光进入样品池，再由光电接收元件（光电管、光电倍增管等）接收。因此，它一次只能接收检测一个波长的光强度，其光学系统又称单色仪。而光电二极管阵列检测器是令光线先通过样品流通池，然后经过一系列分光技术，使所有波长的光在接收器同时被检测，其光学系统又称多色仪。这种与普通的光谱检测器相比，样品与光栅的相对位置正好相反的结构，经常被称为“倒光学”（reversed optics）系统。

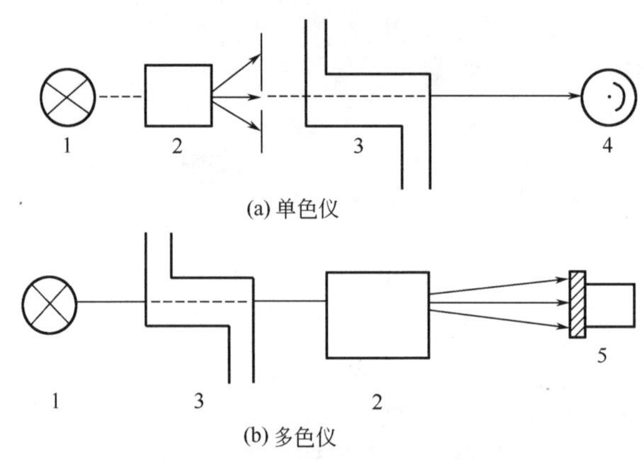

图 2-15　单色仪和多色仪

1—光源；2—单色器；3—流通池；4—光电管；5—光电二极管阵列

二极管阵列检测器的结构如图 2-14 所示。氘灯光源发出的连续光，经过一消色差透镜系统聚焦在流通池内。然后透过光束经会聚后通过入射狭缝进入多色仪。在多色仪中，透过光束在全息光栅的表面色散，并投射在二极管阵列元件上。多色仪是经过精心设计的，保证其聚焦面与接收器能很好地吻合。因此列阵上各个元件同时收到不同波长的光流。检测器的阵列由 211 个（或更多个）二极管组成，每个二极管宽 50μm，各自测量一窄段的光谱。光电二极管所接收的光强度是通过测量固态线路开关连接到公共输出线上的存储电容器的电荷量来传播。这些开关由一个寄存器控制，首先，给电容器充电到一个特定的量，在每一次测量周期开始时，由于光照射二极管，产生入射光二极管电流，导致充电电容器的部分放电，因而给电容器重新充电的电流量正比于放电所需的光强度。二极管阵列检测器通过其光电二极管阵列的电子线路，快速扫描提取光信号，在 10ms 左右测出整个波长范围 190～600nm 的光强。扫描速度非常快，远远超出色谱峰的流出速度，因此可用来观察色谱柱流出物的每个瞬间的动态光谱吸收图，即不需要停流跟随色谱峰扫描。经计算机处理后，构成时间-波长-吸光度三维光谱色谱图（图 2-16）。

图 2-17 是双光束二极管阵列检测器的光学系统。以氘灯（200～380nm）及钨灯（381～600nm）作为光源，从光源发出的光经反射通过狭缝后进入分光器。当

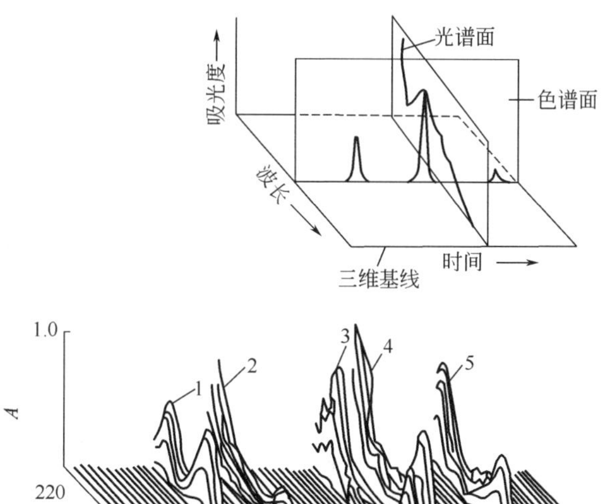

图 2-16 三维光谱色谱图

1～5 为五种食用染料

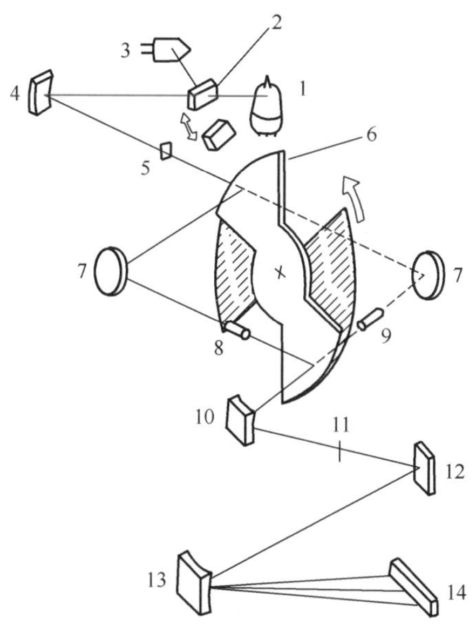

图 2-17 双光束光电二极管阵列检测器光学系统

1—氘灯；2—光源转换镜；3—钨灯；4—反射镜；5—入口狭缝；6—扇形镜；7—环形镜；8—参比吸收池；9—样品吸收池；10—准光镜；11—分光器入口狭缝；12—平面镜；13—光栅；14—光电二极管阵列

光束照在分光器不能转动的扇形镜上时，被反射到环形镜上，再进入参比池，透过参比池的光经会聚和反射通过狭缝进入多色仪。在多色仪中，参比光束和样品光束快速地交替照在单色器上，由全息凹面光栅色散后，投射到光电二极管阵列元件上。二极管阵列可以是线性阵列，也可以是多极二极管阵列。一般来说，二极管数目多（以 35～1024 支不等），则每支二极管跨越的波长范围窄，光谱分辨率高，成本也高。

早期的二极管阵列检测器有两大弱点：灵敏度偏低；光谱分辨率远低于普通的紫外-可见分光光度计。整个光路系统中的聚光镜及光路长度是一对影响光能量的矛盾。聚光镜厚，光路可短一些，以减少光能量损失，但是聚光镜的玻璃及消色差镜也会损失光能量，反之其能量将损失在光路中。另外，狭缝宽度也影响光能量，狭缝窄一半，其能量下降至原来的 1/8，而较大的狭缝宽度可降低信号噪声。

高分辨率是进行光谱精细结构分析、光谱对照和化合物鉴定的前提。二极管阵列检测器的波长分辨率是由两个指标来决定的，一是光学单元，二是二极管数目。控制光谱分辨率的光学单元的关键是进入光谱仪的入口狭缝。光学系统如同一个滤光器，它的光谱带宽取决于入口狭缝的宽度。狭缝宽度一般在几十微米到几百微米，产生几个纳米的光谱带宽，视光路的结构、光电二极管的尺寸不同而有些差异。显然，狭缝越窄，光谱分辨率越高。光谱带宽（光学分辨率）对整个波长分辨率的影响比数学带宽（数学分辨率：由二极管数目和整个波长范围决定的每个二极管所接受的波长范围）要大一些。

随着科学技术的发展，二极管阵列检测器的性能已得到较大提高。如有的生产商家采用新的光路设计，在整个光路中无透镜，全部使用反光镜，最大限度地减少光能量损失，在狭缝宽度降低时仍可保证足够的光通量，从而同时提高灵敏度、分辨率和线性范围。采用优化的色谱检测条件参数，选择合适的检测带宽、参比波长和响应时间等，这些都有利于灵敏度的提高。一般选择光谱吸收峰的半峰宽（即最大光谱吸收值一半处的谱带宽度）作为检测带宽。对大多数有机分子而言，最佳带宽为 30nm 左右。以提高检测灵敏度为目的的单一波长检测带宽在 5nm 左右，以获得高光谱分辨率为目的的光谱扫描带宽可减少到 1nm。从检测波长下的吸光度中连续扣除参比波长下的信号，减少由于溶剂组成的微小变化而产生的“液体棱镜”效应以及由于光源不稳定产生的基线波动，可提高灵敏度。色谱信号的采集是通过在特定波长范围内取一系列数据点以固定的频率产生的。对一个信号点而言，响应时间越长，累加的数据点越多，则检测器的统计噪声降低，但响应时间太长会使一个窄峰上采集的点数减少。理想的响应时间取决于色谱峰宽。多数情况下，1～2s 的响应时间比较适合于定量分析的要求。为提高灵敏度，痕量分析中响应时间可增加到 2s 以上。使用改进的信号放大装置，可进一步提高信噪比。另外，许多新的计算机数据处理软件开发的功能中也包括有提高二极管阵列检测器性能的功能。新一代的光电二极管阵列检测器波长范围宽，可达190～950nm；狭缝编程可使狭缝宽度在几秒内改变；光学分辨率最高为1.0nm。

从20世纪80年代中期以来，光电二极管阵列检测器已经成为高效液相色谱紫外-可见光检测器的最好选择。但与普通的可变波长紫外-可见光检测器相比，二极管阵列检测器的灵敏度要低一个数量级。而二极管阵列检测器灵敏度提高对化合物检测的重要性不仅在于分析检测限的降低，样品量的减少，线性范围的扩大，更在于可以提高痕量分析的精度和谱库检索以及峰纯度鉴定结果的准确度。提高检测器灵敏度的两个办法是降低背景噪声和加大响应信号。影响背景噪声的主要因素有：

① 光强低时，硅光电二极管的短噪声增加，为此应加大检测器光学系统的光通量。

② 自然噪声低的光电元件和模拟电子元件的成本高。

③ 微处理器、转换器和光源产生的电磁干扰影响检测器模拟信号的灵敏度。

④ 模拟和数字信号滤波器在信号处理过程中影响基线噪声，该噪声的降低与色谱、光谱分辨率的提高成为一种矛盾因素。现有的技术手段很难降低上述背景噪声。

一般地说，影响化合物响应信号的摩尔吸光度和浓度值都不能改变，检测器响应信号与吸收池长成正比，但单纯的提高吸收池长会同样倍数地加大池体积，导致峰展宽的加大。一种被称为光导流通池的设计是在50mm长（10倍于普通流通池）、10μL体积的池内表面加一层特殊的低折射率材料，入射光束的角度大于临界角，入射光几乎没有被内表面材料吸收而在流通池内表面全反射，可提高信噪比5倍之多。另外，从流通池出来的透射光一般都是以圆形光束的形式传播的。然而为了得到最好的光谱分辨率，这种圆形光束应在到达光栅之前变形成狭窄的线形光束。传统的做法是用一个机械狭缝，但却最终限制了透射光的光通量。为此，一种改进办法是在流通池出口处由一组光纤排成圆柱形，这样绝大多数透射光都可以穿过光纤，而且以线性光束射出，同时保证了光通量和光谱分辨率。二极管阵列检测器的灵敏度得到较大提高，噪声最低可达3×10^{-6}AU。

微型色谱柱在理论和实践上有许多优点：被分离的峰扩张较小；减小溶剂消耗量；在比较低的体积流速下，能获得高线速度，实现快速分离。由分析型LC降低分离规模引起的直接可能后果是检测器灵敏度不足，严重的谱带展宽，色谱峰高降低，峰容量大幅度减少。简单将光束通过色谱柱末端的毛细管，可使谱带展宽降至最小，但光程过短。人们曾尝试设计特殊形状的检测池，希望通过增加光程来提高灵敏度。但结果不尽人意，一些光通过毛细管的硅胶壁而损失掉，造成检测灵敏度的降低和非常强的非线性响应。

一个较好的光电二极管阵列检测池设计如图 2-18 所示，其能够聚焦并沿池长方向引导来自氘灯的光。池长 5mm，体积为 250nL。检测池的材料是一种独特的无定形荧光聚合物（Teflon AF），具有非常好的 UV 和可见光透明度，折射率小于水。Teflon AF 类似于光纤的包层，而流动的样品流则类似于光纤的芯。检测池的光导性质可以传输与常规 8μL 分析型 DAD 检测池相同多的光，而且池体积小、光程长、噪声低，更为重要的是改善了检测限，能够检测 10^{-15}mol 的肽。因为所有的光都通过样品，所以线性很好。

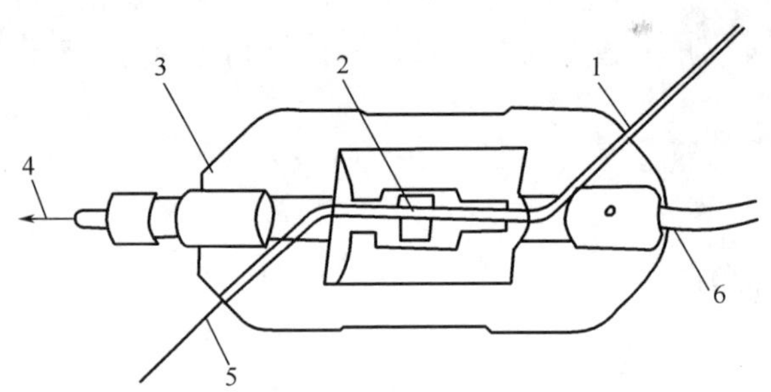

图 2-18　一种新设计的光引导检测池

1—来自 LC；2—检测池；3—检测池卡箍；
4—到光电二极管；5—到质谱检测器；6—光导纤维光源

二、主要特点和功能

光电二极管阵列检测器在紫外-可见光检测器的发展中是一次突破，可以提供关于色谱分离、定性定量的丰富信息。其主要特点是：

① 可以同时得到多个波长的色谱图，因此可以计算不同波长的相对吸收比。

② 可以在色谱分离期间，对每个色谱峰的指定位置实时记录吸收光谱图，并计算其最大吸收波长。

③ 在色谱运行期间可以逐点进行光谱扫描，得到以时间-波长-吸光度为坐标的三维图形（三维色谱光谱图），可直观、形象地显示组分的分离情况及各组分的紫外-可见吸收光谱。由于每个组分都有全波段的光谱吸收图，因此可利用色谱保留值规律及光谱特征吸收曲线综合进行定性分析。

④ 可以选择整个波长范围、几百纳米的宽谱带检测，仅需一次进样，将所有组分检测出来。

其中，它区别于普通紫外-可见光检测器的最主要、最基本的特点就是快速扫描被测组分的紫外-可见吸收光谱。由于具有以上特点，二极管阵列检测器在进行色谱分析中给出了一些特殊功能。

（一）色谱峰的准确定性

液相色谱法通常使用绝对或相对保留时间对色谱峰进行定性。这种定性较为粗略，要确认该峰是何种化合物，还需收集色谱柱后流出液，进一步做红外光谱、核磁共振和质谱分析。利用二极管阵列检测器则非常方便，随着每一色谱峰的流出，自动采集峰顶的光谱图。将其与计算机存储的谱库中光谱图做对比，进行计算机谱库检索。如果被测组分的光谱图与谱库中某一光谱图完全重合，说明两者很可能是同一化合物；如不重合，则非同种化合物。

几种统计方法可用于自动光谱比较。由于紫外-可见光谱的精细结构信息较少，所有吸光度的最小二乘拟合系数可以给出最佳结果，而计算相关系数所需的时间很短（小于 1s）。一种自动光谱比较的方法能给出两个光谱的匹配因子和相应的化合物名称。表 2-8 是一色谱峰的光谱谱库检索结果和匹配因子表。匹配因子 1000 代表光谱完全一致，一般 990 以上代表光谱相似，在900～990 之间意味着有一定的相似性，而低于 900 说明这是两个不同的光谱图。匹配因子受许多参数的影响，可以划分为系统参数和数学参数。系统参数由样品及分离方法决定，包括化合物的种类、基体化合物的光谱吸收、光谱噪声水平以及由溶剂产生的背景吸收、光谱滑移等。数学参数可以通过设定仪器软件加以调整，包括预选标准光谱的保留时间窗、导数光谱、吸光值阈值、平滑算法、波长范围以及为补偿流动相影响的光谱扣除等。把握这些参数对匹配因子的影响比较困难。而且紫外-可见吸收光谱缺少特征性也是色谱峰定性的一个限制，需要利用色谱保留值的规律及光谱特征吸收曲线综合进行定性分析。

表 2-8　匹配因子表

名　称	编　号	谱库号	匹配因子数
苯并[*g*,*h*,*i*]苝	415	15	999
二苯[*a*,*j*]蒽	427	27	476
苯并[*a*]芘	403	3	451
萘	412	12	445
二苯[*a*,*h*]蒽	425	25	442
芴	410	10	379
苯并[*e*]芘	417	17	362
环戊[*c*,*d*]芘	407	7	317
苯并[*b*]荧蒽	416	16	296
芘	423	23	296

（二）峰纯度检验

对于一个色谱峰是否只包含一个或者多个组分的峰纯度问题，使用普通的单波长检测器，只能靠原信号或导数信号的峰形状去判定。这种方法当然很不可靠，因为色谱峰形状受众多参数的影响，并在很大程度上取决于色谱的分辨率。利用二极管阵列检测器的多信号功能及光谱信息，可以判定一个色谱峰的纯度及分离状况。现有许多峰纯度检测的方法，如：从色谱峰不同部位取光谱归一化；取两个波长下的吸光度比率；数据的三维图；多重吸收比率；组分的光谱抑制；作洗脱时间函数及原始组分分析光谱解卷积法等。其结果可以用图示方式表示或者以峰纯度因子形式的数字量表示。为了增加紫外-可见光谱鉴定的准确性，在进行谱库检索之前，最好首先做色谱峰纯度检验，还需参考标准组分的保留时间，对复杂基体的光谱干扰和基线噪声干扰也应扣除。

色谱峰不同部位的光谱归一化是最常用的峰纯度检验方法。通常的做法是对色谱峰分别在峰前沿、峰顶点、峰后沿三个位置采集光谱，无论是直观比较还是计算机计算纯度因子，都可以清楚地显示纯峰和不纯峰之间的差别。图 2-19(a)为在峰前沿所得的纯山梨酸光谱图，图(b)为在峰后沿所得的纯苯甲酸光谱，图(c)为在峰尖处所得的二者的混合光谱。

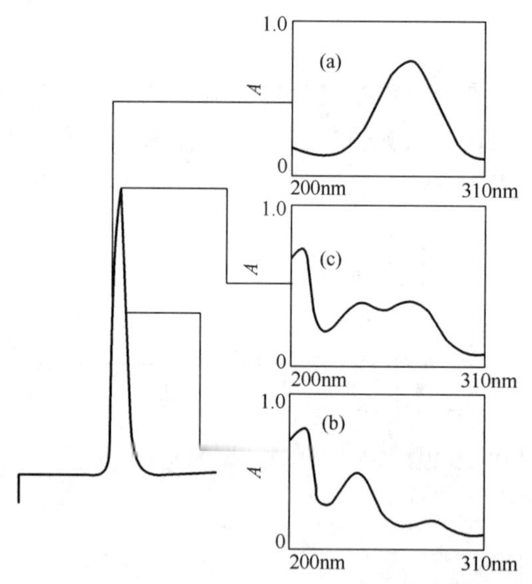

图 2-19　山梨酸和苯甲酸部分分离的色谱图及其光谱图

(a) 山梨酸；(b) 苯甲酸；(c) 部分分离的两酸混合物

对于一个纯化合物，在波长 λ_1 下的摩尔吸光系数应当正比于另一波长 λ_2 下的摩尔吸光系数，即两个波长下的吸光值比（$A_{\lambda_1}/A_{\lambda_2}$）应为常数。采用多通道检测技术，测定色谱分离组分在多个不同波长的吸收比，由于此比值与浓度无关，所以当沿色谱峰各点的吸光度比为一常数时，表明该峰是纯峰。所谓多通道检测是指利用计算机技术，用多个波长（一般是最大吸收波长）检测色谱流出物，通过计算机数据处理，将其吸光度比值连续计算予以定性和评价色谱纯度。由于不用重复进样和改变色谱分离条件，大大节约了分析时间，提高了检测灵敏度和选择性，但急剧梯度变化或基线噪声可能导致分析结果不准确。故多通道检测技术中最常用的两个波长的吸光度比值法多用于质量控制，例如药物的纯度控制，而在研究分析中应用不太广泛。多重吸光度比值法的原理与两个波长的吸光度比值法相近。不只是用两个波长，而是相对于最大吸收波长下的所有波长做出比值图。程序重复检索出每一光谱的最大吸收波长，并据此重建色谱信号，再沿整个色谱图画出其它波长的色谱信号比值。由这一程序就可以很快地观察到在整个色谱图上所有峰的纯度情况，适用于方法的开发研究。

另外，三维光谱色谱图显示了吸光度对于波长及时间的变化，该图可以沿轴旋转以发现包藏的杂质峰。这种方法要求有较熟练的操作技巧。

（三）峰抑制

如果两个化合物在色谱图中并未完全分离开，但它们的吸收光谱却有很大差别，这样，利用二极管阵列检测器的双通道检测技术，即使这两个组分在整个波长范围内都有吸收，也可通过选择适当的测定波长、参比波长和带宽，使一种化合物的色谱峰被完全抑制，提高选择性，实现未分离峰的准确定量分析。这种方法被称为峰抑制（peak suppression）或者信号差减。

以分析生物样品中咖啡因存在条件下的盐酸噻嗪为例。如图 2-20 所示的光谱图中，盐酸噻嗪的最佳检测波长是 222nm（λ_2），在该波长下，咖啡因也有显著吸收，因此不能用普通的可变波长检测器定量检测。而在二极管阵列检测中，可选择 282nm（λ_4）作为参比波长（此波长下咖啡因的吸光度与波长 222nm 下的吸光度相等），当检测波长与参比波长的吸光度差减后，完全不检测咖啡因。同样地，可以抑制盐酸噻嗪而对咖啡因准确定量。这时，应设定检测波长为 204nm（λ_1），参比波长为 260nm（λ_3）。图 2-21 是这种峰抑制技术的色谱结果。这种峰抑制技术的代价是灵敏度将降低约 10%～30%。

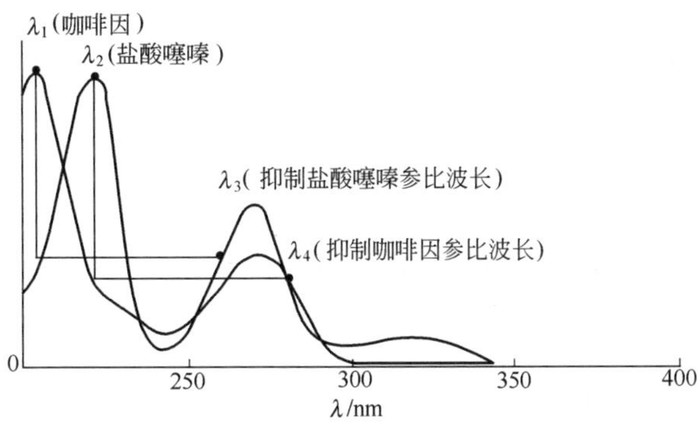

图 2-20　峰抑制波长的选择

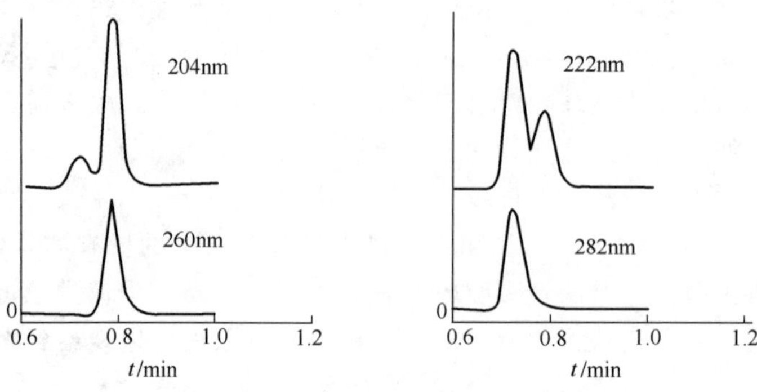

图 2-21　用参比波长法抑制色谱峰

（四）宽谱带检测

当使用普通的可变波长检测器对未知物进行色谱分析时，常常需要多次进样，每次改变不同检测波长才能确认检测所有的色谱峰。而利用二极管阵列检测器，可以选择整个波长范围，例如从 190nm 到 600nm，谱带宽度为 400nm，仅需一次进样，则在这一段波长范围内有吸收的所有组分都能被检测出来。图 2-22 是一个毒物样品，无论选择 250nm，还是选择 280nm，都检测不出所有色谱峰，只有选择从 220nm 到 300nm 的宽谱带检测，才能保证三个峰被同时检测出来。

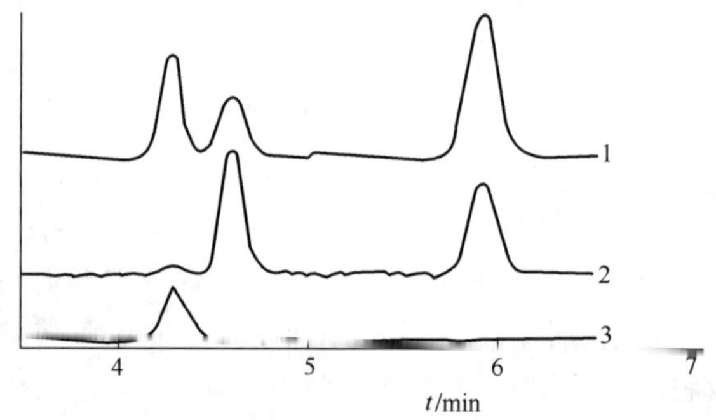

图 2-22　宽谱带检测

1—宽谱带，中心 260nm，80nm 宽；2—窄谱带，中心 250nm，4nm 宽；3—窄谱带，中心 280nm，4nm 宽

（五）选择最佳波长

一旦色谱峰能够被检测，下一个任务便是找到每一个峰相应的最大吸收波长。二极管阵列检测器在给定的波长范围内实时采集每一色谱峰的光谱，并计算其最大吸收波长。利用该结果，可以通过设定时间波长程序，使检测波长随时间变化而改变，从而提高每一分离组分的检测灵敏度；也可以采用各组分的最大吸收波

长同时进行多通道（多信号）检测，即在多个波长下监测样品。抗生素药物在食品中的含量受到不同要求的限制，需要监测含量。图 2-23 和图 2-24 是抗生素药物的光谱图和色谱图。为了获得最高灵敏度，选择三个不同波长检测样品。

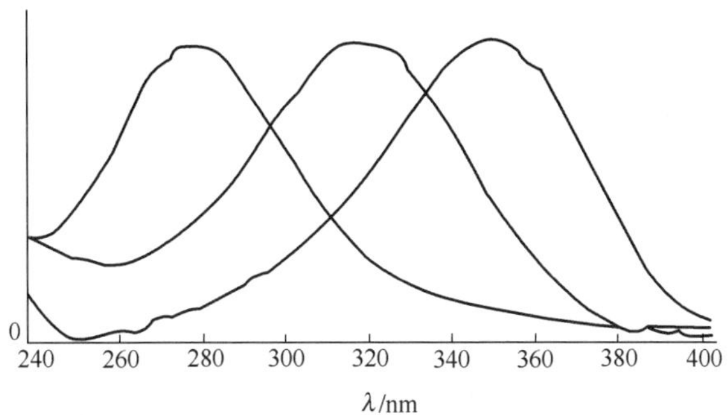

图 2-23　抗生素药物的典型光谱图

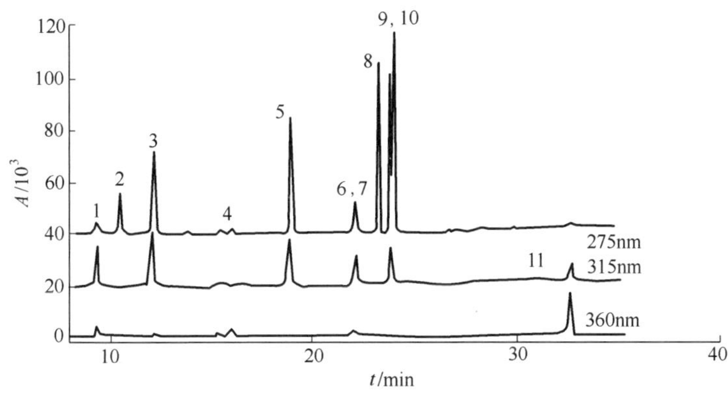

图 2-24　抗生素药物的多信号检测

三、主要应用

二极管阵列检测器的特殊功能可以应用在许多领域，发挥着独特而重要的作用，大大扩大了液相色谱的应用范围。本节仅就二极管阵列检测器在药物学、临床医学、毒物学、生物科学、食品和饮料、环境、石油化工和高分子化工领域中的应用列举一些典型例子。

（一）在药物学和毒物学中的应用

利用紫外-可见光谱谱库检索技术，可对药物代谢产物、生物体内的毒品药物或微生物产品进行全分析，以及鉴定天然药物活性成分等。液相色谱对生物体液中未知药物代谢产物的研究和鉴定是个难题，尤其是当代谢物的浓度较低以及复杂生物基体组成变化的情况下，对它们的识别更加困难。药物代谢物的紫外吸收光谱往往与原药的光谱相似。用二极管阵列检测器，可以将每个色谱峰的光谱图与原药的光谱图进行比较，确认原药代谢物的色谱峰（例如预先设定一个值，如果光谱匹配因子超过预先设定值，则可确认原药代谢物的色谱峰）。抗高血压药物哌胺甲尿啶在动物体内的代谢物结构如图 2-25。一次口服 60mg 哌胺甲尿啶后，收集的尿样的液相色谱分离和光谱检索结果如图 2-26。图 2-27 是代谢物与原药的光谱叠加显示。

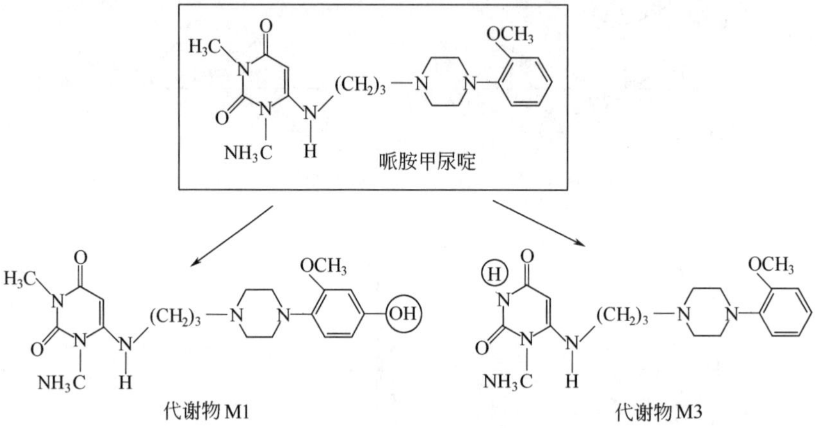

图 2-25　哌胺甲尿啶的代谢方式

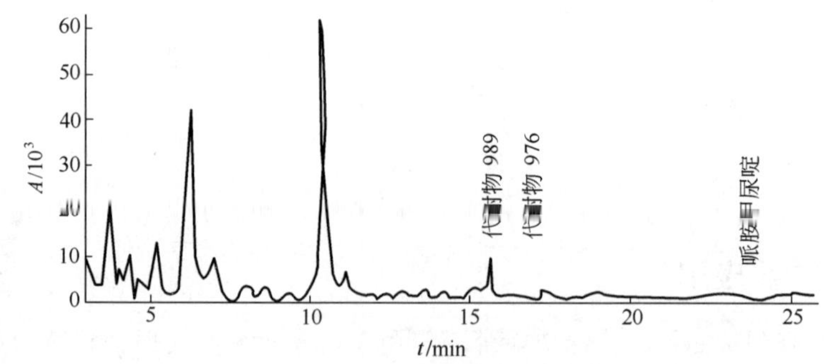

图 2-26　药物代谢物的自动光谱检索

目前对生物体液中毒品分析的标准方法是气相色谱-质谱联用法。但是对于非挥发性组分，除非可以采用化学衍生化技术，否则难以用气相色谱分析。液相色谱对化合物的挥发性没有要求，但是液相色谱-质谱对日常分析来说太昂贵。折衷的考虑是液相色谱与二极管阵列检测技术结合起来。虽然紫外光谱不如质谱那么具有特征性，但是可在液相色谱中结合第二个判断标准来增加紫外光谱的可靠性，如保留时间。图 2-28 是血清中溴吡二氮䓬的色谱图。首先对 $t_R=3.6$min 的色谱峰

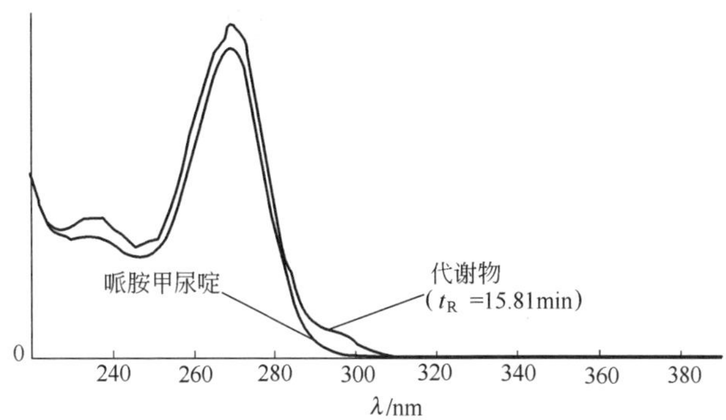

图 2-27 原药及其代谢物的光谱比较

前沿、后沿的归一化光谱图进行比较以检验其纯度。接着对峰顶处的光谱差减去峰前沿的光谱，以消除来自生物样品复杂基体极小的光谱干扰—即化学噪声。然后把经过校正的光谱与专门的毒品药物谱库中的光谱进行比较，就会对溴吡二氮䓬给出正确的匹配。

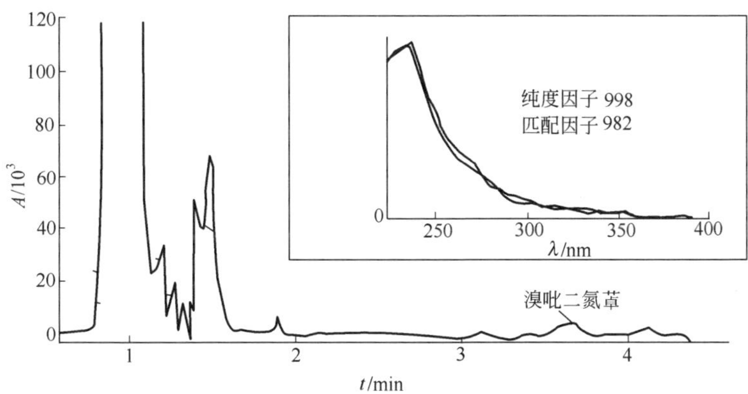

图 2-28 血清中萃取的溴吡二氮䓬的色谱图

（二）在生物科学中的应用

在肽和蛋白质的制备过程中，必须控制最终产品的纯度。高效液相色谱法可用于从杂质中分离出合成肽及蛋白质。由于肽和蛋白质的光谱差异性小，用普通的紫外吸收检测器不能检测出掩藏在其中的杂质，只有利用二极管阵列检测器提供的高重现性光谱才能准确测出微小的光谱差异。例如，通过对待测组分血纤维蛋白肽色谱峰分别记录峰前沿、峰顶点和凸肩处三个位置的光谱图，将之进行叠加、归一化和比较，可以确认杂质的存在与否。另外，除了归一化光谱比较外，多信号检测技术也可用于控制蛋白质纯化。

导数光谱法可用来鉴定肽和蛋白质中的芳香氨基酸。组成肽和蛋白质的氨基酸的紫外吸收构成了肽和蛋白质的紫外吸收光谱特征。特别是芳香族残基苯丙氨酸（Phe）、酪氨酸（Tyr）及色氨酸（Trp）的紫外吸收光谱差异性小，通过导数光谱可以增加光谱差异（图 2-29）。图 2-30 是一个四肽的色谱图及其相应的零阶（即紫外吸收光谱图）与二阶导数光谱图，与图 2-29 对比可知，色氨酸是其中唯一的芳香氨基酸。图 2-31 所示是对胰岛素的质量控制分析，显然通过二阶导数光谱可以发现胰岛素中不含色氨酸，但有酪氨酸和苯丙氨酸。

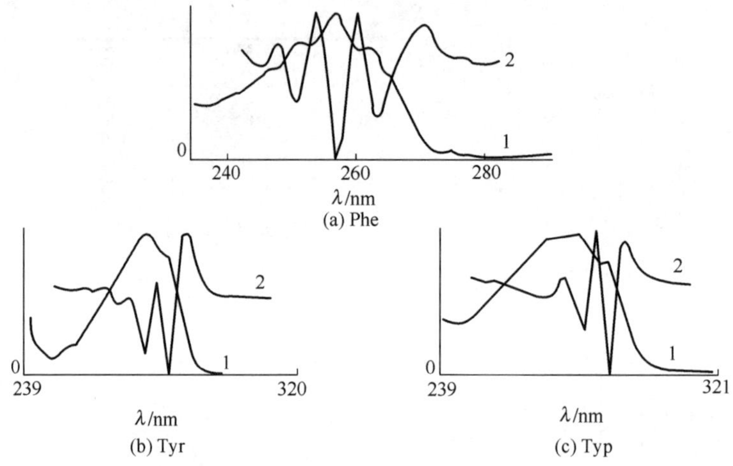

图 2-29　芳香氨基酸的零阶(1)和二阶(2)导数光谱图

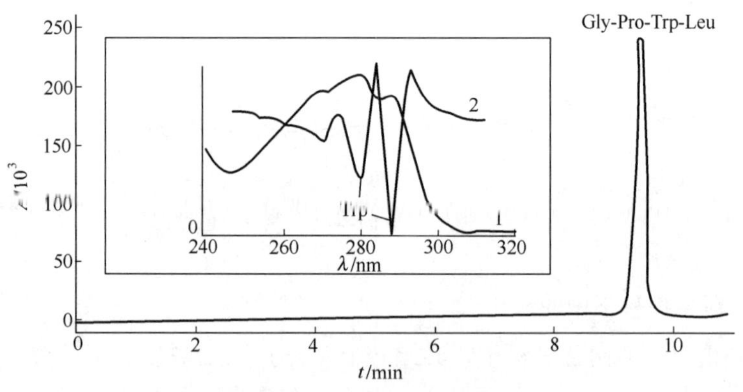

图 2-30　四肽中的色氨酸

1—零阶导数光谱；2—二阶导数光谱

（三）在环境科学中的应用

饮用水中农药污染物的标准分析方法是气相色谱-质谱联用法。但许多农药对热不稳定，难以用气相色谱进行准确分析。对于热不稳定的化合物，高效液相色

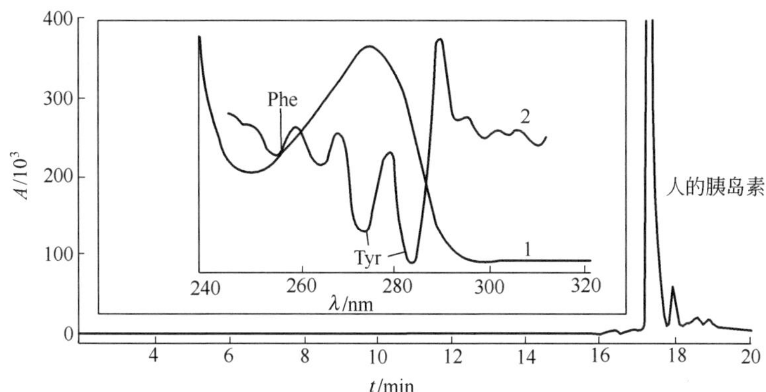

图 2-31　胰岛素中的酪氨酸及苯丙氨酸

1—零阶导数光谱；2—二阶导数光谱

谱是一种理想方法。但是，对于来自样品介质的干扰，用保留时间作为唯一的定性标准是不够的。利用二极管阵列检测器采集紫外光谱并结合自动谱库检索程序，成功地分析了饮用水样品中的苯脲类除草剂、三嗪类农药及甲氨酸酯。低检测限要求每个化合物都在最大吸收处检测，由于水中可能含有多种农药，在一个合理的分析时间内不能完全分离，不推荐用波长程序。图 2-32 是在双通道 230nm 和 254nm 下的农药标准物的色谱图，图 2-33 是对水样全自动分析的结果。

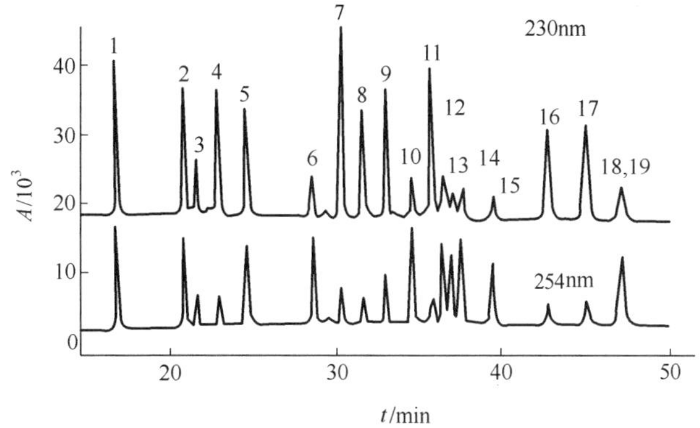

图 2-32　双通道检测分析农药组分

图中 1～19 为混合中不同的组分，各组分浓度均为 1μg/L

大量用作杀菌剂和抗腐剂的氯代苯酚类化合物的毒性已构成对水的污染，高效液相色谱与二极管阵列检测结合的分离检测技术是分析废水中多氯苯酚的理想方法。如果要做确证分析，还可利用其它方法如质谱法进行进一步鉴定。

利用紫外检测器，有人基于固相微萃取技术，以石墨烯材料为吸附剂，对极地水体中的污染物进行了分析。利用 1mg 石墨烯作为吸附剂，对水样中的雌激素类样品进行微萃取，进而以 HPLC-UV 进行检测，使得雌激素酮、17-β-雌二醇、

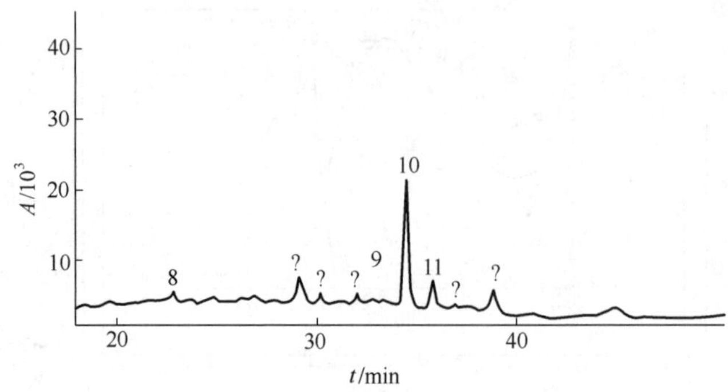

图 2-33　水样全自动分析色谱图

图中 8～11 是与图 2-32 对应的组分；?为未知物

17-α-炔雌醇和乙烯雌酚等均得到了较好的监测[13]。此外，为了避免滥用纳米银作为抗菌剂所导致的环境污染问题，有人将不对称场流分离系统与 ICP-MS 和 UV-Vis 检测器联用，实现了水体中纳米银尺寸及质量浓度的同时检测[14]。

（四）在其它方面的应用

除上述重要应用外，还可以利用多通道功能对饮料中合成色素分析监测；利用二极管阵列检测器代替示差折光检测器，在原油分析中可获得除了分子量分布、有机物族组成外更多的信息，例如芳烃、卟啉分析等；在聚合物分析中可获得除了分子量分布外残留单体及各种添加剂的定性和定量数据。

在传统的紫外-可见光检测器的基础上，二极管阵列检测器发展了起来，并在液相色谱峰纯度检验和峰定性方面有广泛的应用。最早的二极管阵列检测器仅用于研究分析和方法开发，而今常常也用于全自动的日常分析。虽然检测器硬件光学系统没有很大改变，但软件发展展示了一定的研究前景。在具有高运行速度的 16 位或 32 位计算机上发展出的新的软件，能够在极短时间内处理大量数据。此外，价格适中的高分辨彩色监视器又可进行信息量丰富的数据显示。

二极管阵列检测器的价格也在降低。一种经济的选择是用内装的微处理器取代计算机硬件和软件，通过快速扫描监测有限数波长，能够为日常分析提供多信号检测及一些峰纯度检验功能。

表 2-9 列出了沃特世公司 Waters 2998 系列高效液相色谱仪二极管阵列检测器的一些性能规格，可以作为了解当今商品二极管阵列检测器性能的参考。

表 2-9　Waters 2998 二极管阵列检测器性能规格

类　别	指　标
波长范围	190～800nm
波长准确度	±1nm

续表

类　别	指　标
波长重现性	±0.1nm
光学分辨率	1.2nm
数字分辨率	1.2nm/扫描
线性范围	2.0AU 的偏差≤5%，对羟基苯甲酸丙酯，257nm
基线噪声	≤10.0×10^{-6} AU
基线漂移	≤1.0×10^{-3} AU/(h·℃)
线性范围	2.0 AU
吸收范围	0.0001～4.0000 AUFS
光源	氘灯，寿命 2000h
内置灯优化软件	减少可见光波长噪声，补偿灯损耗能量
流通池	梯形狭缝池
池体积	分析型：9.3μL，光程 10mm
	微内径型：4.1μL，光程 8mm
	半制备型：18.3μL，光程 3mm
	自动纯化型：12.4μL，光程 0.5mm

参考文献

[1] Vickrey Thomas M. Liquid Chromatography Detectors. New York：Marcel Dekker Inc，1983.

[2] 袁倚盛.HPLC 系统的故障排除. 南京：南京大学出版社，1991.

[3] 王俊德，商振华，郁蕴璐.高效液相色谱法. 北京：中国石化出版社，1992.

[4] Walker S E，Mowery R A.Pittsburgh Conference on Analytical Chemistry and Applied Spectroscopy，1980.

[5] Stevenson R L. Chromatogr Sci(Liq Chromatogr Detect)，1983，23：23.

[6] Jones K P. Trends Anal Chem，1990，9：195-199.

[7] 张志荣. 现代仪器联用分析. 成都：成都科技大学出版社，1990.

[8] Scott R P W. Liquid Chromatography Detectors. 2nd ed. New York：Elsevier Science Publishers B V，1986.

[9] 朱彭龄，云自厚，谢光华. 现代液相色谱. 兰州：兰州大学出版社，1989.

[10] Bruin G J M，Stegeman G，et al. J Chromatogr，1991，559：163-181.

[11] Huber L，et al. 二极管阵列检测技术在高效液相色谱中的应用. 周绍联译. Hewlett-Packard 出版.

[12] Ludurg Huber，et al.Diode Array Detection in HPLC.New York：Hewlett-Packard Publishers，1993.

[13] Naing N N，Li S F Y，Lee H K. J Chromatogr A，2016，1427：29-36.

[14] Geiss O，Cascio C，Gilliland D，et al. Chromatogr A，2013，1321：100-108.

CHAPTER3

荧光检测器

荧光是一种光致发光现象，当物质的分子被紫外-可见光照射时，会吸收一定的能量，其电子能级由基态跃迁到激发态。激发态的分子从第一电子激发态的最低振动能级回到基态的各振动能级，伴随所产生的光辐射即为荧光。能发出荧光的物质即为荧光物质，被分子吸收的光即为激发光，所产生的荧光即为发射光。荧光性质及强度与分子结构和含量密切相关，可以用于物质的精确定性及定量分析，因而荧光检测也成为一种常用的液相色谱检测手段。通过测量化合物荧光信号对物质进行检测的液相色谱检测器即为荧光检测器（fluorescence detector，FLD)，是一种基于荧光性能的浓度敏感型检测器，是灵敏度最高的检测技术之一，同时具有很高的选择性和稳定性，对具有荧光或被选择性标记的分子产生响应，有效消除基质干扰，在液相色谱检测方面得到了广泛应用。

第一节　荧光检测器的工作原理和仪器结构

一、工作原理

（一）荧光的产生

从电子跃迁的角度来讲，荧光是指某些物质吸收了与它本身特征频率相同的光线以后，原子中的某些电子从基态中的最低振动能级跃迁到较高的某些振动能级。电子在同类分子或其它分子中撞击，消耗了相当的能量，从而下降到第一电子激发态中的最低振动能级，能量的这种转移形式称为无辐射跃迁。由最低振动能级下降到基态中的某些不同能级，同时发出比原来吸收的频率低、波长长的一种光，就是荧光（图 3-1）。被化合物吸收的光称为激发光，产生的光称为发射光。荧光的波长总要比分子吸收的紫外光波长长，通常在可见光范围内。荧光的性质与分子结构有密切关系，可用于分子的定性分析。

（二）定量基础

在光致发光中，发射出的辐射量总依赖于所吸收的辐射量。由于一个受激分子回到基态时可能以无辐射跃迁的形式产生能量损失，因而发射辐射的光子数通常都少于吸收辐射的光子数，这里以量子效率 Q 来表示：

$$Q=\frac{\text{发射光量子数}}{\text{激发光量子数}}$$

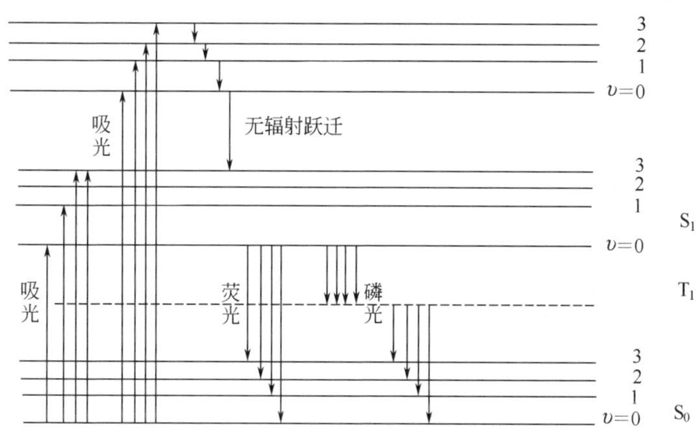

图 3-1　光能的吸收、转移和发射示意图

在固定的实验条件下，量子效率是个常数。通常 Q 小于 1，对可用荧光检测的物质来说，Q 值一般在 0.1～0.9 之间。荧光强度 F 与吸收光强度成正比：

$$F=Q(I_0-I) \tag{3-1}$$

式中，I_0 为入射光强度；I 为透射光强度；I_0-I 即为吸收光强度。透射光强度可由朗伯-比耳定律求得：

$$A=\varepsilon bc=\lg\frac{I_0}{I}$$

$$I=I_0\mathrm{e}^{-2.303\varepsilon bc}$$

因此

$$F=QI_0(1-\mathrm{e}^{-2.303\varepsilon bc}) \tag{3-2}$$

当被分析物浓度足够低时（吸光度<0.05），上式可简化为：

$$F=2.303QI_0\varepsilon bc \tag{3-3}$$

由于在实验室用仪器中，总发光量仅有某一确定的部分被检测器收集检测，当考虑了荧光收集效率 K 后：

$$F=2.303KQI_0\varepsilon bc \tag{3-4}$$

由上式可见，对于稀溶液，荧光强度与荧光物质溶液浓度、摩尔吸光系数、吸收池厚度、入射光强度、荧光的量子效率及荧光的收集效率等成正相关。在其它因素保持不变的条件下，物质的荧光强度与该物质溶液浓度成正比。这是荧光检测器的定量基础。荧光检测器属于浓度敏感型检测器，可直接用于定量分析。但是，与使用紫外-可见光检测器时一样，由于各种物质的 Q 和 ε 数值不同，在定量分析中，不能简单地用峰高或峰面积的归一化法来计算各组分的含量。

（三）激发光谱和发射光谱

荧光涉及光的吸收和发射两个过程，因此任何荧光化合物，都有两种特征的光谱：激发光谱（exitation spectrum）和发射光谱（emission spectrum）。

荧光属于光致发光，需选择合适的激发光波长（E_x）以利于检测。激发波长可通过荧光化合物的激发光谱来确定。激发光谱的具体测绘办法是通过扫描激发单色器，使不同波长的入射光激发荧光化合物，产生的荧光通过固定波长的发射单色器，被光检测元件检测，最终得到的荧光强度对激发光波长的关系曲线就是激发光谱。在激发光谱曲线的最大波长处，处于激发态的分子数目最多，即所吸收的光能量也是最多的，能产生最强的荧光。当只考虑灵敏度时，测定时应选择最大激发波长。

一般所说的荧光光谱，实际上仅指荧光发射光谱。它是在激发单色器波长固定时，发射单色器进行波长扫描所得到的荧光强度随荧光波长（即发射波长，E_m）变化的曲线。荧光光谱可供鉴别荧光物质，并作为在荧光测定时选择合适的测定波长的依据。

图 3-2 是奎尼丁的荧光激发和发射光谱。

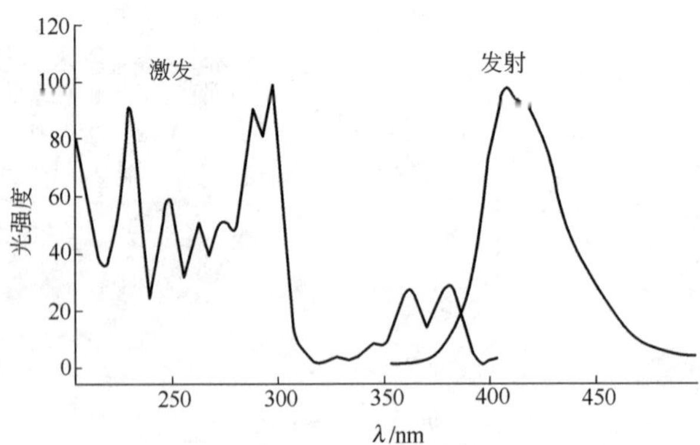

图 3-2 奎尼丁的荧光激发和发射光谱

另外，由于荧光测量仪器的特性，例如光源的能量分布、单色器的透射率和检测器的响应等性能会随波长而变，所以同一化合物在不同的仪器上会得到不同的光谱图，且彼此间无类比性，这种光谱称为表观光谱。要使同一化合物在不同的仪器上能得到具有相同特性的荧光光谱，则需要对仪器的上述特性进行校正。经过校正的光谱称为真正的荧光光谱。

激发波长和发射波长是荧光检测的必要参数。选择合适的激发波长和发射波长，对检测的灵敏度和选择性都很重要，尤其是可以较大程度地提高检测灵敏度。图 3-3 是反相色谱分离多核芳烃的色谱图[1]。两张色谱图的分离条件相同，只是在荧光检测时选择了不同的激发和发射波长，从 340nm（激发波长）/425nm（发射波长）到 363nm/435nm，许多组分的灵敏度都得到改善。由于不同化合物的适合检测的激发波长和发射波长不同，为了在一次色谱分析中对不止一种化合物的检测有利，当前的荧光检测器多具有波长程序功能。

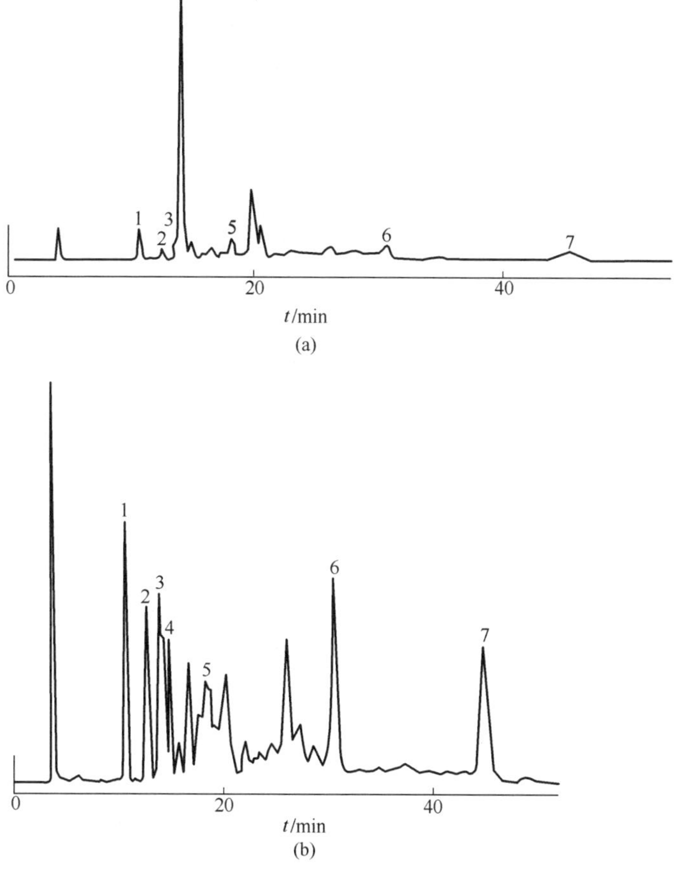

图 3-3　反相液相色谱分离多核芳烃的色谱图

(a) 340nm(E_x)/425nm(E_m)；(b) 363nm(E_x)/435nm(E_m)

色谱峰：1—蒽；2—荧蒽；3—1-甲基蒽；4—芘；5—苯并［a］蒽；6—苯并［a］芘；7—苯并［g,h,i］芘

二、仪器结构

根据化合物发生荧光的条件和对化合物荧光强度检测的要求，普通的一台荧光检测器包括以下基本部件：激发光源、选择激发波长用的单色器、流通池、选择发射波长用的单色器及用于检测发光强度的光电检测器。

由光源发出的光，经激发光单色器后，得到所需要的激发光波长。激发光通过样品流通池，一部分光线被荧光物质吸收。荧光物质激发后，向四面八方发射荧光。为了消除入射光与散射光的影响，一般取与激发光成直角的方向测量荧光(直角光路)。荧光至发射光单色器分光后，单一波长的发射光由光电检测器接收。

（一）基本结构

1. 光源

由于荧光强度与激发光强度成正比，因此理想的激发光源应具备：①足够的强度；②在紫外-可见光区有连续光谱；③光源强度与波长无关，也就是说光源的输出应有连续平滑等强度的辐射；④光强稳定。

早期荧光检测器采用激发光光强较强的高压汞蒸气灯、镉灯和锌灯等光源，但这些灯为线性光源（光谱线：汞灯——254nm，365nm，405nm；镉灯——229nm，326nm；锌灯——214nm，308nm，335nm），不能满足各种组分不同激发波长的要求。现在较多使用能发出220～650nm连续光谱的氙弧灯，发射光强度大，而且在300～400nm波段内，光谱强度几乎相等，但在波长小于280nm时，光强迅速下降。虽然大功率氙弧灯在紫外区输出功率大，但在稳定性和热效应方面还存在不少问题。采用脉冲放电氙灯，提高了低波长紫外区的灵敏度，而且可避免由于流通池升温引起的基线漂移。目前已有许多氙弧灯不再采用高压放电方式。脉冲激发光源可以有不同的脉冲频率选择，如20Hz、100Hz，有利于延长光源的使用寿命。在增强频率时，更适用于超痕量样品的检测。还有的荧光检测器采用氙-汞弧灯，虽然可克服氙弧灯的缺点，然而其光谱输出的平滑度远不如氙灯。

高功率连续可调激光光源是一种新型的荧光激发光源。激光光源单色性好、强度大，可提高荧光检测器的灵敏度和选择性，缺点是成本高、波长范围小。

2. 激发光和发射光单色器

荧光检测器的光学系统由光学透镜和单色器组成。光学透镜可分为聚光透镜和荧光收集透镜。聚光透镜的作用是将激发光束准确地聚焦在检测池窗口上，荧光收集透镜是采集一定角度的发射光于光电检测器上。

激发光和发射光单色器的主要作用都是提供单色光。激发光单色器位于光源和流通池之间，能为样品激发提供单色光，又称第一单色器；发射光单色器置于流通池和检测器之间，作用是提供适合检测的单色荧光，又称第二单色器。单色器的不同是荧光检测器分为多波长荧光检测器和荧光分光检测器两大类的主要依据。多波长荧光检测器用若干个滤光片作单色器，因此又称为固定波长荧光检测器。荧光分光检测器采用光栅作单色器，选择激发光波长和发射光波长。与固定波长检测器相比，荧光分光检测器能进行光谱的自动扫描。

单色器在荧光分析的灵敏度和选择性方面存在着相互制约的因素。窄光谱带的选择性好，但窄谱带仅占发射光谱的一小部分，灵敏度低。单色器的光谱带是由其色散能力和狭缝宽度决定的。单色器一般都有进出光两个狭缝，出射光的强度与单色器狭缝宽度的平方大约成正比，增大狭缝宽度有利于提高信号强度，缩小狭缝宽度有利于提高光谱分辨率，但要以信号强度的牺牲为代价。

多波长荧光检测器用短通路剪切式滤光片或宽带的光通带滤光片插在光源与流通池之间，作为激发滤光片（第一滤光片）限制最大激发波长。长通路剪切式滤光片或通带滤光片作为发射光滤光片（第二滤光片），插在流通池和检测器之间。通过发射光滤光片的波长上限应小于通过激发光滤光片的波长下限。滤光片单色器价格低，操作简单，但选择性不强，而且还要经常根据波长选择的需要更换滤光片。

现在一般都采用光栅作为荧光检测器的单色器。光栅单色器与滤光片单色器相比，优点是：具有光谱扫描功能，分辨率高。缺点是：仪器结构不够紧密，灵敏度低，成本高。

光栅单色器有两个主要性能指标，即色散能力和杂散光水平。色散能力通常以每毫米狭缝宽度的光谱波长纳米数来表示（nm/mm）。对于一般荧光检测器来说，因为荧光化合物的荧光峰宽度很少小于5nm，单色器的分辨率不是主要问题。荧光分光检测器多选用闪耀波长（光栅输出最强光的波长，blaze wavelength）落于紫外区的光栅为激发单色器，以弥补氙灯紫外区能量弱的缺点。由于荧光化合物的荧光多数落在400～600nm区，因而发射单色器常采用闪耀波长为500nm左右的光栅。在闪耀波长处，光栅色散效率最高，对固定的狭缝宽度，荧光检测的分辨率也最高。闪耀波长两边，色散效率呈下降趋势。

对于荧光测量来说，单色器杂散光水平是一个极关键的参数。杂散光被定义为除去所需要的波长的光线以外，通过单色器的所有其它光线的强度。荧光化合物的荧光一般都很弱，通过激发单色器的长波长的杂散光容易被当作荧光来检测。许多生物样品有较大的浊度，结果入射的杂散光被样品散射而干扰荧光强度的测量。另外，在荧光检测中，还常遇到来自溶剂和流通池材料的瑞利散射光（Rayleigh scatter）、被流通池内表面反射和折射的激发散射光、来自溶剂的拉曼光以及杂质产生的荧光干扰。前两种散射光的波长与激发光的波长相同，相对较容易去除，而拉曼光由于波长比一般激发光波长长，更接近荧光化合物的波长。散射光和拉曼光对荧光的背景干扰，常常成为荧光检测灵敏度的主要限制因素，因而通常选用低杂散光的单色器。光栅去除杂散光的能力一般要好于通带滤光片。为了进一步去除杂散光，有的荧光分光检测器在使用光栅作发射单色器的基础上，还要附加截止滤光片，起到双重减少干扰的作用。

3. 流通池

用于液相色谱检测的荧光型检测器与一般荧光光度计的主要区别在于流通池。实际上任何类型的荧光计，无论是光电荧光计还是分光荧光计，只要安装合适的流通池，都可用作液相色谱的荧光检测器。唯一的限制是液相色谱检测要求的是小于 0.5s 的响应时间。

流通池的宽度 b（即光程长）是影响吸收型检测器灵敏度的重要因素。理论上 b 越大越好，但实际上 b 受到流通池体积引起的峰展宽的限制。荧光检测器流通池的设计原则是在尽量减小峰展宽的条件下，产生最大的荧光信号。从定量公式可以看出，荧光强度的影响因素多，b 对灵敏度的影响不如吸收型检测器大，而流通池体积小，则有利于降低峰展宽。常见的流通池体积为5～15μL。

图 3-4 是吸收型检测器和荧光型检测器的流通池光路示意图。两者的相同之处是入射光光轴和流动相流动方向一致。不同的是，荧光检测器还需第二光轴：发射光轴。按入射光轴与发射光轴之间呈现的角度，荧光检测光路可分为直角光路（90°）、直通光路（180°）、反射光路（0°）和轴向光路（其它角度）。最普通的测量发射辐射的做法是与激发辐射成直角，并对准流通池的中心部位进行测量。直角光路因对从光源来的直射光的干扰不敏感，得到的信噪比较好。直通光路可用标准的紫外吸收池，但必须仔细选择滤光片，以防杂散光到达光电检测器。否则，将得到很高的荧光本底，信噪比较差。与直角光路比，直通光路虽然对光源来的直射光的干扰敏感，但荧光收集效率高。图 3-5(a)是第三种类型的检测器。反射池与凹面透镜组合在一起。池背面反射光，防止激发光通过池到达光电检测器。凹面镜集聚散射荧光，从流通池射出并聚焦在光电检测元件上，增强了荧光收集效率，而且减少了内滤效应，检测限得到提高。在 C_{18} 4.6mm×25mm 柱上，信噪比为 3 时，蒽的检测限为 0.8pg。具体的流通池结构如图 3-5(b)。

圆柱形石英池和直角形石英池在荧光检测器中都有应用。直角形流通池仅能用于与激发辐射的光路成 0°、90°和 180°的角度上对发射辐射所进行的测量。以其它角度测量，在检测器方向上的发射辐射都将有不可忽略的一部分被池壁反射。图 3-6 是一种圆柱形流通池的结构图。

4. 光电检测器

荧光检测器一般采用光电倍增管作为检测元件。光电倍增管是一种很好的电流源，在一定条件下，其电流量与入射光强度成正比，不仅起着光电转换作用，而且还具有电流放大作用。由于光电倍增管具有灵敏度高——电子放大系数可达 10^8～10^9，线性响应范围宽——光电流在 10^{-8}～10^{-3} A 范围内与光通量成正比，

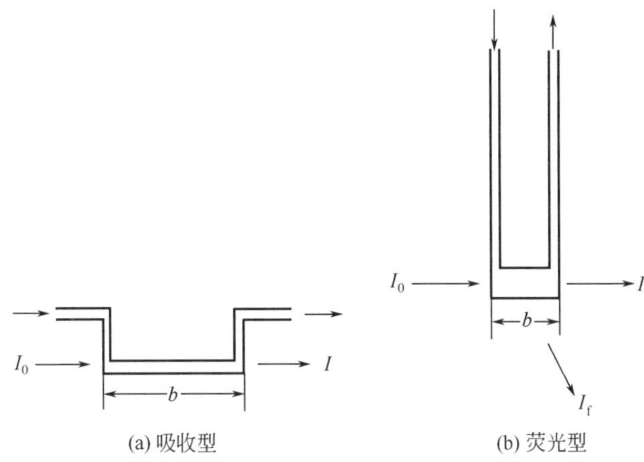

图 3-4　流通池光路示意图

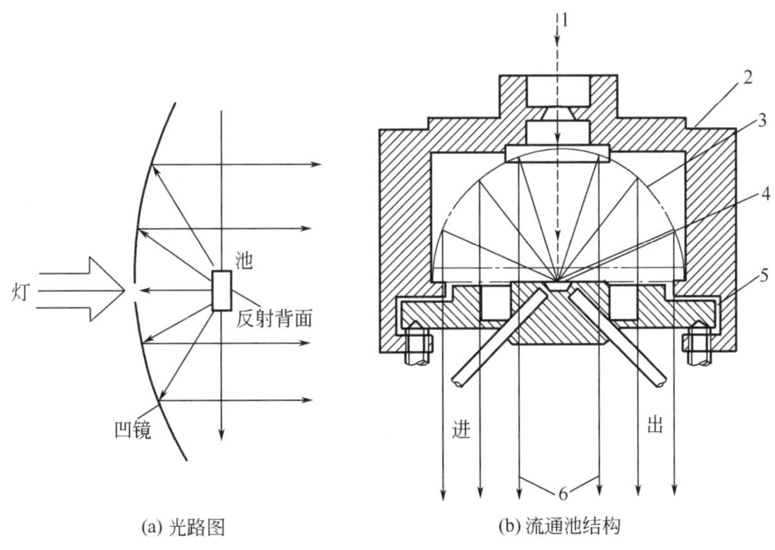

图 3-5　凹镜式荧光检测器

1—入射光束；2—池体；3—光学镜；4—池腔($5\mu L$)；5—室杆；6—发射光束

响应时间短（10^{-9}s），已成为许多分析仪器中最常用的检测元件。用光电倍增管作检测器时，可用模拟型和计数型两种方法检测。当信号较弱时，需取多次扫描的平均值来提高信噪比，采用光子计数型检测。光子计数型有较高的检测灵敏度和稳定度。对于相对较大的信号，模拟型检测的线性好，测量精度高。光电倍增管的灵敏度受暗电流限制，暗电流主要是由阴极和二次发射极的热电子发射和电极间的漏电形成的。不同型号的光电倍增管，由于所用的光阴极光敏材料不同，其光谱响应特性也不同，适用于不同的波段。由于单色器和光电倍增管的非理想

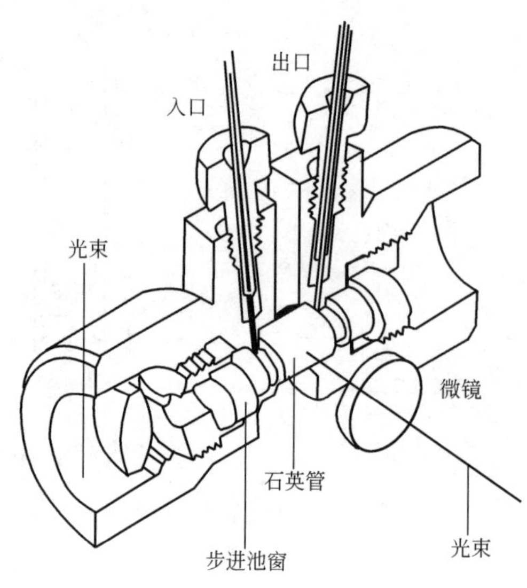

图 3-6　圆柱形流通池

化光谱响应，发射光谱会变形，如前所述，要获得真实的发射光谱就必须进行校正。

荧光分光检测器和紫外分光检测器一样，可以自动扫描获得全光谱。对未知物检测来说，最重要的是获取全光谱用于定性。另外，全光谱的获取还有利于提高灵敏度和共淋洗组分的光谱分辨。最早是用普通的扫描荧光计，停流扫描，但该方法会引起峰展宽。最好的办法是在色谱正常淋洗时间内实现快速扫描。采用快速机械扫描的办法，多数情况下会遇到再现性和信噪比损失的问题，采用多通道检测技术的荧光检测器取代振镜扫描荧光计，实现了光谱的快速自动扫描。多通道分析器（optical multichannel analyzer，OMA）主要包括采用光导摄像管（vidicon）和光电二极管阵列作为检测器的两种类型。多通道检测技术的特点是采用多色光照射样品，用光导摄像管或光电二极管阵列检测荧光信号，通过计算机处理，得到荧光强度同时随发射波长和时间变化的关系图谱，即三维荧光光谱（图 3-7）。光导摄像管常用硅强化靶（SIT），SIT 与光电倍增管相比，灵敏度低一些。为此可采用傅里叶变换滤波的数据平滑技术，以减弱噪声的影响。SIT 采用光栅色散，将多色光分散到几百个光电二极管的 P-N 结上，每个二极管对应一个特定的波长，通过连续的电子束扫描检测每个二极管上信号的大小。入射辐射落到这些二极管上，引起电荷的损失，由电子束重新充电的电流正比于辐射的强度。光电二极管阵列检测器的工作原理与 SIT 相同，与 SIT 比较，它在紫外区有较好的工作特性，故商品荧光检测器多采用光电二极管阵列检测。多通道检测技术可以在很短的时间内（小于 1s）一次实现全光谱扫描，为色谱分析提供更多的信息。例如利用计算机谱库检索，帮助鉴定荧光化合物，纯度检测，多波长、多通道同时检测等。

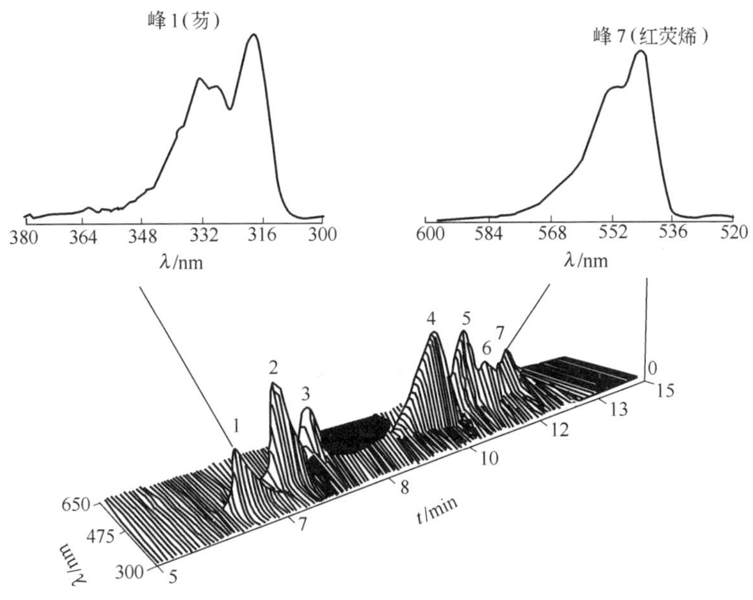

图 3-7　混合物的三维荧光光谱图

（二）常用的荧光检测器

越来越多的液相色谱分析采用荧光检测，荧光检测器同传统的紫外-可见吸收检测器一样容易使用、操作和维护。荧光检测器为自然荧光化合物、同荧光试剂反应形成稳定荧光物的化合物的检测提供了高灵敏度和高选择性。前面介绍过，荧光检测器按单色器的不同可分为固定波长荧光检测器和荧光分光检测器。除此之外，按有无参比光路的不同，荧光检测器又可分为单光路荧光检测器和双光路荧光检测器。

图 3-8 是一种双光路固定波长荧光检测器。中压汞灯发出的连续光经半透半反射镜分成两束，分别通过样品池和参比池。半透半反射镜将 10%左右的激发光反射在参比池及相应的光电倍增管上。参比池有利于消除外界的影响和流动相所发射的本底荧光，参比光路有利于消除光源波动的影响。90%左右的激发光经激发光滤光片分光后，选择特定波长的光线作为样品激发光。该光束经第一透镜聚光在样品池入口处，样品池内的组分受激后发出荧光。取与激发光成直角方向的荧光，由第二透镜将其汇聚到发射滤光片。在光电倍增管之间有一个电压控制器，由参比光电倍增管输出电压信号控制样品光电倍增管的工作电压：当光源变强时降低工作电压，光源减弱时升高工作电压，补偿了光源强度的波动对输出信号的影响。

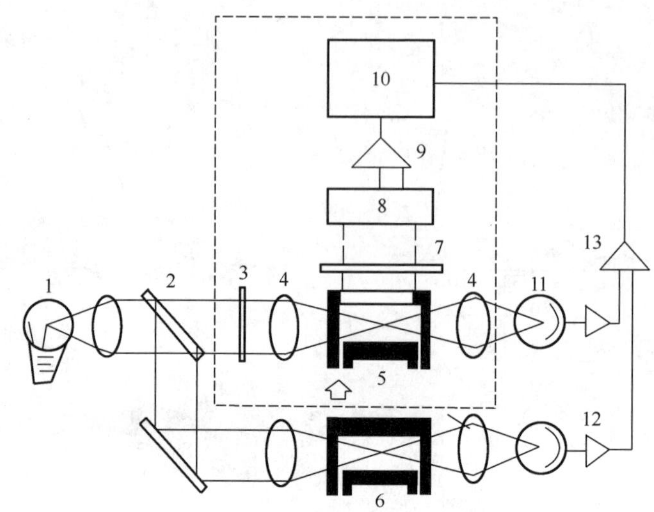

图 3-8 荧光检测器示意图

1—中压汞灯光源；2—10%反射棱镜；3—激发光滤光片；4—透镜；5—测量池；6—参比池；7—发射光滤光片；8—光电倍增管；9—放大器；10—记录器；11—光电管；12—对数放大器；13—线性放大器

如将滤光片换为光栅，光路稍做调整，这种结构就是荧光分光检测器（图 3-9）。许多荧光分光检测器具有光谱扫描功能，通过微处理器控制驱动马达，带动反射镜或光栅移动，可以直接获得未知物的激发或发射光谱。加上波长程序功能，对复杂多组分化合物的每一组分的最佳激发和发射波长进行编程，一次进样可获得各个组分的最大响应值。为进一步提高检测灵敏度，一些荧光分光检测器已改进了光路设计，例如为减少反射损失，不使用透镜聚光，单色器为装在密封套中的全息凹面衍射光栅及球面镜等。

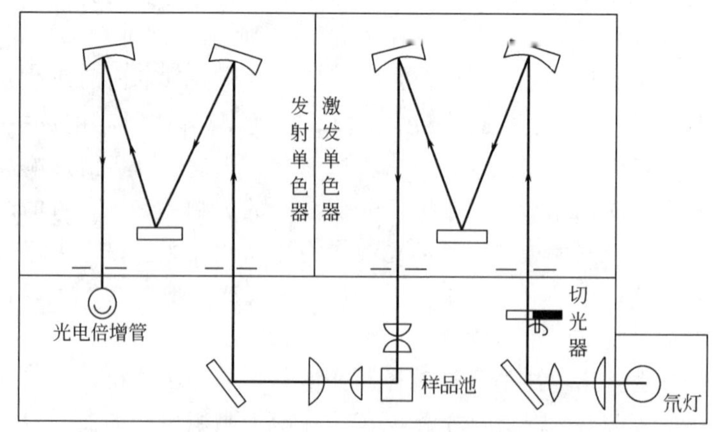

图 3-9 双光栅单色器荧光分光检测器

三、荧光化合物的检测

在荧光化合物的高灵敏度检测中，获取检测的最佳激发波长和发射波长是至关重要的。如果没有其它因素的干扰，荧光化合物的最佳激发和发射波长可以通过该化合物的激发和发射光谱获取，而且荧光化合物的激发和发射光谱能提供一定的定性依据。但是，在液相色谱的分离检测过程中，还不能做到对色谱峰的激发和发射光谱的在线采集。

对于复杂组分的测量，为了获得最灵敏的检测，可以采取的办法是使用具有光谱扫描功能的荧光分光检测器，两次进样。第一次进样时，激发波长选在低波长 UV 区，发射波长为一个光谱范围。大多数荧光化合物在低波长 UV 区有较强的吸收，此波长下收集发射光谱已够用。例如：在 E_x=260nm，一次进样 15 种多核芳烃（PNA）混合物，采集 E_m 为 300～600nm 的所有化合物的发射光谱。从这些化合物的发射光谱，可以确定检测的最佳发射波长时间程序。第二次进样是在确定的最佳发射波长时间程序下，采集所有化合物的激发光谱，结果用于确定合适的激发波长。两次进样结果，使操作者获得了最佳检测条件。

另外，对于大多数有机化合物，从二极管阵列检测器获取的 UV 光谱与其荧光激发光谱很相近。两种光谱的区别主要由检测器特性如光谱分辨率，或者光源等因素引起。实际上，这种区别常常可以忽略。因此，采取光电二极管阵列检测器与荧光检测器串联使用的方法，由二极管阵列检测器得到 UV 光谱和荧光检测器得到的荧光发射光谱，一次进样就可以获取一系列化合物的最佳激发和发射波长。

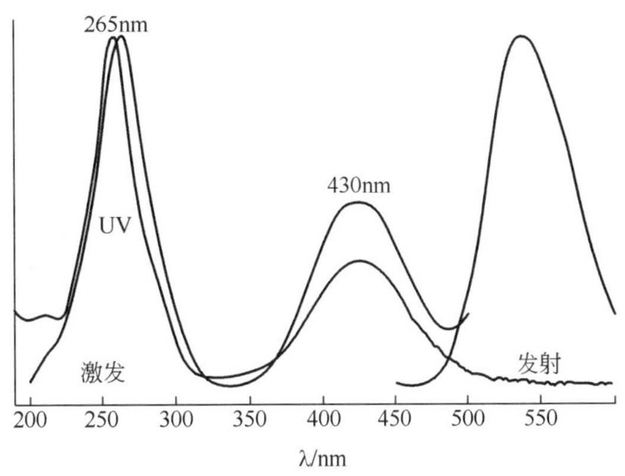

图 3-10 DAP 的 UV 和荧光光谱图

在氨基甲酸酯的质量控制中，需要分析杂质 2,3-二氨基吩嗪（DAP）和 2-氨基-3-羟基吩嗪（AHP）的含量。用 DAD 和 FLD 检测器可以采集两种杂质的标准样品的UV光谱和发射光谱，图3-10是DAP的光谱图，可以看出DAP的UV光谱与其荧光激发光谱很相近。图3-11是在不同激发波长下得到的色谱图。

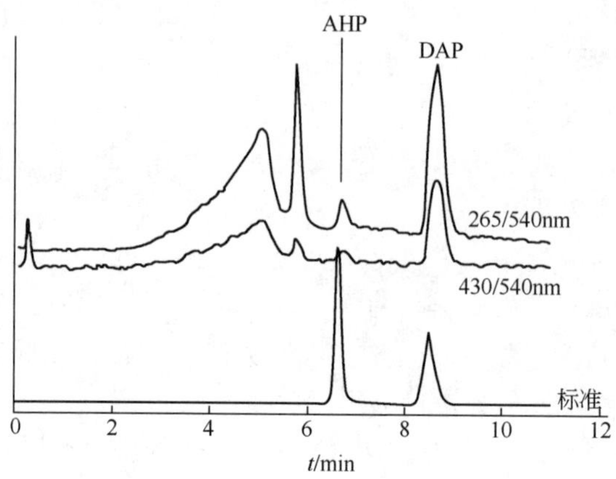

图3-11 不同激发波长下色谱图比较

色谱柱：Zorbax SB，50mm×2mm，PNA，5μm

流动相：A=水，B=乙腈；0min，5%B；10min，15%B

流速：0.4mL/min

室温：35℃

在日常分析中，基体会严重干扰样品的测定。波长时间程序常被用来提高选择性和检测灵敏度，但在复杂基体样品分析时，由于化合物的保留值相近，波长的改变常会造成定量不准和保留时间变化。使用多通道（多波长）的同时采集色谱流出信号，能够得到高选择性、高灵敏度的准确检测结果。例如，HP 1100系列的FLD能同时四通道采集色谱峰。以前只有质谱和光电二极管阵列检测器具有谱库检索功能，荧光检测器的现代发展也提供了峰识别和纯度检验功能。利用标准荧光化合物的激发光谱和发射光谱建立的谱库，峰的确证更加容易、可靠。

第二节 荧光检测器的特点和适用范围

一、荧光检测器的特点

1. 荧光检测器的优点

① 灵敏度极高。荧光检测器的灵敏度比紫外-可见光检测器的灵敏度约高两个数量级，最小检测量可达10^{-13}g。这是因为在紫外吸收检测法中，被检测的信号$A=\lg(I_0/I)$，即当样品浓度很低时，检测器所检测的是两个较大信号I_0及I的微小差别；而在荧光检测法中，被检测的是叠加在很小背景上的荧光强度。荧光检测器是最灵敏的液相色谱检测器，特别适合于痕量分析。蒽是常用的衡量检测

器灵敏度的基准物质。另外，荧光检测器的灵敏度还可以用水的拉曼谱带的信噪比来衡量。

② 良好的选择性。产生荧光的一个必要条件是该物质的分子具有能吸收激发光能量的吸收带，即物质分子具有一定的吸收结构；另外一个条件是吸收了激发光能量之后的分子具有高的荧光效率。相对较少的分子具有大的足够检测的量子效率是荧光检测器高选择性的主要原因。在很多情况下，荧光检测器的高选择性能够避免无荧光发射的成分的干扰，成为荧光检测的独特优点。图 3-12 中虽然紫外-可见光检测器在 265nm 可以检测牛奶中的维生素 B_2，但却取激发波长 265nm，发射波长 520nm 做荧光检测。因为基体成分在此条件下不存在干扰荧光，具有更准确的检测结果。

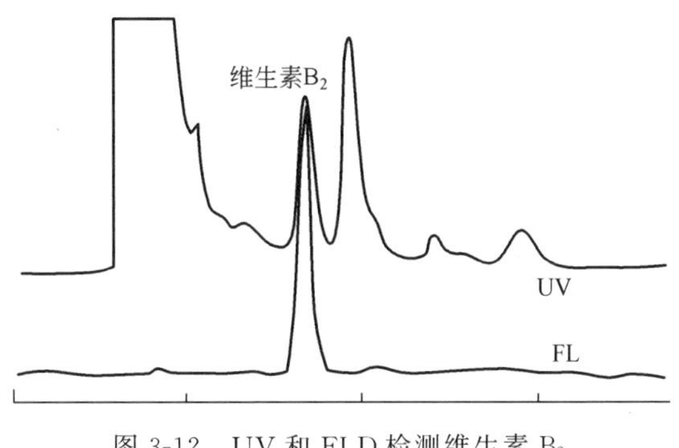

图 3-12 UV 和 FLD 检测维生素 B_2

③ 线性范围较宽。线性范围约 10^4～10^5，虽然比紫外吸收检测器窄，但对大多数痕量分析，该线性范围已足够宽。在分析物质浓度较大时，发射强度由于内滤效应可能随浓度增加而降低。

④ 受外界条件的影响较小。

⑤ 只要选作流动相的溶剂没有荧光发射，荧光检测器就能适用于梯度洗脱。

其中，荧光检测器的极高灵敏度和良好选择性是它最大的优点，因而在某些领域如药物和生化分析中起着不可替代的作用。

2. 荧光检测器的缺点

荧光检测器的高选择性优点在一些情况下，也是该检测器的缺点。因为不是所有的化合物在选择的条件下都能发生荧光，所以荧光检测器不属于通用型检测器，与紫外-可见光检测器相比，应用范围较窄。

对通常发生在荧光测量中的一些干扰非常敏感，如背景荧光和猝灭效应等。虽然这些干扰在液相色谱分析中不经常遇到，但在进行定量分析时，有必要验证这些干扰是否存在，以及对样品测定的影响程度。尤其对某些物质，如卤素离子、重金属离子、氧分子及硝基化合物等，都应予以特别注意。

二、荧光化合物及影响荧光强度的因素

（一）荧光化合物

为了使用荧光检测器对化合物进行有效的检测，应当了解化合物的结构与发射荧光的关系。

具有共轭体系的分子能发射荧光。荧光通常发生在具有刚性结构和平面结构的π电子共轭体系的分子中，并且随π电子共轭度和分子平面度的增加，荧光效率增大，荧光光谱向长波方向移动。

具有芳香环并带有给电子取代基的化合物，或具有共轭不饱和体系的化合物都能发出荧光。在芳香烃上导入给电子基团，如—OH、$—NH_2$、$—OCH_3$、$—NR_2$等均增强了荧光，主要是由于产生了p-π共轭作用，在不同程度上增强了π电子的共轭。而吸电子基团如$—NO_2$、—COOH等减弱了荧光。取代基位置对芳香烃荧光的影响通常为：邻位、对位取代增强荧光，间位取代抑制荧光。

pH值对可离子化的某些荧光化合物的影响很大。例如未解离的苯酚和苯胺分子会产生荧光，但其离子却不产生荧光。苯酚在pH＝1的溶液中荧光最强，而在pH＝13的溶液中无荧光；苯胺在pH值为7～12的溶液中能产生荧光，而在pH＜2和pH＞13的溶液中都不产生荧光。

$$C_6H_5NH_3^+ \underset{H^+}{\overset{OH^-}{\rightleftharpoons}} C_6H_5NH_2 \underset{H^+}{\overset{OH^-}{\rightleftharpoons}} C_6H_5NH^-$$

pH＜2 无荧光　　pH＝7～12 蓝色荧光　　pH＞13 无荧光

一些化合物的化学结构与荧光的关系见表3-1[2]。

表3-1　化学结构与荧光的关系

发生荧光的结构	不发生荧光的结构
R（苯环取代）　R＝OH　＝OR　$＝NH_2$　＝F	R（苯环取代）　R＝H，NO_2，COOH　＝烷基　＝Cl，Br，I
OH（苯酚）	O^-（苯氧负离子）
OH（苯酚）	O—C(=O)—R（酚酯）
OH、OH（邻苯二酚）	OH、O^- 和 O^-、O^-（邻苯二酚离子）

续表

发生荧光的结构	不发生荧光的结构
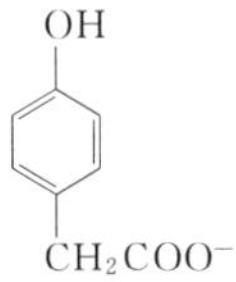 OH, CH_2COO^- 和 OH, CH_2COOH 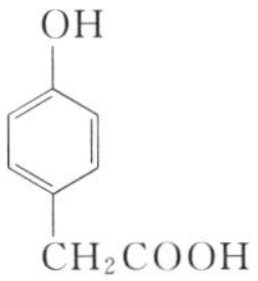	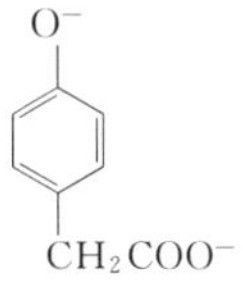 O^-, CH_2COO^-
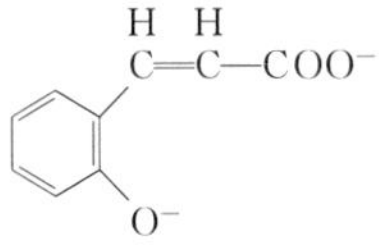 H H, C═C—COO^-, O^-	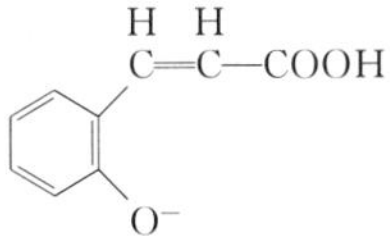 H H, C═C—COOH, O^- 和 H H, C═C—COO^-, OH 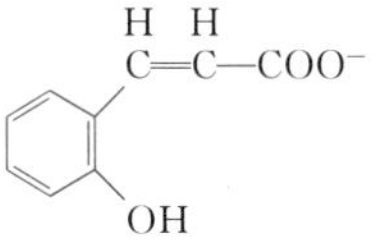
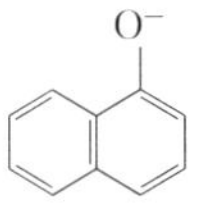 O^-	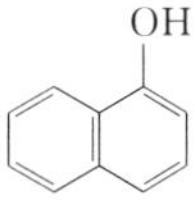 OH
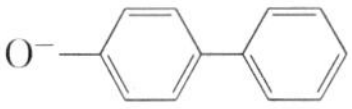 O^-	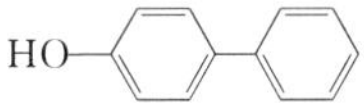 HO
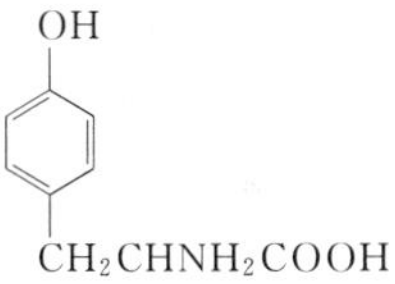 OH, CH_2CHNH_2COOH	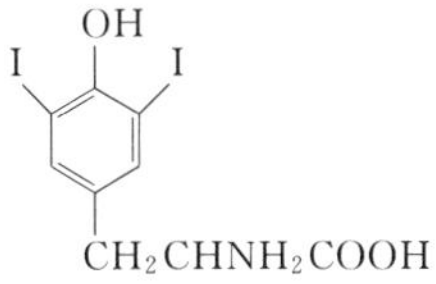 OH, I, I, CH_2CHNH_2COOH
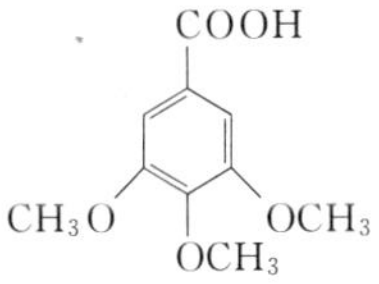 COOH, CH_3O, OCH_3, OCH_3	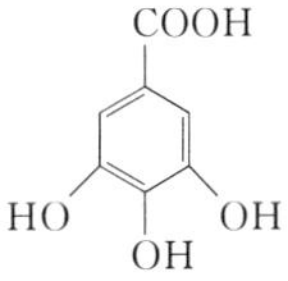 COOH, HO, OH, OH
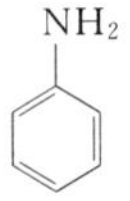 NH_2	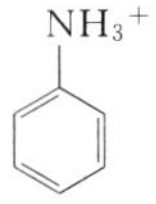 $NH_3{}^+$
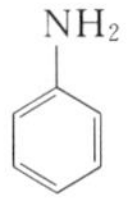 NH_2	 $HCOCH_3$
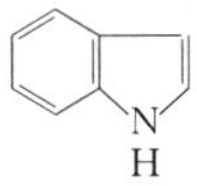 N, H	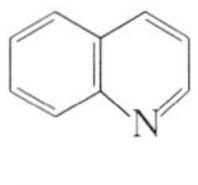 N
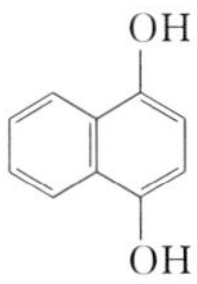 OH, OH	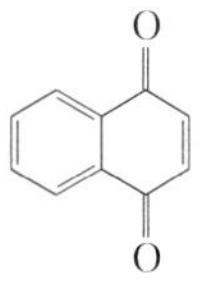 O, O
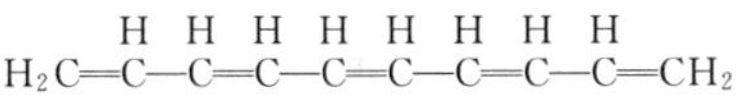 H H H H H H H H H_2C═C—C═C—C═C—C═C—C═CH_2	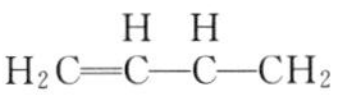 H H H_2C═C—C—CH_2

在紫外光照射下能产生荧光的化合物，绝大多数为环状化合物，但环状结构并不是产生荧光的必要条件。某些链状化合物如硬脂酸盐、棕榈酸盐也可产生荧光。

由于有些化合物的荧光强度弱，有些化合物在紫外光的照射下不产生荧光，限制了荧光检测器的应用。化学衍生色谱法是常用的可扩大荧光检测范围的方法。一些液相色谱中重要的分离对象如高级脂肪酸、氨基酸、生物胺、甾体化合物和生物碱等本身不发荧光，主要依靠荧光衍生试剂与这类化合物反应，接上发荧光的生色基团达到痕量检测的目的。

总之，可用荧光检测器检测的物质包括：某些代谢物、食物、药物、氨基酸、多肽、胺类、维生素、石油高沸点馏分、生物碱、胆碱和甾类化合物等。

（二）影响荧光强度的因素

溶剂的极性和溶液的温度对荧光强度有明显的影响。增大溶剂的极性，导致荧光增强。通常荧光物质溶液的荧光效率和荧光强度，随着温度的升高而降低。在液相色谱中，荧光检测器通常在室温下操作，可以保证足够的灵敏度。

当样品浓度较高时，荧光物质分子易与溶剂分子或其它溶质分子相互作用，引起溶液的荧光强度降低，荧光强度不再与浓度呈线性关系，这种现象称为荧光猝灭效应。其中，样品浓度过大时，荧光在样品池中分布不均匀，以及荧光在未射出样品池之前就被溶液中未被激发的荧光物质吸收的现象又称内滤效应。溶液浓度越大，该效应越显著。除了荧光物质分子间碰撞及其与溶剂分子碰撞可能引起猝灭外，溶液中其它成分，特别是顺磁性物质的存在，将使猝灭效应加剧。因此，在进行荧光检测时，试样要配成低于 10^{-6} g/mL 浓度的溶液，并且要使用不含荧光物质的溶剂。

三、荧光检测器在环境及生物科学等方面的应用

近年来人们对环境污染物质的分析十分重视。由于环境样品中微量有机物的系统测定要求尽可能地采用高灵敏度、高选择性的简单分析方法，因此具有较大困难。在这方面，以低检出限为特征的荧光分析法令人颇感兴趣。提纯和分离复杂混合物的各种色谱方法与荧光检测的结合，可以用来解决一些困难的分析任务。其中液相色谱分离、荧光检测可被用来测定各种环境样品——大气、水、土壤、动植物材料、食品和饲料中的杂质。除此之外，该法还被应用于药物、胺、氨基酸以及许多其它生物活性物质的分析，包括生物样品中各种不同性质的农药和毒素的测定。

1. 多核芳烃

在环境样品中，已经发现了 200 余种多核芳烃化合物，其中有许多种具有明显的致癌作用。多核芳烃的 π 键体系能够产生足够强的荧光。当用340～360nm 的

紫外光激发时，一些多核芳烃的荧光极大值位于下列波长范围：苯并芘(危害最大、分布最广的多核芳烃)——405～430nm；蒽——400nm 左右；荧光蒽烯——460nm 左右；茚[1,2,3-*c*,*d*] 嵌二萘——500nm 左右。荧光检测法可用来测定水、空气、土壤、食品和许多其它环境样品中的多核芳烃。为了从天然样品中提取多核芳烃，可以采用各种形式的色谱提纯和分离方法。对经过柱色谱或薄层色谱预纯化的环境样品提取液，高效液相色谱-荧光检测法特别有效[3]。

2. 霉菌毒素

霉菌毒素构成一大类自身具有荧光的天然化合物。霉菌毒素是有毒霉菌的代谢产物，其中很多都具有致癌性，尤其是黄曲霉素，具有很高的毒性。因为其它现代分析方法不能提供足够高的测定灵敏度和选择性，分析黄曲霉素几乎无例外地采用液相色谱-荧光检测法。图 3-13 是液相色谱分离、荧光检测辣椒粉中的黄曲霉素 B_1 和 B_2。鉴于黄曲霉素的不稳定性，萃取和分析过程应尽可能地迅速。B 型和 G 型黄曲霉素有相似的激发和发射光谱，最大激发波长都在 365nm，最大发射波长分别为 445nm 和 455nm。

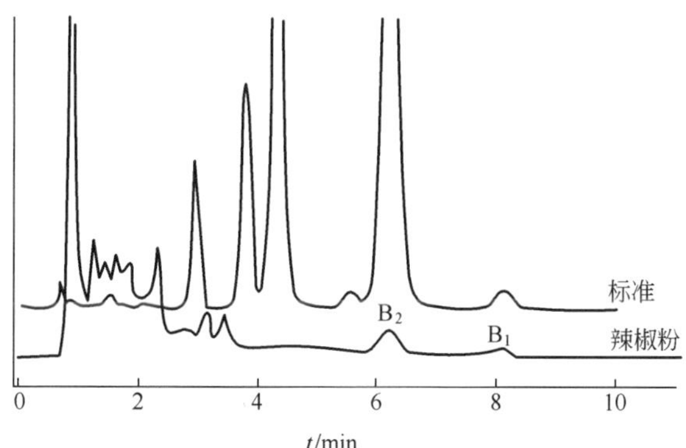

图 3-13　荧光检测辣椒粉中的黄曲霉素 B_1 和 B_2

柱：ODS-Hypersil，3μm，100mm×2.1mm

流动相：水-甲醇-乙腈（体积比=63∶26∶11）

流速：0.3mL/min

3. 色素和蛋白质

蛋白质分析得益于荧光检测，因为许多蛋白质的组成氨基酸都包含酪氨酸和色氨酸，这两种氨基酸都在 280nm 激发，310～360nm 检测荧光发射信号。在这些检测条件下，其它无荧光的蛋白质即使梯度洗脱，也可以得到平直、稳定的基线。随着蛋白质的色谱分离和提纯方法的改善，荧光检测器在这个分析领域里的应用范围将会得到很大发展。

在许多活体的生命活动中起着重要作用的一种天然色素卟啉，自身具有足够强的红色荧光。以亚甲基彼此联结起来的四个吡咯环构成卟啉环，成为卟啉分子的主体部分。许多疾病是同卟啉平衡受到破坏相关联的。液相色谱分离、荧光检测分析卟啉具有很高的灵敏度。

4. 其它物质

荧光检测还可应用于生物碱、维生素、其它药物和生物活性物质等领域，如利尿剂、心得安、潘生丁、奎尼丁、血小板素、雌性激素等。

液相色谱的一些重要分离对象如高级脂肪酸、生物胺、甾体化合物和生物碱等本身不发荧光，主要依靠荧光衍生试剂和这类化合物进行荧光衍生反应，接上发荧光的发光基团，达到痕量荧光检测的目的。关于荧光衍生的具体内容请参阅本书第七章。

表 3-2 列出了 Waters 公司高效液相色谱仪荧光检测器的一些性能规格，可以作为了解当今商品荧光检测器性能的参考。

表 3-2 Waters 荧光检测器性能规格

类　别	指　标
激发波长	200～890nm
发射波长	210～900nm
发射波长与激发波长差值	10nm
光谱带宽	20nm
数据采集模式	2 维、3 维
波长准确度	±3nm
波长重复性	±0.25nm
灵敏度	$S/N > 1000$（水测量信号的拉曼光谱）
信号范围	0.001～100,000EU
流通池	<13μL，长轴向设计
光源	汞/弧氙灯，寿命 2000h

第三节　激光诱导荧光检测器

激光诱导荧光检测器（laser induced fluorescence detector，LIF）已经得到了快速发展，成为高灵敏的检测技术之一，广泛用于 HPLC、微柱液相色谱及毛细管电泳等分离领域，特别适合超痕量物质检测，对某些荧光效率高的物质甚至可以实现单分子检测[4]。同时，LIF 技术具有检测时间短、样品用量少、可在线监测等优点，已经成为生物、化学、医药等领域的首选检测技术之一，具有广阔的应用前景[5,6]。

一、激光诱导荧光检测器的组成

与普通的荧光检测器一样，激光诱导荧光检测器主要由光源、光学系统、检测池和光检测元件组成，两者最重要的区别是激光诱导荧光检测器的光源是激光器。

（一）激光器

激光器是激光诱导荧光检测器的重要组成部分。

激光作为荧光检测器的理想光源，是因为它具有区别于普通光源的特性：

① 单色性好，谱线宽度可达 10^{-8}nm 以下，使溶剂的瑞利散射光和拉曼散射光的带宽降为 1.0nm（拉曼散射光的固有带宽），因而可选择性地消除散射光对荧光信号的干扰。

② 聚光性强，激光光束的发散角极小，可将激光束聚焦成直径几微米的光点，能量高度集中，因而可以使液相色谱检测池体积减小，特别适用于目前正在发展的微型和毛细管液相色谱。

③ 最重要的特性就是光子流量高，即亮度高，大大增强了光源的信号，从而显著提高分析灵敏度。

另外，用脉冲激光为光源，采用时间分辨技术可消除瑞利散射光和拉曼散射光对测定的干扰，同时增加被测成分之间测定的选择性。以上这些特性使激光诱导荧光检测器的信噪比大大增强，在液相色谱检测器中显示出较高的灵敏度和较好的选择性。

激光器的种类很多，已有数百种材料可以用来制造激光器，如气体、晶体或玻璃、半导体和有机材料等，分别称为气体激光器、固体激光器、半导体激光器和有机染料激光器。此外，利用一定的装置，可以使染料激光器发射出来的激发波长作连续的变化，这种激光器称为可调谐激光器。半导体激光器和有机染料激光器都可用于可调谐激光器。一般激光器仅为线性光谱光源，可调谐激光器因为所发出的激发波长可以连续改变，所以该光源具有区别于其它激光器的明显优点。激光器按发光方式的不同，可分为连续波和脉冲波激光器。连续波激光器具有良好的空间模式和空间指向性，功率输出变动小于1%，而脉冲波激光器空间模式较差，功率输出变动可达10%以上。

用于液相色谱检测器的激光器的选择主要按以下原则。

① 由于大多数激光器的发射光谱仅为一些分立的谱线，激光发射波长必须与所分析组分的吸收光谱相适合。如果需要进行荧光衍生反应，只需选择与荧光衍生试剂吸收相应的激发波长，即可对所有组分进行高灵敏检测。此外，在选择激光器时还要考虑溶剂拉曼散射的影响。可通过选择激光器的激发波长或荧光衍生试剂使被测组分的荧光发射避开水的拉曼散射光（水的拉曼散射谱带为 270.2～322.5nm 和 606.06nm）。

② 激光器要有良好的空间模式和空间指向性。

③ 激光器要有稳定的功率输出。激光输出功率的稳定性直接影响检测器的灵

敏度。输出功率越稳定，检测器的噪声越小，信噪比越高。

④ 选择适当功率的激光器。通常，提高激光激发功率，荧光信号和背景噪声都会增强，但荧光强度与激光照射功率成正比，背景短的噪声则与激光照射功率的平方根成正比。因此，从提高信噪比的角度，宜选择功率较大的激光器。但另一方面，随着照射功率的增强又会产生荧光饱和、荧光分子的光解、检测池热效应和基体背景荧光增加等不利因素，不可能无限度提高信噪比。因此必须综合考虑各种因素的影响。

目前，激光诱导荧光检测器常用的激光器有：He-Cd 激光器、Ar 离子激光器、Kr 离子激光器、He-Ne 激光器等。He-Cd 连续波激光器是最常用的 LIF 激光器，它在 325nm 和 442nm 处均有很好的荧光衍生试剂与之匹配，但是 He-Cd 激光管的寿命较短，输出稳定性受环境影响较大，影响分析检测灵敏度。Ar 离子激光器和 Kr 离子激光器在 270nm 左右的紫外输出可以使荧光效率很低的分子产生荧光，如某些含芳香环的蛋白质、多肽、氨基酸分子等。但具有紫外输出的激光器体积较大、能耗高，价格昂贵。小功率的 Ar 离子激光器具有输出功率稳定、体积小、价格较低等特点而被较多的激光诱导荧光检测系统采用，其主要输出波长为 488nm 和 514nm。近年来，He-Ne 激光器也常用于荧光检测器中。

半导体激光器又称二极管激光器，由于具有功率输出稳定、价格便宜、体积小、使用寿命长等优点，成为激光诱导荧光检测器的理想光源。近年来，半导体激光器已经有了很大的发展并已大量生产。二极管固态蓝光半导体激光器（473nm)、绿光半导体激光器（532nm）已大量投放市场。紫光半导体激光器（405nm）也开始批量生产。这将为以半导体激光器为光源的激光诱导荧光检测器的广泛应用奠定基础[7]。

（二）光学系统

激光诱导荧光检测器的光学系统元件主要为光学透镜和单色器。

光学透镜可分为聚光透镜和荧光采集透镜。经聚光透镜聚焦后激光束的光点应与检测窗口相匹配。考虑到聚光透镜镜头与荧光采集镜头间的空间位阻因素，聚光透镜应尽量选用焦距长的透镜。荧光采集透镜对检测器灵敏度的影响较大。数值孔径（NA）是选择透镜的一个重要指标。透镜的采光效率与其数值孔径和周围介质的折射率（n）有如下关系：

$$\text{采光效率}=\sin^2\left[\frac{\arcsin(NA/n)}{2}\right] \tag{3-5}$$

从上式可以看出，透镜的 NA 值越大，其采光效率越高。然而，NA 大的透镜焦距小，会给检测器的设计带来一定的空间阻碍效应。

普通的荧光检测器用两个单色器分光，消除杂散光对荧光检测的干扰。激发单色器将光源分光，得到所需要波长的激发光束，发射单色器用于去除干扰荧光和其它杂散光。而用激光为光源时，尤其是可调谐激光器，仅用一个发射单色器即可。用光栅分光能得到较高的信噪比，但其透光效率低，如 $f/4$ 光栅大约仅能透过入射光强度的 0.3%。滤光片具有相对较高的透光效率(>50%)。激光本身有很好的单色性，因此很少采用带通滤光片，采用较多的是剪切式滤光片和空间滤光片。

（三）检测池

激光诱导荧光检测器作为液相色谱检测器具有高的灵敏度和选择性，但也遇到了一些问题，如流出物和光学元件的散射光以及光学元件的荧光等。这些因素影响了灵敏度，因而如何降低干扰成为设计检测器的主要问题。常规液相色谱检测池，采用立方形的较多。激光垂直入射到检测池上，消除了由激光散射产生的背景噪声，提高检测灵敏度。

其它几类检测池如图 3-14 所示。

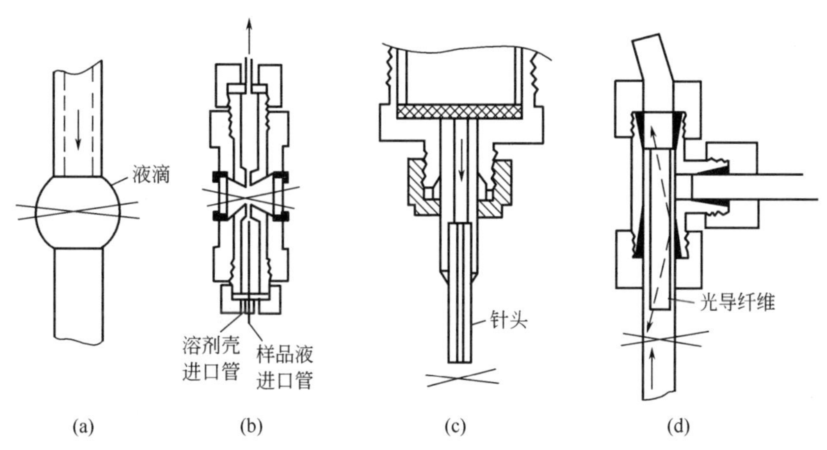

图 3-14　检测池的类型

(a) 流动液滴检测池；(b) 层流池；(c) 自由下流的射流池；(d) 光导纤维检测池

→表示溶液流动方向；×表示激光束聚焦于此；-—→表示荧光在光纤中的传播方向

1. 流动液滴检测池

1977 年 Zare 等首次将激光用于液相色谱荧光检测器激发光源，激光被聚焦于色谱柱出口体积约 4μL 的悬垂液滴上，液滴下面有排液杆，以使液体稳定流动。这是一种无窗池设计，消除了来自检测池壁光学元件的散射光和荧光的干扰。但由于液滴表面是球面，激光照射到液滴上会产生散射，在流动相流速慢时，此现象显得尤为突出。用该检测池和调制的 He-Cd 激光器为激发光源测定了谷物中 10^{-12}g 黄曲霉素 B_1、黄曲霉素 B_{2A}、黄曲霉素 G_1 和黄曲霉素 G_{2A}。用 Ar 离子激光器为激发光源，流动液滴为检测池，胰岛素的检测限为 0.4μg/mL，已经达到了放射免疫检测技术的水平。

2. 层流池

层流池是根据壳流动原理设计而成的。在使用时，将含有样品的流出液注入溶剂的中心。在层流条件下，样品流和溶剂流不相混合，而溶剂在此起到保护壳的作用。激光束通过石英光学窗聚焦在样品流上，然后于垂直方向用显微镜的物镜收集样品产生的荧光，并将其聚焦在光电倍增管上。该池的特点是：

① 有效检测池体积小，一般控制在 6～150nL 之间。

② 散射光的影响小。这是因为最大散射光源的石英光学窗与样品流距离较远(5mm)，而石英和空气或溶剂之间的折射率差别较大，溶剂流与样品流之间的折射率差别较小，因而石英窗上的散射光一般不被收集。

③ 由于样品与石英窗不直接接触，因而样品不污染石英窗。该检测池用于微型 LC 检测。

如图 3-15 所示，利用改进的层流池作为检测池，可对罗丹明 6G 实现单分子检测。其检测条件是：Ar 离子激光器、输出功率和光束半径分别为 15μm 和 0.6m/s，检测体积为 1.1×10^{-12}L，可检测 2.2×10^{4} 个罗丹明 6G 分子，若进一步改进测定条件，检测限可望达到 720 个罗丹明 6G 分子。显然，单分子检测是可以实现的。

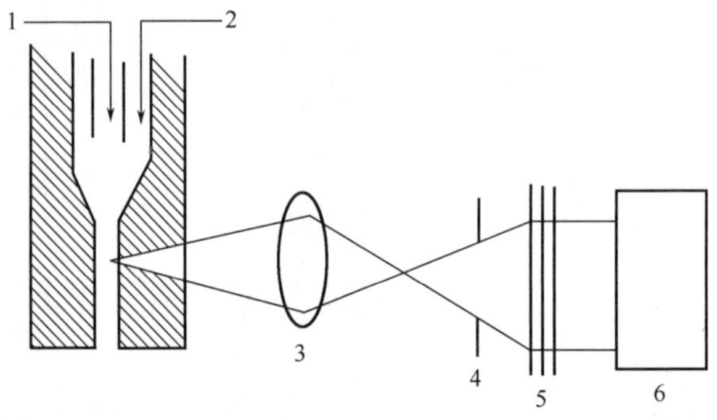

图 3-15 改进的层流池

1—样品；2—溶剂壳；3—显微镜物镜；4—空间滤光片；5—光谱滤光器；6—光电倍增管

微径色谱由于其高分辨能力、高检测灵敏度、低溶剂消耗和便于联用技术的实现而逐渐引起人们的重视。但由于微径色谱柱，尤其是开管柱特别小的溶质谱带，常用检测器 10μL 的检测池会引起谱带的严重展宽。限制谱带展宽的一个办法是：尽量减小荧光检测器流通池的体积，但由于池体积的减小而导致的光程短可能会引起溶质浓度灵敏度的降低。采用激光作为激发光源更适合微径色谱检测池小的要求。层流池因为具有检测池体积小、散射光的影响小等优点成为微径色谱分离、激光诱导荧光检测的常用流通池。对于开管柱，没有流通池的柱上激光诱导荧光检测效果最好。

3. 自由下流的射流池

自由下流的射流池是另一种无窗式检测器。将一内径很小的针头插入石英毛细管中，毛细管与色谱柱连接。样品流出物通过毛细管和针头自由下流形成射流，此时射流应控制在层流条件下。激光光束垂直照射样品射流，在与入射激光束成30°角的方向上收集荧光。由于没有光学窗，在层流条件下，射流稳定并具有很平滑的表面，使得背景散射光大大降低。另外，在30°角的方向上收集荧光，可使背景信号降低6个数量级。使用该检测池，在线速度为3.0m/s和激光照射体积为1nL的条件下，荧光蒽的检出限为2.0×10^{-15}g[8]。

4. 光导纤维检测池

一种光导纤维检测池是将毛细管池耦合到光导纤维上，激光通过透镜聚焦在石英毛细管内样品溶液中，激光光束与光导纤维之间相距1mm～3mm，产生的荧光进入光导纤维。光导纤维的另一端连接单色仪的入射狭缝，使荧光进入单色仪而被光电倍增管接收。由于来自石英毛细管壁上的散射光入射角θ大，不能在光纤中进行全反射而离开光纤，因而可消除散射光的影响。另外，聚焦激光束的微小变化对荧光的检测无影响。利用该池对人尿中抗菌药物亚德里亚霉素和道诺红菌素进行了检测，检测限分别为1.0×10^{-10}g和1.5×10^{-10}g[9]。光导纤维除了可以进行荧光接收外，还可以用于激光传输。一种激光诱导荧光检测器是用光纤直接将光源引向流通池，He-Cd激光器为激发光源，检测限为10^{-16}mol，线性范围达5个数量级（图3-16）。

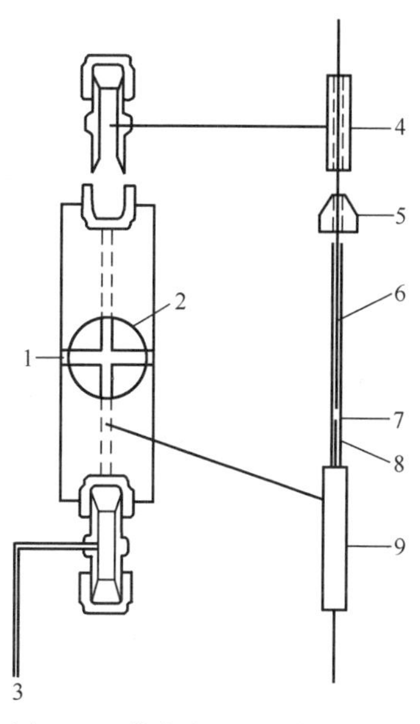

图3-16　荧光流通池的剖面图
1—激光束；2—准直部分；3—废物；4—聚四氟乙烯导管；5—套管；6—50μm内径毛细管；7—光窗；8—光纤；9—不锈钢导管

图3-17是一种很简单的用于填充LC毛细管柱（长1.2m，内径200μm）检测的LIF。熔凝石英毛细管（长5cm，内径100μm）直接插入微柱底部，He-Cd激光器（10mW，325nm）为激发光源，检测池体积仅为0.1μL，用光电二极管在直角方向收集荧光。该检测器的检测限为10^{-16}mol，线性范围达6个数量级。

（四）光检测元器件

可采用的光检测元器件有光电倍增管、二极管阵列检测器和电荷耦合器件，以光电倍增管的应用最为普遍。三者比较，电荷耦合器件具有较高的量子效率和信噪比，增强型的甚至可以进行单分子检测。通过加和和合并，电荷耦合器件还可以进一步提高信噪比，但昂贵的价格限制了它的应用。

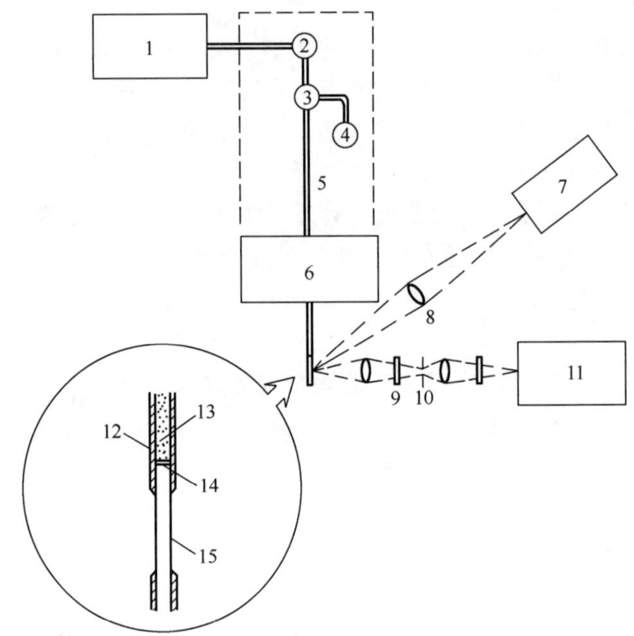

图 3-17 填充 LC 毛细管管的 LIF

1—泵；2—进样阀；3—分流 T 形头；4—测量阀；5—微柱；6—UV 检测器；7—He-Cd 激光器；8—透镜；9—滤光片；10—狭缝；11—光电二极管；12—聚酰亚胺涂层；13—柱填料；14—玻璃；15—熔凝硅石

二、双光子激发荧光检测技术

为了提高液相色谱的选择性，还可采用双光子激发荧光检测技术。该过程是被测分子同时吸收两个光子受激到一高激发态，然后发射荧光。一般双光子吸收出现在对称性相同的两能级之间，但对于单光子吸收和发射过程只能发生在不同对称性能级之间，因此双光子激发荧光不能直接从高激发态跃迁到基态，必须有第三能级存在，该能级与高激发态和基态的对称性均不相同。荧光跃迁过程发生在高激发态与第三能级之间或第三能级与基态之间，如图 3-18 所示。

由于双光子激发荧光需要第三能级，因此提高了选择性。激发过程一般用可见光激发，而产生的荧光通常在紫外光区，很容易消除散射光的影响，使背景噪声降低到光电倍增管等光电检测元件的暗电流水平。但双光子吸收是一弱跃迁过程，吸收的功率与入射光功率的平方成正比，因而双光子荧光信号也与入射光功率的平方成正比，要提高双光子荧光的灵敏度必须采用高功率激光器为激发光源。

图 3-19 是双光子激发荧光检测器的光路图。利用该检测器测定噁二吡咯的三种衍生物 PPD、PBD 和 BBD。4W 的 Ar 离子激光器的 514.5nm 波长激光作激发波长，PPD、PBD 和 BBD 的检测限与紫外吸收检测的检测限相近。荧光检测得到

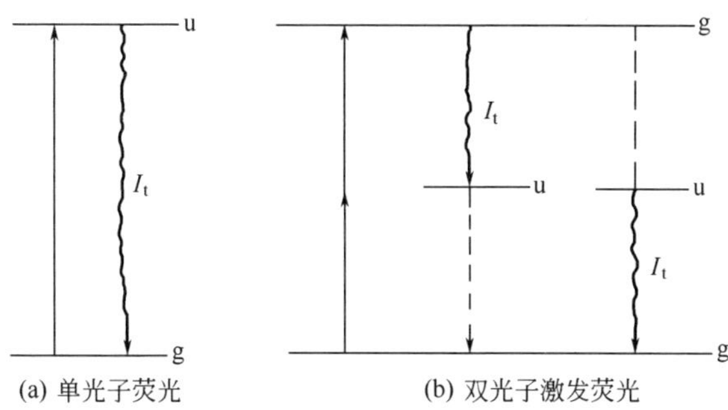

图 3-18 能级跃迁图

u 和 g 是不同对称性的能级； ～～→ 为荧光辐射跃迁； ---→ 为无辐射跃迁

的色谱图简单，相对紫外吸收检测干扰少（图 3-20）。由于脉冲激光具有较高的峰值功率，用脉冲激光器作双光子荧光的激发光源可获得较高的灵敏度，其中 PBD 的检测限降低了 4 个数量级。煤焦油中一般含有多种化合物，在以光导纤维流通池为检测池的液相色谱分离、激光诱导荧光检测中，双光子检测能提供不同于单光子检测的信息，借此能帮助鉴定这些化合物。

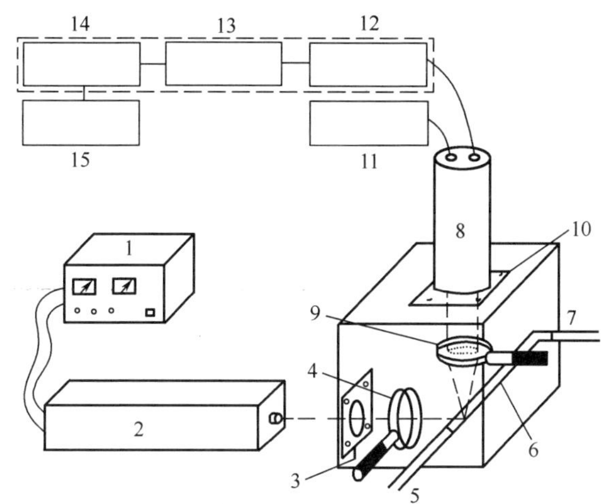

图 3-19 双光子激发荧光检测器的光路图

1—电源；2—Ar 离子激光器；3—激发滤光片；4—聚光镜；5—出口；6—流通池；7—入口；8—光电倍增管；9—准直镜；10—发射滤光片；11—电源；12—放大器；13—计数器；14—D/A 转换器；15—记录仪

另外，与双光子激发荧光相类似的分步激发荧光检测技术也具有双光子激发荧光检测的高选择性和易消除散射光的优点。所不同的是，前者为同时吸收两个相同频率的光子，后者是分步吸收两个不同频率的光子。两个不同的光子可由两个不同的激光器提供，也可由同一激光器的两个不同波长的光束提供。当被测分子分步吸收光子跃迁到某一较高能级后，可通过内转换弛豫到一中间能级，该能

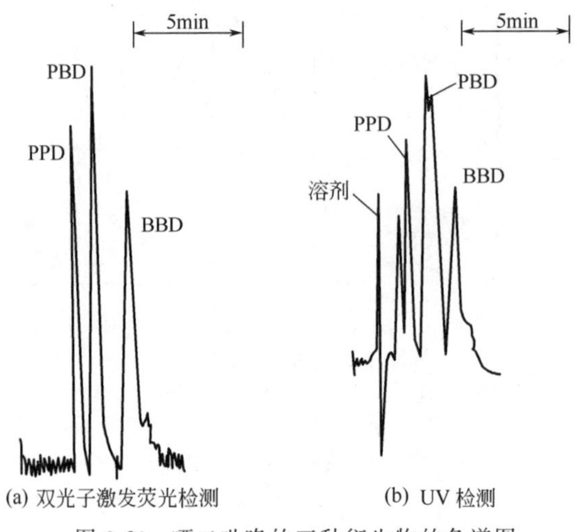

(a) 双光子激发荧光检测　　(b) UV 检测

图 3-20　噁二吡咯的三种衍生物的色谱图

级与基态能级具有不同的对称性。从中间能级到基态能级之间的跃迁为发射光。同样，用高峰值频率的脉冲激光器可较大程度地提高灵敏度。

第四节　液相色谱的长寿命发光检测

荧光检测是液相色谱发光检测法中最具代表性、应用最广泛的检测方法之一。除此之外，还有其它一些用于液相色谱的分子发光方法，如化学发光、生物发光、磷光等。此外，不同于磷光检测，某些镧系离子溶液在有氧存在的情况下也可用于一些有机物的发光检测中。现代荧光检测器具有多功能性，不仅可以进行荧光检测，还可以进行化学发光和磷光检测。化学发光及生物发光检测法将在本书中第七章作详细说明。

一、磷光检测法

通常情况下，绝大多数有机物分子是处在单线基态（S_0）的，当分子被激发到较高的能级并经历非辐射跃迁到第一电子激发单重态（S_1）的最低振动能级之后，并不发生辐射跃迁降落到基态并伴随着荧光现象，而是经历非辐射的体系间窜跃到达亚稳的第一电子激发三重态（T_1），在三重态稍做停留后，再发生辐射跃迁下降到基态的各振动能级，同时伴随着发生磷光（图 3-1）。

与荧光相比较，磷光具有如下三个特点：①磷光辐射的波长较荧光长；②磷光的寿命和辐射强度对重元素原子和顺磁性离子极其敏感；③磷光最重要的特点是它的长寿命。荧光的辐射跃迁是自旋允许的，寿命短，为 10^{-9}～10^{-7}s；而磷光属自旋禁阻的跃迁，其速率常数小，寿命长，约 10^{-4}～10s。由于室温下溶液中很少产生磷光，所以在液相色谱磷光检测法中多采用间接检测——敏化磷光检测法和猝灭磷光检测法，如采用能量受体 2,3-丁二酮作为流动相添加剂。由于氧的存在会猝灭磷光，流动相需在特殊的贮液槽中用纯净的氮气脱氧，而且由于氧会穿透塑料，塑料管线要用不锈钢管线代替。

1. 敏化磷光检测法

在敏化溶液室温磷光分析中，处于最低电子激发三重态的分析物质在合适的能量受体 2,3-丁二酮存在时，发生了由分析物质到受体的三重态能量转移，最后通过测量受体发射的室温磷光而间接检测该分析物。磷光强度正比于分析物的浓度（图 3-21）。该检测方法的灵敏度与分析物的吸光能力、分析物发生系间窜跃到三重态的效率、分析物到受体的能量转移效率和受体在实验条件下的磷光效率有关，其中最主要的是分析物与受体之间的能量转移效率。由于激发三重态的寿命相对较长，能量转移效率一般较高。目前分析中所使用的受体有 1,4-二溴萘和 2,3-丁二酮，两者比较，2,3-丁二酮有更优越的受体性质。以浓度为 10^{-4} mol/L 的 2,3-丁二酮为流动相添加剂，使用连续激发光源，在 520nm 处检测三重态能量高于 $1.97\times10^{-3}\mathrm{cm}^{-1}$（2,3-丁二酮三重态能量值）的分析物，如多氯联苯、萘、多氯代萘、多溴代萘、氧芴、2,8-二氯氧芴等体系，检测限为 10^{-8} mol/L。

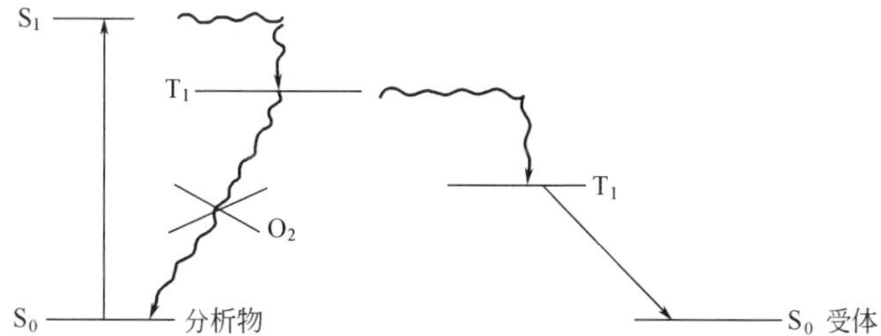

图 3-21　敏化磷光体系的能量图

S_0—基态；S_1—激发态；T_1—激发三重态

2. 猝灭磷光检测法

除利用敏化磷光进行液相色谱检测外，还可以在 420nm 直接激发 2,3-丁二酮，当能迅速与激发态 2,3-丁二酮发生能量转移的分析物存在时，会导致一部分 2,3-丁二酮发生磷光猝灭。在 515nm 检测磷光下降信号，可观察到倒向的色谱峰。2,3-丁二酮在流动相中的浓度约为 10^{-2} mol/L，是敏化磷光检测法中浓度的 100 倍。这种磷光猝灭的检测方法，并不限于三重态能量低于 2,3-丁二酮三重态的分析物质，也可以应用于某些能通过电子转移或氢转移而发生反应的分析物，可对离子色谱法中某些没有紫外吸收的离子提供新的检测技术。

图 3-22 是一个工业多氯萘混合物的反相液相色谱分离谱图，包括紫外吸收、

敏化磷光和猝灭磷光检测的结果，显示了不同检测方法的选择性。三重态能量低于2,3-丁二酮三重态能量的多氯萘，在敏化磷光法中无法检测，在猝灭磷光法中表现出良好的选择性。

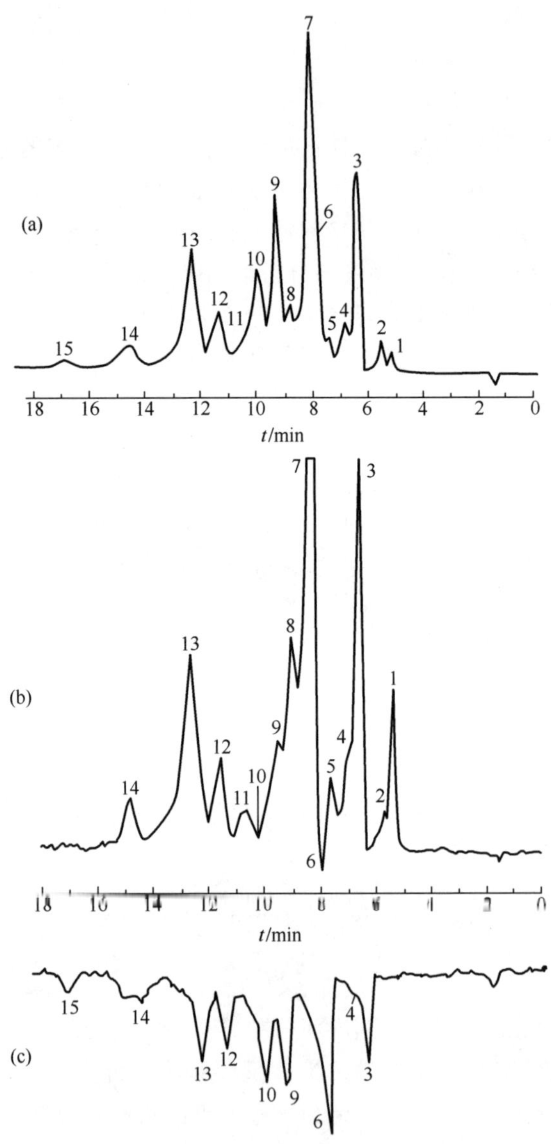

图 3-22 工业多氯萘混合物的反相液相色谱分离谱图

（a）UV 检测；（b）敏化磷光检测；（c）猝灭磷光检测

此外，固体表面磷光分析也属于室温磷光检测的一种方法，同样可以获得猝灭磷光色谱图。1-溴萘通过烷基键合在检测池内的玻璃球载体上，由于采取了以下措施，如选择合适的延迟时间，通过时间分辨检测方式等，载体引起的散射激发光能被有效地抑制[10]。固体表面磷光检测区别于2,3-丁二酮猝灭磷光检测体系的最明显的优点是磷光受体不被消耗，但同样需要除氧。

二、镧系离子溶液发光检测法

间接室温磷光检测法的最大缺点是流动相中不能溶解氧。镧系元素铕(Ⅲ)和铽(Ⅲ)的络合物在溶液中的发光寿命与磷光相近，但几乎不受流动相中溶解氧的影响，因此可以在常规的液相色谱条件下检测，比磷光检测法具有更大的发展潜力。镧系离子溶液发光检测法能同样使用敏化和猝灭检测两种方式。

镧系元素离子的紫外吸收很低，而荧光检测器的常用光源氙灯在低紫外区的发射小，所以镧系元素离子的荧光信号很弱，必须采用间接激发的方式——具有足够长寿命的处在激发三重态的分析物质即络合剂通过分子内能量转移，激发原子能量水平的镧系离子，如图3-23显示了Tb(Ⅲ)的间接激发过程。一般来说，该法的选择性高，只有那些能与镧系离子形成稳定络合物、具有能量合适的激发三重态的分析物能被检测。络合物发光的量子效率与络合物的稳定性有关，络合物越稳定，非辐射去活化的可能性越小，络合物发光的量子效率也越高。由于分析物与镧系离子形成稳定的络合物，能量转移发生在分子内部，所以流动相不必除氧。对于那些不能与镧系离子形成络合物的分析物，能量跃迁发生在分子间，流动相必须除氧。

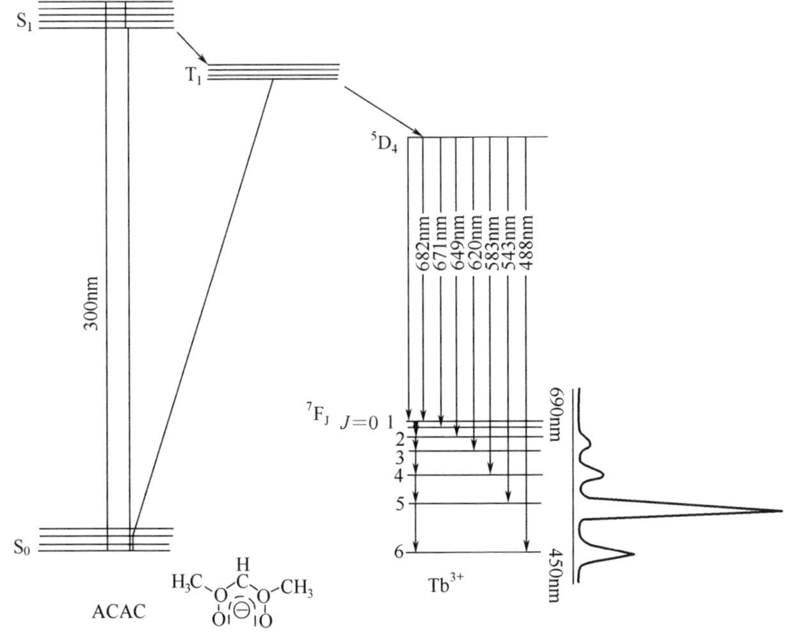

图3-23 Tb(Ⅲ)的间接激发过程

一个敏化镧系离子溶液发光的应用例子是液相色谱分离检测核苷酸和核酸。镧系离子可以在分离前（柱前），也可以在分离后（柱后与检测器之间）加入流动相。在分离后镧系离子加入流动相的好处是阴离子对分离不影响。其中黄嘌呤、鸟嘌呤和硫尿嘧啶的碱基部分可以与 Tb(Ⅲ）络合，发生分子内能量转移，其它碱性部分不能产生能量转移。除此之外，该法还可以用来检测同类的多核苷酸，如 poly-x 和 poly-y 系列，以及凝胶色谱分离 t-RNA 的敏化磷光检测。

另一个典型例子是尿、血浆和齿龈缝液体中四环素的分析。Eu(Ⅲ)在分离后加入流动相，在检测池中的浓度为 5×10^{-5}mol/L。敏化 Eu(Ⅲ）检测四环素的检测限是 5×10^{-7}mol/L。图 3-24 是尿中四环素的紫外吸收检测和敏化镧系离子溶液检测的对比。显然，能与镧系离子发生能量转移的干扰组分少。

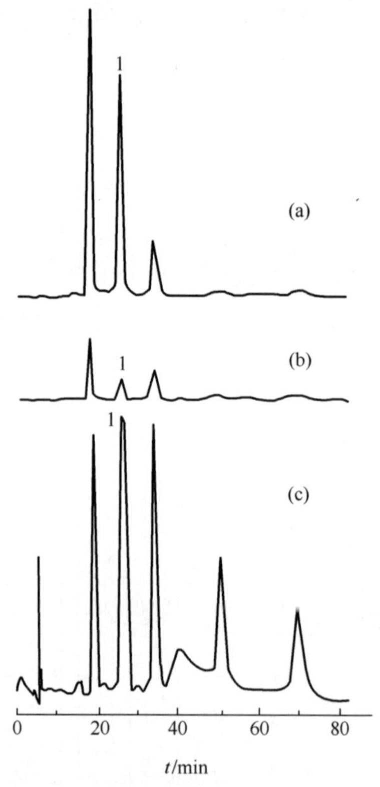

图 3-24 尿中四环素检测的对比

(a) 敏化镧系离子溶液检测；(b) 荧光检测；(c) 紫外检测

1—四环素

敏化镧系离子溶液发光检测法的选择性好，但同时也限制了它的应用范围。柱前衍生是常用的扩大应用范围的方法。较成熟的一个应用是一系列硫醇化合物的分析[11]。硫醇化合物与 4-顺丁烯二酰亚胺水杨酸（4-MSA）进行柱前衍生反应：

反应条件为：4-MSA 50 倍过量，三羟甲基氨基甲烷缓冲液（pH＝7.0～7.5），反应时间 10～15min。用 RP-18 柱分离，流动相为乙腈/水（体积比为 30∶70），用盐酸调 pH 值至 2.7。由于在酸性条件下待测硫醇与 Tb(Ⅲ) 的络合反应不完全，2×10^{-3}mol/L 的 $TbCl_3$ 水溶液需在柱后加入流动相，同时加入 5×10^{-3}mol/L 的缓冲液。两液流要分别加入以防止Tb(Ⅲ) 的水解。另外，还可以采用离子对色谱体系分离。离子对试剂为 1×10^{-3}mol/L 的四丁基溴化铵，流动相为 5×10^{-3}mol/L 的缓冲水/乙腈（体积比为 75∶25）溶液。10^{-3}mol/L 的 $TbCl_3$ 水/乙腈（体积比为 50∶50）溶液在柱后加入流动相。谷胱甘肽的检测限为 2×10^{-8}mol/L。图 3-25 是经过滤后的尿样中 *N*-乙酰基半胱氨酸的柱前衍生敏化 Tb(Ⅲ) 检测和荧光检测的色谱图。与荧光检测相比，因为尿中能够引起敏化 Tb(Ⅲ)发光的化合物较少，色谱图简单、干扰少。

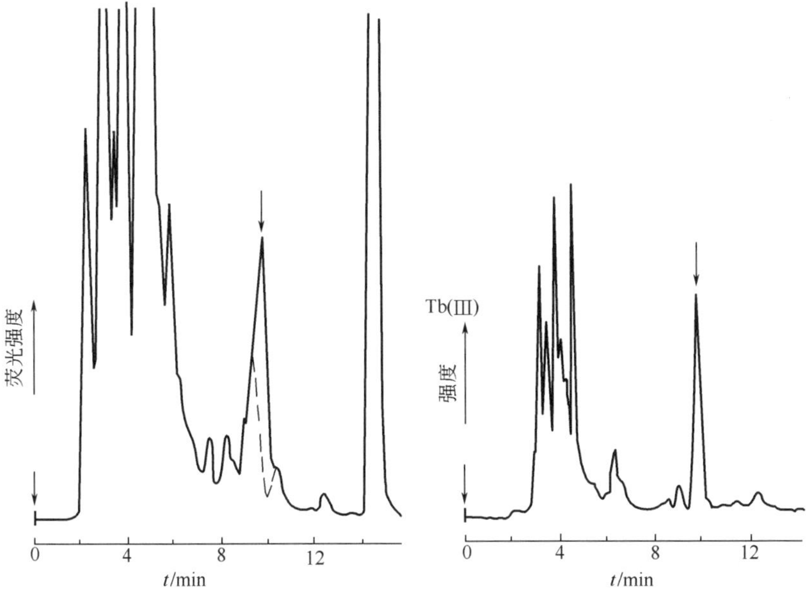

图 3-25 尿样中 *N*-乙酰基半胱氨酸的柱前衍生色谱图

(a) 荧光检测；(b) 敏化 Tb(Ⅲ) 检测

铕(Ⅲ）和 TTA 的络合物 Eu-TTA 与铽(Ⅲ）和 ACAC 的络合物Tb-ACAC都能产生很强的发光信号，而能取代 TTA 和 ACAC 的化合物会使发光信号降低，在色谱图上得到负峰，这就是猝灭镧系离子溶液发光检测法。表 3-3 说明了猝灭镧系发光体系检测一些无机阴离子的方式。该法不仅包含了类似猝灭磷光的动力猝灭，而且流动相中能影响镧系化合物结构稳定的物质也会使发光强度下降。图 3-26 是地表水中铬酸盐的猝灭 Tb-ACAC 发光体系检测色谱图，铬酸盐的检测限为 10^{-7} mol/L。

表 3-3 无机阴离子对 Tb-ACAC 发光的影响

阴离子	影响
NO_3^-, Cl^-, CN^-, SO_3^{2-}, $S_2O_3^{2-}$	发光信号不受影响
PO_4^{3-}, CO_3^{2-}, SO_4^{2-}, F^-	配体交换引起信号降低
NO_2^-, CrO_4^{2-}, $[Fe(CN)_6]^{3-}$, $[Fe(CN)_6]^{4-}$	动态猝灭

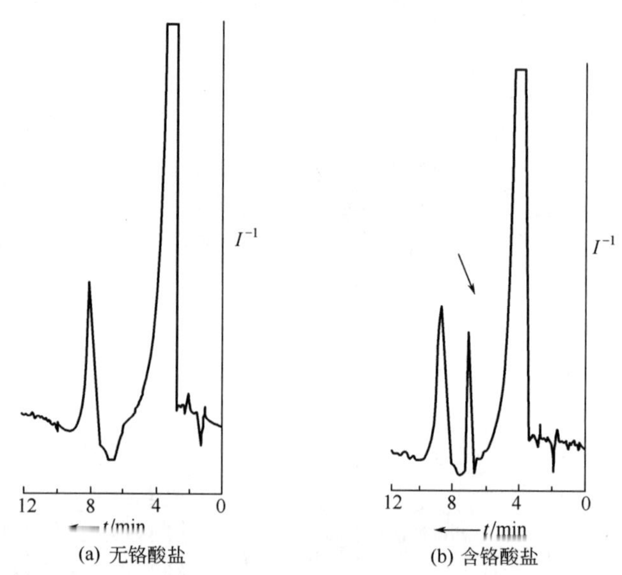

图 3-26 地表水中铬酸盐的猝灭 Tb-ACAC 发光体系检测色谱图

参考文献

[1] Nielsen T. J Chromatogr，1979，170：747.

[2] Udenfriend S. Fluorescence Assay in Biology and Medicine. New York：Academic Press，1962.

[3] 祝大昌，陈剑鋐，朱世盛译. 分子发光分析法(荧光法和磷光法). 上海：复旦大学出版社，1985.

[4] Kiefer J，Zhou B，Zetterberg J，et al. Appl Spectrosc，2014，68(11)：1266-1273.

[5] de Kort B J，de Jong G J，Somsen G W. Anal Chim Acta，2013，766：13-33.

[6] Lagorio M G，Cordon G B，Iriel A. Photoch Photobio Sci，2015，14(9)：1538-1559.

[7] 杨丙成，关亚风，黄威东，等. 色谱，2002,4:332-334.

[8] Folestad S et al. Anal Chem，1982，54：925.

[9] Sepaniak M J，Yeung E S. J Chromatography，1980，190：377.

[10] Baumann R A，Gooijer C et al. Anal Chem，1988，60：1237.

[11] Schreurs M.，Gooijer C，Uelthorst N H，Fresenius J. Anal Chem，1991，339：499.

CHAPTER4

第四章 示差折光检测器

Tiselius 和 Claesson 在 1942 年首次提出示差折射光检测的概念[1]，示差折射光检测器是最早商品化的液相色谱检测器，在 20 世纪 60 年代末期得到深入开发和广泛应用，目前每年的销售量仅次于紫外-可见光检测器。示差折射光检测器通过比较折射率的变化对流动相中的样品进行检测，是一种通用检测器，如果选择合适的溶剂，几乎所有的物质都可以进行检测。虽然通常情况下其灵敏度没有紫外-可见光检测器高，但对于只有紫外末端吸收的物质如糖、有机酸、甚至一些脂肪烃类等，用紫外检测时易发生基线漂移，而用示差折射光检测器时可取得较为理想的结果。此外，由于示差折射光检测器对聚合物有较好的检测性能，是凝胶色谱中必不可少的检测器。

第一节　工作原理

一、示差折光检测器的工作原理

任意一束光由一种介质射入另一种介质时，由于两种介质的折射率不同而发生折射现象。折射率（refractive index，RI）是一个无量纲的常数，定义为光在真空中的速度和光在某种介质中的速度之比，其大小表明了介质光学密度的高低。介质的折射率随温度升高而降低。同一介质对不同波长的光，具有不同的折射率，在紫外和红外光谱区，折射率随波长变化大，在可见光谱区，折射率随波长增加而缓慢下降（图 4-1）。文献中一般选用 20℃时，两钠线的平均值 589.3nm 为检测波长测定溶剂的折射率，表示为 n_D。表 4-1 是常用溶剂在 20℃时的 n_D 值。

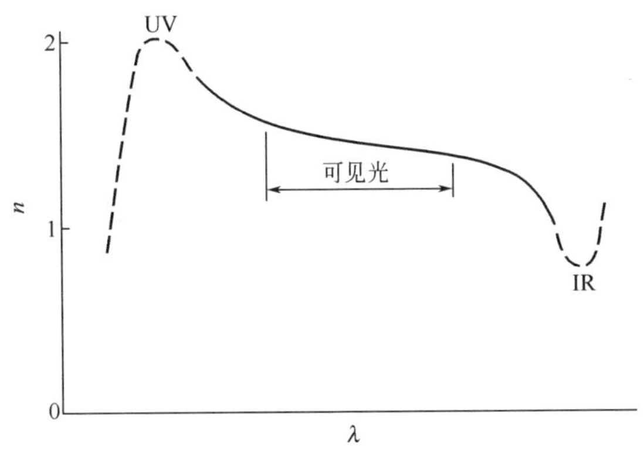

图 4-1 折射率的波长特性

表 4-1 常用溶剂在 20℃ 时的折射率

溶 剂	折射率	溶 剂	折射率
水	1.333	苯	1.501
乙醇	1.362	甲苯	1.496
丙酮	1.358	己烷	1.375
四氢呋喃	1.404	环己烷	1.462
乙烯乙二醇	1.427	庚烷	1.388
四氯化碳	1.463	乙醚	1.353
氯仿	1.446	甲醇	1.329
乙酸乙酯	1.370	乙酸	1.329
乙腈	1.344	苯胺	1.586
异辛烷	1.404	氯代苯	1.525
甲基异丁酮	1.394	二甲苯	1.500
氯代丙烷	1.389	二乙胺	1.387
甲乙酮	1.381	溴乙烷	1.424

示差折光检测器是通过连续测定色谱柱流出液折射率的变化而对样品浓度进行检测的。检测器的灵敏度与溶剂和溶质的性质都有关系，溶有样品的流动相和流动相本身之间折射率之差反映了样品在流动相中的浓度。因此，示差折光检测器的响应信号由下式表示：

$$R = Z(n - n_0)$$

式中，Z 为仪器常数；n 为溶液的折射率；n_0 为溶剂的折射率。根据稀溶液中相加性定律，溶液的折射率等于溶剂和溶质各自的折射率乘以各自的摩尔浓度之和

$$n = c_0 n_0 + c_i n_i$$

式中，n_i 为溶质的折射率；c_i 为溶质的摩尔百分数；c_0 为溶剂的摩尔百分数。因为 $c_0 + c_i = 1$，所以

$$\begin{aligned} n &= (1-c_i)n_0 + c_i n_i \\ &= n_0 + (n_i - n_0)c_i \\ n - n_0 &= (n_i - n_0)c_i \\ R &= Zc_i(n_i - n_0) \end{aligned} \tag{4-1}$$

即示差折光检测器的响应信号与溶质的浓度成正比，说明它属于浓度型检测器。每种物质都有一定的折射率，上式表明，原则上只要是与溶剂有差别的样品都可以用该检测器检测。因此，示差折光检测器是一种通用型检测器。样品的浓度越高，即 c_i 越大；溶质与溶剂的折射率差别越大，即 $n_i - n_0$ 值越大；检测器的响应信号越大。

二、示差折光检测器的特点

第一，示差折光检测器属于总体性能检测器，其响应值取决于柱后流出液折射率的变化，采用含有样品的流出液与不含样品的流出液的同一物理量的示差测量。由于每种物质都有各自的折射率，因此示差折光检测器对所有物质都有响应，是一种通用型检测器，具有广泛的适用范围。它对没有紫外吸收的物质，如高分子化合物、糖类、脂肪烷烃等都能够检测[2~5]。示差折光检测器还适用于流动相紫外吸收本底大，不适于紫外吸收检测的体系。在凝胶色谱中示差折光检测器是必不可少的，尤其是对聚合物，如聚乙烯、聚乙二醇、丁苯橡胶等的分子量分布的测定。另外，示差折光检测器在制备色谱中也经常使用。对待测样品，即使不了解其物理化学性质，示差折光检测器仍能给出有用的信息。

第二，该检测器属于浓度敏感型检测器，其响应信号与溶质的浓度成正比，具有浓度型检测器的特点。

第三，该检测器属于中等灵敏度的检测器，在优选的操作条件、样品及溶剂选择下，检测限可达 $10^{-6} \sim 10^{-7}$ g/mL。示差折光检测器的灵敏度不高是它的最大缺点。另外，该检测器的线性范围一般都小于 10^5。

根据公式（4-1）可以估算示差折光检测器的理论检测限。假设检测器的噪声为 10^{-7} 折光单位（RIU），溶质与溶剂的折射率差为 0.1 个单位，则检测限为

$$c = \frac{3 \times 10^{-7}}{0.1} \text{g/mL} = 3 \times 10^{-6} \text{g/mL}$$

考虑到色谱分离过程中的稀释作用，假定稀释倍数为 20，则最低检测浓度为：

$$c_{min} = 3 \times 10^{-6} \times 20 \text{ g/mL} = 6 \times 10^{-5} \text{g/mL}$$

当进样体积为 5μL 时，最小检测量为

$$m_{min} = 6 \times 10^{-5} \times 5 \times 10^{-3} \text{g} = 3.0 \times 10^{-7} \text{g}$$

与紫外可见吸收检测器相比，示差折光检测器的灵敏度较低，一般不用于痕量分析。有些灵敏的检测器（如紫外吸收检测器）不能响应的组分（如多羟基组

分）可用示差折光检测器检测。因此，在不苛求灵敏度的情况下，用示差折光检测器检测还是很有效的。

第四，示差折光检测器对压力和温度的变化很敏感。折光物质由于温度变化引起该物质密度变化，进而导致折射率的改变。常用有机溶剂折射率的温度系数（dn/dT）在-1.05×10^{-4}℃$^{-1}$（水）和-6.4×10^{-4}℃$^{-1}$（苯）之间变化，平均值为-4.9×10^{-4}℃$^{-1}$。当温度变化10^{-4}℃时，折射率变化约10^{-7}RIU，这就意味着，对于目前可接受的噪声水平10^{-7}RIU，需要将温度波动控制在$\pm10^{-4}$℃范围内。常用有机溶剂折射率的压力系数（dn/dP）在$0.16\times10^{-9}m^2/N$（水）和$0.90\times10^{-9}m^2/N$（戊烷）之间变化。当折射率变化约10^{-7}RIU时，对应的溶剂的压力变化为几个厘米汞柱（1cmHg=1333.224Pa）[6]。

第五，示差折光检测器最常用的溶剂是水，但所有的透明溶剂原则上都可以使用。流动相的强度与溶剂的折射率无关。选择合适的溶剂，检测器的响应可以加强。示差折光检测器的最大优点是其通用性，但这同时也是它的缺点。由于溶剂之间的折射率相差约零点几个折光单位，溶剂组成的任何变化对测定都有明显的影响，如二元、三元混合溶剂的不完全混合、色谱柱的漏液、溶剂中溶解气体量的改变及溶剂的分解等。对于水和己烷，溶剂的饱和溶解空气和完全不溶解空气两种状态下的折射率变化分别为1.5×10^{-6}RIU和8.5×10^{-5}RIU。一般来说，空气饱和溶剂的折射率值较易稳定，故常采用空气饱和溶剂作流动相。另外，为避免流通池中气泡的形成，还要将检测器的流动相出口位置提高。

示差折光检测器一般不用于梯度洗脱[7]。图4-2表示的是水-甲醇混合溶剂和水-乙腈混合溶剂20℃时的折射率随组成改变的变化。混合溶剂的折射率随混合比变化较大。特殊情况下可以采取双柱进行梯度洗脱，一柱接参比池，一柱接样品池，以消除溶剂组成变化引起的折射率改变，但双柱很难达到完全匹配。

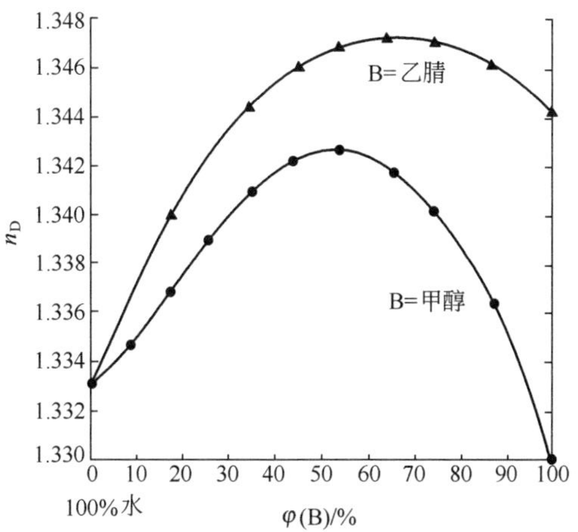

图4-2　水-甲醇和水-乙腈混合物20℃时的折射率

第六，流动相流速的变化因示差折光检测器对温度和压力的敏感性而对检测器也有一定的影响。该影响受多种因素的制约：流通池的几何形状、流通池的大小及材料、检测器的光路系统等。

三、示差折光检测器对色谱系统的稳定性要求

为了使示差折光检测器正常工作，需要整个色谱系统十分稳定，主要有以下三个方面。

① 流动相组成恒定。在大多数的分析工作中常使用混合溶剂作流动相。混合溶剂应该人工配制，放在溶剂贮槽中使用，不要用泵自动混合溶剂。因为要使检测器噪声不高于 10^{-7} 折光单位，应保证溶剂组成的变化小于 10^{-6}，而泵本身不可能有这样高的控制精度。

② 温度恒定。要保持参比池和样品池的温差最小。已经指出，为了使检测器噪声保持在可以接受的水平（10^{-7} RIU），需要将温度控制在 $\pm10^{-4}$℃。因此，一般都使用恒温控制系统。最灵敏的检测器是将进样阀、柱和检测器全装在一个恒温装置内，温度变化在±0.01℃之内。另外，常采用热交换器，利用热平衡来控制温度（图 4-3）。

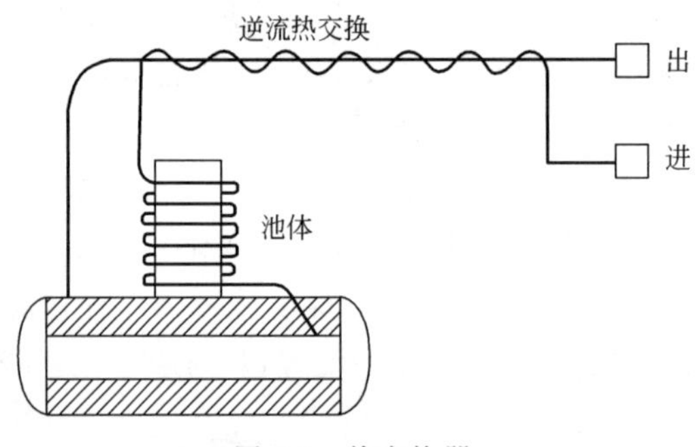

图 4-3　热交换器

③ 压力恒定。在通常的液相色谱操作中，为了消除气泡对检测池的干扰，经常在检测器出口处装有限流装置而使检测器在一定压力下工作。这种做法对示差折光检测器却是不允许的。而且，当与其它检测器串联使用时，示差折光检测器应放在最后。假设检测池内的平均压力为 1013.25Pa（0.01 个大气压），为了限制噪声水平为 10^{-7}（RIU）则泵流量的最大波动允许 0.5%。因此，当采用往复泵时应带脉动阻尼器，最好使用气动泵。

虽然可以采用以上提到的一些措施来稳定参比池和样品池，消除溶剂折射率的变化，但因为两池是相互隔绝的，实际上很难做到两池的状况一样。不能在两池中保持同样的环境成为限制示差折光检测器稳定性的一个主要因素。另外，由于参比池通常是处于静态模式，使它和样品流通池保持一样的温度和压力也几乎

是不可能的。

解决这一问题的一个办法是采用沿着色谱液流的串联示差检测器[8]。两个池子是由一个体积为 V 的延迟环连接，它们之间的温度和压力的差别可以大大地降低。在分离过程中，样品池中任意给定流出体积 V' 的一个反应，将在参比池中流出体积为 $V'+V$ 处产生一相反的反应。如果流动相流速为 F(mL/min)，那么检测器对同一被测物将记录到两个大小相同、方向相反、时间间隔为 V/F 的信号。为了得到类似于传统色谱峰的信号，只需通过计算机将任一时刻的检测器信号和 V/F 时刻的信号相加即可。因此，串联示差检测器能使样品池和参比池之间保持很好的温度和压力平衡。将该检测器与普通商品检测器的噪声进行比较，前者压力涨落仅为后者的四分之一。而且，通过对 V 的优化选择还可以进一步提高性能。

图 4-4 显示出这种方式对于一些复杂色谱分离的有效性。图 4-4 中(a)是原始信号，(b)是经过计算机处理后的色谱图。

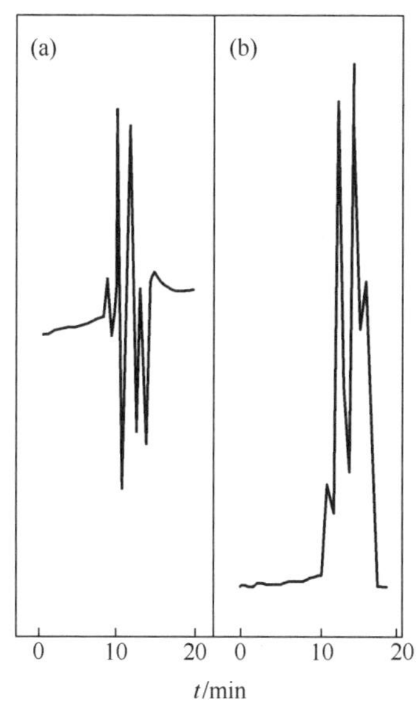

图 4-4　分离检测苯、异丙苯和四甲苯混合物

(a) 原始 RI 信号；(b) 重建 RI 信号

四、示差折光检测器的校正

示差折光检测器并不能给出样品及参比之间折射率值的绝对差。为此，校正仪器时，需要在检测器线性范围内，使用已知折射率的溶液进行校正。首先，在样品池和参比池内充满水，调零。然后将浓度为 0.872g/mL 的甘油水溶液充满样品池，进行检测。其标准值为 1×10^{-4} 折光单位，该值可以用于测定检测器的校正因子，或者调整检测器。对于线性上限低的检测器，可以用更稀释的甘油水溶液

校正[9]。另外，蔗糖水溶液和麦芽糖水溶液也可用于仪器的校正。

第二节　仪器结构

因为溶剂在检测器上也有响应，所以最常用的测折射率的阿贝折光仪不能用作液相色谱检测器。示差折光检测器一般可按物理原理分成四种不同的设计：折射式、反射式、干涉式和克里斯琴效应示差折光检测器。它们的共同特点是检测器响应信号反映了样品流通池和参比池之间的折射率之差。

一、折射式（偏转式）示差折光检测器

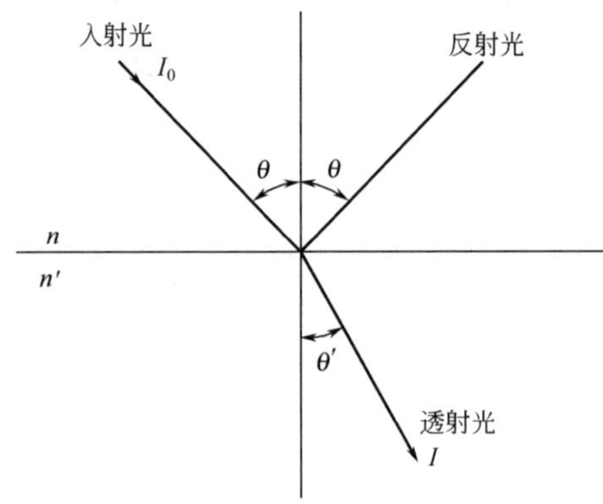

图 4-5　光线通过两种物质界面时的折射和反射现象

当一束光线由一种介质斜射入另一种介质时，由于两种介质折射率不同而产生折射现象，见图 4-5。入射光 I_0 在界面上分成两束：反射光和透射光 I。θ 和 θ' 分别为入射角和折射角。根据斯涅耳（Snell）定律：

$$n\sin\theta = n'\sin\theta' \tag{4-2}$$

式中，n 和 n' 分别为两种介质的折射率。当 $\Delta\theta = \theta' - \theta$ 很小时，$\Delta\theta$ 和 $\Delta n/n$ 成正比。因此，通过测量 $\Delta\theta$ 便可求得两种介质的折射率之差。基于测量偏转角的变化量 $\Delta\theta$ 而制成的折光仪称为偏转式示差折光检测器。值得注意的是，该种设计的检测器测得的是光束的位置而不是强度。

图 4-6 是偏转式示差折光检测器的光路图。光源钨灯发出的光，经狭缝、遮光罩调制，透镜准直成平行光，通过流通池。流通池有一个参比室和一个样品室，二者之间用玻璃成对角线分开。光线经过参比室和样品室后，由反光镜反射回来，再次穿过池子（图 4-7）。然后光束聚焦于光束分离器上，被分成两束，分别照到光电池 A 和 B 上。若两池内介质折射率相等，则光束分离比为 1∶1。当有样品通

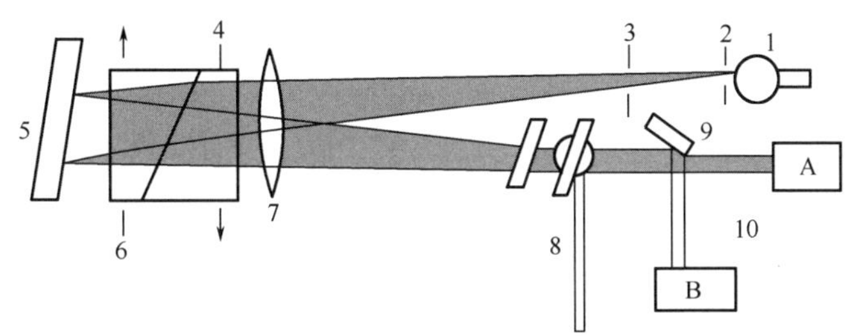

图 4-6 偏转式示差折光检测器光路图

1—光源；2—狭缝；3—遮光罩；4—样品（进）；5—反光镜；6—参比（进）；7—透镜；8—调零；9—光束分离器镜片；10—光电池

过样品池时，光束发生偏移，光束分离比改变，导致两个光电池输出差别信号，它正比于折射率的变化量。也有的偏转式检测器的光电检测原理与上述不尽相同。经过流通池的折射光被透镜聚焦，在光电检测器上产生与光点位置成比例的电讯号。检测室和参比室折射率相同或不同时，光偏转角度不同，到达光电检测器上光点位置发生变化，从而产生大小不同的微弱光电流，经放大后记录下来。光学平面镜用来调整光点位置，以便补偿测量开始前流动相的光学零点。

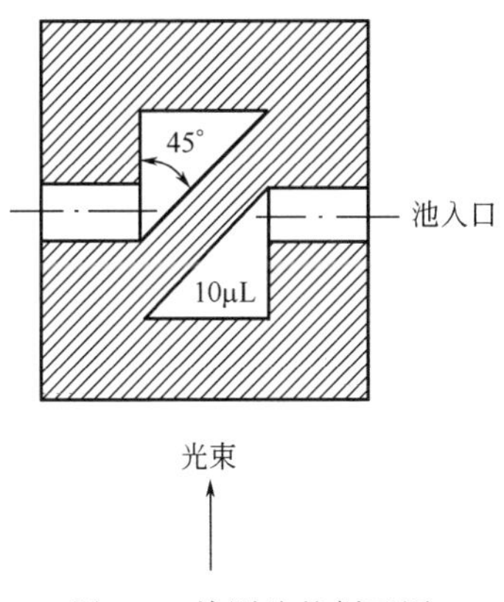

图 4-7 检测池的剖面图

目前，多数的折光检测器是偏转式的，虽然由于工艺上的原因，池体积不能做得太小（>10μL），但折射率范围宽，为 1.00～1.75，不需要更换池子。另外，线性范围（1.5×10^4）较宽，灵敏度较高，在最佳条件下，噪声水平低于 10^{-8} RIU 时，测定环己烷中苯胺的检测限约为 10^{-7}g/mL。偏转式示差折光检测器常用于制备色谱和凝胶色谱。图 4-8 是偏转式示差折光检测器的一个应用实例。糖类化合物在正常紫外区范围内不吸收，而且用其它检测器也很难检测。使用反相柱，乙腈-水作流动相，糖类混合物能得到很好分离。当然，也可采用衍生或低波长紫外区（190～200nm）检测，但衍生手续烦琐，而低波长处基线很难稳定，都不如折光检测器适宜。

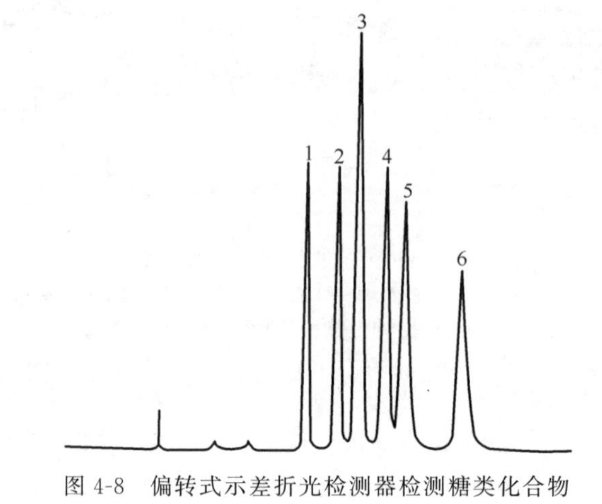

图 4-8 偏转式示差折光检测器检测糖类化合物

1—木糖；2—葡萄糖；3—蔗糖；4—麦芽糖；5—乳糖；6—麦芽三糖

二、反射式示差折光检测器——弗列斯涅耳折光仪

如图 4-5 所示，当入射光与法线的夹角——入射角 θ 小于临界角时，入射光便分解成反射光和透过光，透过光的强度与入射光的强度之间的关系服从弗列斯涅耳（Fresnel）定律：

$$\frac{I}{I_0}=\frac{1}{2}\left[\frac{2\sin\theta'\cos\theta}{\sin(\theta+\theta')}\right]^2+\left[\frac{2\sin\theta'\cos\theta}{\sin(\theta+\theta')\cos(\theta-\theta')}\right]^2 \tag{4-3}$$

当入射光强度 I_0 及入射角 θ 固定时，透射光强度 I 便取决于 θ'，而具有不同折射率的介质产生的折射角 θ' 是不同的。两种介质中任何一种介质的折射率改变，其透射光强度都将发生变化。因此，在一定条件下，测量透射光强度的变化可得到两种介质的折射率之差，即可测定检测池中样品浓度。基于测量透射光强度的变化而制成的折光仪称为反射式示差折光检测器，也称弗列斯涅耳折光仪。

图 4-9 是反射式示差折光检测器的光路图。由光源（一般是钨丝白炽灯）发出的光，经过垂直光栏和平行光栏、透镜准直成两个能量相等的平行细光束。两束平行光线射入棱镜，棱镜上装有样品池和参比池，它们的底面是经专门抛光的不锈钢镜面，池体的液槽是由夹在棱镜和不锈钢之间的聚四氟乙烯垫片经挖空后形成的。两束平行光分别照在样品池和参比池的玻璃-液体界面上，大部分被反射成无用的反射光射出，小部分光按弗列斯涅耳定律透射入介质。透射光照在一个反光的、精细研磨的光漫射背景上，此漫反射光自棱镜的另一面反射出来，射到光敏电阻上（图 4-10）。如果没有样品流过时，两只光敏电阻所接收的光强度相等。当有样品进入样品池时，两只光敏电阻接收的光信号之差正比于折射率的变

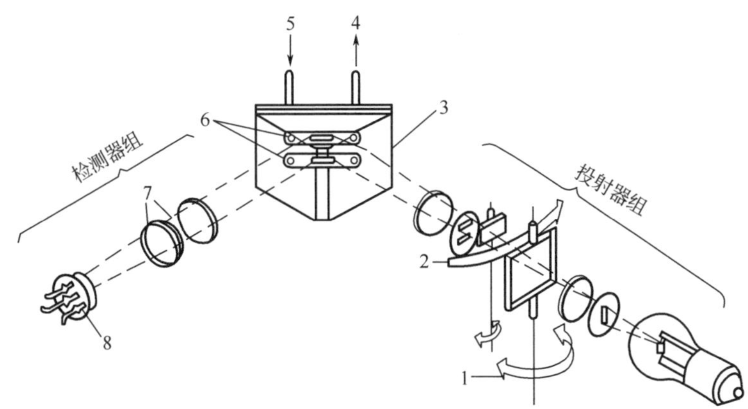

图 4-9　反射式示差折光检测器光路图

1—细调节；2—粗调节；3—池棱镜；4—参比溶液；5—样品；6—检测池；7—透镜；8—检测器

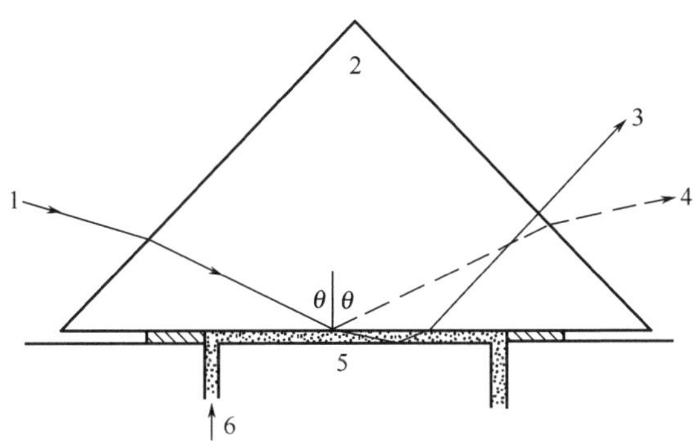

图 4-10　反射式检测池的剖面图

1—入射光；2—棱镜；3—反射光；4—杂散光；5—散射面；6—流动相

化，即正比于样品的浓度。光源装在一个可调的支架上，以便调节入射角稍小于临界角，获得最佳灵敏度。临界角 Q_C 的定义如下：$\sin Q_C=\frac{1}{n}=\frac{n_2}{n_1}$。

反射式示差折光检测器的池体积小（<5μL），适用于高效液相色谱。其缺点是一块棱镜不能适用于液相色谱溶剂的整个折射率范围。为了适用于不同折射率的溶剂，常配有两种规格的棱镜，低折射率（1.31～1.44）和高折射率（1.40～1.55）两块，根据需要互换。在最佳条件下，检测限达 4×10^{-4} RIU。如测定环己烷中的苯胺，检测限为 2×10^{-9} g/mL。

图 4-11 是该类型检测器的一个应用实例：一些聚乙烯标准物的分子量测定色谱图。

尽管如此，以上装置还有许多要改进的地方：池的体积还应更小；光线不易

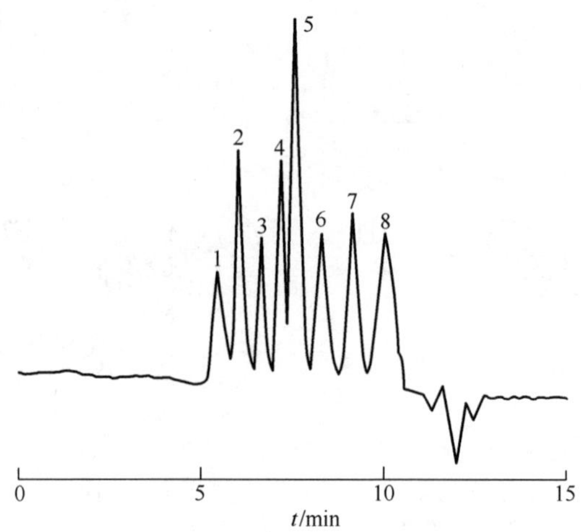

图 4-11　反射式示差折光检测器检测聚乙烯标准混合物

色谱峰：1—分子量 1650000；2—分子量 480000；3—分子量 180000；4—分子量 76000；5—分子量 39000；6—分子量 11800；7—分子量 2900；8—分子量 580

准直，检测器收集到的光线只是总的散射光的一部分。另外，要匹配好样品池和参比池也有一定困难。

为了克服这些困难，可以采用如图 4-12 的装置。在该图中，用激光代替普通光源，用另一棱镜代替图 4-10 中产生漫反射的池底板将透射光引出来。图中激光经布拉格调制盒后，轮流地照在两池上，光学波片则对经过两池的光进行平衡。

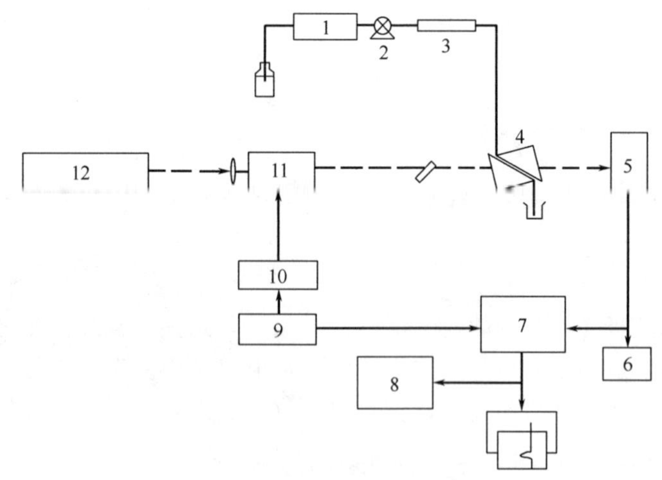

图 4-12　激光光源的 RI 检测器

1—泵；2—进样阀；3—柱；4—池；5—光电二极管；6—示波器；7—透镜；8—微机；9—信号发生器；10—电机；11—布拉格调制盒；12—He-Ne 激光器

图 4-13 是图 4-12 中光学流通池的侧视图和剖面图。图 4-13(a)中的光学池是

由两个直角棱镜和固定在中间的特氟隆垫片组成。从图 4-13(b)中可以看出，该垫片确定了参比室和样品室。整个光学池放在一个旋转架上以便调整光线入射角。图中所示的样品池光学路径长 1cm，垫片厚 80μm，流通道宽 1mm，整个池体积仅为 0.8μL，使峰展宽大大降低，该装置的检测限为 2.0×10^{-7}RIU。用乙腈溶液中的苯作为检测物，最小检测量为 6ng。

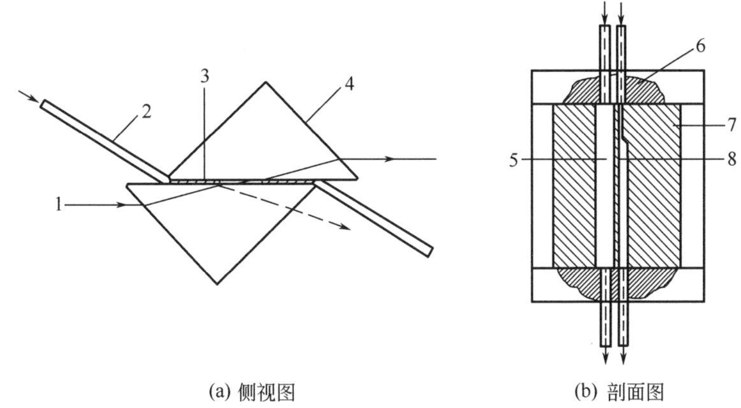

图 4-13　激光 RI 检测器的光学流通池

1—光；2—管；3—垫圈；4—棱镜；5—参比通道；6—环氧材料；7—衬垫；8—样品通道

以上装置还有其它的优点。光线要在样品池中穿过 1cm 的路径，这种结构对于检测紫外吸收和荧光很有利。通过在棱镜的表面安装一光电倍增管，就可以测量荧光。因此，该池能同时测量示差折光、紫外吸收和荧光信号。

另外，为了优化检测器的性能，必须选择合适的光线入射角度。虽然，根据菲涅尔方程，透射光强度在临界角附近时随 RI 变化最为灵敏，但在该角度，闪变噪声也增加了。当入射光有 10%透过界面时，可以得到最优的检测信号。此时，入射角离临界角约为 0.2°。

三、干涉式示差折光检测器

当来自同一光源的两束光强分别为 I_1 和 I_2 的光线，经过不同的光学路径再汇合时，就会发生光的干涉现象。总的光强为

$$I=I_1+I_2+2\sqrt{I_1I_2}\cos\left(\frac{\Delta S}{\lambda}2\pi\right) \tag{4-4}$$

式中，ΔS 为两束光所经过的光程差，光程定义为

$$S=nl \tag{4-5}$$

式中，n 为光经过的介质的折射率；l 为光通过的路径的实际长度。

从公式（4-4）和式（4-5）可以看出，当 l 保持不变，n 发生变化时，干涉光的强度就会发生变化。因此，通过对干涉光强度的测量就能得到介质折射率的变

化。图 4-14 是一种商用干涉式示差折光检测器的光路图。来自光源钨灯的光束（$\lambda=546$nm）被光束分离器 2 分离成两束强度相等的平行光，分别通过样品池和参比池，再聚焦在第二个光束分离器 2′上。当没有样品通过样品池时，分离器 2′可以再现来自光源的光束，照在光电池上。当溶质通过样品池时，在光束分离器 2′处两束光之间存在相位差，光强度发生变化，相位差与折射率差 Δn 成正比。因此，干涉式示差折光检测器的定量基础是，在一定的样品浓度范围内，光强度与相位差（即 Δn）成正比。

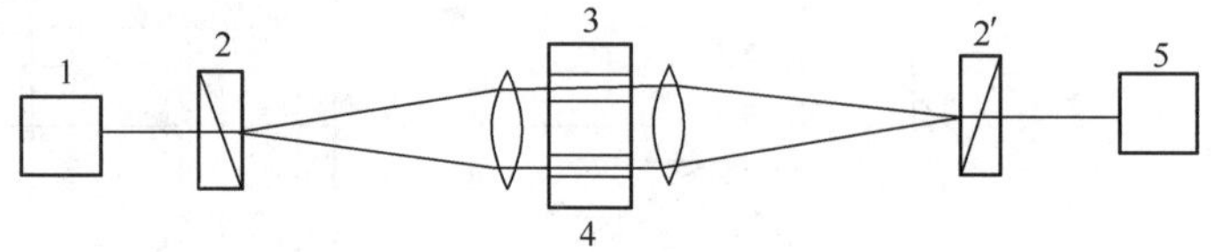

图 4-14 干涉式示差折光检测器光路图
1—光源；2，2′—光束分离器；3—样品池；4—参比池；5—光电池

另外，当在参比光束和样品光束会聚的光学零点处测量光强时，两光束传播速度的微小差异都会引起光强的较大改变。因此，为了在设计上优化检测灵敏度，可以通过在参比光束（或样品光束）上加一光学波片，人为地引入一附加的光学延迟（未在图 4-14 中画出）。

检测池的设计与一般光吸收检测器的检测池一样（图 4-15）。光程长适应不同的应用有各种选择：10mm、1mm、0.2mm 和 0.02mm。图中光程长为 10mm。检测池体积可以做得很小（1.5μL），它的灵敏度比反射式和偏转式均高，但是很少使用，可能是因为线性范围太窄（约 10^3）。线性范围窄是由于只有当 ΔS 在很小的范围内变化时，光强 I 的变化才和折射率 n 的变化近似成正比。另外，干涉光的质量依赖于光线准直的程度；光电管直接将干涉光的强度变为输出信号，因此散粒噪声也成为该干涉仪的一个限制因素。

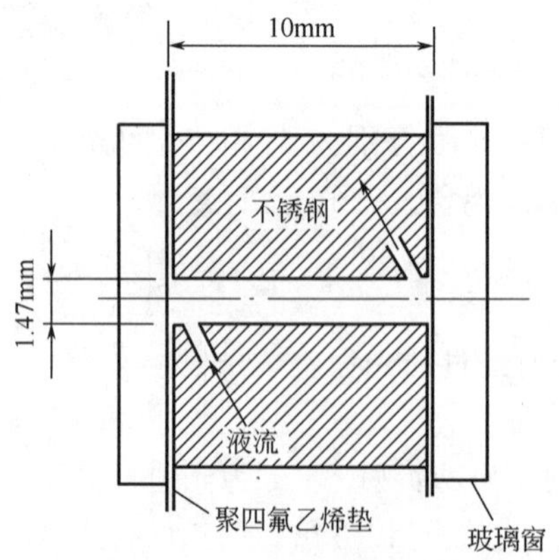

图 4-15 干涉式检测池的剖面图

为了显著提高测量质量，必须对以上装置的光学部分做出改进。最有效的办法是利用F-P干涉仪（图4-16）[10]。光源是一个频率在几兆赫兹的He-Ne激光器，线性极化器和1/4滤波片用来避免F-P干涉仪对激光器的反馈影响。光电倍增管检测得到通过F-P干涉仪的光强，计算机通过控制压电晶体的电压改变F-P干涉仪中两个镜子之间的距离。

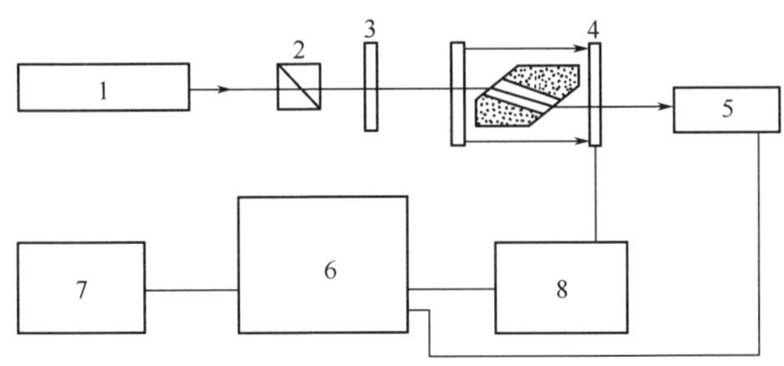

图4-16 F-P干涉仪检测系统

1—He-Ne激光器；2—线性放大器；3—1/4滤波片；4—干涉仪；5—光电倍增管；6—微机；7—记录仪；8—高压电源

对于F-P中两个平行的平面镜，最大相长干涉发生在：

$$m\lambda = 2dn \tag{4-6}$$

式中，m是任何一个整数（干涉级次）；λ是光在真空中的波长；d是两个镜子之间的距离；n为两个镜子之间介质的折射率。

干涉计通常工作在差分模式下，即测量的是两个镜子间的距离的变化，而不是距离本身。在测量中，压电晶体能够精确地改变两个镜子之间的距离，并使穿透两个镜子的光的干涉强度随镜子之间的距离周期性变化（图4-17）。该周期$\lambda/2n$为图4-17中两个峰之间的距离。如果λ已知，根据该周期即可得到n。对于F-P干涉仪，它的检测灵敏度可达3×10^{-11}（$\Delta n/n$）。

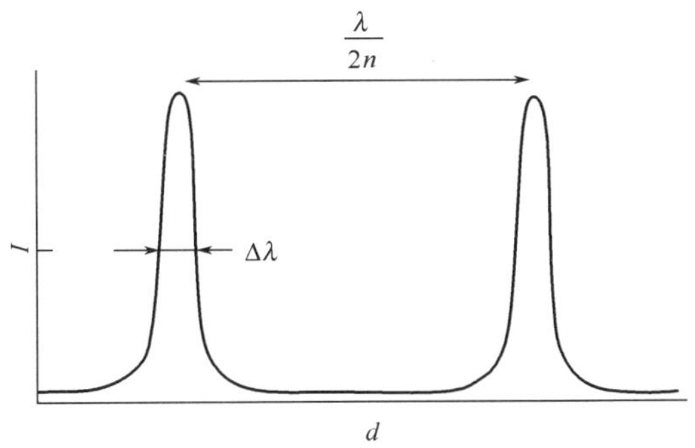

图4-17 F-P干涉仪作为镜距函数的透射特性

Δλ—干涉峰宽

F-P干涉仪和其它干涉仪的主要区别在于，它是一个多光束干涉仪，因此有很高的 RI 分辨率。根据两个镜子的平行程度、反射率及镜面平整度，F-P 的灵敏度可比商用干涉仪高 2 个数量级，达 $1.5\times10^{-8}\Delta n$。在 F-P 干涉仪中测量的是透射光的两个峰之间的位置，而不是光的强度的绝对大小。这种测量方式有以下优点：

① RI 的测量在一级近似下与散粒噪声有关。

② 一些影响灵敏度的因素，如流动相的不均匀性、力学不稳定性及准直因素会严重改变图中峰的形状，但峰的位置却不会发生明显的变化。

③ 如果分析液中含有吸光物质，任何基于测量光强度的检测都会受到影响，但 F-P 中峰的位置却不会受到影响。

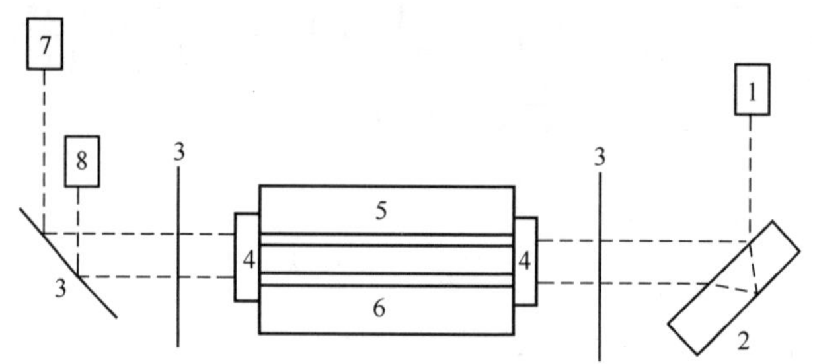

图 4-18 双光束 RI 检测

1—激光；2—镜片；3—干涉镜；4—池窗；5—参比流通池；6—样品流通池；7—参比光电管；8—样品光电管

另外，通过使用双光束系统，F-P 干涉仪的检测性能还能进一步提高（图 4-18）。该系统以水为流动相时，可测 $7\times10^{-9}\Delta n$ 变化，以乙腈为流动相时，可测 $4\times10^{-9}\Delta n$ 变化。

四、克里斯琴效应示差折光检测法

当一个流通池内含有和通过该流通池的流动相折射率相同的特别固体物质时，照在流通池上的光穿过流通池时，不会发生散射现象。但如果流动相的折射率与固体物质的折射率不相近时，将在液固界面上发生光的多重反射和折射，结果光线被散射，光强减弱。这一现象是克里斯琴（Christiansen）在研究晶体过滤片工作时发现的，被称为克里斯琴效应。根据这一原理制造的示差折光检测器称为克里斯琴效应示差折光检测器。

克里斯琴效应示差折光检测器的光路图如图 4-19。钨灯发出的宽谱带光被一个光学聚光镜聚光于小孔。经过消色差透镜，从孔中发出的光线变成平行光，然后被一对棱镜分成两束平行光。两束平行光分别经过样品池和参比池，被两个波长敏感光电池分别检测。当光源的宽谱带光线入射到检测池时，只有那些能使溶液的折射率与检测池内固体粒子的折射率相近的很窄波段的光线才能通过检测池。

当检测池内堆积着氟化锂粒子，溶剂为异辛烷时，530nm 波长的窄光谱带将通过检测池。对于折射率值比异辛烷高的样品溶液，会引起图 4-20 中异辛烷曲线的上移，该曲线与氟化锂的折射率-波长曲线的交点将向长波长方向移动。因此，通过样品检测池的窄谱带光线的波长和强度都会发生改变，导致波长光敏电池样品与参比差减的信号输出。

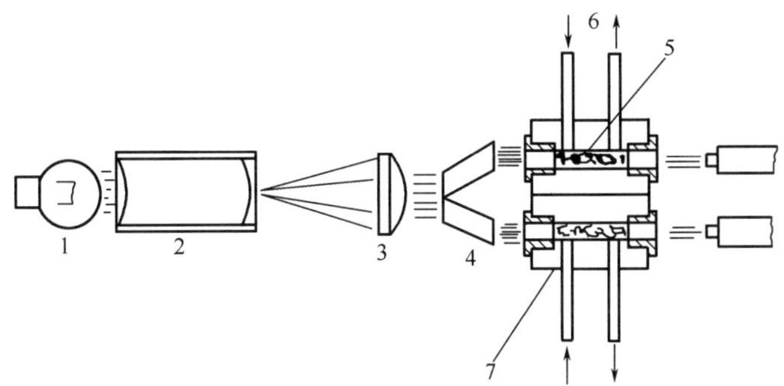

图 4-19　克里斯琴效应示差折光检测器

1—光源；2—聚光器；3—消色差镜；4—棱镜；5—固体填料；6—溶液；7—池

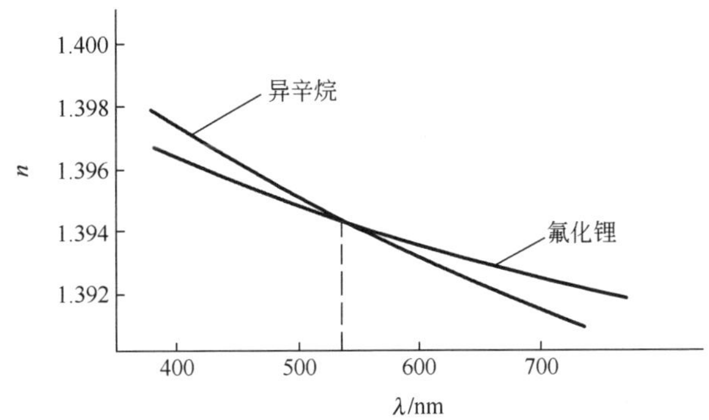

图 4-20　异辛烷和氟化锂的折射率曲线

克里斯琴效应检测器的线性范围较以上提到的其它三种类型 RI 检测器都要小，主要原因有：随波长变化光电池输出信号的非线性、色散曲线的非线性、样品存在时色散曲线的改变、随波长变化引起的溶液和固体物质的光吸收变化等。该检测器可检测 10^{-6}（RI）的样品，己烷中苯的最小检测浓度为 9μg/mL。由于流通池体积小（8μL），池内还有固体填料，故峰展宽小。它的缺点主要是在填充了具有一定 RI 值的固体填料的流通池中，对所用流动相的 RI 值会有相应的限制。为此，可采用混合溶剂或调整流通池温度的办法，尽量使流通池填料和流动相 RI 值保持一致。

与以上四种检测器不同，一种最简单的激光示差折光检测器是将 LC 的玻璃毛细管柱的一部分作为检测池，因而省去了连接问题[11,12]。图 4-21(a)是检测池的光学路径图，偏转角 θ_m 依赖于流动相的折射率 n_3。图 4-21(b)是这种示差折光检测器的装置图。根据流动相温度升降的情况，该装置的检测限为 ng (3×10^{-7} RIU)。

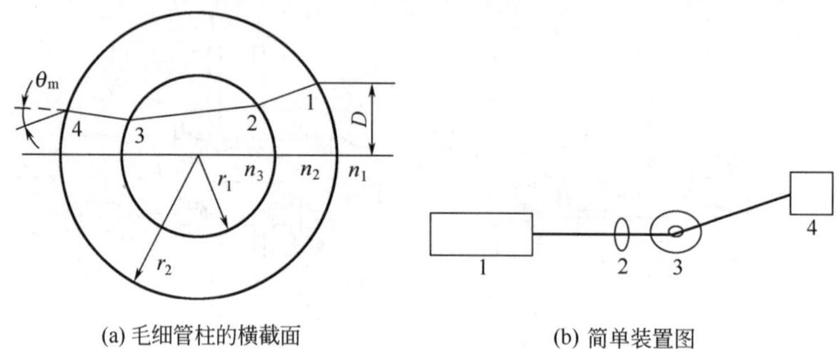

(a) 毛细管柱的横截面　　(b) 简单装置图

图 4-21　毛细管柱激光示差折光检测器

D—偏转距离；n_1、n_2、n_3—空气、玻璃、流动相的折射率；θ_m—最佳偏转角

1—激光器；2—透镜；3—毛细管；4—光电二极管

表 4-2 列出了 Waters 公司 2414 型示差折光检测器的性能指标，可以作为了解当今商品示差折光检测器性能的参考。

表 4-2　Waters 2414 型示差折光检测器性能指标

项　目	指　标
检测类型	折射率
折射率范围	1.00RIU～1.75RIU，校准
测量范围	$(7.0\times10^{-9})\sim(5.0\times10^{-4})$RIU
动态线性范围	在$\pm5.0\times10^{-4}$RIU 范围内≤5%
温度控制	内部光学系统温度：30～55℃，±0.5℃，1℃增量
	外部柱温箱：室温～150℃，±1.0℃，1℃增量
样品流通池	熔融石英；体积 10μL
	最大压力≤100psi②
	流速范围：0.1～10.0mL/min，适应从微柱到分析柱的应用
衰减设置	$1\sim500\times10^{-6}$RIU
	1～1024 最大，410/2410 模拟模式
阀	自动冲洗和自动溶剂回收
pH 范围	1～14
噪声①	$\pm1.5\times10^{-9}$RIU 模式（2s Hamming 滤波时间常数，1mL/min 流速，100%水）
	$\pm3.0\times10^{-9}$RIU/h，410/2410 模拟模式（1s RC 波波时间常数，1mL/min 流速，100%水）

续表

项　目	指　标
漂移	≤±1.0×10⁻⁷RIU/h
时间常数	Hamming(缺省 RIU 模式):0～5.0s RC(缺省 410/2410 模拟模式):0～10s
时间程序参数	极性,时间常数,衰减及调零等
零点校准	自动调零
仪器控制和数据处理	可从 2414 自己的面板上输入所有参数、控制及诊断仪器,包括控制外部柱温箱。同时可以使用:Empower、MassLynx 或 Breeze 软件控制。也可以对方法、序列和日志进行存储和传递
模拟输出	记录仪/积分仪:最大 2V,输出范围可选
信号传输	局域网络控制(Ethernet),IEEE,RS-233。遥控:就绪,启动,停机,自动调零和关机信号等
LED 光源	880nm 或 690nm
安全和维修	广泛的诊断、故障检测和显示(通过面板及 Empower、MassLynx 或 Breeze 软件),泄漏检查、安全泄漏处理,用于关闭泵系统的泄漏信号的输出,主要维修区低电压
GLP 特征	早期维护反馈提供消耗元件累计使用情况,以便及时进行系统预防性维护;电子日志实时记录仪器使用操作情况,随时查阅仪器状态;可选人工操作验证/性能认证(IQ/QQ/PQ)或全自动验证(AQT-需要 Empower 配合)

① 基于 ASTM 方法 E-1303-95“液相色谱用示差折光检测器实践”进行试验。参考条件：光学系统温度 35℃，响应时间根据运行模式不同分别为 2s 或 1s（比规定的 4s 要严格），流速 1.0mL/minHPLC 级用水，限流毛细管、柱箱温度 35℃，真空脱气机，泵和柱温箱仪器平衡 2h。

② 1psi＝6.89476kPa。

第三节　无标准定量法

假设一个两组分混合液，混合液的折射率 RI 由溶质（RI 为 n_x）的体积比 C_x 和流动相（RI 为 n_1）的体积比 $1-C_x$ 决定：

$$\frac{n^2-1}{n^2+2}-\frac{n_1^2-1}{n_1^2+2}=C_x\left(\frac{n_x^2-1}{n_x^2+2}-\frac{n_1^2-1}{n_1^2+2}\right)$$

令 $\Delta n_1=n-n_1$

大多数情况下，Δn_1 很小，上式可以简化为

$$\Delta n_1 k_1=C_x\ (F_x-1) \tag{4-7}$$

其中

$$F_i=\ (n_i^2-1)/(n_i^2+2)$$

$$k_i=6n_i/(n_i^2+2)^2$$

Δn_1 实际上就是大多数 RI 检测器给出的值，从以上简化式可以看出，它涉及两个未知量，溶质的浓度和折射率。因此，如果保持流动相的强度不变，将同一

样品用另一种流动相来冲洗，就可以得到另一个不同的峰。这两组色谱峰信号可以给出两个互相独立的方程（形式如以上的简化式），由这两个方程组成的方程组能唯一地确定溶质的浓度和折射率。这就是无标准定量法的原理。

该定量方法的一个应用是对原油的分析[13]。同一个原油样品在凝胶柱中先用甲苯，然后用氯仿淋洗。由于预先已预测到在两次冲洗中，原油中的不同组分的流出顺序是一样的，可以直接将图 4-22 中所示的两个色谱图按 1s 的间隔分成许多段。对于其中的每一段都可利用两个方程组成的方程组，得到样品的浓度[图 4-23(a)] 及折射率[图 4-23(c)]。图 4-23(b)是通过吸收检测得到的一个错误的浓度分布，这是因为原油的大多数组成并不产生吸收。这种方法可以直接推广到研究大分子量的生物材料。

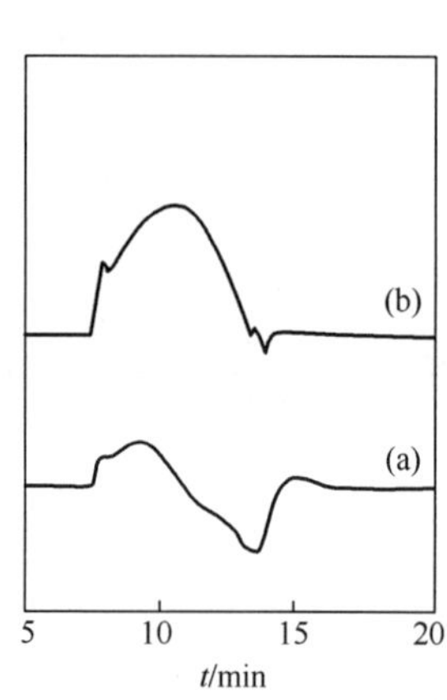

图 4-22 凝胶色谱分离、RI 检测原油色谱图
(a) 甲苯为淋洗剂；(b) 氯仿为淋洗剂

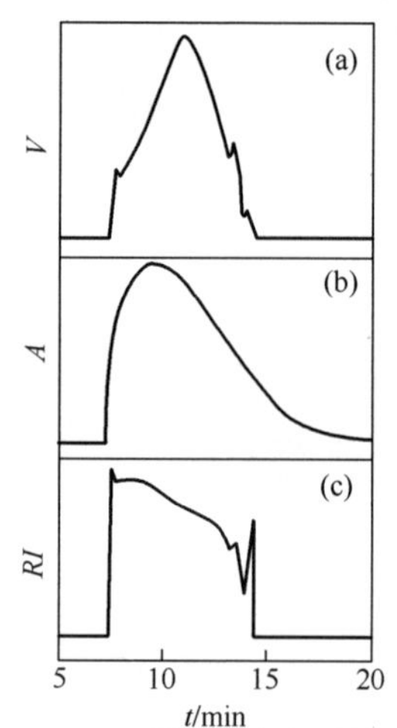

图 4-23 以不同形式表示的原油浓度分布色谱图
(a) 淋洗体积浓度；(b) 365nm 的 UV 吸收；(c) 折光检测

该方法的另一个特殊用途是检测液相色谱峰的纯度[14]。按照以上程序，可以确定一个色谱峰上任一点的 RI 值，这和图 4-23(c)相似，但是时间间隔要短得多，能达到检测器的响应时间。如果色谱峰是纯的，在该峰的范围内可以得到一个恒定的 RI 值，相反，如果有 RI 值的变化则说明该峰没有将各个组分区分开。同样的方法也被用于光吸收检测，但 RI 方法更有普遍性，因为它能应用于工作波长下不吸收的分析物。

参考文献

[1] Tiselius A, Claesson D. Ark Kemi Mineral Geol, 15B(No. 18), 1942.

[2] Kumar M, Saini S, Gayen K. Anal Methods, 2014, 6: 774-781.

[3] Trathnigg B, Ahmed H. Anal Bioanal Chem, 2011, 399: 1523-1534.

[4] Scarlata C J, Hyman D A, J Chromatogr A, 2010, 1217: 2082-2087.

[5] Csernica S N, Hsu J T. Energy & Fuels, 2010, 24: 6131-6141.

[6] Riddick J A, Bunger W B.Organic Solvents, Vol.2 of Techniques of Chemistry Series, 3rd ed. New York: Wiley-Znterscience, 1970.

[7] McBrady A D, Synovec R E. J Chromatogr A, 2006, 1105: 2-10.

[8] Woodruff S D, Yeung E S.J Chromatogr, 1983, 260: 363.

[9] Dean J A.Lange's Handbook of Chemistry.11th ed.New York:McGraw-Hill, 1973: 10-250.

[10] Woodruff S D, Yeung E S.Anal Chem, 1982, 54: 1175, 2124.

[11] Synovec R E.Anal Chem, 1987, 59: 2877-2884.

[12] Dovichi N J et al.Spectrochim Acta, 1988, 43B: 639-649.

[13] Synovec R E, Yeung E S. J Chromatogr Sci, 1985, 23: 214.

[14] Drouen A C J H et al. Anal Chem, 1984, 56: 971.

CHAPTER5

第五章

电化学检测器

电化学检测器（electrochemical detector，ECD）根据待测物质的电化学性质进行检测。电化学检测法是光学检测法的重要补充，可以应用于那些没有紫外吸收或不能发出荧光但具有电活性的物质，若在分离柱后采用衍生技术，还可将它扩展到非电活性物质的检测。早在 1952 年波兰科学家 Wiktor Kemula[1] 就将极谱技术用于液相色谱的检测，但在 20 世纪 70 年代以前该技术发展缓慢。后来，对哺乳动物中枢神经系统代谢物的研究推动了液相色谱电化学检测器的发展，并于 1974 年出现第一台商品化的液相色谱电化学检测器。目前液相色谱电化学检测器已在生化、医学、食品、环境分析等领域获得广泛的应用。虽然按应用数量而言，电化学检测器排在紫外吸收、荧光和示差折光检测器之后，列第四位，但是由于电化学检测器的高选择性、高灵敏度和低造价等优点，其在液相色谱检测中有着重要的地位。

电化学检测器主要有安培、极谱、库仑、电位、电导和介电常数检测器六种（表 5-1）。前三种统称为伏安检测器，以测量电解电流的大小为基础，其中以安培检测器的应用最为广泛。电化学检测器可以根据测量溶质组分和测量溶液整体性质分为两类。前者主要包括安培、极谱、库仑和电位检测器，具有较高的灵敏度和选择性；后者主要包括电导检测器和介电常数检测器，通用性较强。

表 5-1　各种电化学检测器性能比较

类型	测定的物理量	动态范围	检出下限	池体积/μL	重现性/%	应用	温度的影响
安培	电流	10^5	$10^{-11}\sim10^{-9}$g	1～5	2	选择性	1.5%/℃
库仑	电荷	10^6	3×10^{-11}g	20	2	选择性	可忽略
电位	电势	10^5	10^{-9}g/mL	5	3	选择性	明显

续表

类型	测定的物理量	动态范围	检出下限	池体积/μL	重现性/%	应用	温度的影响
电导	电导(或电导率)	10^6	10^{-8}g/mL	1.5	1	通用性	2%/℃
介电常数	介电常数	—	$5\times10^{-8}\sim10^{-10}$g/mL	2～16	2	通用性	明显

第一节　安培检测器

安培检测器是电化学检测器中应用最广泛的一种检测器。安培检测器要求在电解池内有电解反应的发生，即在外加电压的作用下，利用待测物质在电极表面上发生氧化还原反应引起电流的变化而进行测定的一种方法。

安培检测器有许多优点：

① 灵敏度高。尽管仅有1%～10%被测定的电活性物质得到转化，但最小检测限可达$10^{-9}\sim10^{-12}$g，且对各类电活性物质灵敏度差别很小。例如，儿茶酚胺的最低检测浓度小于100pmol/L。溶解氧和电极稳定性的问题造成发生还原反应的被测物质的灵敏度较氧化反应低一个数量级。

② 选择性高。一般只对电活性物质有响应，适用于电活性物质的痕量测定，而不受非电活性物质的干扰。而且由于每种物质的氧化还原反应电位不同，对于具有不同电极电位的物质，只要在电解池的两极间施加不同的电压，就可控制电极反应，提高选择性。在目前重要的分析领域，如生物、医学、环境等，可测量复杂基体及大量非电活性物质中的痕量活性物质，例如在生物体液和组织匀浆液中的数千种无关组分中，只对几种物质进行选择性检测。

③ 线性范围宽。一般是4～5个数量级，有的可达6个数量级。

④ 结构简单。不需要紫外-可见光检测器的光学元件，造价和使用成本都很低。

⑤ 检测池体积小，柱外效应较小，噪声低，响应速度快。

安培检测器的测量原理本身也决定了它固有的局限性与不足。

第一，电化学检测器所使用的流动相必须具有导电性。安培检测器采用的流动相中必须有常用浓度范围为0.01～0.1mol/L的电解质（如含盐的缓冲液）存在。流动相要有足够高的介电常数，使电解质充分解离。流动相在电极表面呈电化学惰性，工作电压下背景电流小。常用的反相液相色谱的极性溶剂或水溶液流动相和离子色谱的水溶液流动相大多适用于安培检测器。

第二，安培检测器对流动相的流速、温度、pH值等因素的变化比较敏感。

第三，测量还原电流时，流动相中痕量的氧也可能发生电解反应，引起干扰。

第四，由于电极表面可能会发生吸附、催化氧化还原等现象，因此都有一定的寿命。目前还没有一种通用和可靠的方法能使电极表面完全再生，故需要经常清洗或更换。

一、工作原理

（一）基本工作原理

假设由工作电极和参比电极组成的电解池中有被测组分 A，在工作电极和参比电极间逐渐改变外加电压，组分 A 在阳极表面上可能发生下列反应：

$$A \rightleftharpoons B + ne^-$$

电解反应可用 Nernst 方程表示：

$$E_{app} = E_0 + \frac{0.059}{n} \lg \frac{[B]}{[A]} \tag{5-1}$$

式中，E_{app} 为外加电压；E_0 为电对 B/A 的标准电极电势；[A]、[B] 分别为反应物和生成物在电极表面上的浓度。对上述的电解反应有三种可能的情况：

① 外加电压 $E_{app} < E_0$ 时，电解反应没有发生，电极表面 $[B]=0$。

② 外加电压 $E_{app} = E_0$ 时，电解反应正在发生，电极表面 $[A]=[B]$。

③ 外加电压 $E_{app} > E_0$ 时，电解反应还在进行，电极表面 $[B]>[A]$，$[A] \longrightarrow 0$。

在电化学检测池中所产生的电流是溶液中的分子在工作电极表面发生氧化或还原的电解反应得到的。式（5-1）是一个氧化反应的模型，电子从待测活性物质分子转移到工作电极上，产生正的阳极电流；同样，发生还原反应，电子从工作电极表面转移到电活性分子上，产生负的阴极电流。在电极表面上电子转移所产生的电流符合法拉第定律：

$$Q = nFN$$

式中，n 为每摩尔电活性物质在电极反应中转移的电子数，F 为法拉第常数，N 为发生电极反应时的电活性物质的量（mol），Q 为电荷量。因此，电极反应的电流为

$$i = \frac{dQ}{dt} = nF \frac{dN}{dt}$$

上式把一个可测量的电流 i 与电极表面产生的基本氧化-还原过程联系起来，可见测得的 i 与每个电活性物质在电极上转移的电子数 n 成正比，也与通过电极表面与其反应的活性物质浓度 dN/dt 成正比，这就是安培检测法的原理。

或者

$$\begin{aligned} i &= nF(c_1 - c_2)F_D \\ &= nFc_1\left(1 - \frac{c_2}{c_1}\right)F_D \end{aligned} \tag{5-2}$$

式中，c_1 为进入电解池的电活性物质的浓度；c_2 为流出电解池时电活性物质的浓度；F_D 为流动相的流量。当 c_2/c_1 为一定时，响应信号 i 与 c_1 成正比。

不同电活性物质经色谱柱分离后，随时间变化在电极表面产生不同的电化学反应。这种随时间变化的电流十分微弱（一般为 $10^{-12}A \sim 10^{-9}A$），经微电流放大器放大再转换为电压信号，传入记录仪，就得到一张电极电流-时间的色谱图。

（二）扩散电流

假设 $E_0=0.4V$，当 E_{app}在 0～0.6V 之间连续改变时，测量 A 所产生的电流对电压的伏安曲线（图 5-1）。从图中可见，当外加电压为 0～0.2V 时，组分 A 不发生氧化反应，电极表面的［A］等于溶液内部的［A］，此时电流为 0；随着电压增加，电流不断增加，$E_{app}=0.4V$ 时，电极表面的$[A]=[B]=\frac{1}{2}[A]_{溶液}$，即在电极外围的溶液中还保持着原来的［A］，溶液与电极表面之间微小距离 δ 处产生了浓度梯度，A 向电极表面扩散形成扩散电流。当外加电位增加到 0.6V 后，电极表面［A］=0，到达电极表面的 A 立即被氧化成 B，电流不随 E_{app}增加而加大，扩散电流保持一稳定的平台。此时的电流称为极限扩散电流：

$$i=\frac{nFADc}{\delta} \tag{5-3}$$

式中，A 为电极表面面积；D 为组分 A 的扩散系数；δ 为扩散层厚度。

由此可见，E_{app}的大小和极性决定了是否能发生电化学反应和反应所产生的电流的大小。理想的 E_{app}值为电极反应完全被扩散过程所控制，即图 5-1 伏安曲线图中的 $E_{app}\geqslant 0.6V$ 时。此时的响应信号值稳定，而且信噪比最大。

图 5-1 中，电流等于极限扩散电流一半时的电位，即 $E_{app}=0.4V$ 时，称为半波电位（$E_{1/2}$）。在一定的实验条件下，$E_{1/2}$值与待测分子的浓度无关，仅决定于待测分子的本性。对带有电化学检测器的高效液相色谱，除了用保留时间定性鉴别被分离的组分外，还可以利用被测组分的电化学伏安特性进一步确定。具体的做法是可以比较被测物质和标准样品的伏安特性曲线的形状、半波电位或不同电极电位下的电流响应比值等。

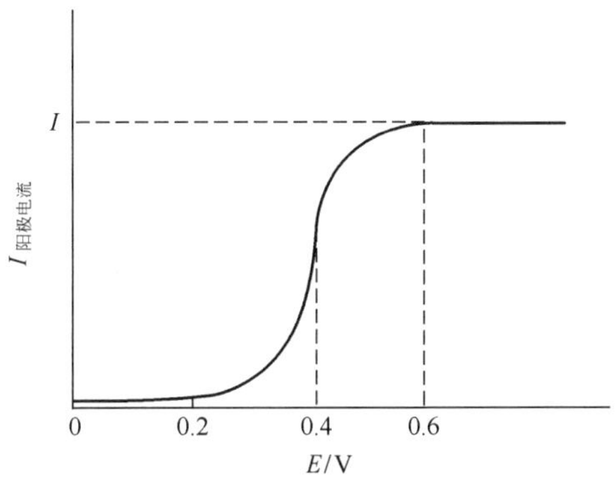

图 5-1　流动伏安法中施加电位和时间的关系曲线以及伏安图

二、仪器结构

安培检测器的性能，取决于多方面的因素。设计性能良好的检测器，需要考虑电极反应的程度。电极反应的程度，决定于试样的浓度、外加电位、两电极材料和色谱洗脱液的物理化学特性。检测器的具体设计主要考虑以下几方面：电极材料，检测池流体动力学条件和测量技术。

常用的安培检测器由一个恒电位器和三个电极组成的电化学池构成。恒电位器可在工作电极和参比电极之间提供一个可任意选择的电位，这个输出电位用电子学方法固定和保持恒定，即使电流有变化时对它也无影响，减小了参比电位的漂移，提高了检测器的稳定性（图 5-2）。

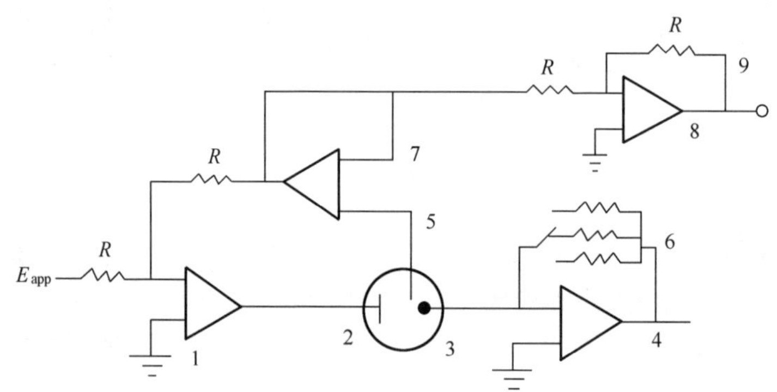

图 5-2 恒电位器

1—受控放大器；2—对电极；3—工作电极；4—电流电压转换器；5—参比电极；6—电阻器开关；7—电压跟随器；8—变换器；9—池电压显示（E_{app}）

（一）电极

1. 工作电极

工作电极是电化学检测器的重要组成部分。安培检测器和极谱检测器的区别主要在于工作电极。极谱检测法中采用滴汞电极作为工作电极。滴汞电极的主要优点是提供一个新的电极表面，克服了电极表面的污染问题。但由于汞易氧化，一般只能用在负电位或 0.5V 以下的正电位，适用范围较窄。安培检测器采用固体工作电极，这类电极的高阳极范围能检测多种氧化性物质和还原性物质，适用范围很宽。缺点是电极表面不能更新，需要经常清洗和更换。

工作电极是安培检测器的心脏。安培检测器的灵敏度和选择性取决于工作电极的几何尺寸和所用的电极材料，电极材料应能提供足够的灵敏度、选择性和稳定性。主要考虑以下四点：①在一定流动相中工作电极的极限电位；②电化学反应的动力学；③电极材料对介质溶液的物理化学反应的惰性；④噪声大小。

固体电极有各种类型的碳电极和不同的贵金属电极。玻璃碳是一种最广泛应用的碳电极材料，它具有对有机溶剂的惰性强、气密性好、使用寿命长（5年）和应用电势范围广泛等优点。玻璃碳电极在反相液相色谱流动相中有很好的稳定性和应用，尤其是被广泛用于各种有重要生物医学意义的易氧化物质的测定[2]。为了保证玻璃碳电极的正常工作，电极表面要严格光学抛光，对使用过的电极应注意在下次使用前对已污染的电极进行清洁处理。由石墨粉末和有机黏合剂如矿物油等构成的碳糊电极的背景电流低、造价低，电极表面容易更新，可部分代替玻璃碳电极。缺点是有机黏合剂在含有机溶剂20%～30%的流动相中有溶解趋向。近年来将碳粉结合在各种聚合物（聚乙烯、KCl-F和聚氯乙烯等）中制得的复合材料电极性能很好。另外，特别值得重视的是网状玻碳电极（RVC），它具有低电阻、大表面积及物理连续结构、灵敏度高、信噪比大等特点，因而测量下限明显降低。碳电极的电势平衡速度慢，一般需20～40min的平衡时间。

贵金属电极如金、银、铂和汞等在酸性和碱性溶液中的极限电位如表5-2所示。一般负极限电位在碱性溶液中高，而正极限电位在酸性溶液中高。汞作为电极材料可提供最广泛的阳极电势范围，通常用于检测还原性物质。虽然贵金属电极近年来应用不多，在表面催化氧化脉冲伏安检测碳水化合物、醇等化合物中，金、铂电极的应用逐渐增多。这些化合物也可用镍、铜电极来检测。另外，有银电极氧化反应测定CN^-、S^{2-}和卤素离子（X^-）等的特殊应用。这些离子与银生成银盐和银络合物等，导致正极限电位降低，电极本身被氧化，从而可以得到间接测定。

$$Ag + 2CN^- \longrightarrow Ag(CN)_2^- + e^-$$

$$2Ag + S^{2-} \longrightarrow Ag_2S + 2e^-$$

$$Ag + X^- \longrightarrow AgX + e^-$$

表5-2　不同工作电极材料的极限电位

工作电极	极限电位/V	
	碱性溶液(0.05mol/L KOH)	酸性溶液(0.1mol/L $HClO_4$)
玻璃碳	−1.5～+0.6	−0.8～+1.3
金	−1.25～+0.75	−0.35～+1.1
银	−1.2～+0.1	−0.55～+0.4
铂	−0.9～+0.65	−0.20～+1.3
汞	−1.9～+0.05	−1.1～+0.6

近年来，化学修饰电极在液相色谱电化学检测中的应用逐渐增多。化学修饰电极通过对电极表面的不同修饰，达到提高选择性和灵敏度、增强稳定性、降低超电压和延长电极使用寿命等目的。例如，利用螯合剂乙二胺四乙酸（EDTA）和丁二酮肟作为修饰剂的化学修饰电极，能特别选择性地通过键合预浓集痕量待测金属离子；以乙酸纤维素覆盖铂电极表面，可清除蛋白质的干扰；以醌、噻吩

嗪衍生物等修饰铂或碳电极，可降低还原型辅酶Ⅰ的超电压。值得一提的是，以酶和有关生物分子作为修饰剂的化学修饰电极，特别有利于电极在生物领域测定中的应用。例如，将黄嘌呤的氧化酶固定在 Cu $[PtCl_6]$/玻璃碳化学修饰电极表面，此酶电极可以作为安培传感器，对黄嘌呤（$6\times10^{-7}\sim2\times10^{-4}$mol/L）和次黄嘌呤（$5\times10^{-7}\sim2\times10^{-4}$mol/L）有很灵敏、快速的响应[3]。

化学修饰电极的不同修饰剂在电极上的固定有多种方法：①修饰剂在电极表面的直接吸附；②修饰剂同电极表面特殊点以共价键结合；③用包含修饰基团的聚合物覆盖在电极表面；④可溶性修饰剂与碳糊等电极材料的混合等。由于修饰剂在电极上的固定，化学修饰电极会有电极本身和修饰材料两方面对待测物的响应，它不但能提供待测物的氧化还原特性的信息，而且待测物的电荷量、极性、旋光性和渗透性等物理特性也可能在电极响应方面得到反映。电极表面的物理化学和生物化学修饰，尤其扩大了它在生物测定中的应用。化学修饰电极对待测物的作用有修饰材料通过离子交换，液-液萃取或体积排阻等同待测物的选择性作用；修饰材料对待测物的选择性催化作用等。离子交换无机覆盖物把电化学检测延伸到非电活性阳离子领域。

随着现代分析化学的发展，微型柱以及毛细管柱液相色谱对微型电化学检测池的要求不断提高，微电极的研制和应用发展引人注目。微电极可在极微小的体系内工作，降低了检测池的死体积，对于细孔柱分离、电化学检测很重要。采用常规电极的电化学检测器，不能对高效液相色谱中的常用的有机溶剂流动相直接检测，而微电极可以构成性能优良的电化学检测器。这是因为微电极通过电极的电流很小，iR 降可以忽略，允许在较大电阻的介质中使用，甚至在非极性溶剂中检测。微电极直径一般为几微米。随着电极的缩小，物质在电极表面的扩散由于边缘效应趋于球形，传质过程极大地增加，电极响应速度快，扫描速度比常规电极快 3 个数量级。低的应用电势下，微电极电流密度极高，极化电流小，提高了信噪比。

2. 参比电极和对电极

通常用 Ag/AgCl 或饱和甘汞电极作为参比电极，金、铂或玻璃碳电极作为对电极。参比电极、对电极应放在工作电极的下游，这样对电极的反应产物和参比电极的渗漏等不会干扰工作电极。对电极又称辅助电极、补偿电极，一般置于池的出口处，并尽可能地靠近工作电极，构成电化学反应中的回路。连接色谱柱到检测池的不锈钢毛细管有时可用作对电极，甚至以惰性材料建造的池体自身也可以充当对电极。供给氧化或还原反应的恒定电位加在工作电极和参比电极之间，对电极以抵偿电阻确保施加电位的恒定，并阻止产生大电流通过参比电极，减少电位漂移和提高检测的重现性。参比电极作为反馈溶液电位信息的探针，随时与设定的施加电位进行比较，使电压跟随器和受控放大器互成恒电位器。工作电极保持在有效接地状态，因此在测量过程中，即使施加电位改变，其对地电位也相对稳定。

氢电极是一种新型的参比电极，它的电势取决于流动相的 pH 值，具有应用范围宽（pH 1～14，有机调节剂浓度可达 100%）、气密性好等优点。对于 Ag/AgCl 电极不能使用的高 pH 值（>11）、高调节剂浓度（>80%）条件仍能适用。例如，它可在 pH=12 时分析碳水化合物，流动相含 98%甲醇时分析脂溶性维生素。

（二）电化学检测池

现代液相色谱柱向小内径方向发展，填料颗粒度的减小和开管柱的研究，使得柱后流出物溶质区域减小，高灵敏度、高选择性和死体积小的超微型检测器发展较快。从流体动力学的角度区分，常用的检测池主要有三种：薄层式、管式和喷壁式，它们的基本特性和极性电流理论方程式列于表 5-3。

表 5-3　三种不同流体动力学类型的安培检测池的特性

电　极	极限电流方程式	备　注
管式	$I=2.035\pi nFD^{2/3}cV^{1/3}l^{2/3}r^{2/3}$	层流
薄层式	$I=0.68nFD^{2/3}cbU^{1/2}l^{1/2}\nu^{-1/6}$	层流
喷壁式	$I=1.60knFD^{2/3}cV^{3/4}\nu^{-5/12}d^{-12}R^{3/4}$	涡流，K 为经验常数

注：n—参与电极反应电子数；F—法拉第常数；D—扩散系数；I—极限电流；c—去极化剂浓度；U—溶液最大线速度；l—电极长度；b—电极宽度；r—管式电极半径；ν—溶液体积黏度；V—溶液体积流速；d—喷嘴直径；R—盘电极半径

1. 薄层式检测池

薄层式检测池是最早使用、也是最常用的安培检测器，常简称为薄层池。现在许多高效液相色谱仪都配有该种类型的电化学检测器。它被广泛用于生物样品中的 10^{-9}～10^{-12} mol 级组分的测定。这种检测器检测下限低，线性响应范围宽，重现性好。

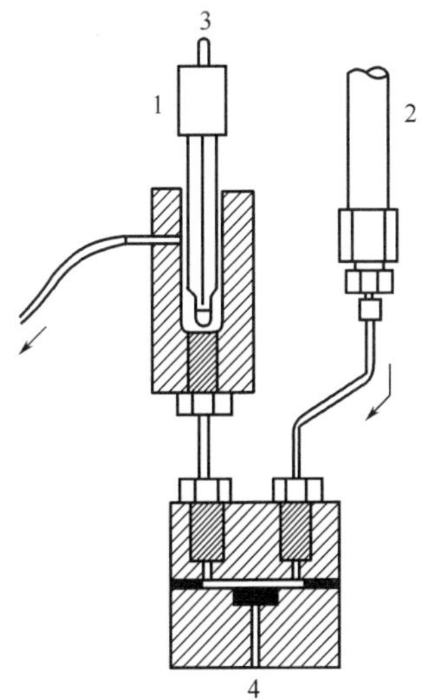

图 5-3　薄层检测池结构图
1—补偿电极；2—色谱柱；3—参比电极；4—工作电极

检测池由两块有机玻璃或特种塑料板之间压着一层中心挖空的聚四氟乙烯薄膜垫片组成。薄层池的容积由夹在中间的薄膜垫片的形状和厚度决定（膜厚度一般为 50～150μm，容积一般为 5～10μL），薄层通道的容积过小会影响灵敏度，容积太大会使已经分离的色谱组分混合，影响分离效果。在电极良好抛光的条件下，通过减小液层厚度和增大流速来提高灵敏度，以测量极小体积的样品。薄层池一般可使用多种电极材料的平面工作电极，按工作电极的多少又可分成单平面工作电极薄层池和双平面工作电极薄层池。

图 5-3 是一种单平面工作电极的薄层检测池结构。工作电极位于薄层池的中央，参比电极在检测池的下游，对电极位于检测池的出口处。

多数情况下，分子沿电极表面的移动时间比穿过溶液薄层的扩散时间短，薄层通道中没有电流通过，故不产生电势降。薄层溶液对参比电极起了盐桥作用，辅助电极反应产物没有干扰。但在流速很小，密封垫很薄且工作电极面积很大时，分子沿电极表面的移动时间可能大于穿过溶液薄层的时间，则产生了溶液 iR 降大、电流密度不均匀等缺点，因此影响到电极的灵敏度、电解效率和测定的线性范围。为了克服以上缺点，需克服工作电极与对电极之间的高电阻从而使检测器能用于导电性较差的流动相。改变电极之间的相对位置也能减少两电极之间的电位降。图 5-4 是其它类型的薄层流通池。其中图 5-4(a)可以避免上述缺点，但可能加大辅助电极反应产物对工作电极的干扰。该种类型检测器线性范围宽，即使在导电性差的流动相中，线性范围也可能在 6 个数量级以上，多用于高背景电流或高电阻导致明显 iR 降的情况。图 5-4(b)可用于液相色谱的流分收集。图 5-4(c)设计得相当紧凑，但在工艺上是不易达到的。

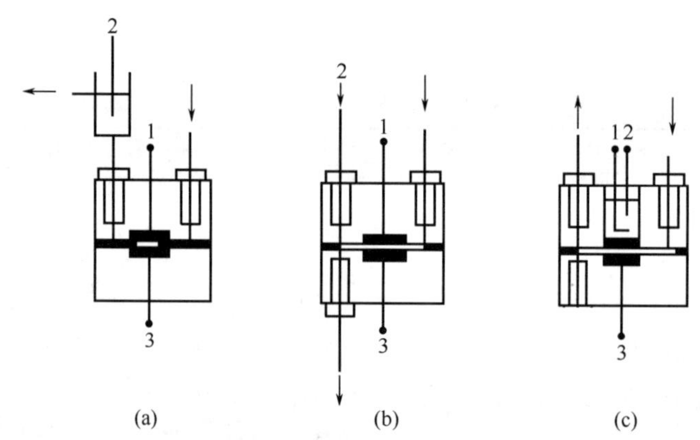

图 5-4 不同的薄层检测池设计

1—辅助电极；2—参比电极；3—工作电极

薄层池安培检测器已较多用于高效液相色谱和离子色谱检测中，目前的商品安培检测器也大多属该种类型。如美国惠普公司的 HP1049A 安培检测器，工作电极为 8mm 直径的圆盘式玻璃棒电极。

虽然多数实际应用的检测器继续使用单工作电极，但使用双工作电极甚至多工作电极的研究日趋增多。它们能改善选择性、检测下限和峰的分辨能力，并扩大可使用的电势范围。根据检测要求的不同，双工作电极的安排可采取串联或并联的形式，后者又分成相邻和相对两种情况。图 5-5 是双工作电极的三种设计：串联式、平行相邻式和平行相对式。在最常用的串联双电极的情况下，通过两个恒电位器选择合适的电势，可在两工作电极上分别测定氧化性和还原性的物质，也可在前面电极上消除干扰物质，以降低噪声、提高信号的灵敏度和稳定性。还可利用下游电极来检测上游电极的反应产物，将上游电极作为“发生电极”，其电解产物在下游电极上测定，提高检测的选择性。平行相邻式可用于检测两个不同电势下的电流信号，与双波长紫外可见吸收检测器的检测方式很相似。该种检测池在某些难反应物存在时，对易反应物的选择性很好，也可检测那些难反应物。平行相邻式提供差示信号——两个电极响应的比值，改进相邻峰的分辨能力。平行相对式的两电极分别置于氧化和还原的电势区域，被检测物质在电极间循环往返，对于可逆的氧化-还原循环，结构允许有比单电极更多的电荷转移数，检测电流可扩大数倍。该种检测池对于毛细管分离柱有一定的使用价值，大口径分离柱因体积流速太大，不能产生氧化-还原过程而不适用。

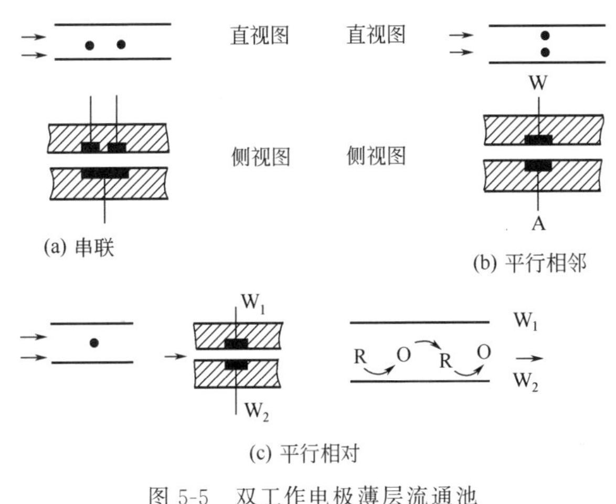

图 5-5 双工作电极薄层流通池

W—工作电极；A—辅助电极

一种叫作并联相对式多工作电极安培检测器的工作原理类似平行相邻式双工作电极安培检测器（图 5-6）。来自色谱柱的电化学活性物质进入薄层流通池到达第一个电极表面时，产生还原反应，然后在第二个电极表面氧化回原来的状态。这样经过连续的还原-氧化转移后，电极上产生的电流总和比单个工作电极时增大若干倍，从而把灵敏度提高若干倍。被测物质必须具备给定条件下的氧化-还原反应可逆性，同时检测器中各个工作电极之间需有可靠的绝缘保证。

为了提高安培检测器对液相色谱峰的定性鉴别能力，能在色谱过程中随时获得组分的伏安特性，与光电二极管阵列检测器相似，电化学的串联多电极检测器同样可以获得电流-电位-时间三维图。它的工作原理以串联型的双工作电极检测器为基础，当在检测池中把工作电极增加到 N 个时，可以同时测到组分在 N 个不同电极电位下的响应电流，从而立即获得通过这一微电极堆表面的色谱组分的伏安特性曲线。与光电二极管阵列检测器一样，用计算机记录、储存和处理各个微

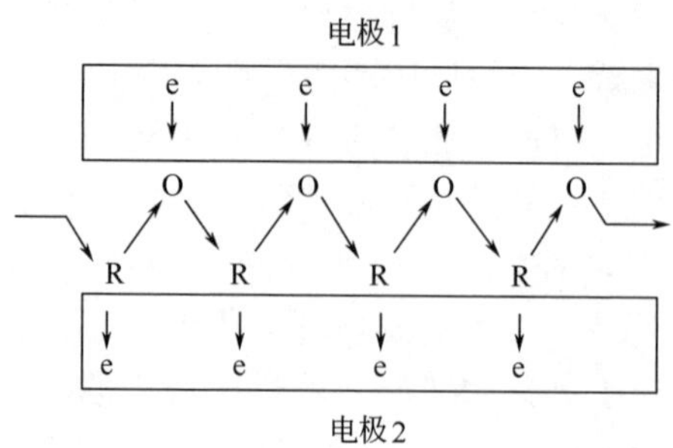

图 5-6 并联相对式多工作电极检测器示意图

电极的信号，能获得每个色谱峰的伏安特性曲线，提高了检测器的定性检测能力，扩大了应用范围。这种串联多电极安培检测器还有待于进一步发展。

2. 管式检测池

管式电极易于制造，已使用多年，它在早期应用较多。最早的管式电极由铂管制成，工作电极与参比电极由离子交换膜隔开。以后，又出现了其它形式和材料的电极（图 5-7）。检测池的灵敏度由管式电极和池体积决定，受检测池的构型影响较小。管式电极有多种类型，如开管、碳纤维、毛细管和填充毛细管。检测池的测量下限可达 10^{-8}mol/L，但其微型化受清洗困难等的限制。

3. 喷壁式检测池

喷壁式检测是使样品通过喷嘴喷射在工作电极上进行的（图 5-8）。研究表明，喷嘴应制成圆锥形，对准工作电极的中心部位，辅助电极和参比电极以及分离隔膜不要距工作电极太近，以便在小的喷嘴-电极间隔或在低流速时保持边界层不受干扰。但是，由于喷流的驱散，增加喷嘴-电极间隔有可能导致分辨率下降。该检测器不同于其它设计的特点是：有效池体积只是界面层厚度而不是池的几何体积，其它检测器为了减小池体积，有可能导致对边界层的干扰，降低检测灵敏度。喷壁式检测在结构简单和谱带宽变窄方面优于薄层检测法。喷壁式检测非常有利于微型分离柱后流出物的检测，由于流速很大，扩散层极薄，故显著提高了灵敏度。而且因为有较低的电压降，该检测器能用于导电性较差的流动相，因而加宽了应用电势范围和溶剂的使用范围。有人研究过喷壁式静态汞电极，当采用垂直喷射时响应范围宽，而采用水平喷射时则响应速度快，悬汞电极较汞膜电极灵敏度高且重现性好。

4. 其它类型检测池

探针式安培检测器是将工作电极（常为碳纤维电极）直接插入毛细管末端，又称为柱上安培检测器，主要用于开管柱高效液相色谱流出物的检测，其构造如图 5-9。将工作电极直接插入毛细管末端，缩小了检测池体积，减小了电极表面与毛细管内表面间的环流区，增加了库仑场，可提高检测灵敏度。如将工作电极进行修饰，能提高分辨率。该种检测池可视为薄层池处理，池体积为电极表面与毛细管内壁间的环形薄层溶液体积。薄层厚度应为毛细管的内半径与电极半径之差。

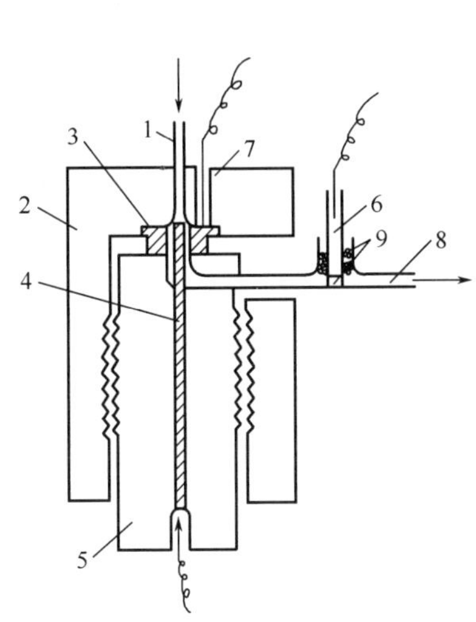

图 5-7 管式电极安培检测器

1—溶液入口；2，5—聚四氟乙烯；3—铂管工作电极；4—铂筒辅助电极；6—参比电极；7—工作电极导线通道；8—通废液的玻璃管；9—聚四氟乙烯环

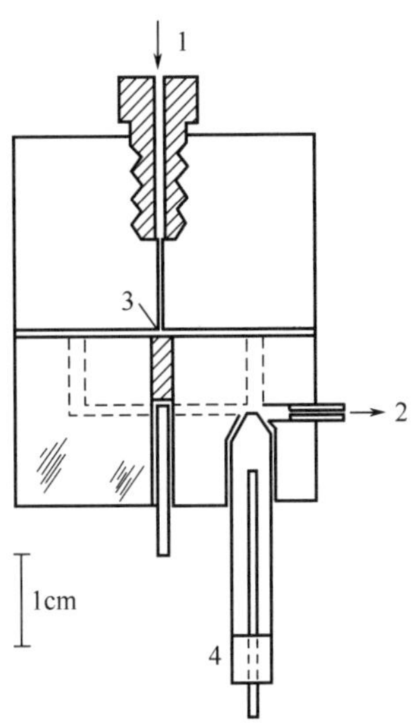

图 5-8 喷壁式检测池

1—入口；2—出口；3—工作电极；4—参比电极

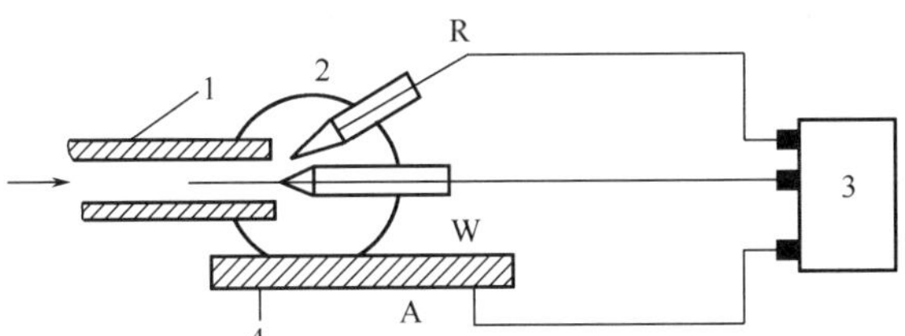

图 5-9 探针式安培检测器构造示意图

1—检测毛细管；2—液滴；3—微伏安仪；4—不锈钢板；A—辅助电极；W—工作电极；R—参比电极

为保持微电极的小尺寸而又能得到较大的电流，出现了由多个相互隔离的微电极组成的微电极簇。有使用电极材料粉末制成的微电极簇，网状玻璃微电极簇，碳纤维微电极簇，线性微电极簇等。

三、测量技术

安培检测器中测量的电流是在参比电极与工作电极之间施加的电压下，溶液中的分子在工作电极表面被氧化或还原产生的。在电化学检测池中施加电位的大小和极性决定了是否能发生氧化或还原反应，适宜的施加电位应能使被测组分发生氧化或还原反应，而且得到最大灵敏度的电流，而流动相中其它组分不发生反应。根据施加电位方式的不同，安培检测法可分成恒电位安培检测法和方波及差示脉冲安培检测法。

1. 恒电位安培检测法

恒电位安培检测法也称直流安培检测法，是最常用的测量技术，即在参比电极和工作电极之间施加恒定电位的条件下，测定流过工作电极的极限电流。恒电位的好处是电流与表面双电层电荷迁移效果无关。恒电位安培检测法可以获得特别低的检测限 1～100pg（约 10^{-14} mol）。伏安法是选择施加电位常用的方法，在电化学池内线性增加施加电位，同时测量电化学反应产生的电流，做出施加电位对电流的关系曲线——伏安图。常用的伏安法有线性扫描伏安法和循环伏安法。一般施加电位选择在电流平台区（图 5-1 中的 0.6V）。另外，也可以通过注射一组浓度相同的标准溶液，在不同的施加电位下测量色谱峰高，选择峰高达到最大值的电位为 E_{app}。对于多种组分的分离测定，E_{app} 理论上应选择在所有组分的伏安图平台区电位内。有时，可以利用 E_{app} 来进行组分的选择测定。

恒电位安培法最重要的应用是对—OH 或—NH_2 取代的芳香化合物的测定。该类化合物的共同点是在 N 或 O 上存在着未共用电子对，很容易移向芳环，稳定了氧化反应造成的芳环正电性，使反应可以在相对低的正电势下进行。恒电位安培法的一个应用是测定儿茶酚胺和其它神经转移的生物胺。这些分子在生理条件和流动相 pH 范围内都是以阳离子形式存在的，也可以用反相离子对色谱或阳离子交换色谱分离，包含酪氨酸或苯丙氨酸的肽也可以被检测。还有许多氧化反应的应用，如芳香胺、硫醇、包含半胱氨酸的谷胱甘肽和其它肽、维生素 C 和反丁烯二酸。芳香硝基化合物能被还原测定，吸电子的硝基稳定了芳环上的负电荷。

2. 脉冲安培检测法

恒电位安培法中，被测组分在工作电极上发生氧化还原反应的产物或溶液中其它干扰成分可能被吸附或沉积在电极表面。电极受到污染而使分析效能降低。利用脉冲安培法可以清除电极表面的干扰。

外加电压以方波脉冲的形式完成以下三个过程：第一个电压脉冲 E_1（持续时间为 t_1）是测定过程，被测组分完成氧化（或还原）反应，产生相应的阳极（或阴极）扩散电流。第二个电压脉冲 E_2（持续时间为 t_2）是氧化（或还原）清洁过程，即以更高的氧化电位将吸附在电极表面的氧化物清除掉。第三个电压脉冲为 E_3（持续时间为 t_3）是还原清洁过程，用较低的还原电位将电极表面上的氧化物还原掉。三个电压脉冲为一个周期，E_3 之后再回复到 E_1，见图 5-10。一般脉冲时间很短，每秒 1～2 个周期，t_3 的时间较 t_1 和 t_2 长些。样品电流测定仅采集 E_1 的后半段时间内，将信号放大可得到尖锐的色谱峰。E_1 一般为被测组分的极限扩散电流下的电位值。对于氧化反应，E_2 为检测池系统允许的最大正电位，E_3 为检测池系统允许的最大负电位，还原反应与此正好相反。

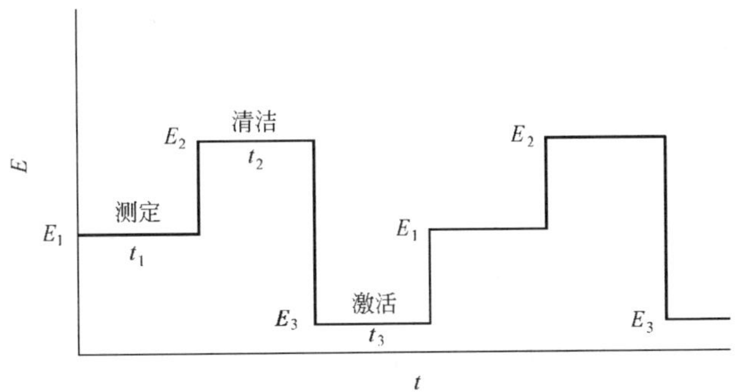

图 5-10 脉冲安培检测的电压方波图

在碱性溶液中，用方波脉冲安培法可测定大量的化合物，例如醛类、醇类、多聚糖及碳水化合物。在中性溶液中，同样可以测定各种胺类化合物。另外，对于脂肪族和芳香族的含硫化合物，如硫化物、二硫化物、硫醇、硫代羰基类和硫杂茂类等的测定也很有效。虽然，脉冲安培法的灵敏度要略小于恒电位安培法，但仍不失为一种高灵敏度、高选择性的电化学检测法。一个测定应用如图 5-11 所示。

差示脉冲安培法可以提高检测的灵敏度，特别是当被测组分的氧化电势高于共淋洗组分，或还原电势低于共淋洗组分时。测定电位选在被测组分的半波电位（$E_{1/2}$）附近，响应信号为 $E_{1/2}$ 附近的脉冲前后电极反应的电流差值（图 5-12）。产生电极反应的组分的氧化或还原电势应在脉冲宽度范围内（图中 $E_b \sim E_b + \Delta E$ 之间），因此去除了其它组分的干扰。差示脉冲安培法的背景噪声较恒电位安培法要大，灵敏度稍低些。

在色谱分析过程中，通过快速扫描电位，可以得到电流-电位-时间的三维色谱图，因此提供了更多的信息，有利于色谱峰的定性和共淋洗色谱峰的分辨。快速扫描伏安法有许多种：方波伏安法、相敏伏安法、正常脉冲伏安法、交流伏安法等，特别是快速扫描交流伏安法对重叠峰有很好的分辨能力。

为了提高测量的灵敏度或选择性，以及降低样品流速的影响，有不少人曾尝试采用其它常用的伏安技术，但结果并不理想。在一般情况下，由于充电电流的存在，方波和差示脉冲安培法的灵敏度与检出下限均不如恒电位安培法，但选择性有所提高，也能部分抑制电极表面的吸附玷污。仅在流动相流速较低时，脉冲技术才能较明显地减小扩散层的厚度，从而减小流速的影响，获得稍高的灵敏度。

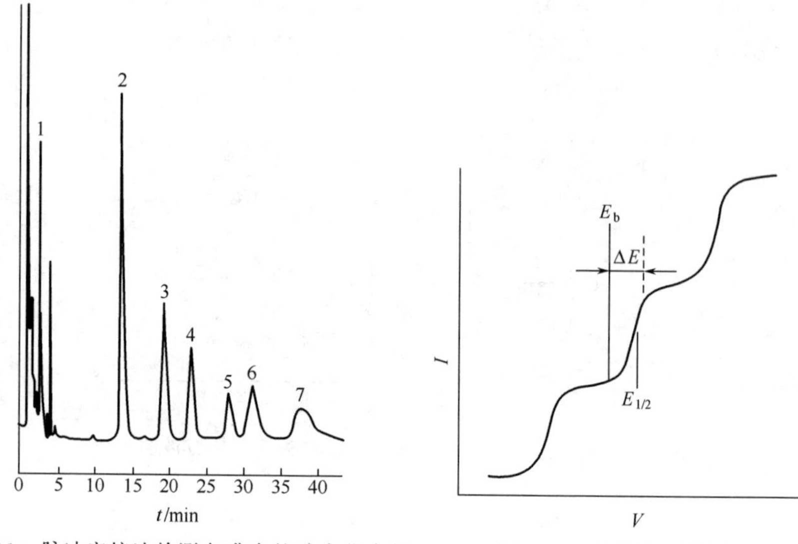

图 5-11 脉冲安培法检测咖啡中的碳水化合物

色谱柱：Dionex Carbopac PAI 250mm×4mm 阴离子交换柱

流动相：0～1min，0.15mol/L NaOH，之后为水溶液，流量 1mL/min，柱后检测添加 0.15mol/L NaOH

色谱峰：1—甘露糖醇；2—阿戊糖；3—半乳糖；4—葡萄糖；5—木糖；6—甘露糖；7—果糖

图 5-12 差示脉冲检测

四、对流动相的要求

流动相的极性、pH 值、离子强度和电活性对成功的安培检测十分重要。安培检测主要用于使用极性流动相的反相色谱和离子色谱分离。通常正相色谱流动相的极性小，不能达到电化学反应要求的离子强度。但是大体积的喷壁检测，特殊类型的管式检测器可在稀支持电解质中或无支持电解质的流动相中使用，超微电极的使用，以及微电极簇检测器允许在高阻抗的流动相中使用。为了扩大流动相的使用范围，也可以柱后添加电解质溶液。许多电极的氧化或还原反应中有质子的吸收或释放，因此流动相的 pH 值很重要。一般流动相中电解质和缓冲液浓度要在 0.01～0.1mol/L 之间。pH 值对色谱分离和电化学检测都有影响（酸度高时需要更高的氧化电势），流动相 pH 值的确定有时需要二者兼顾。另外，流动相溶剂和电解质的纯度对减小背景电流和噪声水平至关重要。氧化反应时，高电势条件下流动相的溶解氧会产生很大的背景噪声，因此，流动相的脱氧很重要，可以采用化学或电化学的方法除氧，或者使用双电极操作除氧。对复杂体系的样品，电池及包括电极表面的清洗十分必要，尤其是生物样品中的蛋白质和磷脂等，应事先去除以避免电极吸附。

五、安培检测器的应用和发展

根据电化学检测器的工作原理，原则上凡是具有电活性的化合物都可以用安培检测器来检测。下面列举了一些能用于高效液相色谱电化学检测的代表化合物。这些化合物分子上都带有能在工作电极上起电极反应（氧化或还原）的基团。能用 HPLC/ECD 检测的代表性化合物有：胺基酚类、苯胺类、联苯胺类、硝基化合物、亚硝胺类、偶氮化合物、麻醉生物碱类、氨基甲酸酯类、苯甲醚类、酚类、醌类、噻吩嗪类、抗坏血酸、羟基醌类、雌性激素类、巯基化合物、吲哚类、尿酸、色氨酸及其衍生物及香草醛等。电化学检测器已被广泛地用于环境污染物和活体代谢的分析、食品卫生检查、临床化学和生物医学研究等各个方面。

对于组成十分复杂的样品，如生物样品和环境样品，要测定其中某一成分时单纯用高效液相色谱也难以达到完全分离，必须借助于烦冗的预分离步骤，把待测组分分离出来，但这往往不可避免地降低和损失结果的可靠性。高效液相色谱-电化学检测系统兼有高分离效能和高选择性检测的优点，在测定复杂样品时显得十分出色。它可以从生物体液和组织匀浆中的数千种无关组分中只对几种物质进行选择性检测。也可以解决气相色谱-质谱不能解决的生物医学样品中不挥发和对热不稳定的代谢物的分析。

图 5-13 是大白鼠脑匀浆液直接进样得到的安培检测色谱图。由图中可见，进样 100μL 能直接测得去甲肾上腺素、多巴胺、3,4-二羟基苯乙酸、5-羟色胺、5-羟基吲哚-3-乙酸等五种与神经系统有关的化合物。

图 5-14 是柴油机排出颗粒物溶剂萃取物的中等极性组分的液相色谱图。对流出色谱峰的保留时间和伏安特性曲线与标样比较，可认为色谱图中的 c 峰是 1-硝基芘。图 5-15 是样品峰 c 和具有相同保留时间的标样伏安特性曲线的比较。伏安特性曲线是在改变工作电极电压下，标样具有与样品相同进样量时得到的电流曲线。图中标样和样品峰的曲线形状基本重合，可以定性确认。以类似方法可以测定啤酒、葡萄酒中的酚类杂质、香烟烟雾中的羰基化合物，人尿中的儿茶酚胺等。

虽然安培检测器具有一定应用的广泛性，但在理论和实验技术方面仍存在不少问题。电化学分析技术的发展与之紧密相关。各种现代电分析技术用于安培检测器的研究尚有待于开发。各种电极材料的研究和微电极的研究和修饰都对检测器性能的改善起着重要作用。检测池设计的最佳化、新式检测池的研制及检测器的计算机控制也有待发展。另外，将液相色谱-安培检测系统直接与活体器官联为一体，对活体的病态及其变化情况进行在线研究，已成为现代生物医学研究的迫切需要。

表 5-4 给出了 Waters 公司 2465 型脉冲安培检测器的性能指标，作为了解当今商品电化学检测器性能的参考。

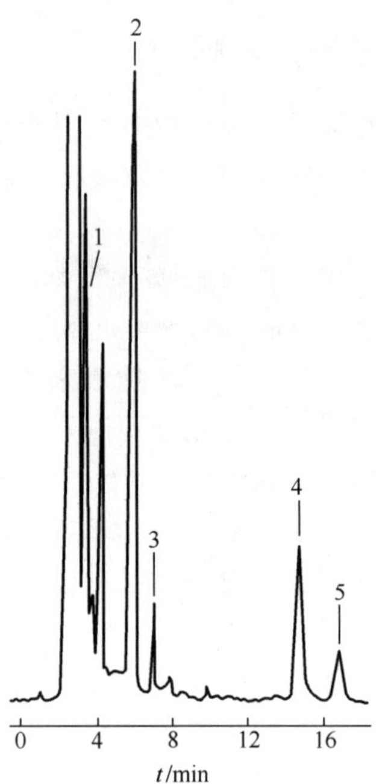

图 5-13　大白鼠脑匀浆直接进样色谱图

色谱柱：Whatman ODS

流动相：甲醇＋缓冲液（10：90）

流速：1mL/min

工作电极电压：＋0.65V

参比电极：Ag/AgCl

色谱峰：1—去甲肾上腺素；2—多巴胺；3—3,4-二羟基苯乙酸；
4—5-羟色胺；5—5-羟基吲哚-3-乙酸

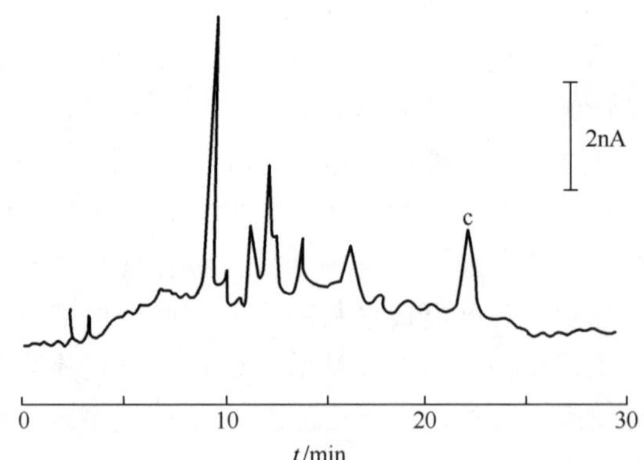

图 5-14　柴油机排出颗粒物溶剂萃取物的液相色谱电化学检测色谱图

色谱柱：ODS，25cm×4mm

流动相：正丙醇＋缓冲液（35：65），pH 3.8，流速 1mL/min

工作电极电压：－0.6V

参比电极：Ag/AgCl

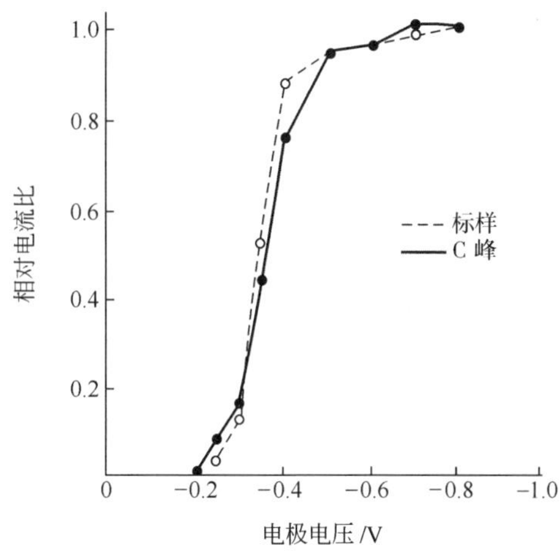

图 5-15　1-硝基芘标样和色谱峰 c 的伏安特性曲线比较

表 5-4　Waters 2465 型脉冲安培检测器性能指标

项　目	指　标
检测类型	直流(DC) 脉冲安培(PAD) 扫描(均可以使用 Empower 软件控制)
电压范围	±2000mV,10mV 增量(DC,PAD 及扫描)
模拟信号输出	±1V 或±10V;可选择
输出分辨率	模拟:20 位 DAC; 数字:24 位,通过 RS232 与 Empower 软件的单机,工作组或客户服务器版本通讯
模拟信号偏置	模拟信号输出的±50%,10%增量
自动调零	最大调零范围取决于模拟信号的电压范围,可通过面板或 Empower 软件的外部信号触发
集成样品池及柱温箱	室温以上 7℃到 45℃,0.1℃分辨率
DC 模式	
电流范围	DC 模式;10pA～200μA,以 1、2、5 系列增量
时间滤波常数	0.1～5s,以 1、2、5 系列增量
噪声	<2pA(0.47μF,300MΩ,+800mV,1.0s 时间常数)
漂移	DC 模式<8pA/h(0.47μF,300MΩ,+800mV,1.0s 时间常数);温度 30℃
PAD 模式	
电流范围	10pA～200μA,以 1、2、5 系列增量
时间滤波常数	t_1:100～2000ms t_2:100～2000ms t_3:0(关闭)～2000ms,以 10ms 增量 采样时间(t_s)=20ms、40ms、60ms、80ms、100ms

续表

项　目	指　　标
扫描模式	
扫描范围	10nA～200μA，以1、2、5系列增量
扫描时间	1～50mV/s，以1、2、5系列增量
扫描周期	半幅，全幅及连续
方法编程能力	独立操作时共可储存9个方法：5个DC模式，4个PAD模式。或使用Empower软件控制（没有限制）
面板上的参数控制	自动调零、电压、电流、滤波时间常数、输出偏置、流动池开关，2个触发开关及2个继电器开关
时间事件编程	DC及PAD
流动池	
设计方式	Confined Wall-Jet
标准流动池	最小0.08μL体积，流速范围：25μL/min～2mL/min
毛细管流动池	最小0.011μL体积，流速范围：1～25μL/min
工作电极材料	玻璃碳（Glassy Carbon），金（Gold），铂（Platinum），银（Silver），铜（Copper）
工作电极直径	标准池：2.0mm及3.0mm，毛细管池：0.75mm
参比电极种类	Ag/AgCl盐桥，In-situ Ag/AgCl盐桥（ISAAC），氢（Hy-REF）
辅助电极材料	不锈钢
电极间隔厚度	25μm，50μm及120μm
流动池尺寸	40mm直径，40mm长（不包括连接件）
流动池压力范围	40psi
润湿部分的材料	PCTEF，FEP，316不锈钢，Viton，银，氧化银及WE

第二节　电导检测器[4-10]

随着离子色谱的逐渐发展，电导检测器成为离子色谱最常用的检测器。与安培检测器不同，电导检测池内没有电化学反应的发生，样品浓度是通过测量溶液中离子的电导变化获得的。电导检测器结构简单，制作成本低，线性范围宽（最高可达10^6数量级），死体积小。原则上讲，凡离子状态的物质都可以用电导检测器检测。电导检测器是一种通用型电化学检测器。由于溶液的电导是溶液中各种离子的电导加合，该种检测器又是一种总体性质检测器。

一、接触式电导检测器基本原理和仪器结构

（一）基本概念

在置于电解质溶液中的两电极间施加一定电场，溶液就会导电。此溶液相当于一个电阻，它服从欧姆定律：电势＝电流×电阻。电导是在两个电极间电解质

溶液导电能力的度量，溶液的电导 G 是用电阻 R 的倒数来表示的，即

$$G=1/R$$

在一定温度下，一定浓度的电解质溶液的电导与电极面积 A 成正比，与两电极间距离 L 成反比，即

$$G=k'A/L=k'/K$$

式中，k'为电导率，表示为两个相距 1cm、面积均为 $1cm^2$ 的平行电极间电解质溶液的电导，单位为 S/cm。其中 K（$K=L/A$）是电导池常数，对于给定的电导池，K 为一常数。因此，溶液的电导随电导率的变化而变化，而电导率与溶液中的离子浓度有关。

$$k'=\frac{c\lambda}{1000}$$

式中，c 是以当量粒作为基本单元的浓度（mol/L）；λ 为摩尔电导率。摩尔电导率不是一个定值，它随电解质溶液浓度变稀而增大，这是因为当两极间电解质的量一定时，溶液越稀，离解度越大，参与导电的离子数目增多。只有当溶液无限稀释时，离子间相互作用才可以忽略。一定温度下离子的移动速率是个定值，摩尔电导率也是个定值，称为极限摩尔电导率。表 5-5 给出了一些离子在稀溶液条件下的极限摩尔电导率，正适合离子色谱的情况。

合并以上两式，

$$G=\frac{c\lambda}{1000K}$$

考虑到溶液中存在多种离子，则：

$$G=\frac{\sum c_i\lambda_i}{1000K} \tag{5-4}$$

从式（5-4）中可以看出，一定温度下，检测池结构固定，稀溶液中溶液的电导与离子的浓度成正比，这就是电导检测器的定量基础。上式各项的单位分别是：c_i 为 mol/L，λ_i 为 $S\cdot cm^2/mol$，K 为 cm^{-1}，G 为 S。实际上由于样品溶液浓度很稀，经常以微西［门子］，μS 计量，$1\mu S=10^{-6}S$。

电导池常数一般不用测量电极间距和截面积的方法得到，而是通过测量已知电导率的稀溶液的电导，如一定温度、一定浓度的 NaCl 溶液（表 5-6），按 $K=k'/G$ 求出。电导池常数可以通过微调两电极之间的距离来调整。在已知电导池常数的电导检测器中测定溶液的电导，根据表 5-5 就可以计算出溶液中离子的真实浓度。一般液相色谱在检测离子浓度时，不常用查表计算的方法。

表 5-5 一些离子稀溶液中的极限摩尔电导率（25℃）

阴离子	$\lambda/(S \cdot cm^2/mol)$	阳离子	$\lambda/(S \cdot cm^2/mol)$
OH^-	198	H_3O^+	350
$[Fe(CN)_6]^{4-}$	111	Rb^+	78
$[Fe(CN)_6]^{3-}$	101	Cs^+	77
CrO_4^{2-}	85	K^+	74
CN^-	82	NH_4^+	73
SO_4^{2-}	80	Pb^{2+}	71
Br^-	78	Fe^{3+}	68
I^-	77	Ba^{2+}	64
Cl^-	76	Al^{3+}	61
$C_2O_4^{2-}$	74	Ca^{2+}	60
CO_3^{2-}	72	Sr^{2+}	59
NO_3^-	71	$CH_3NH_3^+$	58
PO_4^{3-}	69	Cu^{2+}	55
ClO_4^-	67	Cd^{2+}	54
SCN^-	66	Fe^{2+}	54
ClO_3^-	65	Mg^{2+}	53
柠檬酸盐	56	Co^{2+}	53
$HCOO^-$	55	Zn^{2+}	53
F^-	54	Na^+	50
HCO_3^-	45	苯乙胺阳离子	40
CH_3COO^-	41	Li^+	39
邻苯二甲酸盐	38	$N(C_2H_5)_4^+$	33
$C_2H_5COO^-$	36	苯胺阳离子	32
苯甲酸盐	32	甲基吡啶阳离子	30

表 5-6 NaCl 溶液浓度与电导率的关系

溶液浓度/(mol/L)	0.00001	0.0001	0.001	0.01	0.1	1.0
电导率/(μS/cm)	1.029	10.28	100.8	962	8650	69500
电离度/%	100	100	98	93.5	84.1	67.5

（二）电导池的导电过程

在电解质溶液中两个电极上施加电场后，溶液中的阴离子向阳极方向移动，阳离子向阴极方向移动。溶液中的电导由离子的数目和离子迁移速度的大小决定。离子在电场中的迁移速度除受离子半径的大小、电荷的影响外，还与介质的种类、性质、温度以及外加电压的大小和供电电压的方式等有关。溶液中的实际电压受双电层的影响不等于外加电压。双电层的形成过程是当两电极间施加一低于离子分解电压的外加电压时，电极附近由于吸引带相反电荷的离子而形成双电层。双电层由最靠近电极内壁的薄层和薄层以外的扩散层两部分组成。薄层内离子的浓度随距离的增加而呈线性减少，扩散层内离子的浓度随距离的增加而呈指数关系减少。由于以上双电层的存在，两电极间的施加电压是由溶液离子电阻产生的有效电压和双电层电压降之和。而当外加电压大于离子的分解电压时，电导池内有电解反应发生，因此改变了两极间的离子传递过程，同样改变了真实电压。

为了消除双电层和电解反应造成的电压降，在电导检测器中采用了以下两种设计方式。一种是在两极间施加交流电压，采用频率为100～10000Hz的正弦波或方波电压进行电导测量。改变电流方向，离子朝相反的方向运动，改变了双电层结构，电解反应也不易发生。交流电压的频率不能超过1MHz，高于此极限值后，离子仅发生偶极矩共振，而不形成迁移运动。溶液的电流和电压用同步检波法测量。电压的测量采集于脉冲的初期，此时双电层尚未形成。在测量电流时，使用同步采集测量技术，即仅测出与施加频率相同步的瞬间电流。另外一种设计是采用双脉冲电导测量技术，即在十分短的时间间隔内，向电极输入两个电压脉冲，两个电压脉冲的周期和振幅都相同，但电压正好相反。采集测量的是第二个脉冲终点时的电流，该电流和电压值不受双电层和电解反应的影响。

（三）测量电路

常用电导仪的测量电路有欧姆计式和电桥平衡式。欧姆计式是根据欧姆定律，当施加的有效电压确定后，测量出溶液中两电极间的电流值。电流与电压的比值，即电阻的倒数为电导。也可以采用惠斯登电桥平衡来测量。电极组成的电导池是惠斯登电桥的一个臂，由于电导变化，使惠斯登电桥不平衡，从而输出信号。欧姆计式结构简单，电桥平衡式的测量精度高。图5-16是电导检测器电桥平衡式的测量线路图。使用直流电源时电源易受极化，产生非线性响应或漂移。使用高频交流电源，可减少电极极化的影响。因介电常数引起的电抗分量，需要借测量检测池中同相传导电流的相敏检波器来克服。

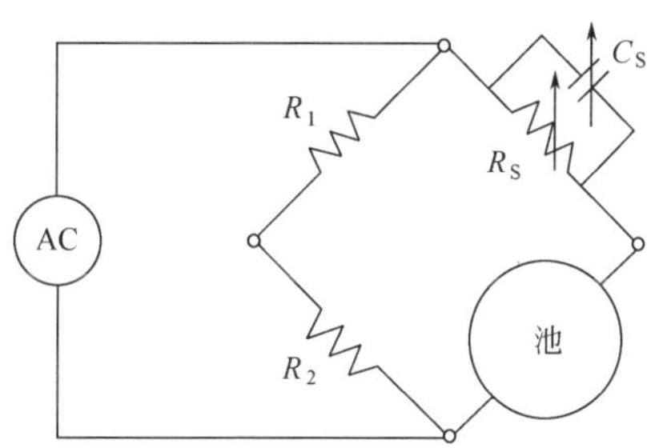

图5-16 惠斯登电桥平衡电路图

（四）电导检测器的结构

有代表性的检测器是双电极微型电导检测器和五电极电导检测器。

双电极电导检测器是最常用的电导检测器。图5-17是双电极电导池的结构图。电导池内的检测探头由一对平行的电极组成，铂丝、不锈钢或其它惰性金属都可用于制作电极。为了减少交流电的极化效应，铂电极上通常要覆盖一层“铂黑”。铂黑是颗粒很细的铂，呈黑色，优点是大大增加了电极与溶液的接触面积，降低了电流密度，减少极化和电容的干扰。池常数可以通过微调两电极之间的距离来实现。电导检测器的响应受温度影响较大，如果被测溶液温度升高1℃，则溶液的电导将增加 2%，因此要求严格控制温度。该检测池体积小（1.5μL），线性范围宽（0.1～10000μS/cm）。

在经典的电导测量中，铂黑电极可能引起对某些离子和分子的强烈吸附，也能催化某些化学反应而使溶剂分解。五电极电导测量技术，能有效地消除双电层电容和电解效应的影响，而且不必使用铂黑电极。图 5-18 是五电极式电导检测器的结构示意图（a）和电路图（b）。图（a）中的两个施加电压电极（1）间施加 2000～10000V 的正弦波交流电压；两个测量电极（2），在电路（b）中采用等效电路使两测量电极间电压恒定，电流不受电极间电阻 r_X 和负载电阻 R 变化的影响，测量的电流只与溶液的电阻有关，保证了测量的准确性。图 5-18（a）中的屏蔽电极（3），有助于提高测量的稳定性。该种检测器在背景较高的单柱离子色谱中使用，仍有较高的灵敏度。

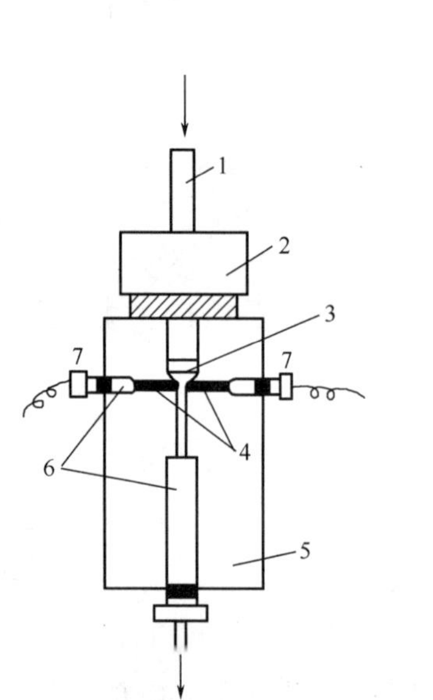

图 5-17　双电极电导池结构示意图
1—溶液入口；2—连接螺母；3—硅橡胶密封；4—铂电极；5—有机玻璃；6—硅橡胶密封；7—电极导线

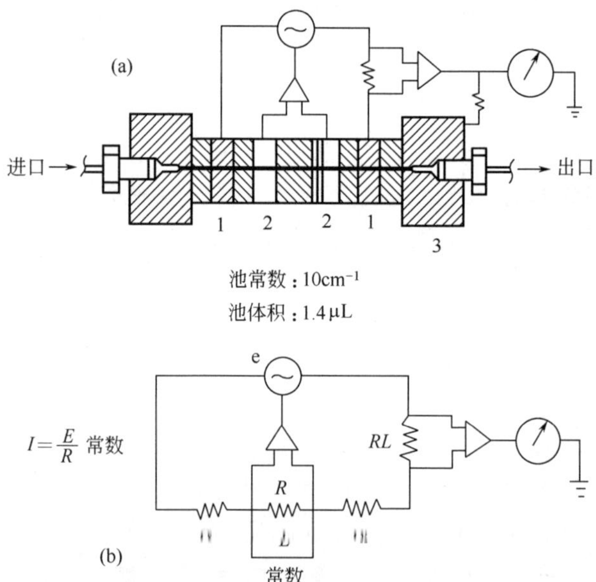

图 5-18　五电极式电导检测器结构(a)与等效电路(b)
1—外加电压电极；2—测定电极；3—屏蔽电极

二、接触式电导检测器的发展、应用和使用注意事项

（一）发展及应用

自从 Marfin 等于 1951 年首次采用电导检测器后，检测池的体积不断减小。1973 年，Tesavik 等成功地制成了工作体积不足 0.5μL 的微型检测器，对 KCl 的

检测下限达到 5×10^{-11} mol。之后，其它工作者通过电子线路的改进扩大了检测器的动态响应范围，提高了测定灵敏度。1975 年，Small 等[11]在高效液相色谱法中借助增大离子交换表面积提高分辨率，开创了离子色谱法，使电导检测器成为测定多种阳离子或阴离子混合物的灵敏检测器。利用这种检测器，可以测定碱金属、碱土金属等阳离子，及卤素、PO_4^{3-}、SO_4^{2-}、NO_3^- 等阴离子。电导检测器的仪器灵敏度可达 $10^{-5}\,\Omega^{-1}$，一般离子的检测量为 10^{-6} g/mL 或 10^{-9} g/mL。以水中 NaCl 为例，最小检测限为 10^{-8} g/mL。一般测量的检测信号是离子电导和流动相电导之差，为负值。随着离子色谱的发展，提出了一种降低本底电导率的抑制柱技术，将洗脱液中的背景离子反应掉，然后用电导检测器检测剩下的待测离子。这种液相色谱电导检测系统即离子色谱仪，已广泛用于环境学和生物医学中的研究中，以分离和检测有机和无机阴、阳离子。电导检测器由于结构简单、死体积小和适用性广等优点成为示差折光检测器之外的第二大通用型液相色谱检测器。

由于电导检测器是通过测量流动相中样品的电导或电阻进行检测的，故只能用于观察能生成离子的电介质浓度的变化。它主要用于检测以水溶液为流动相的离子型溶质。溶液的摩尔电导率只有在无限稀释的溶液中才能表示为各导电离子贡献的加合，即该值与它们的浓度有直接的依赖关系。因此，溶液的电导只在一定的范围内才与某些离子的浓度有线性关系。此外，由于多种组分，如流动相的离子化、痕量离子性杂质的存在以及流动相中溶解的 CO_2 和 NH_3 等，均对电导有贡献，因此样品有较高的本底值，从而限制了检测器测量下限的降低。电导检测器对流动相流速和压力的改变不敏感，当流动相离子浓度不改变时，可用于梯度淋洗。

电导检测器不仅可以用于检测以水溶液为流动相的导电离子，而且液态二氧化硫、液态氨等也能进行解离反应，得到相应的阴、阳离子，成为满足电导检测器要求的导电溶剂（表 5-7）。其中液态二氧化硫对有机化合物是很好的溶剂，能使在水中不能正常离子化或不溶解的有机化合物溶解、解离，提供了新型的离子化流动相，扩大了离子色谱的应用范围。

表 5-7 一些液态溶剂的解离

溶剂	阳离子	阴离子	溶剂	阳离子	阴离子
$2SO_2$	$(SO)^{2+}$	SO_3^{2-}	2HF	H_2F^+	F^-
$2NH_3$	NH_4^+	NH_2^-	$2H_2S$	H_3S^+	SH^-

图 5-19 和图 5-20 是液相色谱分离电导检测器检测分析一些典型阳、阴离子的色谱图。Ouyang 等人采用离子色谱-电导检测法成功地对嘌呤和嘧啶碱进行了分离和检测（图 5-21）[12]。

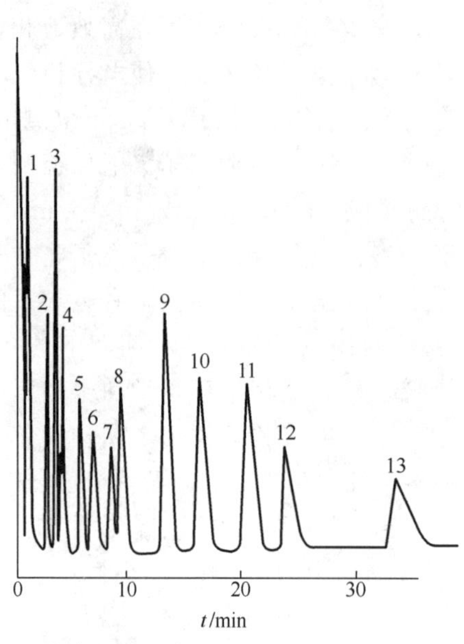

图 5-19　碱金属、碱土金属和重金属的离子色谱图

色谱柱：Nucleosil-PBDMA

淋洗液：1.0mmol/L　酒石酸，0.5mmol/L 草酸

色谱峰：1—Cu^{2+}；2—Li^{+}；3—Na^{+}；4—NH_4^{+}；5—K^{+}；6—Rb^{+}；7—Zn^{2+}；8—Co^{2+}；9—Fe^{2+}；10—Mg^{2+}；11—Ca^{2+}；12—Sr^{2+}；13—Ba^{2+}

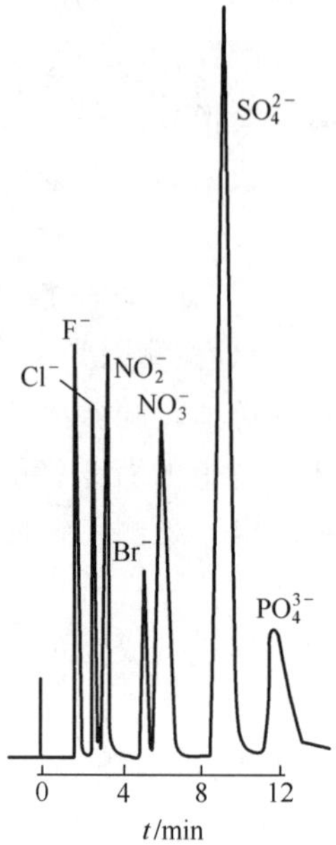

图 5-20　阴离子的电导检测的色谱图

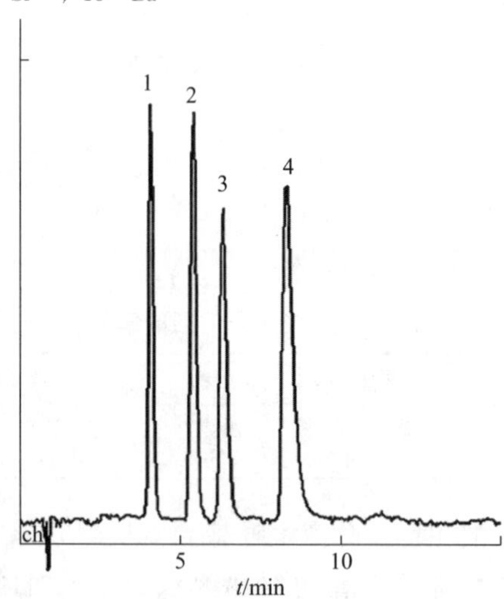

图 5-21　嘌呤和嘧啶碱电导检测的离子色谱图

离子色谱柱：Metrosep cation 1-2

流动相：2mmol/L 硝酸；流速 1.0mL/min

进样体积：20μL

色谱峰：1—胞嘧啶；2—5-甲基胞嘧啶；3—腺嘌呤；4—N6-甲基腺嘌呤

双检测可以提高定性和定量精度。色谱法中的二维电导检测模式通常以两种模式实现，其一是指在分离系统后有两个电导检测池，样品离开第一个检测器后在线经过一系列化学反应后进入第二个检测器进行检测。其二是指在分离系统中有两个分离柱，每一个柱子后面有一个电导检测器。采用抑制电导测量法的一个显著的问题是弱酸阴离子检测灵敏度低，为了降低洗脱液的电导，这些阴离子被转化为弱酸，对于解离常数 $pK_a>7$ 的弱酸阴离子几乎检测不到。自 20 世纪 80 年代以来分析工作者着手提高这类阴离子的检测灵敏度的研究，主要的措施为通过对洗脱液在线进行一系列化学反应（比如用 NaOH 反应），使这些弱酸解离后对相应的阴离子用第二个检测器进行检测。

Dasgupta 研究组[13] 用一根色谱柱（4×250mm AS11），采用梯度淋洗的方法，通过第一个检测器成功对强酸型阴离子进行定量，而通过在线用 NaOH 处理后实现弱酸型的阴离子（硅酸根离子和氰离子）的检测（图 5-22）。该方法所用的仪器装置较为简单，而且由于不同的阴离子在抑制洗脱液和改性洗脱液环境下电导率的差异不一样，所以二维色谱图的峰强度比也是一个定性的依据。

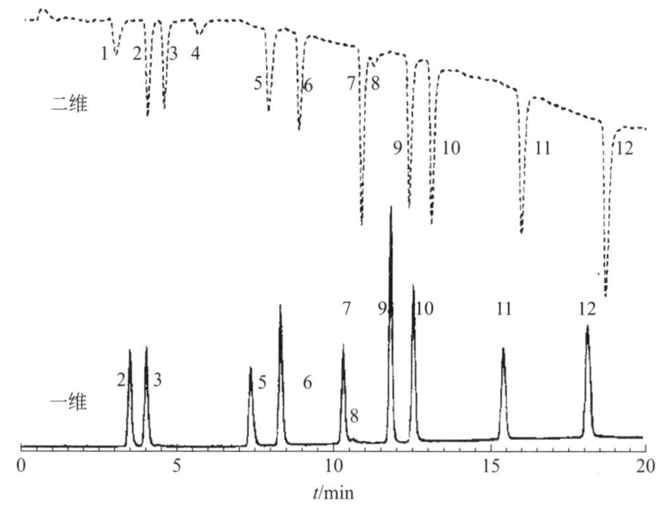

图 5-22　多组分样品的二通道电导检测色谱

进样体积：25μL；各个组分的浓度分别为 50μmol/L

梯度程序：0～2.5min，3mmol/L NaOH，2.5～15min，
NaOH 浓度从 3mmol/L 线性升至 30mmol/L，之后维持不变

色谱峰：1—硅酸离子；2—一氯乙酸离子；3—溴酸离子；4—氰离子；5—三氟乙酸离子；
6—溴离子；7—丁二酸离子；8—碳酸离子（污染）；9—硫酸离子；
10—富马酸离子；11—邻苯二甲酸离子；12—柠檬酸离子

（二）使用注意事项

① 电导池在使用前或发现有污染后，应用 1∶1 的硝酸处理数分钟，以清除

污染。

② 温度对电导率的影响较大，每升高 1℃，电导率增加 2%～2.5%，借助于热敏电阻监控器和电子补偿电路，可消除温度的影响。一般情况下检测器都应置于绝热恒温设备中。

③ 当用单柱离子色谱体系分析复杂基体样品，流动相背景电导往往高达 50μS/cm 以上，普通的双电极电导检测器不能适用，必须使用五电极式电导检测器，才能获得足够的线性范围和灵敏度。

三、电容耦合非接触电导检测器

（一）基本原理和仪器结构

电容耦合非接触电导检测器（C^4D）由交流激励电压源、检测池、信号处理电路等三部分组成。

C^4D 通常使用两个长 2～10mm 的管电极，两个电极顺序套在石英毛细管的聚酰亚胺层外，并紧贴于毛细管外壁，如图 5-23 所示。电极之一作为激励电极（同激励源连接），另一个作为接收电极（同信号放大电路相连）。将交流电压施加在激励电极上，交流电压通过管壁与溶液耦合，在接收电极上产生反映管内溶液电导大小的信号。在使用较高的交流频率时，为了消除两个电极通过空气直接耦合的电容，在电极之间加一个接地的屏蔽电极［见图 5-23(a)］。屏蔽电极使用接地的薄铜片，中间有一小孔，分离毛细管从孔中穿过。一般将检测电极及其对应的毛细管部分定义为检测池，检测池的有效池体积为两个电极之间的毛细管内体积，同毛细管内径和电极间距有关。

在交流电压的作用下，检测池也可以等效为电阻（毛细管内溶液的电阻）和电极电容（电极与毛细管内壁耦合的电容）串联后再与泄露电容（两个检测电极通过空气耦合的电容）并联［见图 5-23(b)］，当检测电极之间有接地屏蔽电极时，泄露电容为零。

由于待测组分和背景缓冲溶液的电导不同，当样品区带流经检测区域时会引起电导的改变，使检测电路中电流发生改变，电流的改变量即为响应信号。

图 5-23 所示的等效电路：R 为电极之间毛细管内溶液的电阻，C_W为电极同毛细管内壁耦合的电容（电极电容），C_L为两个检测电极通过空气耦合的电容（泄露电容）。当有屏蔽电极时，C_L为零。

对于等效电路图 5-23(b)，检测池的阻抗可以用下式表示[14]

$$Z=\frac{\dfrac{1}{j\pi fC_W}+R}{2\pi fC_LR+\dfrac{C_L}{C_W}+1} \tag{5-5}$$

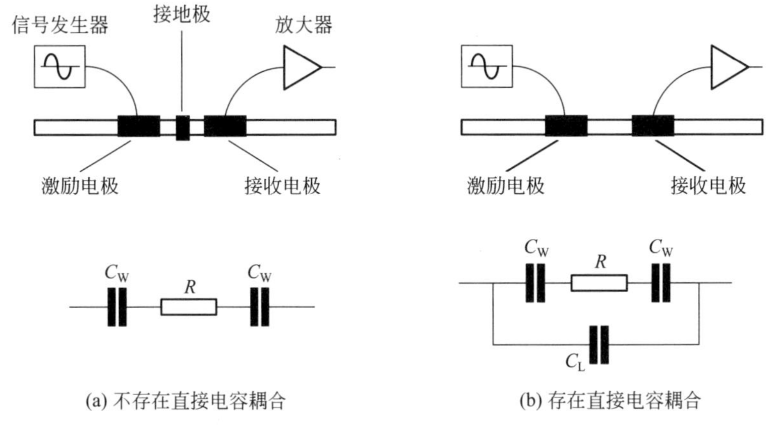

(a) 不存在直接电容耦合　　(b) 存在直接电容耦合

图 5-23　C⁴D 的检测池示意图以及与其对应的等效电路图

式中，$j=\sqrt{-1}$；f 为激励频率。当使用屏蔽电极消除泄露电容 C_L，上面的公式可以简化为

$$Z=R+\frac{1}{j\pi fC_W} \tag{5-6}$$

交流激励电压源即信号发生电路产生的交流电压信号一般为正弦波信号，也可以采用方波或三角波信号。商品化的激励电压源提供电压幅度范围 0～20V（V_{p-p}），其频率范围 0.1～2MHz，进行二次放大能得到几百伏的交流激励电压。

信号处理电路在 C^4D 中起着以下作用：一、对接收电极产生的交流信号进行放大；二、对交流信号进行整流、滤波得到直流信号。C^4D 的信号处理使用高增益带宽的运算放大器，以获得足够的信号放大增益和优良的频率响应特性。

（二）应用

非接触电导检测法应用于液相色谱可以追溯到 1988 年 Pal 等的报道[15]，在检测氨基酸和小肽时不需要对待测物进行衍生，因此比紫外检测法简便。在 HPLC 中若采用等度洗脱，C^4D 检测器基线平稳，其对非固醇类抗炎药的检测灵敏度优于紫外检测法（图 5-24）[16]。梯度淋洗通过不断改变分析过程中流动相的成分的配比使复杂样品中性质差异较大的组分按各自适宜的容量因子 k 实现分离，从而达到缩短分析时间、提高分离能力和改善峰型的目的。但是，由于流动相成分不断发生变化，在非接触电导检测中会引起基线漂移[17]，如图 5-25(a)所示。由于色谱法的重现性好，因此可以采用扣除基线的方法改善色谱图的质量。实验中先进空白，记录基线；然后将实际样品的谱图扣除基线并用软件（文献［17］中采用 Peaks 软件）对其进行归一化处理，得到基线平稳的色谱图[图 5-25(b)]。通过这种处理还能显著提高检测灵敏度。

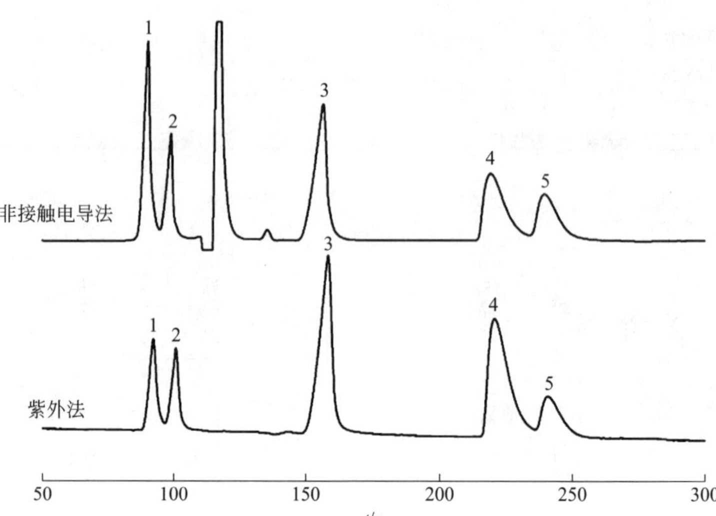

图 5-24 非接触电导检测法和紫外检测法对非固醇类抗炎药的检测

色谱柱：Nucleosil 120-5 C18

流动相：65%乙腈，0.17mmol/L 乙酸，0.25mmol/L 乙酸钠

紫外检测波长：220nm

色谱峰：1—水杨酸；2—乙酰水杨酸；3—双氯芬酸；4—甲灭酸；5—异丁苯丙酸

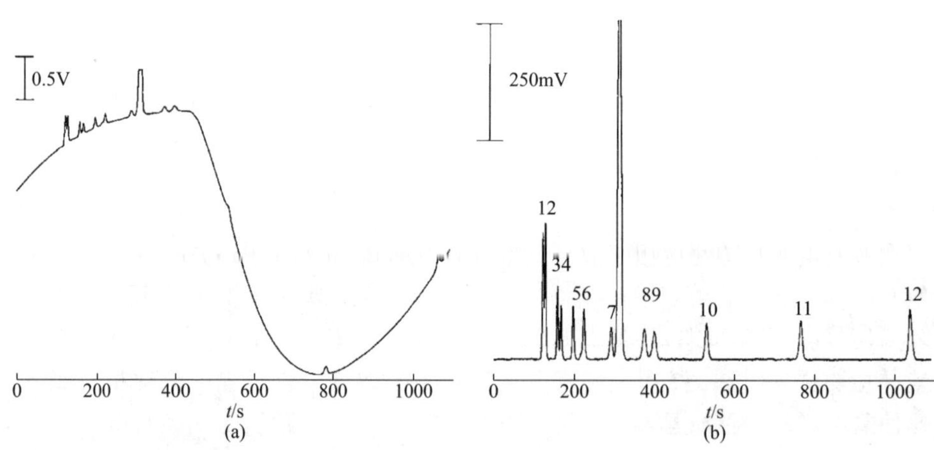

图 5-25 液相色谱-非接触电导法对未衍生氨基酸的检测[17]

色谱柱：Phenomenex Aqua C18 柱

流动相：A，0.15%乙酸；B，0.9%乙酸的甲醇溶液

梯度程序：0～2.25min，0% B；2.25～17min，0～100% B；17.01min 0% B

流速：1.0mL/min；检测频率：220kHz

第三节　其它电化学检测器

一、库仑检测器类

（一）库仑检测器

库仑检测器是一种适用性广的高精度检测器。库仑检测方式同安培检测方式很相近，许多在安培检测器上检测的样品也能用库仑检测器检测，而且库仑检测器基于电活性物质在工作电极上的定量电解，因此原则上不受检测池形状、样品流速、黏度、扩散系数和温度等影响。具体地说，库仑检测器是通过测量电活性物质在电极表面通过氧化或还原反应失去或获得电子产生的电量而进行检测的。根据法拉第定律，在电解过程中，在电极上起反应的物质的量与通过电解池的电量成正比，这是库仑分析的定量基础。法拉第定律的关系式是：

$$W = QM/Fn \tag{5-7}$$

式中，W 为物质在电极上反应的量，单位为 kg；Q 为检测电量，以 C 为单位，1A 的电流通过溶液时间为 1s 的电量是 1C；M 为物质的分子量；n 为电子转移数；F 是法拉第常数，$1F = 96500C$。由于电解所消耗的电量是由法拉第定律决定的绝对测量，要求 100%的电解效率，所以不需要校正曲线。库仑检测器也是电化学检测法中较常用的检测器，灵敏度高，灵活性强，选择性可控制，动态响应范围宽，易在梯度淋洗下应用。

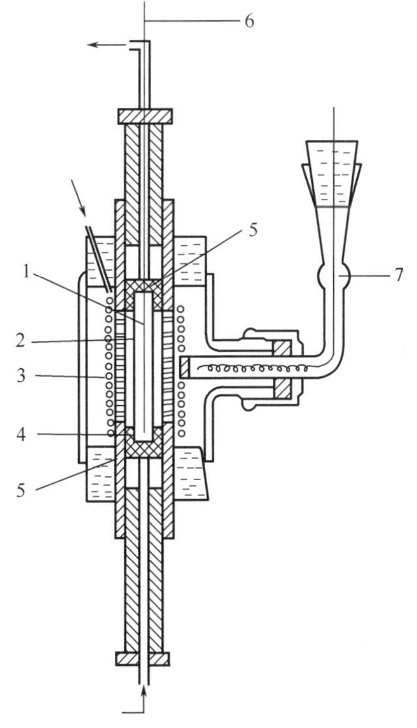

图 5-26　铂粒填充式库仑检测器
1—充铂粒的电解室；2—分离阳极室与阴极室的多孔管；3—铂丝辅助电极；4—氯丁橡胶连接；5—聚四氟乙烯熔接；6—连接工作电极的铂丝；7—参比电极

为了得到足够高的电解效率，库仑检测法要求用大面积电极，小的流通池体积和低样品流速。电势脉冲方式改变的应用，如方波脉冲、线性扫描等，可以提高灵敏度。被测溶液不应有高补偿高阻，否则在高浓度时会因为大的 iR 降而偏离正常工作条件。

在库仑检测法中，一般使用大表面积的多孔物质作为电极材料。这种电极有以下弊端：①有机溶质的不可逆吸附；②本底电流增加；③电极表面污染；④池体积大。这些弊端限制了库仑检测器的一些应用。也有人在特定条件下，采用以恒定比例进行部分电解的检测技术，这样可以减少峰展宽与电极的钝化现象，但要求严格地控制相应的测量条件。一种铂粒填充床式库仑检测器如图 5-26，池死体积较大（350μL），对 Fe^{2+} 的绝对检测下限为 4×10^{-10} 摩尔。

（二）库仑电极阵列检测器

一般来说，库仑检测器由于电解效率高（100%），与安培检测器相比（安培检测器电解效率仅约 5%），具有更高的灵敏度。这种特点是使库仑电极阵列检测器比安培电极阵列检测器（即串联多电极型安培检测器）更适用于三维色谱峰的分辨（图 5-27）。图 5-27(a)中，当被测物质在具有其氧化电势的电极表面发生氧化反应时，由于在该电极表面只有很少的组分被氧化，其它所有的具有更高电势的电极表面也会发生同样的氧化反应，产生相似的氧化电流色谱峰，从而降低了色谱分辨率。图 5-27(b)使用的是库仑电极阵列检测方式，由于化合物在其氧化电势下具有 100%的电解效率，所以被测物质只在其氧化电势电极附近很少的几个电极上发生氧化反应。同安培电极阵列检测器相比，库仑电极阵列检测器具有更高的分辨率，它是目前电化学检测器中唯一的多电极阵列商品检测器。

库仑电极阵列检测器主要具有如下优点：

① 由于共淋洗色谱峰具有不同的氧化还原电势，库仑电极阵列检测器提高了共淋洗色谱峰的分辨能力，进而使一些样品的制备得到简化。

② 当被测物质在电极阵列表面通过时，通常可以在三个连续电极上发生反应，第一、第三个电极上只进行很小一部分的反应，大部分反应在第二个电极表面发生，三个电极上电流的响应比为一常数，与浓度无关。这种响应比率的方法有利于色谱峰纯度的验证和色谱峰的定性，因为任何不纯物质或不同物质的三个电极电流的响应比率与标准纯物质不会相同。

③ 高的氧化（或还原）电势经常会导致高背景电流和灵敏度的降低。使用电极阵列检测，氧化电势高的物质中的一部分在低的氧化电势电极上也会发生反应，形成一种“缓冲”，使得背景电流降低，提高了高电势条件下的灵敏度和稳定性。

库仑电极阵列检测器在鉴别色谱峰纯度和对复杂体系大量化合物的同时测定方面特别有效，对于一些领域有很好的应用。例如，在对脑神经细胞液的高效液相色谱分离分析中，由于保留时间相近，一次只能分离检测其中的一、两种化合物，而库仑阵列检测器能在 35min 内分辨 30 种化合物，检测限为 2pg[18]。另外，由于一些药物的代谢产物的结构与原药很相似，在液相色谱中分离困难，使用响应比率的办法可以鉴别色谱峰的纯度，为代谢物的确证提供了信息[19]。

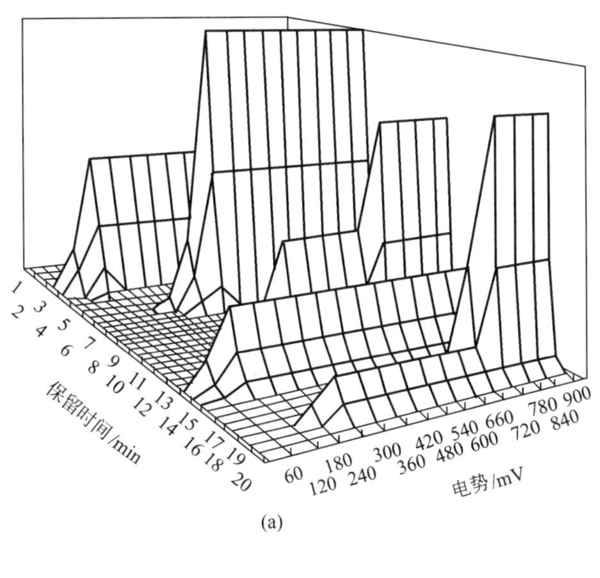

(a)

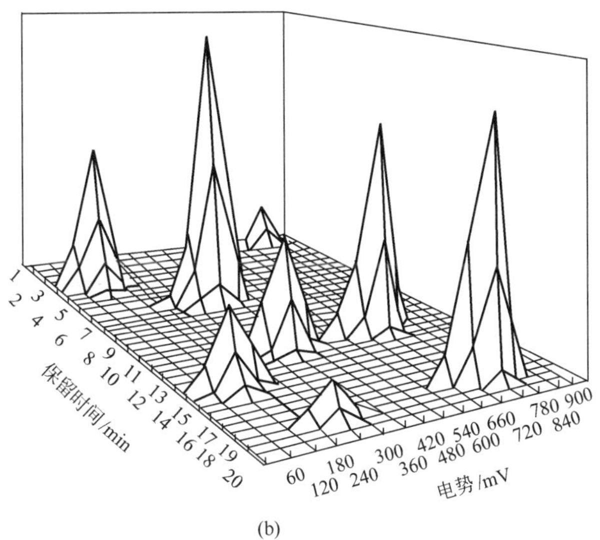

(b)

图 5-27 电化学阵列检测同一样品的色谱图

(a) 安培电极阵列检测色谱图；(b) 库仑电极阵列检测色谱图

（三）和其它检测法联用

尽管库仑检测的灵敏度很高，但是它只能检测电化学活性物质。对于非电化学活性的待测物质只能借助于其它检测方法。HPLC 中通常在库仑检测器中串联或并联另外一个检测器达到这个目的，最常见的是光学检测器，如紫外检测器或荧光检测器。通常情况下串联检测需要色谱条件同时满足两个检测器的灵敏度要求，还要兼顾分离；而并联检测需要分别对两个检测条件及分离条件进行优化。Sakhi 等[20]采用二维色谱系统分别采用荧光和库仑法对人血浆中氧化态和还原态谷胱甘肽（GSH）进行测量，样品经过多孔石墨化碳柱分离后进行柱后衍生。还原型谷胱甘肽以 3-溴甲基-2,6,7-三甲基-1*H*,5*H*-吡唑并[1,2-*a*]吡唑-1,5-二酮（MBB）衍生生成加合物（GSMB），以荧光法进行检测；氧化型谷胱甘肽（GSSG）以库仑法检测。图 5-28 结果显示该方法很灵敏。

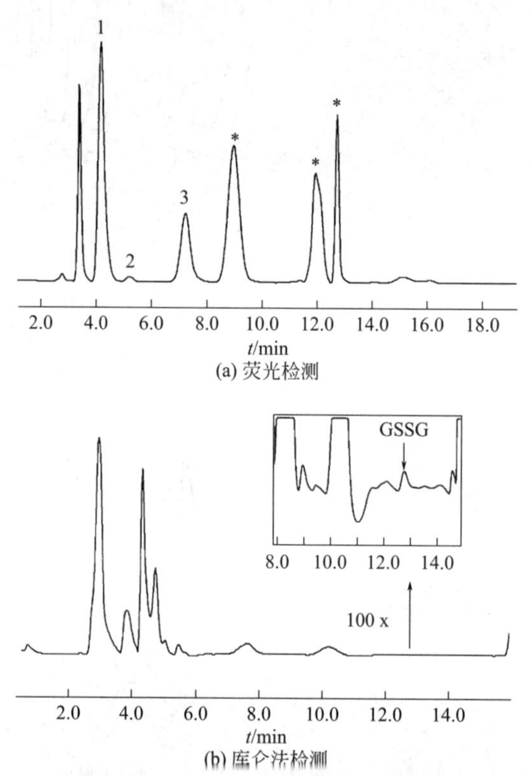

图 5-28 血浆样品中内源性氧化型谷胱甘肽和还原型谷胱甘肽的色谱图

色谱峰：1—CYSMB + CYSGLYMB；2—HCYSMB；3—GSMB

血浆中 GSH 和 GSSG 浓度分别为 1.53μmol/L 和 0.0615μmol/L；

荧光激发和发射波长分别为 390nm 和 478nm

二、电势检测器

电势检测器是利用与被测组分的浓度变化相对应的指示电极的电势变化来进行检测的。最常用的指示电极是离子选择性电极，也可用第一、二类电极和氧化还原电极。它适用于测定各种无机和有机离子，在间接测量的条件下，也能用于中性分子。电势检测器的主要优点是结构简单，测量方便，信号容易处理。由于通常在零电流下工作，所以不像安培检测器那样有电解产物污染和要求电压补偿等问题。

（一）离子选择性电极

离子选择性电极的类型和品种很多，它们的基本组成如下。

敏感膜或称传感膜，是离子选择性电极最重要的组成部分，它起到将溶液中给定离子的活度转变成电位信号的作用。

内导体系——包括内参比溶液，内参比电极，起着将膜电位引出的作用。

电极杆——通常用高绝缘的、化学稳定性好的玻璃或塑料制成，起着固定敏感膜的作用。

带屏蔽的导线——将内导体系输出的膜电位输送到仪器的输入端。

膜电位是指膜与电解质溶液接触而产生的电位差。凡是能做成电极的各种薄膜，都可认为是一种离子交换材料。当它与含有某些离子的溶液接触时，其中那些具有适合电荷和适合大小的离子将与薄膜中某些离子起交换反应，从而扰乱了两相中原来的电荷分配，形成了双电层，产生了稳定的膜电位，在一定条件下遵守能斯特方程。对于阴、阳离子有响应的电极，其膜电位可分别表示为：

$$E_{膜}=常数+\frac{2.303RT}{nF}\lg c_{阳}$$

$$E_{膜}=常数-\frac{2.303RT}{nF}\lg c_{阴}$$

从上式可见，在一定条件下膜电位与溶液中待测离子的浓度的对数成直线关系，这也是电势检测的定量基础。

一般市售电极或特制的小型电极可直接置于流动体系的适当位置作为检测器，但最常用的形式是流通式罩帽电极和管式流通电极。流通式罩帽电极易根据需要自制，使用比较方便。管式流通电极将电极敏感膜制成管状，并直接连在流动体系中，有毛细管玻璃电极、PVC 膜管式电极、钻孔固膜电极等多种形式。电极样品用量少，接触均匀，尤其适用于微型检测器使用。离子选择性电极的液膜材料有多种，选择性非常高。由于高效液相色谱要求检测器有良好的通用性，因此只需选用选择性较好的电极，如液膜电极。另外往往在应用中采取某种措施人为地降低选择性，以便能检出尽量多的组分，扩大其应用范围。

（二）应用

电势检测器的不足之处在于灵敏度不是很高，响应一般不够快，电势易漂移引起基线变化。此外，电势信号与浓度之间存在对数关系而非线性关系，这不仅影响检测的灵敏度，也给测量造成不便。还有电极的选择性高，等缺点使其在 HPLC 中应用不多。

1974 年，首次使用 NO_3^- 电极同时鉴定 NO_2^- 和 NO_3^-，检测下限达 10^{-5}

mol/L。之后，又用 Cl^- 电极检测凝胶色谱分离的多种阴离子，包括乙酸、草酸及柠檬酸盐；卤素电极测定 Cl^-、Br^- 和 I^-；液膜电极测定 NO_3^-、ClO_4^- 和一价金属离子；固态 I^- 电极和涂丝与管式液膜电极测定水质样品中多种阴离子等。

除了离子选择性电极外，其它电极也可用作检测器，其中突出的例子是 Alexander 等对铜丝电极的系统研究[21]。采用不同的测量技术，铜丝电极可检测能与 Cu^{2+} 或 Cu^+ 络合的有机阴离子，能消耗 Cu^{2+} 的无机阴离子，能氧化金属铜生成 Cu^{2+} 的氧化剂，能置换配位体的阴离子以及和 Cu^{2+} 竞争的阴离子等，从而成为一种具有一定通用性的检测器，检测下限在 10^{-5}～10^{-6} mol/L。

电势检测器一般没有在日常检测中使用，而主要是在对离子色谱的研究中应用。

三、极谱检测器

伏安检测法中，安培检测器使用固体电极作为工作电极来实现电流检测。当把固体电极用滴汞电极或其它表面周期性更新的液体电极取代时，这时的伏安检测称为极谱检测法。

极谱法的主要优点是恒定地提供了一个新的电极表面，克服了电极表面污染问题，而且具有良好的重现性，但充电电流的存在与电极体积的变化造成的测量电流波动影响了检测下限的降低。在设计上使柱后流出物瞄准滴汞电极喷射，因而检测器的有效体积很小，不大于 1μL。图 5-29 是快速水平滴汞电极极谱检测器的结构，它可检测出 2×10^{-11} mol 的硝基苯。极谱检测法能测定许多氧化性物质，而测定还原性物质时，由于汞的氧化，氧的干扰等原因，一般只能在 0.5V 以下的正电位检测，因此适用范围受到一些限制。

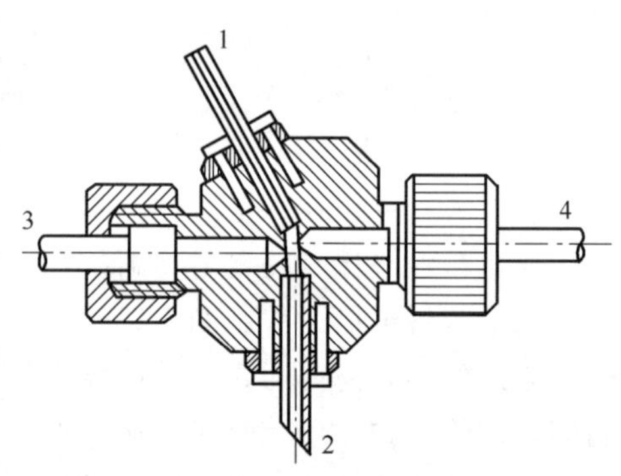

图 5-29 快速水平滴汞电极极谱检测器
1—溶液入口；2—溶液出口与辅助电极；3—参比电极；4—滴汞电极

近年来，也有人利用某些物质在滴汞电极表面的吸附引起的双电层变化发展了基于张力电流原理的检测器[22]，它适用于表面活性物质的分析。

四、介电常数检测器

介电常数检测器，又称电容检测器，是利用溶质和溶剂之间具有不同的介电常数，测量流动相电容量的变化而达到检测目的的。溶液电容量变化的大小正比于溶质的浓度，这是介电常数检测器的定量基础。它的主要特点是适用于检测低介电常数（即非极性溶剂）介质中的中等极性或非极性溶质，因此弥补了其它类型电化学检测器对流动相高极性要求的不足。

在测量电路中，检测池本身是一个电容器，电极置于检测池外面，与测量溶液无直接接触，因而避免了电极的钝化。电极可以是一对平行铂电极或做成同轴的圆筒式电极，在二极间加高频电流。流动相介电常数的测量可以采用干涉原理或交流电桥，也可以利用共振频率的变化。对电容检测池的要求是体积小，抗腐蚀，电容性能稳定。可用石英做池体材料，同时用聚四氟乙烯或不锈钢做池体的密封材料。两电极间要求距离固定。

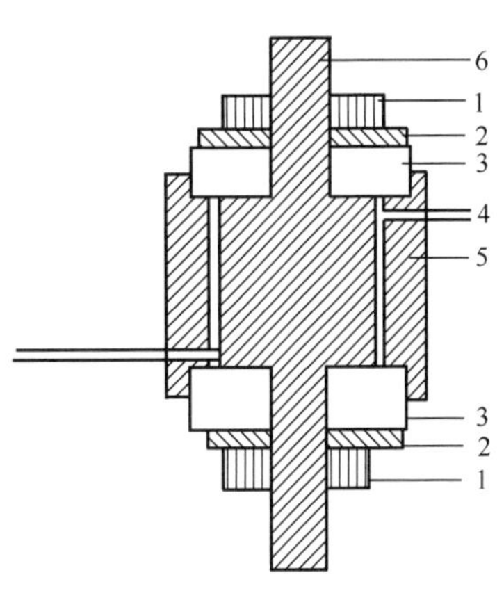

图 5-30　同轴圆筒形介电常数检测器

1—固定螺母；2—不锈钢垫片；3—聚四氟乙烯塑料绝缘圈；4—不锈钢毛细管；5—不锈钢圆筒电极；6—不锈钢柱为另一电极

由于介电常数依赖于流动相和溶质的极化度，所以两者之间的极化度差别愈大愈好。介电常数检测器与示差折光检测器相似，是一种通用型检测器，相比之下它的灵敏度要高一些，可以检测异辛烷中 0.9μg/mL 的氯仿，正己烷中 0.4μg/mL 的丙酮。由于介电常数检测器与溶液组成间存在着复杂关系，因此测量组分浓度变化时就有很大的经验性。一般来说，它的灵敏度不是非常好，测量范围比较窄，不适于梯度洗脱。而且温度系数较大，要求温度恒定在 10^{-3}℃，为了减小温度影响，最好使用测量和参比双路流程。图 5-30 是同轴圆筒形电极的结构图。

五、电化学生物传感器[23]

电化学生物传感器作为一种选择性检测器，近年来在液相色谱中受到重视。这类检测器是由固定化的生物活性物质（酶、抗体或细胞等）与电化学转换器（电流型或电位型的电极）相组合而形成的。其中基于固定化酶的传感器是生物传感器领域中研究最多的一种传感器，也是最早研发的生物传感器。这种传感器将酶固定在电极表面组成酶电极，溶液中的待测物质通过扩散进入酶膜，发生酶促反应，产生或消耗一种电活性物质，这种物质与待测物质之间具有一定的化学计量关系，由电极检测电活性物质的改变，从而测定被测组分的含量。

酶的固定化是决定酶电极特性的关键技术。为了选择性地对特定色谱组分进行测定，需要选取适当的酶并将其固定化，然后把固定有酶的传感器置于色谱柱后。当各种色谱组分通过固定有酶的电极表面时，能够发生酶促反应的组分将会被转化而产生电活性的成分，从而在电极上发生电化学反应，产生电信号，根据信号的强度可以对组分进行定量分析。将高效液相色谱的分离与电化学生物传感器的检测结合起来可有效地提高检测的选择性和灵敏度。

以高效液相色谱分离-电化学检测乙酰胆碱和胆碱为例，乙酰胆碱是哺乳动物体内的一种重要的神经递质。而胆碱则是乙酰胆碱的代谢产物，它对于组织的磷脂的合成也具有重要作用。因此，体外和体内现场监测乙酰胆碱和胆碱具有重要意义[24]。乙酰胆碱和胆碱都不具备电化学活性，也不具有紫外和荧光检测的结构特征。因而，现有的检测乙酰胆碱和胆碱的方法一般都要求将它们转化为更易测定的物质。使用酶技术可以达到这一目的。对于乙酰胆碱和胆碱的高效液相色谱分离利用酶技术的电化学检测有三种可能的检测方式如图 5-31[23,25]。

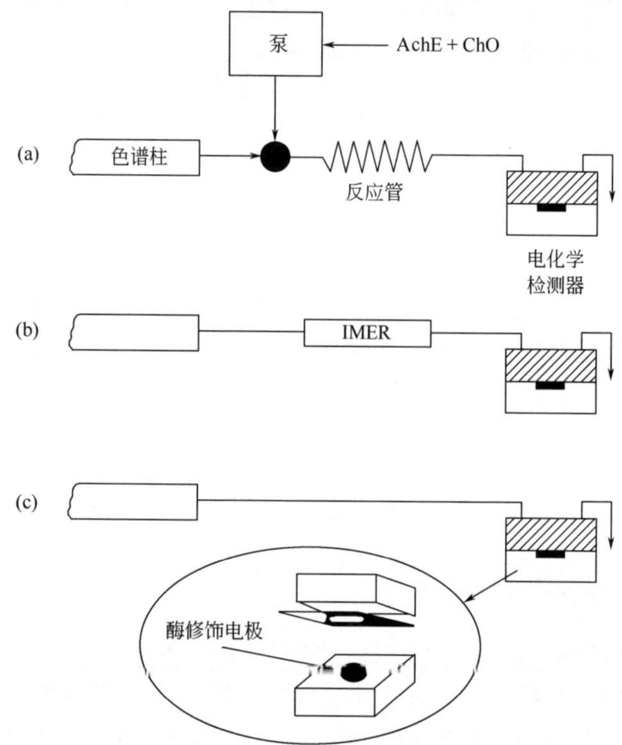

图 5-31　利用酶的衍生-高效液相色谱分离-电化学检测方式进行乙酰胆碱和胆碱的分离与测定的三种模式

（a）利用溶解的乙酰胆碱酯酶（AchE）和胆碱氧化酶（ChO）与被测组分在柱后反应管中进行均相反应来进行检测；（b）利用在柱后固载在流动式反应器中的酶（IMER）与被测组分的异相反应来进行检测；（c）利用被测组分与电化学生物传感器中的固载在电极上的酶进行原位反应来进行原位检测

这三种检测模式中，第一种利用溶解酶的检测模式由于酶的价格昂贵及被分析物的稀释而有一定的局限性。相比之下，第二种利用柱后含有固定化酶的酶反应器的检测模式具有更大的优越性。然而，这种检测模式会造成微小的谱带展宽。

较高的酶的固载量并不一定保证酶的高活性，因为蛋白的层数越多，越会减缓酶反应的动力学速度。

若要完全避免色谱峰的展宽，则宜采用第三种模式，即酶传感器的模式。在此种模式中，固定化酶的位置，应恰好位于检测器的表面或者将它作为工作电极材料的一部分组成电化学生物传感器。如将胆碱氧化酶和乙酰胆碱酯酶固载于电极表面组成在线乙酰胆碱生物电化学传感器，这是图 5-31 中所示的第三种检测模式。

近年来，还有文献报道利用高效液相色谱分离，用固载有特定酶的安培生物传感器来选择性地测定酚类化合物。如将此酶和聚乙烯咪唑与锇的聚合物固载于玻璃碳电极组成的电化学生物传感器作为检测器，与紫外检测器相比能将酚检测的灵敏度提高 100～200 倍[26]。如果将此酶以适当的方式固定在微孔金电极上，还可能提高某些酚的选择性。

这种生物传感器作为液相色谱检测器的主要特点是能够通过选择性地固定化酶而对复杂混合物中特定的底物进行测定，此外，对于一些不具有电活性的特质可通过酶转化产生电活性的物质进行测定。从而扩大了色谱电化学检测器的应用范围。

六、电化学检测法应用和展望

近几十年液相色谱分析方法在很多领域中得到了广泛的应用，目前除了气体或非常不稳定的分子化合物之外，理论上所有的物质都可以用液相色谱法进行分析。电化学检测器主要应用于分析各种生物样品，有大量文献报道将安培检测器和库仑检测器用于测定生物胺（儿茶酚胺）、氨基酸、抗坏血酸、尿素与尿黑酸、酚类和甾体化合物、有机碱、肽及其衍生物、嘌呤化合物以及许多药物（如嘧啶噻吩嗪类化合物等），它们在检测性能方面超过很多其它检测器。此外，电化学检测法也用于不同类型的无机离子和有机离子的分析。相对而言，电导法和电势法更多用于离子的分析，例如季铵离子以及有机酸离子的测定，而间接检测法的采用则进一步拓宽了它们的应用范围。介电常数法的一个突出的优点是能用于非极性化合物的检测。在使用环境方面，近来随着喷壁式电极的改进和结合柱后操作，安培检测器也开始用于非水溶剂流动相中组分的色谱检测。

安培检测是液相色谱中常用的电化学分析方法，由于只有可发生氧化还原反应的物质才能在电极表面发生反应，因而其色谱图与紫外、荧光检测法相比较为简单。但是，由于氧化还原反应在电极表面进行，电极的污染问题一直是限制电化学检测应用的一个主要因素。近年来，由于分析工作者的不懈努力，基于此原理的色谱电化学检测法取得了长足的进步。

（一）安培生物传感器

在电极上构建传感器是现代分析化学的一个里程碑，这种原理也可以用于高效液相色谱中。安培生物传感器就是在工作电极的表面上覆盖一层特殊的生物化学物质，不会增加色谱系统的器件，也不会引起峰展宽等不利影响；而且，由于分析工作者可以选择或合成这种特殊的生物化学物质，因此，这种方法进一步提高了检测的选择性，能消除基体效应的影响。

酶传感器是常见的安培生物传感器，这种传感器通过将酶涂布于整个电极材料或电极活性表面而制得。如 Muresan 等[27]将草豌豆中提取的胺氧化酶和商品辣根过氧化物酶，与电化学聚合物（锇氧化还原聚合物）修饰于石墨电极的表面，可以同时对六种生物胺（酪胺、腐胺、尸胺、组胺、胍丁胺和亚精胺）进行检测，并实际用于鳕鱼肉中生物胺的灵敏检测（图 5-32）。

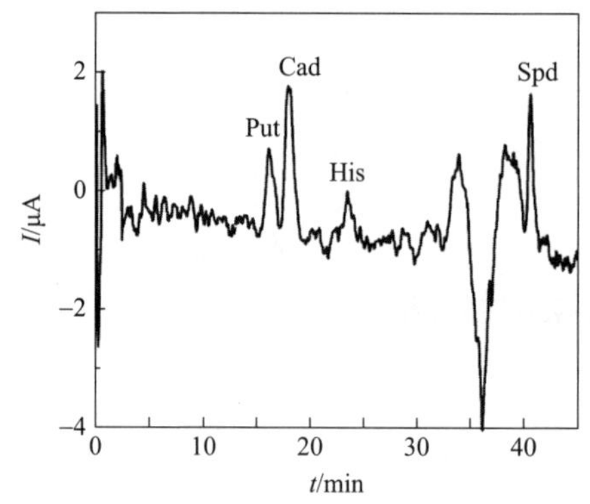

图 5-32　阳离子交换色谱分离实际样品中的生物胺

样品：鳕鱼肉冷冻-解冻 4 次

实验条件：施加电压，－50 mV versus Ag/AgCl 电极

流速，1.8mL/min 进样体积，50 μL

色谱峰：Put—腐胺；Cad—尸胺；His—组胺；Spd—亚精胺

（二）脉冲伏安法

脉冲伏安法可以追溯到 20 世纪初对碳氢燃料电池中失活的贵金属电极的重新活化技术中。Kolthoff 和 Tanaka 等深入研究了 Pt 电极在多种支持电解质中的极化曲线[28]，为后来的基于脉冲氧化/还原电位的电极活化技术打下了基础。20 世纪 60 年代出现的 HPLC 技术为基于贵金属电极表面脉冲活化技术的检测方法提供了一个发展平台。1981 年，爱荷华州立大学的 Johnson 等在流动注射系统中采用脉冲安培法在铂电极上测定了类固醇类和碳水化合物[29]。其后，Johnson 与戴安公司（现在的 Thermo Scientific）合作研制了第一台脉冲安培检测器，HPLC-脉冲安培法引起了分析化学家的兴趣，20 世纪 80～90 年代有很多相关的研究报道。

图 5-10 方波图为代表的脉冲安培法是提高检测灵敏度和重现性的重要手段。随着这一技术的应用越来越广泛，迫切需要一种更有效的电位-时间波形来进一步提高长时间检测的重现性和信噪比。Rocklin 等[30]研究发现采用经典的脉冲伏安法在向电极施加还原电位的过程中会导致电极的溶解和损耗。他们以葡萄糖为标准品进行了为期两周的考查发现，前 8h 内葡萄糖的氧化还原峰信号逐渐增强，但在随后的时间里峰面积呈指数衰减。工作电极在这段时间内凹缩了 45μm，峰面积减小了 45%。他们进一步研究发现，采用新的波图（如图 5-33 所示），在测量之后向电极施加一个短时间的负电位（相当于图 5-10 中的激活电位），然后再施加一个更短时间正的清洁电位，这样的结果是可以显著减小生成氧化金的时间，因此电极的溶解和损耗问题得到妥善解决，同时还能保证有效活化电极，提高其重现性。他们用相同方法考查发现葡萄糖标准品的响应值在达到稳态后两周内保持恒定。Clarke 等[31]报道了在没有进行衍生的情况下用改进的六电位波形 IPAD（图 5-34）实现了对氨基酸和氨基糖的分析。用这种优化的分析方法进行为期 7 天的重复性实验表明电极没有发生溶解或凹缩现象，始终保持活性，在考查周期内连续 20 次进样测得的峰面积相对标准偏差小于 2%。

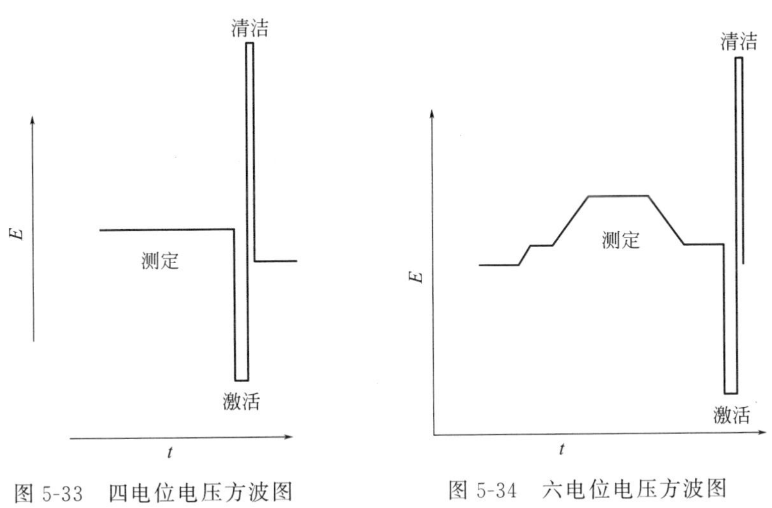

图 5-33　四电位电压方波图　　　图 5-34　六电位电压方波图

电化学检测器在其灵敏度、专用性及技术的多样性方面已经显示出巨大优越性，但在理论和实验技术方面依然存在较大的发展空间。随着人们对电化学检测器认识的逐步深化以及测量过程中新方法、新材料的应用，电化学检测法将会获得进一步的发展。

参考文献

[1] Kemula W. Rocz Chem，1952，26：28.

[2] Erickson B E. Anal Chem，2000，72：353A-357A.
[3] Jianhong Pei，Xiao-yuan Li. Anal Chim Acta，2000，414：205-213.
[4] 牟世芬，刘开录．离子色谱．北京：科学出版社，1986.
[5] Boy D Rocklin. J Chromatogr，1991，546：175-187.
[6] 金祖亮．色谱，1986，4(4)：214-217.
[7] 殷晋尧．分析仪器，1989，(3)：1-9.
[8] 李关宾，金文睿．分析仪器，1993，(1)：1-7.
[9] Karel Štulík. Anal Chim Acta，1993,273:435-441.
[10] Richard P Baldwin，Karsten N Thomsen. Talanta，1991，38(1)：1-16.
[11] Small H，et al. Anal Chem，1975，47：1801.
[12] Liu，L，Ouyang J，Baeyens W R G. J Chromatogr A，2008，1193：104-108.
[13] Sjogren A，Dasgupta P K. Anal Chem，1995，67：2110-2118.
[14] Baltussen E，Guijt R M，van der Steen G，et al. Electrophoresis，2002，23，2888-2893.
[15] Pal F，Pungor E，Kovats E S. Anal Chem，1988，60：2254-2258.
[16] Kuban P，Abad Villar E M，Hauser P C. J Chromatogr A，2006，1107：159-164.
[17] Kuban P，Hauser P C. J Chromatogr A，2006，1128：97-104.
[18] Naoi M，Murayama W，et al. Techniques in the Behavioral and Neural Sciences：vol10，ch 1. Elsevier：Amsterdam，1993.
[19] Svendsen C N. Analyst，1993，118(4)：123-129.
[20] Sakhi A K，Russnes K M，Smeland S，et al. J. Chromatogr A，2006，1104：179-189.
[21] Haddad P R，Alexander P W，Trojanowicz M. J Chromatogr，1985，321：363.
[22] 张振森，陶恭益.离子色谱原理. 北京：北京大学出版社，1990.
[23] Marek T，Malgorzata S，Marzena W. Electroanalysis，2003，15：347-365.
[24] 陈峻，林祥钦. 分析科学学报，2001，6：515-519.
[25] Guerrieri A，Palmisano F. Anal Chem，2001，73：2875.
[26] Adeyoju O，Iwuoha E，Smyth M，et al. Analyst，1996，121：1885.
[27] Muresan L，Valera R R，Frebort I，et al. Microchim Acta，2008，163：219-225.
[28] Kolthoff I M，Tanaka N. Anal Chem，1954，26：632-636.
[29] Hughes S，Meschi P L，Johnson D C. Anal Chim Acta，1981，132，1-10
[30] Rocklin R D，Clarke A P，Weitzhandler M. Anal Chem，1998，70：1496-1501.
[31] Clarke A P，Jandik P，Rocklin R D，et al. Anal Chem，1999，71：2774-2781.

CHAPTER6

第六章

蒸发光散射检测器

紫外检测器具有高灵敏度和稳定性，因而广泛应用于高效液相色谱。但是它无法检测在紫外-可见波段没有吸收或吸收很弱的物质，如糖类、氨基酸类和脂肪酸类等。示差折光检测器虽然是一种通用的检测器，但它对工作环境要求很苛刻，测量过程中要求恒温、恒流速，且无法采用梯度洗脱，而且其检测灵敏度也不够高。20 世纪 70 年代以来，蒸发光散射检测器（evaporative light scattering detector，ELSD）的研制、开发和商品化给高效液相色谱的检测技术带来了新的活力。该检测器可以测定没有紫外-可见光吸收的物质，适于梯度洗脱，对温度的要求不苛刻，灵敏度比示差折光检测器高，而且对所有样品具有几乎相同的响应因子，通常无需测定校正因子就可以直接定量。因此，蒸发光散射检测器在一定程度上弥补了传统检测器的不足，在有机及生物化合物检测方面显示出极大的优越性。

第一节　蒸发光散射检测器的工作原理和仪器结构

蒸发光散射检测器的基本工作原理是：经色谱柱分离的组分随流动相进入检测器，经过雾化及溶剂蒸发过程使溶质以气溶胶雾状颗粒的形式进入光散射池。在光散射池中溶质被光源照射而产生光散射，根据散射光强度正比于溶质粒子的数目及粒子的大小，进而确定组分的含量。蒸发光散射检测器的基本工作原理如图 6-1 所示。

蒸发光散射检测器的运行分为三个过程：

（1）雾化过程　经色谱柱分离的组分随流动相进入与色谱柱出口直接相连的

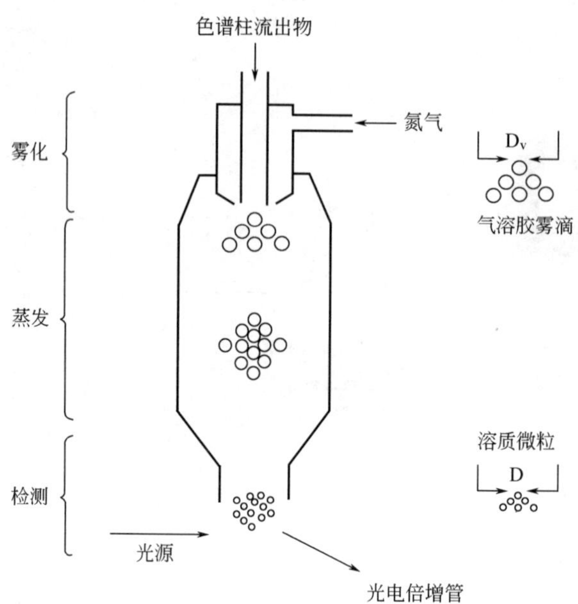

图 6-1　蒸发光散射检测器的基本工作原理图[1]

雾化器针管中，在雾化器的末端色谱流出物与充入的高速气流（氮气、氦气或空气）混合形成均匀的气溶胶雾状颗粒。

（2）蒸发过程　这些气溶胶雾状颗粒进入可以控制温度的蒸发漂移管中，使流动相汽化蒸发，只剩下挥发性较小的被测物质的雾状颗粒，它们高速通过蒸发漂移管进入光散射池。

（3）检测过程　在光散射池中，光源光线通过光散射池中的被测组分的雾状颗粒，然后被光阱捕集，以防止反射。样品颗粒散射光源发出的光用光电检测器接收，转换成电信号。蒸气状态的溶剂通过光路时，光线反射到检测器上成为无漂移的稳定信号被检测作为基线记录。测得的光强度与在光散射池中的样品量成正比。

溶质粒子在蒸发光散射检测器中的散射过程取决于三种机理：瑞利散射(rayleigh scattering)，米氏散射（Mie scattering）和反射-折射（reflection-refraction)[1]。究竟哪一种过程起主要作用，取决于溶质粒子颗粒的半径（r）及入射光的波长（λ）。如果溶质粒子较小，即 $r<\lambda/20$，则瑞利散射起主导作用。当溶质粒子较大时（$\lambda>r>\lambda/20$），米氏散射起主要作用。当溶质粒子的半径比入射光的波长还要大时（$r>\lambda$），则产生反射和折射。可见，在蒸发光散射检测器中，散射光的强度与复杂的散射机制有关。

通常情况下，当被分析物颗粒的大小处在米氏散射区域时，根据米氏理论，散射光强度 I 可表示为：

$$I=kNd^2\left[\frac{d}{\lambda}\right]^y \tag{6-1}$$

式中，k 为常数；N 是散射区域中颗粒的数目；λ 为入射光的波长；d 为颗粒的直径；y 值则根据颗粒的大小从 4.0 减小到 -2.2[2,3]。

由于散射区域中颗粒数目正比于待测组分的含量，因此通过测量散射光强度 I 即可对组分进行定量分析。

当被分析物颗粒较小，即 $r<\lambda/20$，此时在气溶胶中散射光的强度符合 Rayleigh 公式：

$$R_\theta=\frac{I_\theta r^2}{I_0}=\frac{9\pi^2 N_0 V^2}{2\lambda^4}\left(\frac{n^2-1}{n^2+2}\right)^2(1+\cos^2\theta) \tag{6-2}$$

式中，R_θ 称为气溶胶 θ 散射角处的瑞利比；r 是观察者到散射源的距离（散射距离）；I_θ 是散射角为 θ、散射距离为 r 时的散射光强度；I_0 是入射光强度；N_0 是单位体积中散射质点数；V 是质点的体积；n 为散射物质的折射率；λ 是入射光的波长。由上式得：

$$I_\theta=\frac{9\pi^2}{2r^2}(1+\cos^2\theta)\frac{N_0V^2}{\lambda^4}\left(\frac{n^2-1}{n^2+2}\right)^2 I_0$$

若令

$$k=\frac{9\pi^2}{2r^2}(1+\cos^2\theta)$$

则

$$I_\theta=k\frac{N_0V^2}{\lambda^4}\left(\frac{n^2-1}{n^2+2}\right)^2 I_0 \tag{6-3}$$

可以看出，k 是与散射角及散射距离有关的常数。

从瑞利公式可以得到如下几点结论：

① 散射光强度与入射光波长的 4 次方成反比，即入射光波长越短，散射越强烈。

② 散射物质的折射率越大，散射越显著。

③ 散射光强度与散射粒子体积的平方成正比，散射粒子越大，测得的散射光强度越强。

④ 散射光强度与散射粒子的数目成正比。因此测定散射光的强度，就可测定被测组分的含量。

虽然 ELSD 响应与复杂的散射机制有关，但仍有些作者认为，在相当宽的范围内，峰面积（A）与样品量（m）成下列关系：

$$A=am^b \tag{6-4}$$

式中，a、b 是与溶质特性、蒸发温度、流速等多种因素相关的系数。由式（6-4）得到 A 与 m 的双对数线性关系。在进行定量分析时，需用标准品做出校正曲线（A 与 m 的对数回归），应用对数关系进行计算。为了得到准确的数据，要注意保持实验条件的一致。

ELSD通常由三部分组成，即雾化器、蒸发漂移管和光散射池。雾化器与分析柱出口直接相连，柱洗脱液进入雾化器，并与充入的气体混合形成均匀的微小液滴，可通过调节气体和流动相的流速来调节雾化器产生的液滴的大小。漂移管的作用在于使气溶胶中的易挥发组分挥发，流动相中的不挥发成分经过漂移管进入光散射池。在光散射池中，样品颗粒散射光源发出的光经检测器检测产生电信号。蒸发光散射检测器的主要构造如图 6-2 所示。

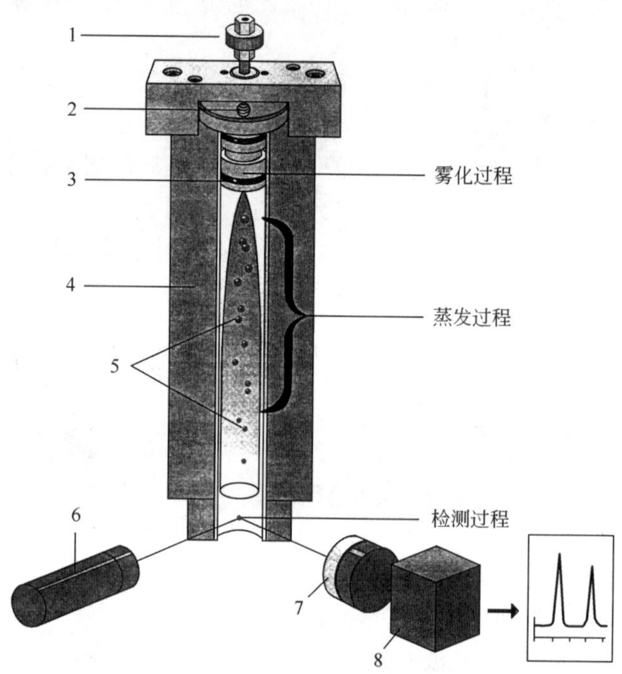

图 6-2 Alltech 蒸发光散射检测器的主要构造示意图

1—柱洗脱液；2—喷雾气；3—雾化器；4—蒸发漂移管；
5—样品气溶胶；6—激光光源；7—光检测器；8—放大器

目前，已有多种商品化的蒸发光散射检测器，如：SEDERE 的 SEDEX 55/75，Alltech Associates 的 Alltech 800/LTA 和 Alltech 2000/LTA；Polymer Laboratories 的 PL-ELS 1000 和 Waters 的 Waters 2420 ELSD 等。国内的商品化仪器即将问世。虽然各个厂家的设计均有自己的特点，但是它们的基本结构都大致相同，即主要由雾化器、蒸发漂移管和光散射池三部分组成。这些商品化仪器的主要区别在于以下几点：

① 光源的设计可采用激光二极管亦可采用卤素灯，后者的波长范围宽但寿命短。使用激光二极管光源的蒸发光散射检测器称为蒸发激光光散射检测器。目前，除 Alltech 800/2000 使用 670nm 激光二极管外，其余的多使用卤素灯。

② 雾化器的设计是提高灵敏度的重要因素。雾化效率随雾化器的结构不同而

有很大的差异。一个好的雾化器应具有较高的雾化效率和产生较小的雾滴。当雾滴进入漂移管后，则能更快地将流动相蒸发，获得更强的光散射信号。

③ 检测器件可采用光电倍增管或硅晶体光电二极管。后者的价格便宜但灵敏度较低。若能采用雪崩式光电二极管则灵敏度与光电倍增管相当。

蒸发光散射检测器的蒸发模式主要有两种：一种操作是让全部柱流出物都进入直的漂移管，让流动相在其中蒸发(图 6-2 中的模式)，这种模式又称为"无分流模式"；另一种操作模式是让柱流出物通过一个弯管，在此管中大的颗粒沉积下来流入废气管，其余的小颗粒进入螺旋状的蒸发管，又称为分流模式(图 6-3)。前一种类型的 ELSD 把所有的气溶胶都送到漂移管中，为了有利于蒸发，常常使用较高的操作温度，因此它适合于检测不易挥发的样品，可使用流速为 1.0mL/min 或更低流速的挥发性流动相进行分析。后一种类型的 ELSD 将大颗粒气溶胶撞在弯曲管管壁上除去，使气溶胶粒度分布变窄，在较低的温度下易于蒸发，适合于检测半挥发性样品，以流速为 1.5mL/min（或更高流速）的高含水流动相进行分析。

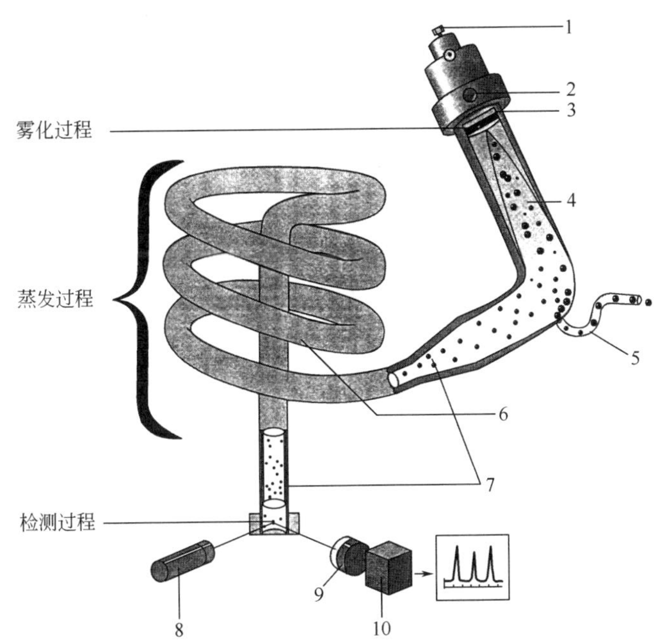

图 6-3 采用螺旋盘管的蒸发光散射检测器示意图

1—柱洗脱液；2—喷雾气；3—雾化器；4—雾化管；5—废气排出；6—蒸发漂移管；7—样品气溶胶；8—激光光源；9—光检测器；10—放大器

蒸发光散射检测器自问世以来深受重视，技术上不断改进。有的商品化检测器的设计是流动相雾化后，先进入雾化室分流，以减少进入蒸发管的流动相的量。有的检测器是采用雾化室后接撞击器，利用撞击器的开与关来控制流动相的分流与不分流模式。而另一些厂家采用的是雾化室自然冷凝方式来进行流动相的分流。采取流动相的分流技术可除去大部分高水含量流动相，以降低基线噪声，并能检测半挥发性化合物。各商品化检测器均采取与液相色谱-质谱、原子吸收和等离子体发射光谱相同的分流喷雾口设计，无样品歧视，且雾滴颗粒均匀，可以同时提高检测灵敏度和降低操作温度（水相流动相一般设定蒸发温度为40℃，油相为35℃）。在各种流动相条件下，对半挥发性化合物和不挥发性化合物均能得到良好结果。表6-1及表6-2分别给出两种商品化蒸发光散射检测器的特性参数。

表 6-1　Waters蒸发光散射检测器性能规格

类别	指标
雾化器	前面板预装配，卡口式设计
漂移管温度	5～100℃，0.1℃增量
雾化器三种温度控制模式	加热、常温、冷却
雾化器气体种类	氮气、空气
雾化器压力	20～60psi
雾化器气	高流速：300～3000mL/min 低流速（可选）：50～500mL/min
兼容液体流量	3.000mL/min，100%水
信号范围	0.1～2000光散射单位
光学部件	加热光学模块
光源	卤钨灯，寿命2000h
卤钨灯的开/关计时器	灯工作时间的历史记录、以灯工作时间表示的序列号为依据记录灯工作时间
采样频率	80Hz
检测器装置	光电倍增管
独立程控	存储10种可完全进行时间程控的方法

表 6-2　安捷伦1290 InfinityⅡ蒸发光散射检测器性能规格

类别	指标
光源	405nm，10mW激光源（Class 3B）
检测器	带数字信号处理器的双光电倍增管（Dual PMT）
雾化器	关，25～90℃
蒸发器	非冷却型：关，25～120℃ 冷却型：关，10～80℃
气流量范围	0.9～3.25SLM（可控制气体关闭）
动态范围	4个数量级
短期噪声	＜0.1LSU/h（1mL/min水）

续表

类别	指标
漂移	<1LSU/h(1mL/min 水)
操作压力	60～100psi(4.1～6.9Bar)
流动相流速	0.2～5.0mL/min
数字信号输出	10、40 或 80Hz(24bit)
遥控操作	遥控起始信号输入
通讯	以太网 串口(RS232) 遥控起始信号输入 停泵:1 触点闭合
软件控制	用于 OpenLAB ChemStation 版本的 ELSD 驱动 用于 OpenLAB EZChrom 版本的 ELSD 驱动
安全与维护	气体关闭阀,泄漏检测、激光联锁

第二节　蒸发光散射检测器的特点及限制

蒸发光散射检测器作为新一代通用型检测器，与其它常用检测器相比具有以下显著优点。

① 通用性强。蒸发光散射检测器解决了 HPLC 检测中不具有紫外-可见光吸收的组分的检测问题。这是由于蒸发光散射检测器的检测不依赖于样品的化学性质，不论化合物是否存在紫外、荧光或电活性基团，任何挥发性低于流动相的样品在蒸发光散射检测器上都可以产生响应，不受其官能团的影响。如对于磷脂、皂苷、糖类、蛋白质、激素等无紫外吸收或紫外末端吸收及紫外吸收系数很小的化合物，紫外-可见光检测器无法检测，而蒸发光散射检测器对这些组分均有响应。图 6-4 是一个很好的示例，紫外吸收检测器只能检出五种有机化合物中的三个，用蒸发光散射检测器却可将五种组分全部检出。

② 灵敏度高于示差折光检测器。由于示差折光检测器更易受溶剂的影响，而且容易出现负峰，对于示差折光检测器难以测定的组分，若用蒸发光散射检测器检测，不仅有足够的灵敏度，而且排除了流动相的干扰。例如，用示差折光检测器检测角鲨丸[4]，主峰仅为溶剂峰拖尾部分的一个小峰，如图 6-5 (a) 中的虚线所示。改用蒸发光散射检测器后，溶剂在蒸发器中汽化了，在其相应位置成了平坦基线，没有干扰，主峰位置因灵敏度高，峰面积增加[图 6-5(b)]。

③ 可进行梯度洗脱。蒸发光散射检测器不仅消除了溶剂峰的干扰，而且可以进行梯度洗脱。这是因为样品到达光散射池时剩下的仅是组分微小颗粒，流动相

早已在蒸发器中被蒸发汽化了。图 6-6 给出使用蒸发光散射检测器检测一系列糖的洗脱物的色谱图，而示差折光检测则因为流动相中乙腈成分的变化造成基线漂移。

④ 响应因子具有一致性。蒸发光散射检测的响应值仅取决于光束中溶质颗粒的大小和数目，与其化学结构关系不大，检测器对所有物质几乎具有相同的响应因子。这一特征较经典的紫外检测有较大优势，更能真实地反映样品的组成情况。如在医药工业中，必须对杂质进行分析以确保药物的品质控制。用紫外吸收检测器检测时，需事先用杂质的纯品或分解产物的纯品求得杂质或分解产物的定量校正因子后，测定结果才有意义。而蒸发光散射检测器可以对杂质直接分析，因为各种组分的响应因子基本上是相同的，色谱图可精确地描绘出各组分的含量[4,5]。表 6-3 显示了甾族化合物在蒸发光散射检测器和紫外吸收检测器上响应因子的比较。

⑤ 对流动相系统温度变化不敏感。示差折光检测器受温度影响很大，流动相温度稍有变化，折射率变化很大，会引起基线不稳定。因此必须严格控制温度。而蒸发光散射检测器不受温度变化的影响，消除了流动相温度波动产生的误差。

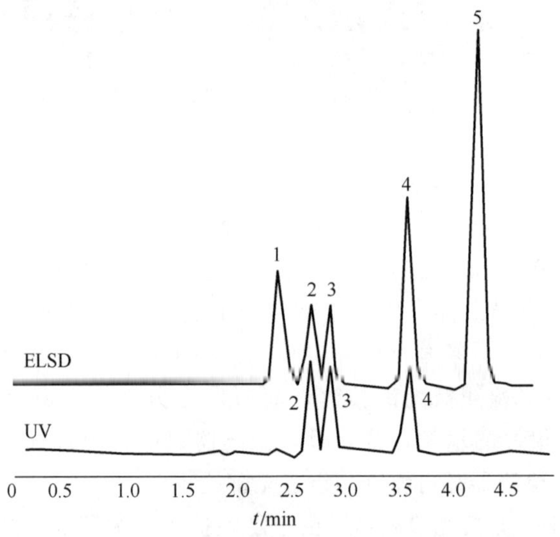

图 6-4 蒸发光散射检测器与紫外吸收检测器色谱图比较

色谱柱：C8，4.6mm×150mm

流动相：85% 缓冲溶液（0.1%NFPA+15%乙腈）

流速：1mL/min

检测：SEDEX LT-ELSD，T=30℃，UV=220nm

色谱峰：1—己二酸；2—咖啡因；3—烟酸；4—烟酰胺；5—2-氨基-1-丁醇

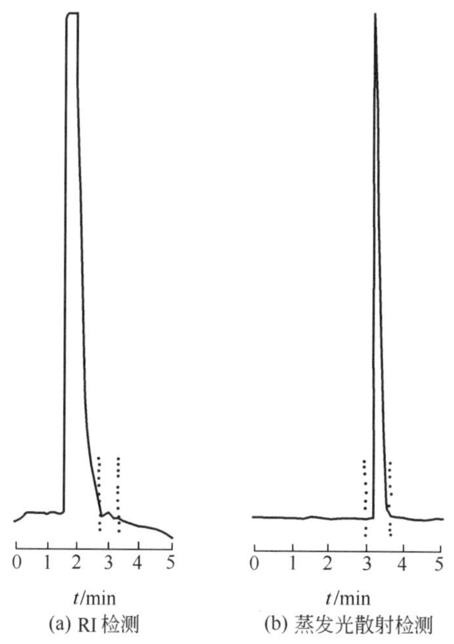

图 6-5 示差折光检测器与蒸发光散射检测器检测角鲨烷的色谱图比较

色谱柱：Nucleosil 100S，C18，5μm

流动相：二氯甲烷-甲醇（体积比＝50∶50）

流速：1mL/min

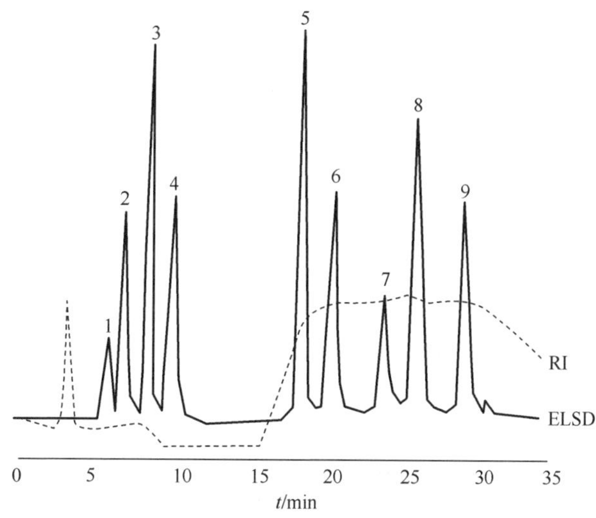

图 6-6 糖类分离时两种检测方法的比较

色谱柱：LICHROSORB 100，5μm NH_2　　流动相：水/乙腈，梯度洗脱

流速：1mL/min　　检测：SEDEX 75，T＝40℃

样品：1—鼠李糖；2—木糖；3—果糖；4—葡萄糖；5—蔗糖；
6—麦芽糖；7—蜜二糖；8—松三糖；9—棉籽糖

表 6-3 甾族化合物在两种检测器上的响应因子

化合物	蒸发光散射	UV(254nm)
可的松乙酯	0.82	0.53
氢化可的松乙酯	0.83	0.65
普尼苏伦	0.86	0.91
普尼苏伦乙酯	0.86	0.91
普尼松	0.86	0.93
去氢-3β-羟基-17-雄甾酮	0.89	0.01
雄甾酮	0.89	0.01
3β-羟基-17-雄甾酮	0.89	0.01
甲基普尼苏伦	0.90	1.00
氢化可的松	0.90	0.74
睾丸激素	0.91	0.63
睾丸激素乙酯	0.91	0.61
睾丸激素-17β-环戊基丙酸酯	0.92	0.57
雌三醇	0.95	0.11
雌二醇	0.98	0.11
孕甾酮	0.99	0.89
雌酮	1.00	0.18

⑥ 可消除流动相和杂质的干扰，提高了色谱峰的分辨率。如紫外检测，在较低的紫外吸收波长下检测样品时，可能有溶剂吸收干扰；样品中有的杂质含量很小，但紫外吸收系数可能很大，而主要组分含量虽高但吸收系数小，在这种情况下，杂质峰的峰面积比主峰还大，甚至干扰主峰的检测。如图 6-7 中，大分子有机酸用紫外吸收检测器检测时，含量为 2%的杂质的峰面积比主峰的还大，容易造成误差[图 6-7(a)]，但蒸发光散射检测由于流动相及其中的挥发性盐已事先挥发除去，故基线平直[图 6-7(b)][4]。

⑦ 便于应用于质谱分析。由于蒸发光散射检测器的色谱条件与质谱条件要求是一致的，流动相均在样品检测前挥发除去。所以，使用 HPLC/ELSD 可以为 LC-MS 摸索色谱条件，节省昂贵的 LC-MS 系统的操作成本，可作为低成本的质谱检测方法的开发工具。

与其它检测器相比较，蒸发光散射检测也有以下不足之处。

① 蒸发光散射检测器的一个限制因素是受样品组分和流动相的挥发性的影响。样品组分应是非挥发性或半挥发性的，而流动相应是易挥发的溶剂。若样品组分为挥发性的，将会与溶剂一同蒸发，导致无法检测或响应极弱。常用的溶剂和有机改性剂有：反相为甲醇、乙腈和水；正相为氯仿、二氯甲烷、乙醚和正己烷等。一些非挥发的缓冲盐的应用受到了限制。而绝大多数离子型化合物的检测都需要用缓冲盐溶液作为流动相。所以流动相中如含缓冲溶液，缓冲盐溶液必须具有挥发性。缓冲溶液的挥发性、纯度等将直接影响 ELSD 检测的基线水平和噪声大小。因此缓冲溶液浓度应尽可能低一些。通常可选用的缓冲盐溶液有：甲酸-甲酸盐、乙酸-乙酸盐、碳酸盐和磷酸氢二铵等。

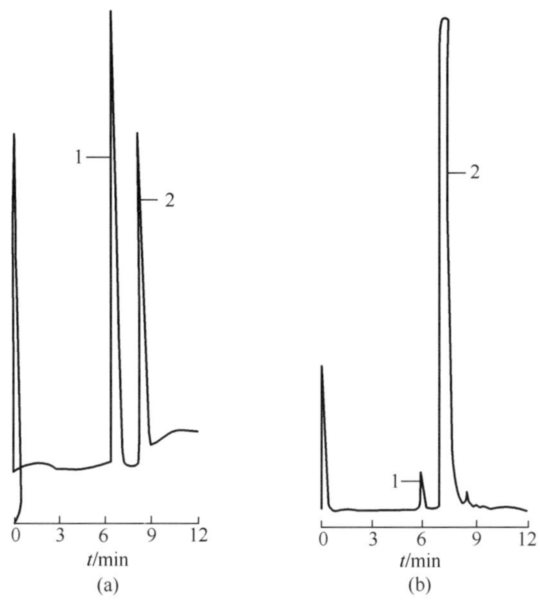

图 6-7　紫外检测器(a)与蒸发光散射检测器(b)检测大分子有机酸比较

色谱柱：C_{18}，10μm

流动相：甲醇-水（体积比=80：20）(0.1%TFA)

流速：0.8mL/min

色谱峰：1—2%杂质；2—大分子有机酸

② 与紫外、荧光检测器相比，蒸发光散射检测的灵敏度不够理想。其检测限多在纳克（ng）级（依据品种和色谱条件而定，几个纳克到几百个纳克不等），不能很好地解决痕量物质的检测难题，需要进一步改进。

③ 对于某些样品，蒸发光散射检测器线性范围较窄，样品量与峰面积有时不呈线性关系，定量分析较为复杂。

第三节　影响蒸发光散射检测的基本因素

影响蒸发光散射检测器检测性能的基本因素主要包括以下四个方面，即雾化载气的流速、流动相的流速、漂移管的温度及流动相的组成和浓度。

一、雾化载气流速

雾化载气的流速影响雾化器中液滴的形成，从而影响检测器的响应。一般来讲，载气流速越小，形成的物质粒子越大，对光的散射能力越强。例如，图 6-8 表示了在一定温度下改变气体流速所得葡萄糖检测的结果[6]，发现采用三种不同组成的流动相时，均存在随雾化载气流速增加，色谱峰面积降低的现象。但是，并不是雾化载气的流速越小越好，因为当载气流速太小时，流动相挥发不完全，背景噪声也会增加，信噪比会降低。最佳雾化载气流速应是在可接受噪声的基础上，产生最大检测响应值的最低流速。

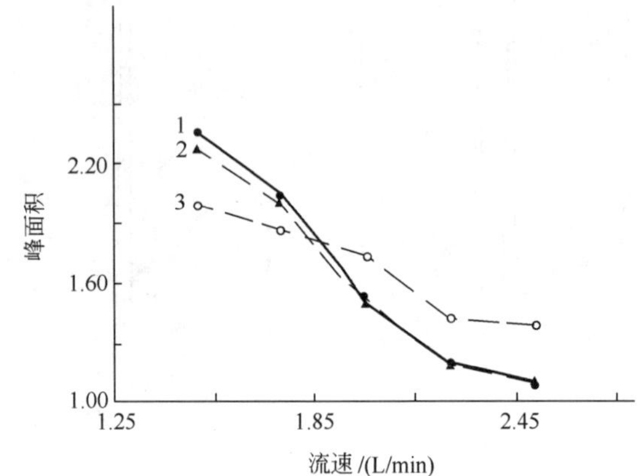

图 6-8 峰面积-气体流速曲线（峰面积的单位为 $10^4\mu V \cdot S$）

1—流动相 A；2—流动相 B；3—流动相 C

色谱柱：Hypersil BDS 4.6mm×250mm 5μm

流动相：A，甲醇-水（体积比=50∶50）；B，甲醇-水（体积比=50∶50，含 5mmol/L 乙酸铵）；C，甲醇-水（体积比=50∶50，含 50mmol/L 乙酸铵）

流速：1.0mmol/L

检测器：Allt ech Varex MK Ⅲ ELSD

二、流动相的流速

和雾化载气流的影响相对应的是流动相的流速。在一定范围内，流动相的流速越低，流动相完全挥发所需的载气流速越低，形成的物质颗粒越大，对光散射能力越强，相应的信号越强[4]。

三、漂移管温度

温度过低，流动相得不到充分挥发，使基线水平较高。随着温度升高，流动相蒸发趋向完全，因此信噪比上升。但温度过高，可能导致组分部分汽化而使信号变小。不同的流动相应设定不同的蒸发温度。常用的流动相蒸发温度可参考表 6-4。对混合流动相的蒸发温度的设定可以按混合比例计算，例如甲醇-水（体积比=60/40）流动相，漂移管设定温度为：

甲醇含量×甲醇的蒸发器设定温度+水含量×水的蒸发器设定温度，即

$$T = \frac{60}{60+40} \times 120℃ + \frac{40}{60+40} \times 150℃$$

$$= 132℃$$

表 6-4 漂移管温度设定值

流动相	沸点/℃	漂移管设定温度/℃	流动相	沸点/℃	漂移管设定温度/℃
正己烷	69	93	乙腈	82	130
异辛烷	99	130	异丙醇	82	110
氯仿	61	108	乙醇	78	105
二氯甲烷	40	75	甲醇	65	120
四氢呋喃	66	95	水	100	150
丙醇	56	90	甲醇-水（60∶40）		132

四、流动相中盐的组成和浓度

如上所述，流动相缓冲溶液的挥发性、纯度等直接影响 ELSD 的基线水平和噪声大小。文献[6]研究了缓冲溶液的盐对基线噪声的影响，发现磷酸盐由于难以挥发，因而得到较高的基线漂移，甲酸铵虽属于挥发性盐类，但由于纯度不高（化学纯），也不能得到较满意的基线，而分析纯的乙酸铵可以基本满足要求。这一结果表明，缓冲溶液的盐类既要容易挥发，又要具有较高的纯度。一般而言，盐的浓度越低、挥发性越好、基线噪声越低。

应该指出，有的研究者将影响 ELSD 响应的因素分成四组，即：①影响雾化过程的因素（包括载气气压、雾化器的设计、流动相的组成和流速等）；②影响气溶胶颗粒的直径的因素（如被分析物的含量和密度等）；③影响散射光强度的因素（包括被分析物的折射指数、光源发出的光的强度和波长等）；④影响检测效率的因素（如光电倍增管的灵敏度和入射光的强度等）。这四种因素直接影响峰面积的大小[7]。

由于蒸发光散射检测器的响应与复杂的散射机制有关，所以影响 ELSD 检测性能的基本因素的研究工作有待进一步深入进行。

第四节 蒸发光散射检测器的应用和发展

由于蒸发光散射检测器的独特优点，它已在药物及食品分析、生化物质测定、石油化工产品的成分分析和高分子聚合物分子量测定等方面获得重要应用。它不仅是高效液相色谱仪的通用型检测器，还可作为凝胶渗透色谱和超临界流体色谱的检测器。由于光散射池体积很小，蒸发光散射检测器既适用于常规测定（检测限为 ng 级），也可应用于微柱液相色谱分析。

一、药物分析

在药物分析中，该检测器十分适用于杂质检查、参考标准物质的质量分析和进行药物代谢机理研究。

例如在四种抗癫痫药物的质量检测中（图 6-9），采用 C8 分析柱，流动相为 0.01mol/L NH_4Ac＋乙醇＋异丙醇，14min 梯度洗脱，用蒸发光散射检测器检测，四种抗癫痫药物在 12min 内得到了很好的分离和检测。而采用紫外或者荧光检测，则需要柱前和柱后衍生，不仅操作复杂，而且重现性不好，灵敏度也不高[8]。

由于中药和中成药化学成分较为复杂，有一部分成分不存在紫外吸收或仅在紫外末端有吸收。加上色谱分离的困难以及流动相带来的干扰，使用紫外检测器对其进行定性定量分析十分困难。蒸发光散射检测在某种程度上弥补了这方面的不足，能够在无标准品和化合物结构参数的情况下检测未知化合物。被广泛地应用于皂苷类成分、内酯类成分、部分生物碱类成分以及其它一些成分的分析，大大拓展中药的鉴别范围和鉴别质量[9]。例如麝香中甾体化合物的摩尔吸收系数差别很大，使用低波长紫外检测器检测时基线不稳定，应用蒸发光散射检测可以获得较好的结果[9,10]。银杏内酯紫外吸收差，$\lambda_{max}=219nm$，且含量低，而 HPLC-ELSD 法是其理想的检测方法（图 6-10）。

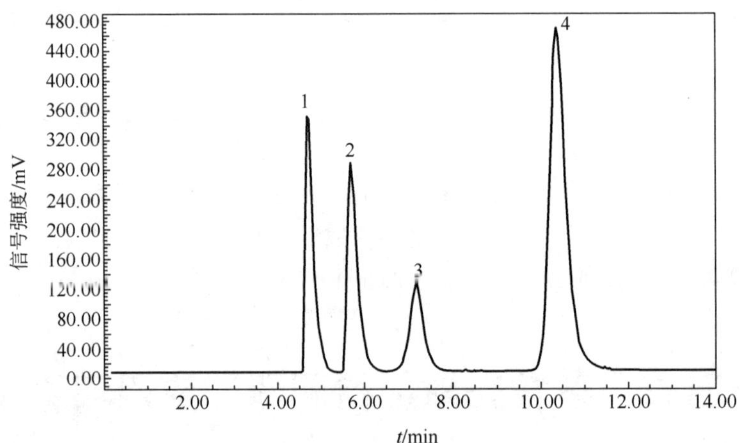

图 6-9 四种抗癫痫药物的高效液相色谱分离，蒸发光散射检测的色谱图

色谱柱：Lichrosorb RP-8 5μm 4mm×250mm

检测器：SEDEX 55

色谱峰：1—丙戊酸钠；2—扑米酮；3—卡马西平；4—吡拉西坦

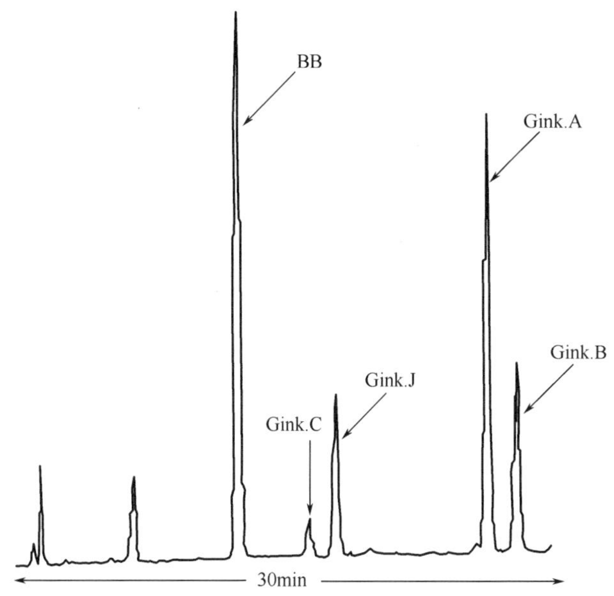

图 6-10 银杏提取液的高效液相色谱分离，蒸发光散射检测色谱图

色谱柱：Diamonsil^{TM}，C18，4.6mm×250mm，5mm
流动相：0min：18%甲醇/82%水，28min：37%甲醇/63%水
流速：2.0mL/min
温度：40℃
检测器：SEDEX 55-ELSD
色谱峰：BB—白果内酯；Gink. C—银杏内酯 C；Gink. J—银杏内酯 J；
Gink. A—银杏内酯 A；Gink. B—银杏内酯 B

二、生化物质分析

在对许多生化物质的分析中，不能使用紫外吸收检测器，用示差折光检测器则基线漂移严重，而用蒸发光散射检测器能获得良好的结果。例如对于脂类的检测，由于部分脂类没有紫外吸收或吸收紫外光的能力较弱，而使紫外检测受到了限制。蒸发光散射检测器由于对非挥发性组分均有响应而广泛用于脂类、糖类、蛋白质等生化物质的分析。如采用 ODS 柱，以丙酮-乙腈为流动相，丙酮在20%～90%进行梯度洗脱，可以在人造黄油、可可豆脂、玉米油、大豆油、葵花籽油、橄榄油及猪油等中分离出七种甘油三酯，基线不漂移。图 6-11 显示了采用蒸发光散射检测器能成功地对七种非极性磷脂类化合物的分离鉴定[11]。

对于氨基酸的分析，由于氨基酸分子中没有生色基团或荧光基团，所以，若采用紫外-可见检测器或荧光检测器，必须进行衍生。而采用蒸发光散射检测器，则无需衍生化可直接检测。图 6-12 中，12 种氨基酸未经衍生达到了较好的分离和检测。

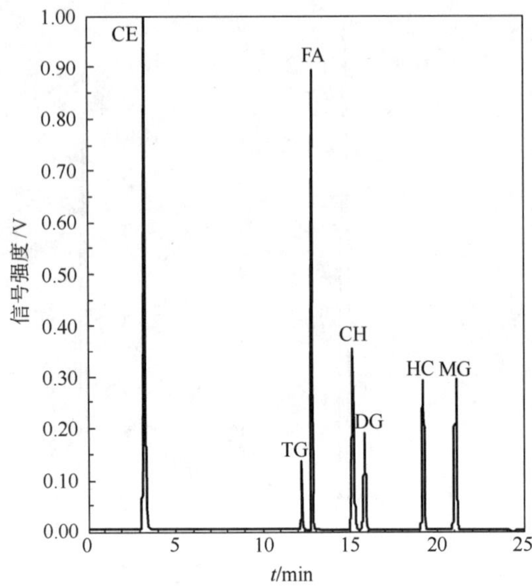

图 6-11 非极性磷脂类化合物的高效液相色谱分离，蒸发光散射检测色谱图

色谱柱：Lichrosorb SI-100 10μm

流动相：氯仿-甲醇-异丙醇-水-甲酸（体积比＝40∶40∶10∶10∶0.2），梯度洗脱

检测器：Alltech Varex MK Ⅲ ELSD

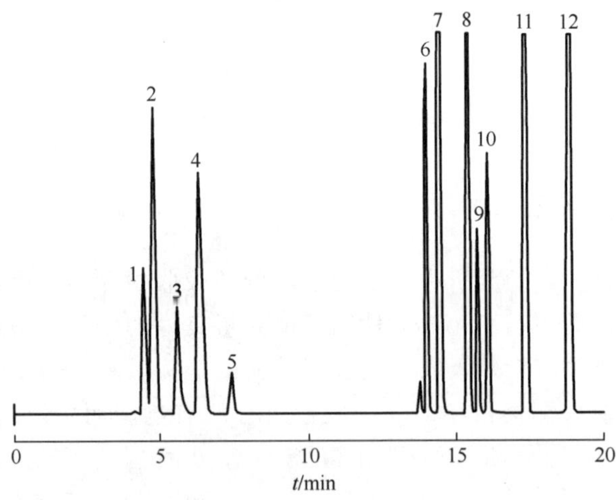

图 6-12 氨基酸的高效液相色谱分离-蒸发光散射检测

色谱柱：Alltima C18 5μm 250mm×4.6mm

流速：0.6mL/min

流动相：A，0.1%TFA＋水；B，0.1%TFA＋乙腈；梯度洗脱

检测器：Alltech 2000 ELSD

色谱峰：1—丝氨酸；2—赖氨酸；3—谷氨酸；4—精氨酸；5—脯氨酸；6—缬氨酸；
7—蛋氨酸；8—酪氨酸；9—异亮氨酸；10—亮氨酸；11—苯丙氨酸；12—色氨酸

三、其它方面的应用

用蒸发光散射检测器的凝胶色谱法可以满足各种高聚物分子量的测定要求，对聚醇、聚苯乙烯、环氧树脂等物质的分析均能得到满意的结果，比如，Pasch等[12]用SEC（尺寸排阻色谱）-HPLC二维色谱法对化妆品中各种丙烯酸酯和甲基丙烯酸酯自由基共聚物进行分离，并用ELSD法进行检测，发现在优化条件下可以对共聚物进行有效分离，而且，方法可以对各聚合物的质量和摩尔质量的分布进行实时测量，并通过这些细微差别对化妆品进行鉴定（图6-13）。对于甲基丙烯酸酯为基础的共聚物的检测，不同类型的表面活性剂种类繁多，市售表面活性剂为含有很多异构体和同系物的混合物，也可能含有不同量未反应的起始物质、添加剂、水及无机盐等。由于混合物内容庞杂，缺乏合适的检测方法。ELSD不受物质本身分子结构的限制，不依赖物质本身的光学特性，对大多数物质的响应因子均保持一致，因此，采用HPLC-ELSD可以对表面活性剂进行准确定量。

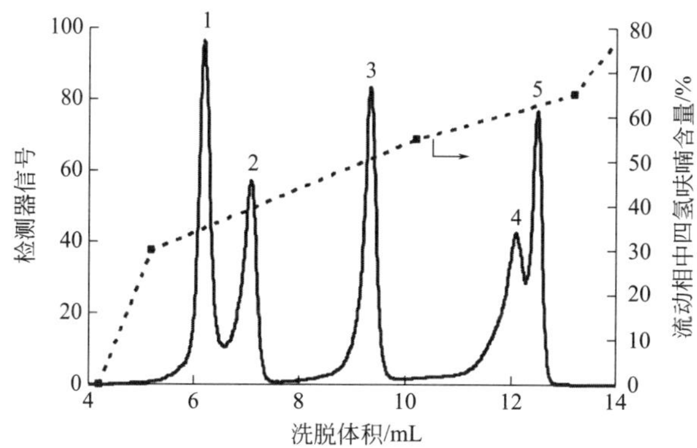

图6-13 HPLC分离共聚物色谱图

色谱柱：PLRP-S，150mm×4.6mm id，5μm

流动相：A，乙腈；B，四氢呋喃（THF）

流速：1mL/min

检测器：ELSD

色谱峰：1—聚异丁酯；2—聚甲基丙烯酸异丁酯；3—聚丙烯酸-2-乙基己酯；
4—聚丙烯酸异冰片酯；5—聚甲基丙烯酸异冰片酯

四、蒸发光散射检测新技术-凝结核光散射检测器

（一）工作原理

为了改善传统ELSD的灵敏度和线性范围，Koropchak等开发了凝结核光散射检测（condensation nucleation light scattering detection，CNLSD）技术[13]。CNLSD检测器在结构上和ELSD近似，不同之处在于CNLSD中待测物气溶胶在蒸发成雾状颗粒后不是直接检测，而是被特定溶剂的过饱和蒸汽带入粒径成长区，

在此区域内蒸汽以被测物颗粒为凝结核发生凝结使颗粒体积大大增加（如图 6-14）。根据公式（6-1），进入检测器的散射光强度将提高。CNLSD 的线性范围可以比 ELSD 高 3 个数量级，灵敏度提高 10～100 倍[14]，甚至可以对蛋白质大分子进行检测。

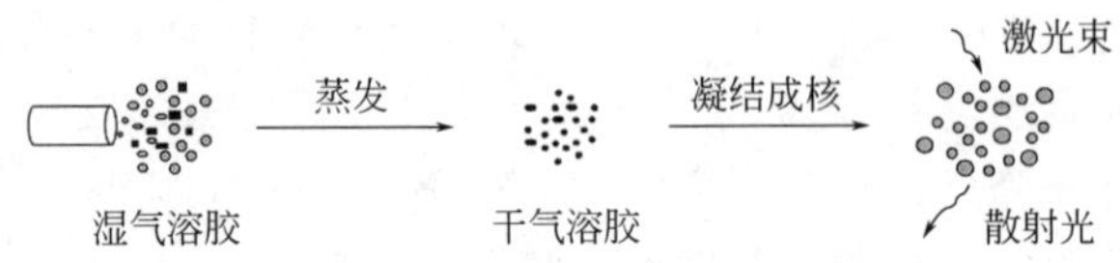

图 6-14　CNLSD 的工作原理示意图

（二）应用

水凝聚核粒子计数检测器（nano-quantity analyte detector，NQAD）是商品化的 CNLSD，自 2009 年由 Quant Technologies 公司推出以来，已经应用于非离子增溶剂和乳化剂[15]、唾液酸[16]、聚合物[17]以及氨基酸[18]的分离检测。NQAD 采用水冷凝以增加气溶胶颗粒的尺寸，然后以光散射检测，这种策略使检测灵敏度相对于传统的 ELSD 检测器提高 10～100 倍，而且线性范围达 2 个数量级。Cohen 等[19]采用亲水作用色谱（HILIC）结合 NQAD 对氨、肼、甲胺、乙胺、二乙胺、三乙胺、异丁胺、*N*,*N*-二异丙基乙胺、吗啉、哌嗪、乙二胺和 1，4-二氮杂双环［2.2.2］辛烷等挥发性碱进行分离检测。这些挥发碱的分子结构上没有 UV 发色团，因而无法用紫外法检测；而且，采用传统的 ELSD 灵敏度太低，以至于无法定量检测。他们在检测过程中用三氟乙酸改善检测灵敏度，对十二种挥发碱的检测限介于 1～27ng，图 6-15 为典型的色谱图。

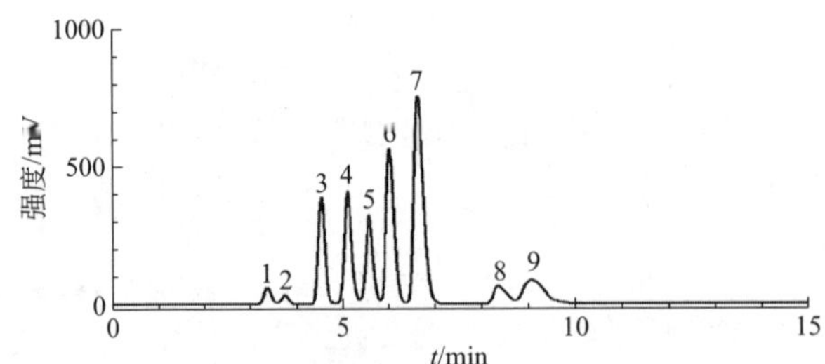

图 6-15　单电荷带电挥发碱的典型 HILIC-NQAD 色谱图[19]

色谱峰：1—*N*,*N*-二异丙基乙胺；2—三乙胺；3—二乙胺；4—异丁胺；5—吗啉；6—乙胺；7—甲胺；8—氨水；9—肼

Cajthaml 研究组[16]将 UHPLC-NQAD 应用于大环内酯类抗生素的检测，他们经过优化实验条件使复杂基体中 12 种抗生素在 17min 内达到分离（图 6-16），检测限介于 3.0～5.4μg/mL。

Takahashi 等[17]利用超临界流体色谱比较了 CNLSD 和 ELSD 的检测性能，

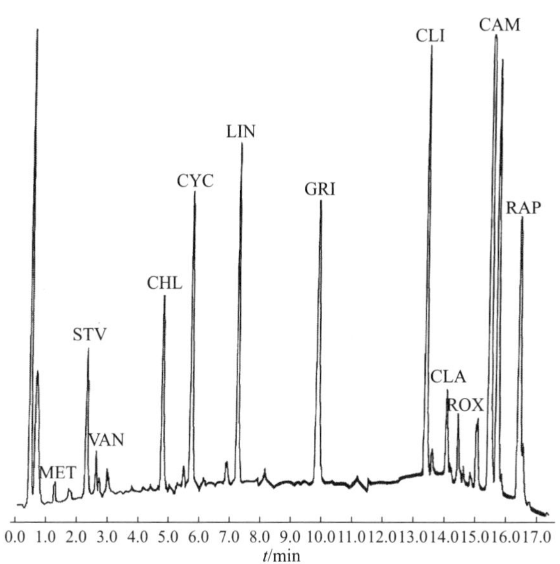

图 6-16　大环内酯类抗生素的检测色谱图

色谱峰：MET—甲硝唑；STV—链脲佐菌素；VAN—万古霉素；CHL—氯霉素；CYC—放线菌酮；LIN—林可霉素；GRI—灰黄霉素；CLI—克林霉素；CLA—克拉霉素；ROX—罗红霉素；CAM—碳霉素；RAP—雷帕霉素

CNLSD 对聚乙二醇（PEG）低聚体标准品的检测灵敏度比 ELSD 高 10 倍（图 6-17），而且，采用 CNLSD 不用校准就可以准确地测量聚乙二醇 1000 的质量分布，但是，ELSD 的测量值比标准值小 4%。

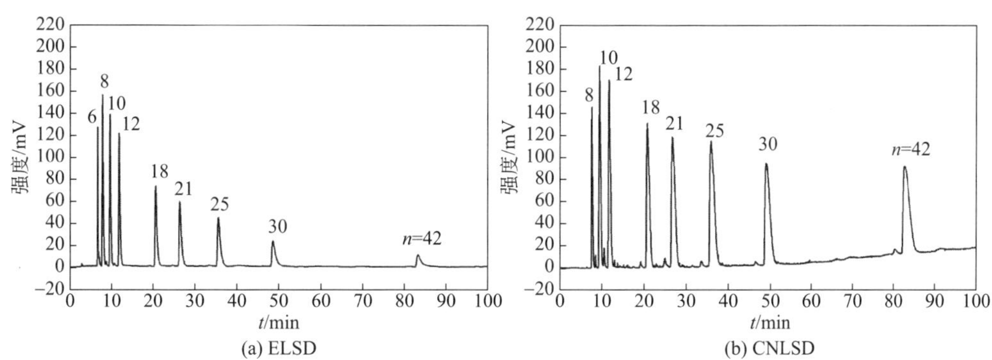

图 6-17　聚乙二醇混合物标准品的色谱图

聚乙二醇标准品：等质量 PEG 低聚物（n=6，8，10，12，18，21，25，30，42），浓度 6mg/mL；ELSD 和 CNLSD 的蒸发器的温度分别为 60℃ 和 80℃

综上所述，蒸发光散射检测器具有通用性，随着仪器性能的不断改善，其在高效液相色谱中将发挥更重要的作用。

参考文献

[1] Bih H Hsu，Edward Orton，Sheng-Yuh Tang，et al. J Chromatogr B，1999，725：103-112.

[2] Mengerink Y，Man H C J DE，Wal Sj VAN DER. J Chromatogr，1991，552：593-604.

[3] 魏泱，丁明玉. 色谱，2000，18(5)：398-401.

[4] 邓海根，曹雨震. 药物分析杂志，1994，14(3)：61-63.

[5] 王明娟，胡昌勤，金少鸿 . 中国药事，2002，16(7)：431-433.

[6] 冯埃生，邹汉法，汪海林，等 . 药物分析杂志，1996，16(6)：414-417.

[7] Meeren P V D，Vanderdeelen J，Baert L. Anal Chem，1992，64：1056-1062.

[8] Manoj Babu M K. J Pharmaceutical and Biomedical Analysis，2004，34：315-324.

[9] 黄永焯，王宁生. 中药新药与临床管理，2001，12：444-448.

[10] 赵宇新，李曼玲. 中国中药杂志，2003，28：913-917.

[11] Genge B R，Wu L N Y，Wuthier R E. Anal Biochem，2003，322：104-115.

[12] Raust J A，Brull A，Moire C，Farcet C，Pasch H. J Chromatogr A，2008，1203：207-216.

[13] Allen L B，Koropchak J A. Anal Chem，1993，65：841-844.

[14] Holm R，Elder D P，Eur J. Pharm Sci，2016，87：118-135.

[15] Zhang H，Wang Z，Liu O J. Pharm Anal 2016，6：11-17.

[16] Olsovská J，Kamenfk Z，Cajthaml T. J Chromatogr，2009，1261(30)：5774-5778.

[17] Takahashi K，Kinugasa S，Yoshihara R，et al. J Chromatogr A，2009，1216：9008-9013.

[18] Holzgrabe U，Nap C，J，Beyer T，et al. J Sep Sci，2010，33：2402-2410.

[19] Cohen R D，Liu Y，Gong X. J Chromatogr A，2012，1229：172-179.

CHAPTER7

第七章

其它类型液相色谱检测器

液相色谱技术的广泛应用不仅归功于液相色谱分离方法的迅速发展，也与液相色谱检测技术的不断进步密切相关。近年来，高效液相色谱检测器从最常用的紫外-可见光检测器和示差折光检测器开始，已经发展了多种新型的检测器，如能够实时定性和定量检测的光电二极管阵列检测器，能够检测没有紫外-可见光吸收的物质的蒸发光散射检测器，能够高灵敏度检测无机、有机与生物分子的化学发光检测器，以及适用于手性分离的手性检测器等。各种检测器的灵敏度、线性范围、稳定性和重现性等主要性能指标日益提高。许多新的检测器已为科技工作者所熟悉和使用。本章就当前受到重视和发展较快的其它液相色谱检测器进行介绍。

第一节　化学发光检测器

某些物质常温下进行化学反应，能生成处于激发态的反应中间体或反应产物。这些反应中间体或反应产物从激发态返回基态时，会伴随有光子发射的现象。由于物质激发态的能量是通过化学反应，而不是通过其它途径（如光照或加热）获得的，故称这种通过化学反应产生的光辐射为化学发光。如果化学发光是由生物体（如萤火虫、含磷的微生物）产生的，则叫做生物发光。

确切地说，用于液相色谱检测的化学发光（chemiluminescence，CL）是指由高能量、不放热、不做电功或其它功能的化学反应所释放的能量，去激发体系中某些化学物质分子而产生的次级光发射。化学发光检测法不需要外部光源，消除了杂散光及因光源发光不稳定而导致波动的缺点，从而降低了噪声，提高了信噪比，再加上灵敏的光电检测技术，使该法具有灵敏度高、线性范围宽、仪器简单等优点。由于高效液相色谱的良好分离特性，使得液相色谱化学发光检测法（LC-CL）成为一种有效的痕量及超痕量分析技术，比较适合于环境、生物科学、医学和临床化学等方面复杂、低含量组分的分析。

一、化学发光法的检测原理和仪器结构

1. 检测原理

在 400～700nm 的可见光区，化学发光反应的自由能至少要 200～3000kJ。很多氧化反应（包括生成的过氧化物中间体）能够满足这个要求。当过氧化物分解时，将过剩的能量转移给合适的受体。受体可以是反应试剂、反应产物、敏化剂或带荧光基团的化合物等。通过检测受体化学发光反应的能量，可以对化合物进行直接或间接测定。

化学发光检测法和荧光检测法有一定的相似之处，即两者都是发光检测法。但激发态中间体的产生方式不同，化学发光检测法由化学反应产生激发态中间体，而荧光检测法基于对光源光能的吸收。因为化学发光检测器不需要激发光源，而来自激发光源的背景噪声是荧光检测法获得高灵敏度的主要障碍之一，使得化学发光检测法的灵敏度比普通荧光法高，一般要高 2 个数量级，甚至可以和激光诱导荧光检测法相媲美。化学发光检测法已成为最灵敏的检测方法之一，其检测限可达 10^{-15}～10^{-18}mol。许多商品荧光检测器可以用于化学发光检测也是基于两者的相似之处。操作中只要不打开激发光源，不选择特定的发射波长即可，但检测限要比同台仪器采用荧光检测方式低 1～2 个数量级。

2. 化学发光检测器的结构系统

典型化学发光检测系统的结构如图 7-1 所示[1]。用于诱导发生化学反应的试剂经输液泵传送，当与柱后流出物混合时，即和其中组分发生化学发光反应。流通池内的光信号通过光电倍增管接收及光电转换，最后被记录下来。由于化学发光反应随时间变化快的特性，需要认真合理设计检测器的结构，控制反应体系，使检测信号最大化。否则会由于一部分信号在检测前或检测后损失而导致灵敏度的降低。

一般检测到的光信号受化学发光反应速率、反应试剂体系的流量和流动相的流量等因素控制。这些因素可以通过改变反应体系 pH 值、试剂浓度、流动相及反应体系的流量、流通池及反应混合器的体积等进行调节。在充分混合的前提下，尽可能缩短混合反应管的长度，有利于提高收集效率，得到较高的发射光强。增加流通池体积，也可以达到上述结果。流通池体积从 70μL 增至 300μL 时，信号响应值可增加 84%，而峰展宽只增加 10%。高效液相色谱为了减小柱外死体积，把检测器流通池做得很小，多数为 5～10μL，这对化学发光检测显然是不合适的。流通池体积大幅度增加，而峰展宽增加不明显的现象是由于化学发光反应具有较

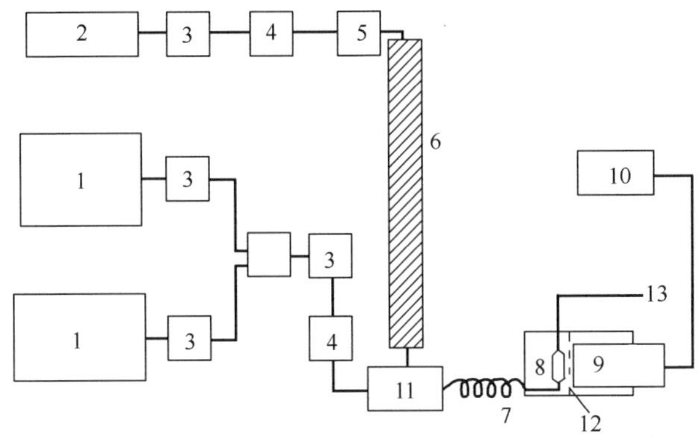

图 7-1 化学发光检测系统

1—试剂；2—流动相；3—泵；4—阻尼器；5—进样器；6—柱；7—混合反应；8—流通池；9—光电倍增管；10—记录仪；11—混合器；12—滤光片；13—废液

快的反应速度，即所谓化学带变窄效应。因此，应该适当增加流通池体积。另外，输液泵的脉动会引起流量变化，导致反应试剂浓度的局部改变，提高了背景噪声。理想的输液泵是无脉动的注射泵，若使用往复泵，需要用阻尼器来减小脉冲。总之，流动式化学发光检测器的设计要求是：①无脉冲泵；②短的混合反应管；③高效的光收集装置；④流通池同光电倍增管尽量靠近。

二、化学发光反应及应用[2~4]

在液相色谱化学发光检测法中，已使用过多种化学发光反应体系，其中以过氧草酸酯化学发光体系和鲁米诺化学发光体系使用较多，此外还有光泽精等其它化学发光反应体系。电致化学发光反应体系及生物发光也发展成为化学发光检测法的重要组成部分。由于电化学发光检测发展较快，将在本章第二节单独讨论。

（一）过氧化草酸酯化学发光反应

过氧化草酸酯化学发光反应体系在液相色谱化学发光检测技术中应用最多。该反应检测系统与液相色谱结合，主要用于荧光化合物及其衍生物、过氧化氢及能产生过氧化氢的物质，以及能猝灭该体系化学发光物质的检测。过氧化草酸酯化学发光反应是在合适的荧光化合物（增敏剂）的存在下，由 H_2O_2 诱导氧化芳香基草酸酯而发光的过程。发光的情况与增敏剂特性有关，而与 CL 试剂的种类和性质无关。系统的反应过程表示为：

$$\mathrm{ArO{-}\overset{\overset{\displaystyle O}{\|}}{C}{-}\overset{\overset{\displaystyle O}{\|}}{C}{-}OAr} + H_2O_2 \longrightarrow 2ArOH + \begin{matrix} O & & O \\ \| & & \| \\ C & - & C \\ | & & | \\ O & - & O \end{matrix}$$

1,2-二氧杂环丁烷-3,4-二酮

$$\begin{array}{c}O\quad O\\ \Vert\quad\ \Vert\\ C—C\\ |\quad\ |\\ O—O\end{array} + 荧光物质 \longrightarrow 激发态荧光物质 + 2CO_2$$

Ar—芳香族基团

首先，带芳香基团的草酸酯与过氧化氢反应，形成高能量的中间物1,2-二氧杂环丁烷-3,4-二酮。当一定的荧光物质存在时，中间体将它的一部分能量转移给附近的荧光物质。激发态的荧光物质返回到基态时，发出特定波长的光。能量转移的量子产率为1%～23%。过氧化草酸酯化学发光反应的一个优点是量子产率高，中间体极易把能量转移给荧光物质，因此可用于检测低含量的物质。

两个最常见的草酸酯为双(2,4,6-三氯苯基)草酸酯(TCPO)和双(2,4-二硝基苯基)草酸酯(DNPO)。为了获得高灵敏度，过氧化草酸酯与过氧化氢及荧光物质应在进入检测池之前的很短距离内混合。化学发光值与TCPO（或DNPO）的浓度有关。两者在有机溶剂中的溶解度都不大，TCPO的合适溶剂为乙酸乙酯，而DNPO的极性更强，可选择乙腈作溶剂。典型的过氧化草酸酯和过氧化氢的使用浓度分别为1～10mmol/L和10～500mmol/L。各种极性溶剂对化学发光强度和寿命的影响有很大差异。一般用丙酮作 H_2O_2 的溶剂，也可以用四氢呋喃代替丙酮。柱后反应液的pH值也是影响化学发光强度的因素，TCPO和DNPO的最佳值分别在pH7和pH3左右。

1. 荧光化合物及其衍生物的检测

某些荧光化合物易被化学发光反应激发，因而可以直接用于液相色谱的化学发光检测。例如尸胺、组胺、腐胺、精胺、亚精胺及酪胺、生物胺、血清中免疫抑制剂环孢菌素A、内燃机及汽油发动机中的二硝基及硝基芘、一硝基及二硝基多环芳烃等，检测限均在pg级。

但是有许多待测物质没有荧光，或者荧光量子产率太低，需要经过衍生化（柱前或柱后荧光标记）后才能有效地进行分析。

在已知的荧光衍生试剂中，丹磺酰氯是广泛采用的一种非常灵敏的荧光标记试剂，用于伯胺、仲胺和酚羟基化合物，如氨基酸、儿茶酚胺、甾三醇以及某些药物等。另一类丹磺酰试剂丹磺酰肼可用来衍生羰基化合物，如醛、酮、酮基皮质甾类、氧代甾族化合物等。图7-2是柱前丹磺酰氯衍生氨基酸，柱后TCPO-H_2O_2 系统测定得到的色谱图[5]。

其它衍生试剂，如荧光胺可用于儿茶酚胺的衍生。香豆素类试剂用于衍生含羰基的羧酸和前列腺素、胺和氟代嘧啶类化合物。萘-2,3-二醛作为柱前衍生试剂，可检测去肾上腺素和多巴胺等。这些衍生试剂还在不断的开发中。

2. 过氧化氢及产生过氧化氢的物质的检测

某些物质通过柱后酶反应器或光化学反应器产生 H_2O_2，可用化学发光法测

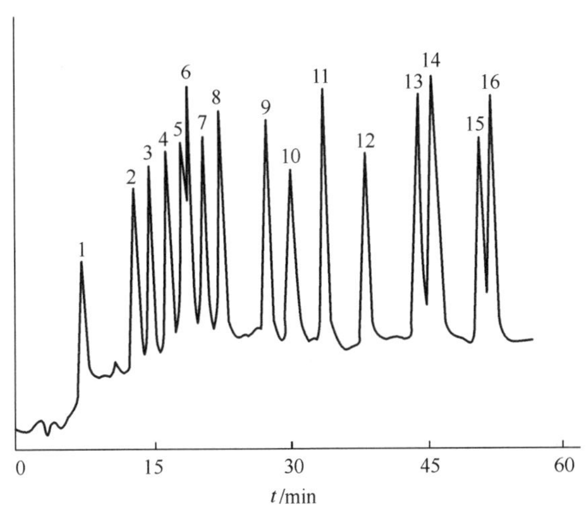

图 7-2 HPLC-过氧化草酸酯化学反应检测丹磺酰化的氨基酸

色谱峰：1—天冬氨酸；2—天冬酰胺；3—谷氨酰胺；4—丝氨酸；5—精氨酸；6—苏氨酸；7—甘氨酸；8—丙氨酸；9—脯氨酸；10—赖氨酸；11—缬氨酸；12—蛋氨酸；13—异亮氨酸；14—亮氨酸；15—色氨酸；16—苯丙氨酸

定，从而间接检测这些物质。这种柱后反应器一般采用液-固反应体系，称做固相化学发光反应器。把反应试剂固定在固相载体上，填装在短柱内，样品液流过短柱即发生反应。如 TCPO 固体与玻璃小球以1∶1混合均匀，填充在内径为 4.6mm、长 22mm 聚四氟乙烯柱管内，作为反应器。用苝为敏化剂，被固定在多孔玻璃或硅胶表面，然后填装在化学发光流通池内，检测痕量 H_2O_2。固相化学发光反应器可达到提高信噪比的目的。试剂纯度、环境温度、流动相的配比、pH 值和敏化剂的浓度等都会影响发光强度。提高温度可增加 TCPO 溶解度或反应速度，有利于提高化学发光强度。液固反应体系的优点是简单、稳定，适合反相色谱系统使用。缺点是 TCPO 柱寿命较短，只能连续使用 8h。

利用 TCPO-H_2O_2 反应检测痕量过氧化氢，把具有高效催化作用的固定化酶（许多酶催化反应的结果是生成过氧化氢）与高灵敏的化学发光结合起来，在痕量生化物质的测定中很有意义。例如用柱后固定化胆碱氧化酶和乙酰胆碱氧化酶反应器，结合化学发光检测尿液和血液中的胆碱和乙酰胆碱；用柱后葡萄糖氧化酶反应器和 L-氨基酸氧化酶反应器检测葡萄糖和立体选择性 L-氨基酸；以固定化胆甾酶反应器检测胆甾酶等。由于酶反应的高选择性，使得这种柱后酶反应化学发光检测法具有灵敏度高、专一性好的优点。结合柱后光化学反应器和固态草酸酯化学发光反应器，可以用于蒽醌、醌类、脂肪醇、醚、胺等的检测。待测物经光化学反应器后产生 H_2O_2，由于往往一个分析物分子（如醌）可生成多个 H_2O_2 分子，因而起到放大化学发光的作用。

3. 检测能猝灭过氧化草酸酯化学发光的物质[6]

过氧化草酸酯的化学发光反应可被某些物质猝灭，使发光强度大大降低。基于此原理，已有研究 HPLC——猝灭化学发光检测器用于检测溴化物、碘化物、硫化物、亚硝酸盐、亚硫酸盐、苯胺类和有机硫化物，检测限在 ng 级。

（二）鲁米诺化学发光反应

鲁米诺（luminol，5-amino-2,3-dihydrophthalazine-1,4-dione，3-氨基苯二甲酰肼）在碱性条件下（pH 10～13）发生氧化反应，氧化后的产物吸收了反应放出的热量而处于激发态，从激发态退回基态时发出蓝光（425nm）。最常用的氧化剂为过氧化氢，其反应可以被一系列金属及含有血红素的酶（如辣根过氧化酶）催化。能量转移反应的量子效率大约为 1%。具体反应表示为

$$\text{鲁米诺} \xrightarrow[\text{催化剂}]{OH^-/H_2O_2} [\text{3-氨基邻苯二甲酸盐}]^* \longrightarrow \text{3-氨基邻苯二甲酸盐} + \text{光}$$

1. 氢过氧化物和过氧化氢的检测

与液相色谱联用的鲁米诺化学发光反应可用来检测许多种物质，最常见的是用来直接测定被测组分，如 H_2O_2。类脂类物质如氢过氧化磷酸甘油酯经氧化过程可转化成相应的氢过氧化物，后者与鲁米诺-细胞色素 C（或微过氧化物酶）之间可发生高选择性的化学发光反应，可用于该类物质（在鼠血浆中）的高灵敏、高选择性检测。近年来，这方面的研究较多，结合液相色谱分离，已用于食品、谷物、生化、医学、临床等样品中 10^{-12}mol 的类脂类（如磷脂、磷脂酰胆碱、甘油三酯、生育酚、卵磷脂等）的氢过氧化物的分析检测。

经过柱后光化学反应器使脂肪族含氧化合物（醇、醛、醚、糖等）发生由蒽醌-二磺酸酯敏化的光致氧化反应产生 H_2O_2，再以鲁米诺化学发光法检测 H_2O_2，从而间接测定脂肪族含氧化合物（图 7-3）。另外，用固定化酶反应器将待测物质转化成 H_2O_2，然后进行鲁米诺化学发光反应的方法，已用于醇、糖、脂肪酸等的测定，并建立了一套腺苷、肌苷和黄嘌呤的全自动分析方法，用来研究大脑及脊髓组织中组胺和 *N*-甲基组胺的作用，结果与荧光检测法一致。自从固定化酶技术应用于 HPLC 以及鲁米诺被成功地固定在硅球和多孔玻璃上以来，有关酶反应器和鲁米诺固态反应器的研究已有了一定进展。将鲁米诺和催化剂（过氧化物酶）均固定在硅胶柱上，可实现单泵操作，从而简化操作并降低成本。

2. 利用金属离子进行直接或间接检测

借助于某些金属离子可催化或增敏鲁米诺-过氧化氢的发光反应，液相色谱（离子色谱或离子交换色谱）可以对这些离子——Co(Ⅱ)、Cu(Ⅱ)、Cr(Ⅱ)、

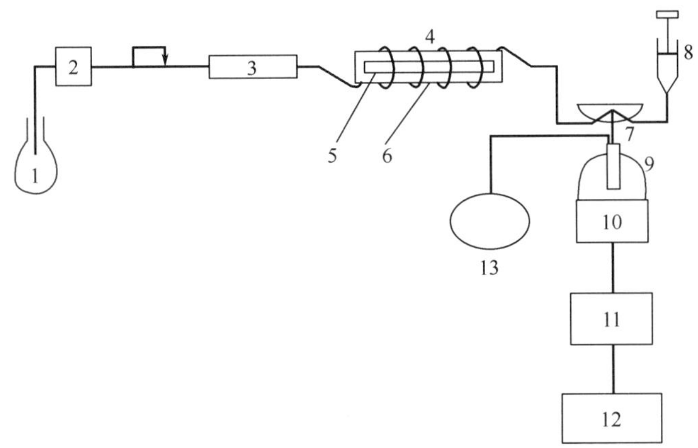

图 7-3　鲁米诺化学发光检测氢过氧化物系统

1—流动相；2—泵；3—柱；4—光化学反应器；5—荧光灯；6—硬玻璃套管；7—混合池；8—鲁米诺溶液；9—镜；10—光电倍增管；11—安培计；12—记录；13—废液

Fe(Ⅱ)、Fe(Ⅲ) 等柱后检测。不经预处理，以离子色谱分离，可直接检测 Cr(Ⅲ) 和 Cr(Ⅵ)。Zn(Ⅱ)、Cd(Ⅱ) 等对鲁米诺的化学发光反应有抑制作用，也能用于 LC-CL 检测。一种新型的高灵敏、通用型化学发光检测器是基于柱后待测离子与 Co-EDTA 试剂作用，置换出的Co(Ⅱ)催化鲁米诺与 H_2O_2 发生化学发光反应的原理设计的。该系统对十几种金属离子和稀土离子的检测限在 2～100μg/L 之间。一些生物样品分子（如蛋白质）与金属离子形成的配合物可催化鲁米诺的化学发光反应，如利用血红蛋白与 Fe(Ⅱ) 的配合物，对稀释的人血清样品中 10ng/mL 的肌血蛋白进行 HPLC-CL 检测。而在另一方面，由于某些配体与金属 Co(Ⅱ)、Cu(Ⅱ)、Fe(Ⅱ) 等形成饱和的配合物，使金属离子浓度降低，大大降低了鲁米诺的发光强度。基于这个原理，通过抑制发光法间接检测配体，蛋白质、氨基酸和胺类的检测限为 nmol 级。

3. 用鲁米诺作为标定试剂

用鲁米诺及其衍生物作为柱前标记试剂的 HPLC-CL 法的灵敏度高（10^{-15} mol 级），已检测的有羧酸、胺、甲基睾酮、氨基酸、核糖核苷、地谷新、人血清中脱氧麻黄碱等。*N*-(4-氨基丁基)-*N*-乙基异鲁米诺（ABEI）是典型的鲁米诺衍生试剂。图 7-4 是用反相色谱分离的一个应用实例[7]。

（三）光泽精化学发光反应

光泽精也是用于液相色谱化学发光检测的一种较常见试剂。具体发光反应如下：

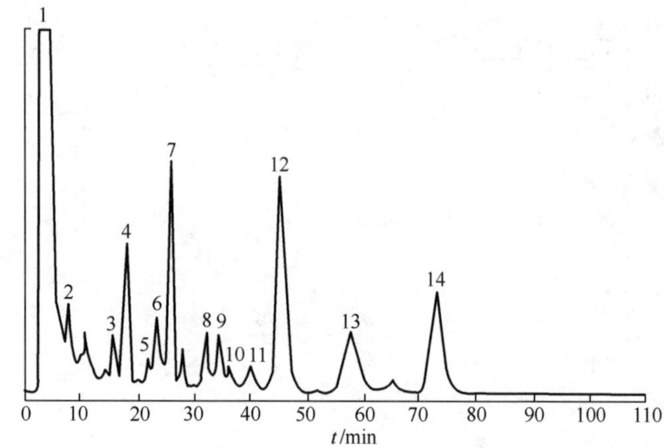

图 7-4　人尿中脂肪酸测定

色谱峰：1—ABEI；2—月桂酸；3—肉豆蔻酸；4—亚麻酸；5—二十碳五烯酸；6—棕榈油酸；7—未知物；8—亚油酸；9—花生四烯酸；10—二十二碳四烯酸；11—双-高-γ-亚油酸；12—棕榈酸；13—油酸；14—十七(烷)酸

CH_3　OH^-/H_2O_2　CH_3　CH_3

+光

光泽精　　N-甲基吖啶酮

激发态的中间体去激回到基态时，可发射出波长为 470nm 的可见光。能量转移的量子效率为 2%～3%。光泽精的化学发光反应是在碱性溶液中，氧化剂（H_2O_2）或有机还原剂的存在下进行的。反应机理还不太清楚，但该反应既可用于氧化剂又可用于还原剂的测定。

有机还原剂与光泽精的化学发光反应应用到 HPLC 检测系统中，可以定量检测血液及尿液中的强还原性的抗坏血酸、脱氧抗坏血酸和尿酸等。利用多种生物化合物与光泽精的化学发光反应，以光泽精为柱后发光试剂，可以不经柱前衍生测定甾族化合物。经与对硝基苯甲酰甲基溴柱前衍生来测定羧酸、皮质甾类及其代谢物，检测限在 pmol 级。一种新研制的测定甾族化合物和胆质酸硫酸盐的荧光及化学发光检测器，用荧光检测，可测 25pmol 的甾类硫酸盐；而采用化学发光检测时，检测限可降至 0.5pmol。

一种与光泽精化学发光反应类似的反应形式如下：

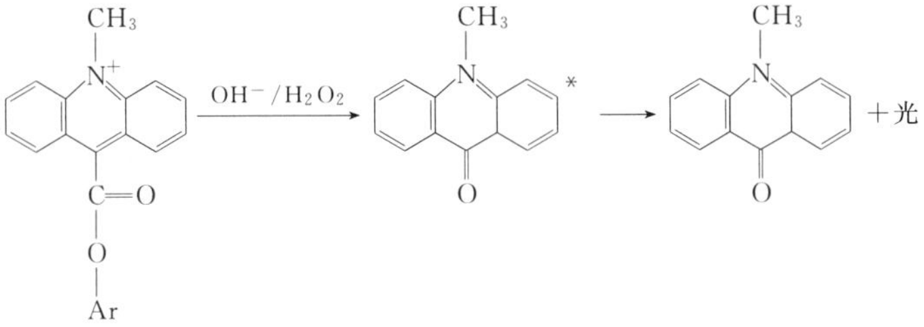

N-甲基吖啶芳香酯阳离子 N-甲基吖啶酮

化学发光波长 470nm，能量转移的量子效率为 10%。该试剂可用作化学发光反应的标记试剂。在免疫亲核色谱自动免疫分析中，该试剂作为抗体的标记试剂测定血浆中的甲状腺素，检测限达 10^{-13}mol/L 级。通过选用不同的免疫亲核色谱体系和标记抗体，反应还可测定其它的一些生物分子。

（四）生物发光反应

萤火虫的发光过程就是最常见的一种生物发光反应。萤火虫荧光素酶催化萤火虫荧光素的氧化反应，氧化产物由激发态退激到基态时，在 562nm 波长处有最大强度的发射光。反应条件中除了酶催化外，还需要 O_2、Mg^{2+} 和三磷酸腺苷（ATP）的存在。该反应的量子产率高达 90%，因此具有较高的灵敏度。

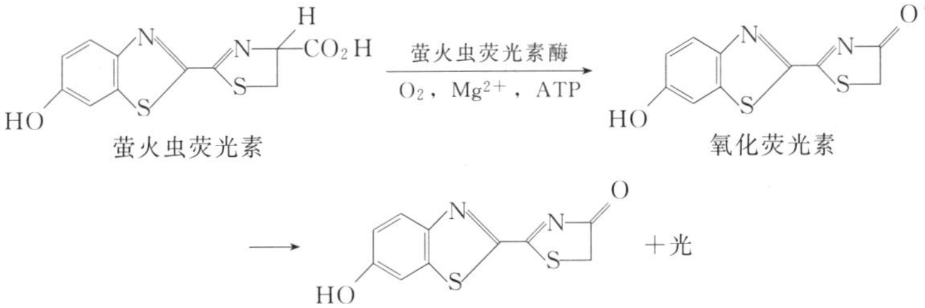

萤火虫荧光素 氧化荧光素

萤火虫的生物发光反应可用于检测肌酸激酶同工酶，对心脏病和肌肉疾病的临床诊断很有意义。当从离子交换柱流出的肌酸激酶遇到柱后反应试剂——磷酸肌酸和二磷酸腺苷时，会催化两者的反应，得到肌磷和三磷酸腺苷。三磷酸腺苷作为萤火虫荧光素反应的必需条件，在遇到柱后萤火虫荧光素的反应体系时，立即反应，生物发光反应的光强信号正比于淋洗的肌酸激酶浓度。该反应体系除了用于检测肌酸激酶同工酶，还可检测 pmol 级的 ATP、胆酸、肌醇磷酸酯异构体等。由于生物发光反应的量子产率高，其灵敏度和选择性均高于其它化学发光反应。

另一个常见的生物发光反应发生在深海鱼中，是由与深海鱼共生的细菌产生的。反应中，还原态的黄素单核苷酸（$FMNH_2$）被催化氧化形成激发态的黄素单核苷酸（FMN），反应物还有氧和链长为 C_8～C_{14} 的长链脂肪醛。激发态的 FMN 回到基态时，发出最大波长在 470nm～505nm 之间的光，能量转移产率为 10%。细菌的生物发光反应可用于检测经 HPLC 分离的胆汁酸。反应过程如下：

$$\text{胆汁酸}+\text{酰胺腺嘌呤}=\text{核苷酸(NAD)}\xrightarrow{3\text{-}\alpha\text{-羟甾-NAD氧化还原酶}}\text{NADH}+\text{其它}$$

$$2\text{NADH}+\text{FMN(柱后反应试剂)}\longrightarrow 2\text{NAD}+\text{FMNH}_2$$

$$\text{FMNH}_2+\text{RCHO(脂肪醛)}+\text{O}_2\xrightarrow{\text{细菌的荧光素酶}}\text{FMN}^*+\text{RCOOH}+\text{H}_2\text{O}$$

$$\text{FMN}^*\longrightarrow\text{FMN}+\text{光}$$

检测得到的光信号与柱中淋洗的胆酸量成正比。

（五）其它化学发光反应

三-(2,2′-联吡啶）钌（Ⅱ）的化学发光反应还用于脂肪叔胺的液相色谱化学发光检测。脂肪胺与钌试剂反应产生化学发光的强弱次序为：叔胺＞仲胺＞伯胺，芳香胺几乎不发生该反应。该检测系统也用于检测抗生素，如氯林肯霉素、红霉素、氨基酸、肽和蛋白质等。同样，三-(2,2′-联吡啶）锇（Ⅲ）是 CL 检测叔胺的很灵敏方法。但芳香伯胺由于不易形成自由基中间体，直接 CL 检测很难，需采用光化学衍生的方法。几种具有芳香基团的氨基酸和生物胺利用光化学反应能有效提高检测灵敏度。对于磺胺药物，HPLC 分离、光化学衍生加上 CL 检测是一种行之有效的检测手段。

基于蛋白质与 Cu(Ⅱ）形成配合物，从而抑制邻菲咯啉-H_2O_2-Cu(Ⅱ）体系的化学发光强度的原理，结合免疫亲和色谱、离子交换色谱以及沸石柱液相色谱法，以邻菲咯啉、H_2O_2、Cu(Ⅱ）作为柱后化学发光试剂检测蛋白质，检测限在 ng 级。

利用强酸性介质中吗啡与高锰酸盐的化学发光反应，建立了 HPLC-CL 分析生物体中吗啡的方法。它较紫外吸收检测更具有选择性，且更为灵敏。该法还可用于其它鸦片制剂及药物的分析。儿茶酚胺和其它多羟基苯与高锰酸盐的化学发光反应也有希望用于这类物质的 HPLC-CL 检测。

把臭氧等气体诱导化学发光反应的气相化学发光检测器用于液相色谱检测技术的，主要有两种，一种称为化学发光气体喷雾检测器，另一种为气-固化学发光检测器。它们可检测荧光化合物、链烯、二价硫化物和某些含氮化合物。此外，人们还发展了热能分析器、氧化还原检测器以及硫选择性化学发光检测器。前两种可用于检测含氮化合物，是基于 O_3 和 NO 的化学发光反应，其中热能分析器通过热分解含亚硝基化合物产生 NO，而氧化还原检测器则是以稀硝酸等氧化剂氧化糖类等有机化合物生成 NO。硫选择性检测器基于 O_3 和 SO 的化合物发光反应，而 SO 是含硫物质通过 H_2/空气还原焰时分解产生的。该检测器检测热不稳定性的含硫化合物，如硫代氨基甲酸盐农药以及不挥发的烷基磺酸盐等，具有很高的选择性和灵敏度。

许多化学发光体系已成功地用于液相色谱化学发光检测中，但某些反应体系与液相色谱体系相耦合的条件还需要优化。为了拓宽分析物的范围，对衍生化技术的深入发展是十分重要的。尽管化学发光检测仪器已经商品化，但研制自动化程度更高、灵敏度更好的CL仪器仍是今后的目标。虽然对LC-CL机理了解得不透彻，但该检测方法仍不失为一种具有发展前途的检测方法。

第二节　电化学发光检测器[8,9]

电化学发光又称电致化学发光（electrochemiluminescence，ECL)，是通过在电极上施加一定的电压，借助直接或间接发生的电化学反应，提供足够的能量，使发光物质的基态电子跃迁到激发态，当电子返回到基态时发光而产生的一种化学发光现象，或者利用电极提供能量直接使发光物质进行氧化还原反应，并生成某种不稳定的中间态物质，随后该物质迅速分解产生发光。所以，电化学发光就是利用电化学的原理，在电极表面产生某些氧化还原产物而产生的化学发光。

电化学发光与化学发光相同之处是二者的发光均由进行能量转移反应的组分所产生，而不同之处是电化学发光由电极上施加的电压所引发的氧化还原反应而产生的，化学发光是由试剂之间所发生的化学反应而产生的。电化学发光不但保留了化学发光原有检出限低、线性范围宽的特点，而且还具有可控性强、可进行原位检测等独特的优点。它扩大了化学发光方法的检测范围，更易于与现代分离技术联用。

在电化学发光反应中，由于发光反应在电极附近瞬间完成，不需要激发光源，没有外来光的干扰，背景低，所以检测灵敏度高。总之，电化学发光检测器的设备简单，操作方便，它兼具化学发光和电分析化学的优点，将电化学发光检测器与高效液相色谱分离技术联用，不但可以克服单一使用电化学发光检测器选择性差的缺点，而且可以提高高效液相色谱的灵敏度，为复杂混合样品的分析提供了一种新途径。目前，高效液相色谱-电化学发光检测（HPLC-ECL）已经成为色谱技术领域研究和应用较为广泛的一类检测技术。

一、常用的电化学发光反应体系

1. 三联吡啶钌［$Ru(bpy)_3^{2+}$］电化学发光反应体系

在现有的高效液相色谱电化学发光检测体系中，三联吡啶钌[$Ru(bpy)_3^{2+}$]电化学发光体系是普遍采用的技术，有关$Ru(bpy)_3^{2+}$电化学发光机理的研究很多，概括起来主要有三种：即氧化还原循环电化学发光（双电位电化学发光），有共反应物参与的氧化-还原型电化学发光，以及$Ru(bpy)_3^{2+}$阴极电化学发光。

氧化还原循环电化学发光是通过电化学反应产生氧化剂和还原剂，从而发生氧化还原反应产生化学发光。对于$Ru(bpy)_3^{2+}$体系来说，当对同一电极施加或者在距离很近的两个电极上分别施加不同的电位时，$Ru(bpy)_3^{2+}$ 分别发生氧化和还原反应，生成的 $Ru(bpy)_3^{3+}$ 和 $Ru(bpy)_3^{+}$ 进而发生湮灭反应生成激发态[$Ru(bpy)_3^{2+}$]*，[$Ru(bpy)_3^{2+}$]* 回到基态时发出波长约为 610nm 的橘红色光[9]。

有共反应物参与的电化学发光与湮灭电化学发光的机理不同。其氧化-还原型电化学发光的机理是：当体系存在还原型共反应物，如三丙胺、草酸等，只要对电极施加一个合适的氧化电位，$Ru(bpy)_3^{2+}$ 就可以被氧化成 $Ru(bpy)_3^{3+}$，三丙胺、草酸等也在电极上被氧化，并生成中间体，该中间体与 $Ru(bpy)_3^{3+}$ 发生氧化还原反应，产生激发态的[$Ru(bpy)_3^{2+}$]*，[$Ru(bpy)_3^{2+}$]* 返回基态时释放出光子。这类共反应物参与的电化学发光反应叫氧化-还原型电化学发光反应。2002 年，Bard 等提出了 $Ru(bpy)_3^{3+}$ 和三丙胺体系的多种电化学发光机理[10]。当体系存在氧化型共反应物，如过硫酸根 $S_2O_8^{2-}$ 等，只要对电极施加一个合适的还原电位，该反应物在电极上被还原，生成氧化型中间体，$Ru(bpy)_3^{2+}$ 就会被还原为 $Ru(bpy)_3^{+}$，当其与中间体发生反应后，生成激发态的[$Ru(bpy)_3^{2+}$]*，从而发生氧化还原电化学发光反应，这类共反应物参与的电化学发光反应叫还原-氧化型电化学发光反应。

$Ru(bpy)_3^{2+}$ 的阴极电化学发光主要包括基于溶解氧还原的 $Ru(bpy)_3^{2+}$ 的阴极电化学发光，以及半导体电极上的阴极电化学发光两种[9]。与上述几种过程相比，溶解氧还原的 $Ru(bpy)_3^{2+}$ 的阴极电化学发光可以在更温和的条件下产生电化学发光。凡能增强氧化还原型电化学发光的物质都能增强该类型的电化学发光。半导体电极上的阴极电化学发光是通过某些氧化物修饰的金属电极（如铝、钽、钛、锰等）即半导体电极向溶液中发射具有强还原性的热电子，这种热电子可以和溶液中的具有氧化性的物质发生氧化还原反应，使反应物在阴极产生激发态的自由基[$Ru(bpy)_3^{2+}$]*，[$Ru(bpy)_3^{2+}$]* 跃迁回到基态产生发光现象。

2. 鲁米诺电化学发光反应体系

在现有的电化学发光体系当中，酰肼类化合物也是研究比较成熟，已得到广泛应用的试剂，在酰肼类化合物中最具有代表性的化合物为鲁米诺。鲁米诺电化学发光是研究最早的电化学发光体系之一。鲁米诺试剂的合成及该体系化学发光现象的发现，对于化学发光发展成一种分析化学重要的检测手段起到了很大的作用。下面以在碱性条件下，鲁米诺-过氧化氢的电化学发光体系为例简要说明该体系可能的电化学发光反应机理。

在碱性条件下，鲁米诺与过氧化氢的电化学发光反应与其由氧化引发的化学发光反应类似。在 pH 10～13 的碱性介质中，鲁米诺失去质子形成阴离子，进行电化学氧化，并与过氧化氢作用生成偶氮化合物。生成的偶氮化合物进一步氧化产生激发态的 3-氨基邻苯二甲酸盐，当其由激发态回到基态可产生光辐射。过氧化氢在反应中形成超氧阴离子 HOO^- 或通过电化学反应形成超氧自由基离子 $O_2^{-\cdot}$ 与鲁米诺发生电化学反应[9]。一般来说，鲁米诺与过氧化氢的电化学发光反应比较缓慢，但是当有些催化剂存在时，可以提高反应速度。此类反应最常用的催化剂是一系列多价金属离子。部分鲁米诺的电化学反应的途径与所施加的电位有关。目前鲁米诺及其衍生物作为电化学发光最常用的发光标记物质之一，得到了广泛研究。

3. 光泽精电化学发光体系

光泽精（N,N'-二甲基-9,9′-联吖啶二硝酸盐）电化学发光体系属于吖啶类化合物电化学发光体系，这类体系不需要催化剂的存在即能发光。Hercules 等提出了在碱性条件下光泽精电化学发光体系的发光机理。光泽精在碱性条件下和过氧化氢发生氧化还原反应，生成了具有四元环的过氧化物中间体，该物质进一步分解成激发态的 N-甲基吖啶酮，当其由激发态回到基态时，可发射出波长为 470nm 的蓝绿色光。

光泽精的电化学发光反应时间比鲁米诺电化学发光反应持续时间长，而且其对溶液酸碱性的要求比鲁米诺更严格，此外，光泽精的电化学发光反应产物水溶性较差，且容易在电极表面和反应器皿上吸附，发光反应的重现性不好，因此它在电化学发光检测中的应用受到限制，研究和应用相对较少。

二、电化学发光检测器的结构和检测模式[9]

将高分离效能的高效液相色谱与电化学发光检测相结合是提高电化学发光分析选择性、扩大电化学发光分析应用范围的有效途径。高效液相色谱-电化学发光检测装置主要包括四部分：输液泵、色谱柱、流通电解池和电化学发光检测器。其中，电化学发光检测器主要包括五个部分：电极系统、脉冲信号发生器、光电转换部分、电解发光池和记录仪。

如图 7-5 所示，待测样品经色谱柱分离后，在流通池内与经电化学方法产生的发光试剂混合发生电化学发光反应，产生的光信号经光电倍增管或光电转换器件转换为电信号并放大，由记录仪或数据采集装置记录。目前，尽管和高效液相色谱联用的电化学发光检测仪器已经商品化，研制自动化程度更高、灵敏度更好的 HPLC-ECL 检测器仍是今后的目标。

许多电化学发光体系已成功地用于液相色谱检测中，但某些电化学发光反应体系与液相色谱体系相耦合的条件还需要优化。$Ru(bpy)_3^{2+}$ 电化学发光反应体系是目前高效液相色谱广泛采用的检测体系。该体系具有灵敏度高、溶剂相容性好、检测对象广泛等特点。通过与色谱分离技术联用，消除了检测过程中干扰物的影响，进一步提高了电化学发光的检测能力。以下以 $Ru(bpy)_3^{2+}$ 电化学发光反应体系为例说明高效液相色谱-电化学发光检测体系的基本流程。

按照 $Ru(bpy)_3^{2+}$ 加入高效液相色谱体系中的方法不同，目前常用的 $Ru(bpy)_3^{2+}$ 电化学发光检测的模式有三种，即柱后混合、柱前加入和将$Ru(bpy)_3^{2+}$

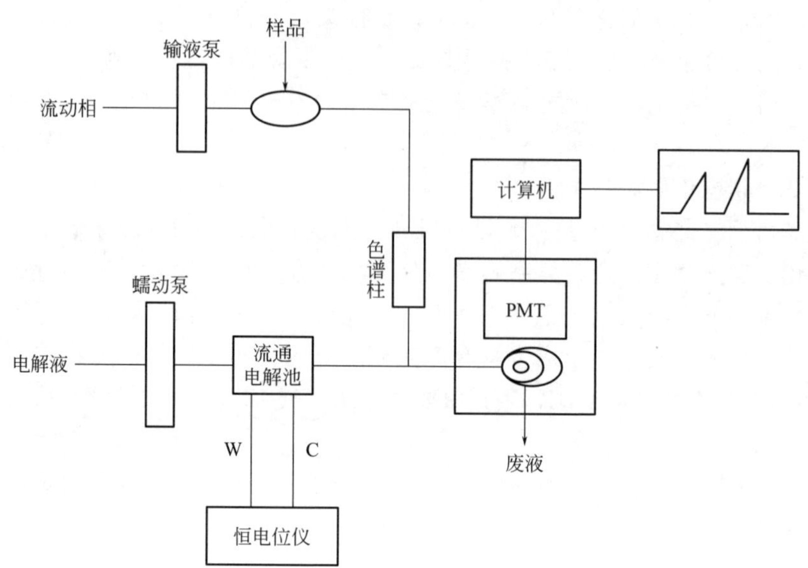

图 7-5　高效液相色谱电化学发光检测装置示意图[9]

PMT—光电倍增管；W—工作电极；C—辅助电极

修饰到电极表面。其中柱后加入的原理与高效液相色谱-化学发光检测类似，是最普遍采用的一种模式。

1. $Ru(bpy)_3^{2+}$ 的柱后混合法

$Ru(bpy)_3^{2+}$ 电化学发光技术若作为 HPLC 的检测器，多采用柱后混合模式[11]，即分离柱流出的液流和柱后的 $Ru(bpy)_3^{3+}$ 混合再进行电化学发光。一般先不断将 $Ru(bpy)_3^{2+}$ 直接加到柱后的检测池中，由反应池中的电极引发电化学发光反应，通过电化学氧化 $Ru(bpy)_3^{2+}$ 生成 $Ru(bpy)_3^{3+}$，再将 $Ru(bpy)_3^{3+}$ 与色谱流动相混合。这种柱后混合模式的优点是：由于在电极表面现场产生 $Ru(bpy)_3^{3+}$，所以有更好的重现性，这种模式还有效地减少了试剂的消耗，并能获得更稳定的信号。但是由于需要用泵输送 $Ru(bpy)_3^{2+}$ 溶液和样品混合，会导致样品稀释和谱带展宽。

2. $Ru(bpy)_3^{2+}$ 的柱前加入法

$Ru(bpy)_3^{2+}$ 的柱前加入是把 $Ru(bpy)_3^{2+}$ 直接加入到流动相中，采用这种方法要求 $Ru(bpy)_3^{2+}$ 不干扰样品分离及检测，并且不和 HPLC 的固定相结合，柱前添加 $Ru(bpy)_3^{2+}$ 的方式可简化装置，只需要一个混合部件将发光试剂混入流动相，然后用泵输送流动相即可，避免了柱后混合法导致的样品谱带展宽现象。

3. 将 $Ru(bpy)_3^{2+}$ 修饰到电极表面

该方法是将 $Ru(bpy)_3^{2+}$ 修饰到电极表面构成 $Ru(bpy)_3^{2+}$ 检测器，这种方法既克服了前两种模式的缺点，而且 $Ru(bpy)_3^{2+}$ 可以循环再生，不需要额外的传输系统，简化了实验装置。近年来，人们采用了多种方法将 $Ru(bpy)_3^{2+}$ 直接固定在电极表面，以发展高效、可再生的电化学发光传感器。例如，利用二氧化钛溶胶凝胶-Nafion 复合膜固定 $Ru(bpy)_3^{2+}$，结合高效液相色谱测定人尿中的红霉素[9]。常见的 $Ru(bpy)_3^{2+}$ 固定方法主要有包埋法、电聚合法，以及溶胶-凝胶法等。

三、高效液相色谱电化学发光检测器的应用

由于高效液相色谱-电化学发光检测技术将色谱技术良好的分离特性和高灵敏度的电化学检测技术有机结合起来，所以高效液相色谱电化学发光检测是一种有效的痕量分析技术，适用于环境、生物科学、医学和临床检验等领域的复杂、低含量组分的分析。

在各种 HPLC-ECL 体系当中，$Ru(bpy)_3^{2+}$ 的电化学发光检测是普遍采用的技术之一，有广泛的应用。如氨基酸以及多种药物等化合物可与 $Ru(bpy)_3^{2+}$ 反应产生强的电化学发光，因而可以采用该体系进行分离和检测。例如，用丹磺酰氯衍生氨基酸，经过色谱分离之后，与 $Ru(bpy)_3^{2+}$ 进行电致化学发光反应，可测定谷氨酸等氨基酸。利用柱后加入法，使产生的 $Ru(bpy)_3^{3+}$ 与含有氰基、羰基及羧基的亚甲基化合物反应，检测活性亚甲基化合物。有文献利用 $Ru(bpy)_3^{2+}$ 柱后混合法测定磷酸丙吡胺片中丙吡胺含量，丙吡胺最低检出浓度为 10ng/mL[12]。还有文献采用 $Ru(bpy)_3^{2+}$ 柱前加入模式实现了抗生素红霉素的测定，最低检测限可达 10^{-8}mol/L。使用水/油反相微乳法合成包埋联吡啶钌［$Ru(bpy)_3^{2+}$］的纳米硅球(RuSiNPs)，利用 Nafion 材料固定 RuSiNPs 于玻碳电极上，可构筑 RuSiNPs/Nafion 复合膜修饰传感电极，进行醇类的 ECL-HPLC 分离检测[13]。

除此之外，基于鲁米诺的电致化学发光反应的高效液相色谱-电化学发光检测器也有文献报道，根据样品分子在柱床中替换流动相中的鲁米诺，使其在某一区间浓度减小，或者对鲁米诺发光的衰减作用，可导致发光强度的降低，进而获得这些样品组分的含量。使用该法可以得到苯甲醛、硝基苯、甲基苯甲酸的色谱倒峰，进行间接测定。还有文献报道将鲁米诺及其生物衍生物如异鲁米诺标记到羧酸和胺类化合物上，经过高效液相色谱分离后，在碱性条件与过氧化氢-铁氰化钾反应进行电化学发光检测。

第三节 手性检测器

药物的疗效及其在生物体内代谢的机理对如何发挥药物的最大作用和减少副作用愈来愈引起人们的重视。在深入的研究中，人们发现了光学对映异构体（又称手性化合物）对生理作用的重要性。生物往往对自然和合成药物的对映体有选

择性受体，有效的对映异构体可产生良好的治疗作用，而无活性的对映体可能无作用或产生不良的副作用。因此，对光学对映异构体的分离分析近年来发展迅速。同样，在食品化学和农药研究等领域，用高效液相色谱法分离分析光学对映异构体也引起有关方面的兴趣。

目前手性化合物的高效液相色谱分析方法通常有以下几种：

① 用手性固定相分离。即将具有旋光活性的手性基团键合到固定相上对手性化合物进行选择性分离。这种方法具有使用方便、效果好等优点，但也存在手性固定相色谱柱价格贵、寿命短、对化合物的通用性差等问题，有时被分离物还需衍生化。

② 在流动相中生成非对映体分离。被分析物与手性对离子形成离子对，用普通条件进行分离。但要受到对离子的化学性质、纯度和在流动相中溶解度等条件的限制，特别是反应的平衡时间长，重现性一般。

③ 通过衍生化生成非对映体分离。即用柱前手性衍生化试剂生成衍生物，用普通分离条件进行分离。这种方法要求具有对映体选择性反应，而且对试剂的纯度要求很高，因此有很大的局限性。

上述方法的顺利与否取决于固定相、试剂和条件的选择，而且分析步骤是否严格重现和外来干扰能否有效排除等也对分析结果有很大影响。因此，产生了以偏振计（旋光计）做检测器，用普通分析手段检测手性化合物的方法。最初使用的是气体放电光源的机械旋光计，它灵敏度低、光源稳定性差，达不到要求。20世纪80年代初开始使用氩离子激光器做光源，以后又试用了氦-氖激光器光源，但光源强度不稳定，在低频时有闪烁噪声，测定结果仍不理想。

之后，人们研制了圆二色液相色谱检测器和以二极管激光器作光源的旋光检测器（旋光计）。这两种手性检测器在研究手性化合物的分离方面有很大的应用价值。液相色谱手性检测器对手性化合物的检测有很多优点：大多数色谱溶剂都不具有光学活性，在选择溶剂方面无限制，检测器的选择性高，只对旋光性化合物有响应，而无旋光活性的化合物不干扰测定。旋光检测器和圆二色检测器与其它检测器的结合使用，能在部分或无手性分离条件下测定对映体的纯度，大大降低了分离要求。例如，旋光检测器与紫外吸收检测器或示差折光检测器的结合使用，可以不经手性分离测定氨基酸对映体的纯度。由于两种对映体可能有很大的生理活性差异，因此制药工业对这种分析测试手段尤其感兴趣。在美国常用的200种处方药物中，有50%以上都是手性化合物，需要用适当的方法进行分析。地质年代学技术中，通过测定有机化合物氨基酸（如异亮氨酸和别异亮氨酸）的消旋比例，可以确定物质的存在年代。另外，生物聚合物中常用旋光法进行分子构型的分析；利用检测器的优良透射性能、偏振角检出灵敏度大的特点，许多低透过率的物质（如糖蜜等），也可以用这类检测器得到满意的结果。

一、旋光检测器

（一）工作原理

光波是横波，在垂直于光线行进方向的平面内沿各个方向振动。在通过各向异性晶体时，会产生两条振动方向互相垂直的平面偏振光（只有一个振动方向的光称为偏振光）。面向光源观察，平面偏振光向左旋转称左旋光，用“－”表示，向右旋转称右旋光，用“＋”表示。两条光线的折射率不同，因而非偏振光在通过各向异性晶体制成的偏振器时，可以只产生一条偏振光，另一条偏振光被吸收。旋光检测器（polarimetric detector）需要两个偏振器，两个偏振器的偏振面成直角相交，前面的偏振器产生偏振光，称为起偏器；后面的偏振器检测偏振光，称为检偏器。两个偏振器之间是法拉第调制器和液相色谱检测池。通过起偏器的一束平面偏振光可以看成是由振幅和速度相同而螺旋前进方向恰好相反的所谓圆偏振成分叠加而成的。当平面偏振光通过旋光活性物质时，由于左右两个圆偏振光在该介质中的折射率不同，因而叠加产生的平面偏振光的振动方向也会改变，即产生了旋光现象。当法拉第调制器不调制时，两个偏振面成直角相交，光线最暗，检测器产生一暗电流。当法拉第调制器用一定频率（f）调制时，若调制角为 θ，在检测器上会得到频率为 $2f$ 的正弦变化调幅信号，通过锁相放大器绘出洗脱系统的光学零位信号［图 7-6(a)］。当有旋光活性的样品通过光路时，产生一个偏离交叉点的偏振角 α，使得到的波形改变。在频率 f 处引入了与 α 成正比的主组分波形［图 7-6(b)］。如图中所示，偏振调制产生调幅信号，偏离起/检偏振器交叉点的偏振信号 $\theta(t)$ 传送给曲线 $\varphi_0\sin^2\theta$，给出强度为 $\phi(t)$ 的传输信号，锁相放大器的偏置信号升高而使记录器上记录笔发生偏转，记录下旋光活性样品的色谱信号。

旋光检测器测得的旋光度对手性化合物分子有如下关系：

$$\alpha=[\alpha]cl$$

式中，α 为测得的（＋）-对映体旋光度；$[\alpha]$ 为手性化合物（＋）-对映体的比旋度；c 为手性化合物（＋）-对映体的浓度；l 为液相色谱检测池光程长。旋光度与（＋）-对映体的浓度成正比。

旋光对映体混合物的旋光度与浓度关系：

（＋）-对映体　$\alpha=[\alpha]lcx$

（－）-对映体　$\alpha=-[\alpha]lc(1-x)$

混合物中（＋）-对映体的旋光度为

$$\alpha=[\alpha]cl(2x-1) \tag{7-1}$$

式中，x 为（＋）-对映体占混合对映体的比例分数。可见，对于混合对映体，仪器给出的旋光信号与对映体的相对比例有关，可由图 7-7 的校正曲线说明。

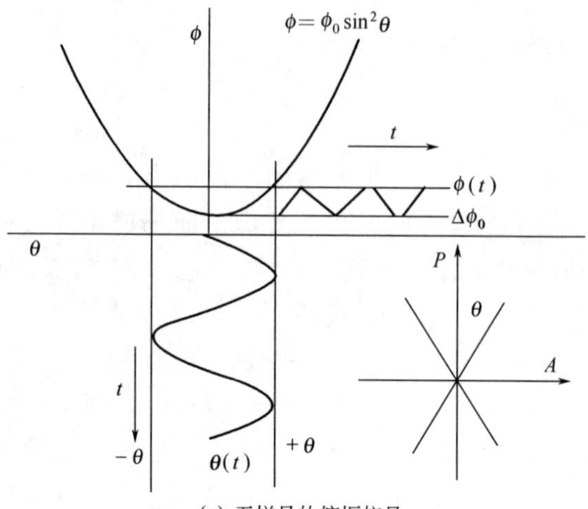

(a) 无样品的偏振信号

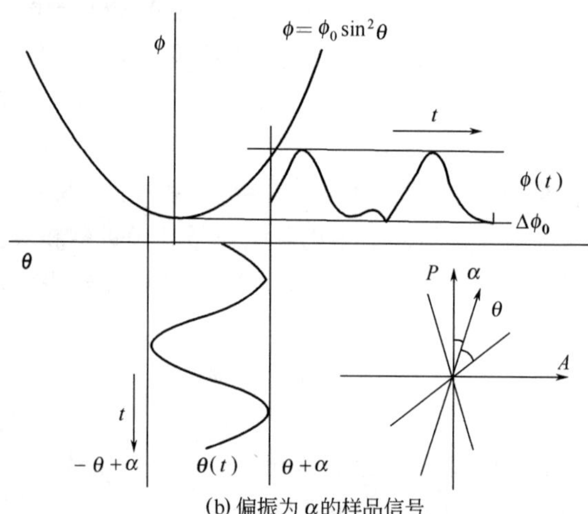

(b) 偏振为 α 的样品信号

图 7-6　旋光检测器工作原理的说明

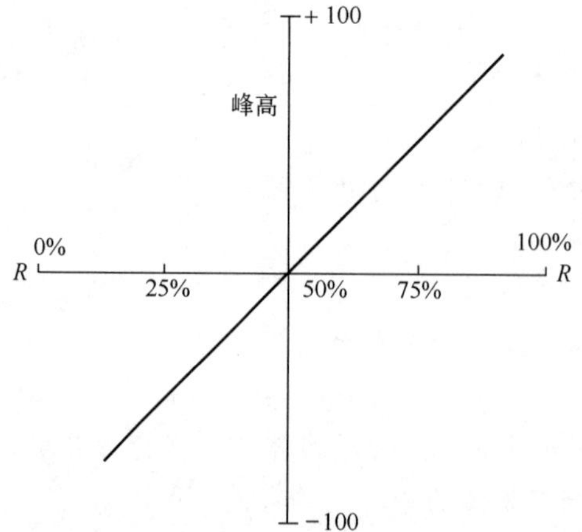

图 7-7　典型的旋光检测器校正曲线 R 为对映体的相对比例

由于仪器给出的旋光信号只代表该浓度时两种旋光对映体的比值，因此当两者比例趋近相等时，旋光读数减小，直到完全消旋时，旋光值等于零。为此要得到化合物的总浓度，需要与常规的液相色谱检测器紫外-可见光检测器或示差折光检测器等串联使用，同时给出两种信号：旋光信号和常规检测器信号。旋光检测器及常规检测器的信号与浓度的关系为

$$\alpha \propto c(2x-1), \quad A \propto c$$

综合起来，$\frac{\alpha}{A} \propto 2x-1$

将样品与标准品的检测器响应加以比较，可以得出如下关系：

$$\frac{(\alpha/A)_{样}}{(\alpha/A)_{标}}=\frac{2x_{样}-1}{2x_{标}-1} \tag{7-2}$$

（二）基本结构

图 7-8 是旋光检测器结构的方框图。

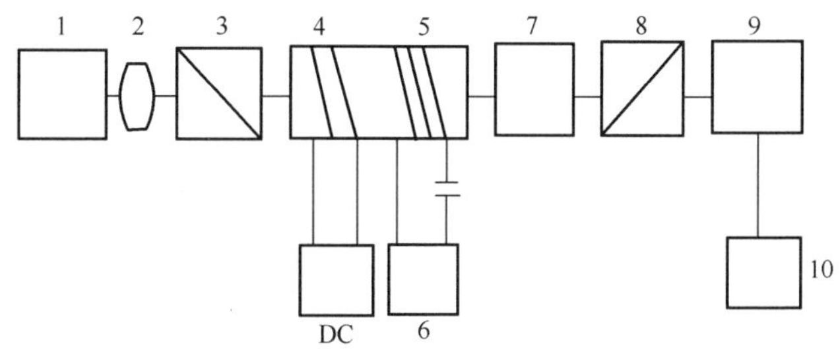

图 7-8　液相色谱用旋光检测器结构示意图

1—二极管激光器；2—透镜；3—起偏振器；4—校正器（由直流电源供电）；5—调制器；6—音频功率放大器；7—液相色谱检测池；8—检偏振器；9—光敏二极管；10—锁相放大器

采用能提供稳定发射功率的二极管激光器作为旋光器的光源，光源发射波长为单一波长 820nm，功率为 2mW。用焦距为 35mm 的透镜将光线聚焦，光线通过透镜后，经过起偏振镜将其转变为偏振光。偏振光通过校正器校正、法拉第调制器调制，到达液相色谱旋光检测池。该检测池大小与紫外吸收检测池大小相当。然后由检偏器检出偏振信号。起偏器和检偏器均是由格兰-泰勒方解石晶体制成的。硅光敏二极管将光信号转变为电信号，与锁相放大器的电流前置放大器连接。

旋光检测器对手性化合物检测的专属性好。激光光源的波长适用于各种化合物，无需与吸收带的波长相符合。新的检测器采用激光功率更强（30mW）的二极管激光器作为光源；由于激光束发散度小，可以采用小孔径长光程检测池，提高了检测灵敏度。定量的线性范围 50～50mg/mL，对盐酸麻黄碱和果糖的检出限分别为 1.0μg 和小于 100ng。

（三）应用

常规的手性化合物液相色谱法有其局限性，在应用上受到一定限制，而使用旋光检测器则不受这些限制。不改动原来的液相色谱系统——无需采用手性色谱柱和手性流动相及一定的手性衍生手段，只要在所用的检测器前或后再串联一个旋光检测器，即可实现对手性对映体的测定。因此，旋光检测器逐渐引起人们的重视，目前已有多方面的应用。

1. 药物分析

随着人们对手性区分在药物及药物代谢动力学中的重要性的逐渐认识，手性药物的分析显得十分必要，尤其是对大分子药物对映体的定量、在药物及代谢体液中痕量旋光活性杂质的测定等。

消炎药布洛芬以其消旋体给药，在体内非生物活性异构体(*R*)-(－)-布洛芬可转为有效的（*S*)-(＋)-布洛芬形式，药效因此与实际给药情况不同。布洛芬在体内的准确代谢情况和药物代谢动力学可借助测定布洛芬的总量及其对映体的纯度得到。在常规分离条件下，应用旋光检测器可以得到满意的结果（图 7-9)。

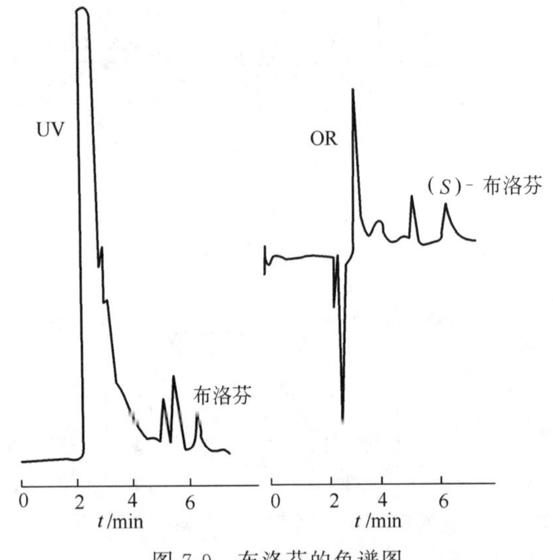

图 7-9　布洛芬的色谱图

色谱柱：C_{18}

流动相：$MeOH-H_3PO_4$（0.04%）水溶液（体积比＝80∶20）

流量：1mL/min

检测器：紫外检测器，λ＝240nm

应用反相液相色谱和旋光检测器-紫外吸收检测器测定麻黄碱和假麻黄碱对映体的纯度[14]。尽管咳出物样品中有含量为70%的手性赋形剂，样品只需要简单的稀释、过滤处理，就可以测定其中（1S，2S)-(＋)-假麻黄碱盐酸化物的摩尔分数。反相液相色谱分离商品样品中的红霉素 A、B、C，由于羰基的紫外吸收弱，所以使用旋光检测器和示差折光检测器进行测定，检测限可达12ng。类似地，应用旋光检测器和示差折光检测器联合测定了两种青霉素类似物。使用反相离子对色谱分离氨基苷抗生艮他霉素的所有4种主要成分，旋光检测无需紫外或荧光衍生反应，色谱图见图7-10，图7-11给出了4种成分的结构，表7-1给出了不同成分的浓度及旋光性[15]。

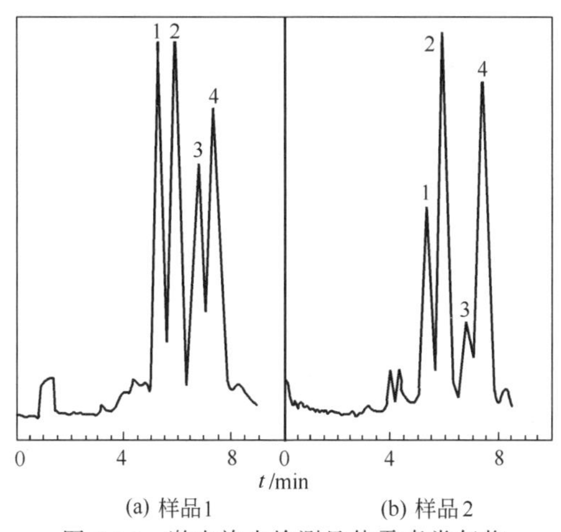

(a) 样品1　　(b) 样品2

图7-10　激光旋光检测艮他霉素类似物

1—C_{1a}；2—C_2；3—C_{2a}；4—C_1

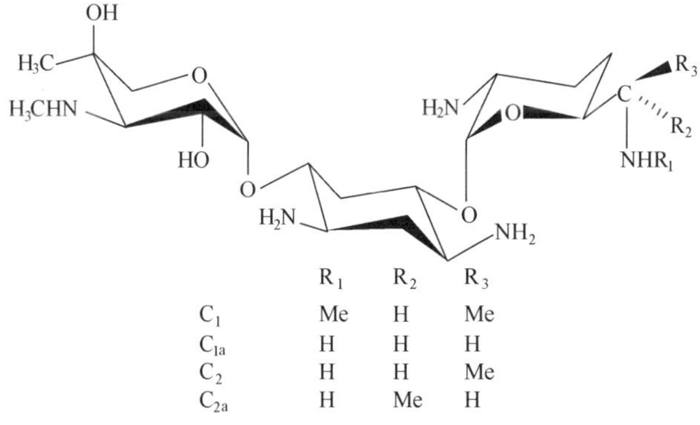

图7-11　艮他霉素的结构

表7-1　4种艮他霉素的浓度及旋光性

化合物	浓度 w/%	$[\alpha]_{633}$/(°)mL·g^{-1}·dm^{-1}
混合物	100	116.8
艮他霉素 C_1	22.4	132.8±0.9
艮他霉素 C_{1a}	29.8	106.9±1.8
艮他霉素 C_2	16.1	143.5±3.1
艮他霉素 C_{2a}	31.7	98.4±1.8

2. 食品分析

旋光检测器在天然与人造食品的鉴定中十分有用。天然果汁及苹果汁中的苹果酸均为 S-(－)-型，反相液相色谱或离子交换色谱分离，用旋光检测器-紫外吸收检测器测定样品中的对映体含量即可判断掺假的程度，省去了以前必备的免疫分析方法。图 7-12 给出了梨汁中苹果酸的分离色谱图[16]。苹果酸的总浓度是 5.7mg/mL，其中 S 型占 75%，可以认为该梨汁不是完全的天然果汁。同样，该法还可用于香精中柠檬烯及萜烯类化合物的分析，以及饮料中蔗糖与果糖的分析，进行掺假鉴定。另外，利用旋光检测器非常高的灵敏度可以测定深色糖浆中的糖含量，免去普通旋光计测定时需要的繁杂手续。

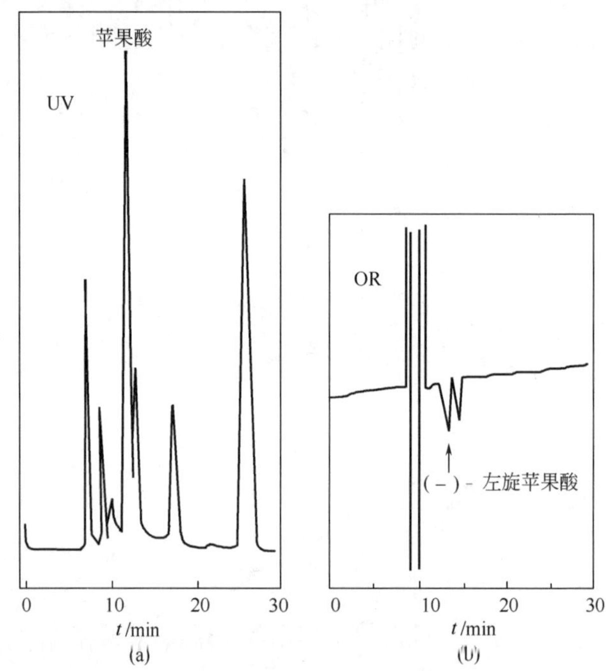

图 7-12　梨汁中苹果酸的 UV 和 OR 色谱图

色谱条件：球形 C_8 柱，250mm×4.6mm（内径）

流动相：0.0033mol/L H_2SO_4 水溶液；流量：0.35mL/min

3. 农药及其它分析

使用旋光检测器进行具有旋光活性农药的日常质量控制，与其它手性色谱分析方法相比，具有更多的优点，对一些杀虫剂的成功测定证实了这点。环糊精(CD) 没有紫外发色团，用 RI 检测灵敏度不高，而使用旋光检测则较为理想。以乙腈-水作流动相，氨基键合固定相测定了一种药物传递络合剂羟丙基-β-CD。

手性化合物的生产方法，可用酶与消旋混合物中的一个对映体进行选择性反应，或将前手性底物转变为光学活性产物。常用的方法是将产物分离后，再用手性柱分析测定，或在手性位移试剂存在下，用核磁共振法测定。但这些方法烦琐费时，结果不确定。另外，在用酶进行分析时，两种对映体均与酶反应，只是反应速率有所不同，因此如何在所需的对映体达到最大值时停止反应是一个待解决的问题。利用旋光检测器与液相色谱系统结合筛选酶，灵敏、快速、有效。在脱氢酶拆分二环酮类混旋体系中，样品以一定时间间隔取样进行色谱分析，以旋光色谱峰的相对峰面积除以产物或底物的量为相对旋光度，若只有一种对映体反应，则产物的相对旋光度应为常数，底物的相对旋光度从零增加，达到一恒定值；如果两种对映体都有反应，产物的相对旋光度将达到一个最大值而后下降。上述方法可用于酶的快速筛选及有效地监控酶反应过程、研究反应条件的影响等。

激光旋光检测器，尤其是在与 UV 或 RI 串联使用时，在液相色谱分离手性化合物方面发挥着重要作用。对于有标准品的手性化合物，使用非手性液相色谱法就可以检测；如果没有标准品，只要两种对映体的含量不是完全相等，就可以检测。今后旋光检测器在质量控制和不对称合成方面的应用会有一定发展。

二、圆二色检测器[17]

常用的手性检测器除了旋光检测器外，还有圆二色检测器（circular dichroism detector，CD）。

（一）检测原理

如果旋光活性物质含有生色团，对特定波长的入射光有吸收，且当该物质对左、右圆偏振光的吸收能力不同时，则造成透过的左、右圆偏振光不仅速度不同，而且振幅也不一样，因此叠加产生的偏振光将不再是平面偏振光，而是椭圆偏振光，这种现象称为圆二色性。圆二色检测器的响应信号正比于旋光物质对左、右圆偏振光的吸收差。CD 量定义为：

$$\Delta\varepsilon=\varepsilon_L-\varepsilon_R \tag{7-3}$$

式中，ε_L 和 ε_R 分别是物质对左旋偏振光和右旋偏振光的摩尔吸收系数。对上式两边分别乘以路径长度 b 和溶液浓度 c，得到

$$\Delta A=\Delta\varepsilon bc=\varepsilon_L bc-\varepsilon_R bc=A_L-A_R$$

因为

$$A_L=\lg\left(\frac{I_{0,L}}{I_L}\right)=\varepsilon_L bc$$

$$A_R=\lg\left(\frac{I_{0,R}}{I_R}\right)=\varepsilon_R bc$$

则

$$\Delta A=\lg\left(\frac{I_{0,L}}{I_L}\right)-\lg\left(\frac{I_{0,R}}{I_R}\right)$$

式中，I_0 是入射光强度；I 为透射光强度；A 为吸光度；下角 L、R 分别代表左旋偏振光和右旋偏振光。

$$\Delta I = I_R - I_L \qquad \Delta I_0 = I_{0,L} - I_{0,R}$$

可以得到
$$\Delta A = \left(\frac{1}{2.303}\right)\ln\left[\left(1-\frac{\Delta I_0}{I_{0,R}}\right)\left(\frac{1}{1-(\Delta I/I_R)}\right)\right]$$

如果 $\Delta A \ll 1$，则 $\Delta A = \left(\frac{1}{2.303}\right)\left(\frac{\Delta I}{I_R} - \frac{\Delta I_0}{I_{0,R}} - \frac{\Delta I_0 \Delta I}{I_R I_{0,R}}\right)$

类似地，I_R 可以写成 $I_R = \left(\frac{I_{0,R}}{1+2.303A_R}\right)$，代入上式，忽略不重要的项 $\Delta I_0 \Delta I / I_R I_{0,R}$，得到

$$\Delta I = \frac{2.303\Delta A I_{0,R} + \Delta I_0}{1+2.303A_R}$$

当 ΔI 较小时，可以将上式中的下标 R 忽略掉，即将吸收用平均值来代替；如果 A 较小，并设 $\Delta I_0=0$，上式可简化为

$$\Delta I = 2.303\Delta\varepsilon b c I_0 \tag{7-4}$$

式中，ΔI、b、c、I_0 都是实验中可测得的量，这样就可以确定 $\Delta\varepsilon$ 了。$\Delta\varepsilon$ 是随入射偏振光的波长改变而变化的。以 $\Delta\varepsilon$ 为纵坐标，λ 为横坐标作图，便得到圆二色谱。由于 $\Delta\varepsilon$ 绝对值很小，常用摩尔椭圆度 $[\theta]$ 代替，$[\theta]=3300\Delta\varepsilon$。圆二色谱可以提供许多分子的结构信息，用于手性分子的结构测定，判断分子的绝对手性，获得对映体的淋洗顺序，常用在生物高分子蛋白质、核酸、糖等的构象研究中。圆二色谱的扫描需要一定时间，常常要 HPLC 系统停流才能获取。

圆二色检测器较旋光检测器具有更高的选择性。旋光检测器对手性化合物的响应有些类似于示差折光检测器对一般化合物的响应原理，两者都是基于折射率的差异，且旋光检测器对旋光活性化合物而言，是通用型检测器；两种检测器都是中等灵敏度的检测器；对由于温度和泵的脉动、溶解气体等造成的压力改变而导致的流动相折射率变化非常敏感。而圆二色检测法同样可与紫外吸收检测相比，既有相似之处，又有不同（表 7-2）。

表 7-2　不同检测器的对比[18]

检测器类型	检测限/g	测量的物理原理	适用范围
示差折光检测器	7×10^{-8}	被测物与流动相的折射率不同	普遍适用
旋光检测器	5×10^{-5}	左、右圆偏振光在被测物介质中的折射率不同	具有可测旋光活性的手性分子
紫外吸收检测器	10^{-10}	被测物对紫外光的吸收	具有紫外发色团的分子
圆二色检测器	$9\times10^{-9}\sim2\times10^{-5}$	被测物对紫外圆偏振光的吸收不同	同时具有旋光活性和紫外发色团的分子

（二）基本结构

圆二色仪和旋光计一样在选择上具有优势。但它的困难是商用的 CD 仪不能达到检测 LC 流出物中样品浓度所需的灵敏度。有人将 LC 和用于静态模式的 CD

仪结合起来，对 L-色氨酸的检测限为 3mg。在旋光计中，偏振器的质量是决定其灵敏度的关键。但在 CD 中，由于它本质上是一种吸收型检测器，光源的强度涨落成为噪声的一个主要部分，所以 CD 仪要求有很好的强度稳定的激光光源。通常，用一个固定波长的激光器要简单些，并且，除非利用了停流技术，单波长检测对一类 CD 活性物质来说是很好的选择性检测系统。

如图 7-13 所示，氩离子激光器的波长为 488nm 的光线通过焦距为 33cm 的透镜输出。来自透镜的激光分别通过电光调制器、菲涅尔棱镜，聚焦于检测池（长 2cm，体积 40μL），最后在光电探测器上发散为一个较大的光斑，探测到的激光功率通常为 20mW。来自探测器的信号被送到一高频锁相放大器，然后被记录下来。电光调制器的工作频率为 500kHz；通过调制，泡克耳斯盒在调制频率的上半周产生右旋圆偏振光，在下半周产生左旋圆偏振光。最佳信噪比达 6×10^5，这种装置的灵敏度比以前的装置提高了 30 倍。

图 7-14 显示了用该 HPLC-CD 检测系统对由三种金属化合物组成的混合物的检测结果，并且与紫外吸收色谱图进行了对比。在$[Co(NH_3)_5Cl]^{2+}$流出之前，两图中均存在着溶剂干扰。由 CD 谱图计算的该装置对 Co 与乙二胺的络合物（+)-$Co(en)_3^{3+}$ 的检测限为 3ng(1s 的时间常数)。CD 谱图中，在其它两个化合物的流出

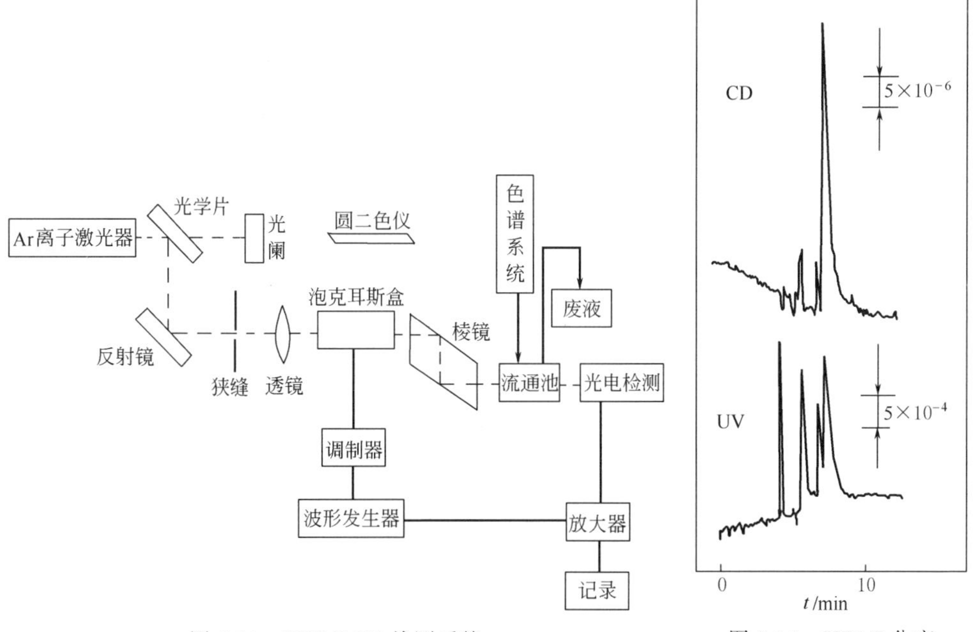

图 7-13 HPLC-CD 检测系统

图 7-14 HPLC 分离 $[Co(NH_3)_5Cl]^{2+}$、$[Cr(NH_3)_6]^{3+}$ 和(+)-$Co(en)_3^{3+}$ 的色谱图

时间上出现的两个峰不是由于CD活性引起的，而可能是由于在吸收最大时的热透镜效应引起的。热透镜效应会引起激光束相对于光电二极管的偏移。采用10s的时间常数时，得到一个更加平滑的分析物峰，检测限为20ng，检测限时的吸收差ΔA为5.0×10^{-7}，但同时得到的溶剂峰也更大。如果是采用微柱分离(1mm内径，25cm长，5μm C_{18}柱)，检测池体积也相应减小。对1cm长、2.6μL的检测池，(+)-$Co(en)_3^{3+}$的检测限为5.6ng。

（三）应用与发展

1. 蛋白质构象分析[19]

高效液相色谱由于具有操作简单、分辨率高、回收率好等特点而成为蛋白质分离的最常见、最方便的方法之一。近来在蛋白质分离过程中可保持其生物活性的特点得到越来越多的重视。由于生物活性与蛋白质的构象相关，尽管CD很少给出绝对的结构信息，但它对生物高分子构象的变化特别灵敏。如果一个CD谱图以任何方式改变，则一定有构象上的变化。而其它检测器都不能反映出这种变化。CD检测相对低分子量的手性化合物有很多优点，但与蛋白质的二级结构相关的190～220nm圆二色谱图的获取有些困难，这是由于背景吸收较大。圆二色检测的灵敏度不是特别令人满意。

一个HPLC-CD分离检测蛋白质的装置是采用光束聚光镜（熔融的硅胶透镜）将光束聚集到1mm光径长、19μL大小的流通池上，提高了入射光的利用率。流出物先经紫外吸收检测器280nm检测，再在220nm圆二色检测。图7-15给出了两种检测得出的色谱图。UV图反映了每个蛋白质的量；CD图给出了一定的构象信息，220nm适于检测蛋白质的螺旋结构和β-构型。图7-16是采用停流技术获取的四种蛋白质的CD谱图，它们的检测限分别为：铁蛋白27μg/mL、铁转移蛋白6.4μg/mL、肌红蛋白4.3μg/mL和核糖核酸酶A 16μg/mL。进一步提高光源能量，检测灵敏度也将会得到提高。

2. 圆二色检测的三维色谱图[20]

以前的HPLC-CD系统常需要停泵才能获取一段波长范围的CD谱图，停流具有很多缺点，不利于实现分析的自动化。HPLC-UV系统是采用光电二极管阵列或电荷耦合器件(CCD)实时采集UV光谱，得到光谱、色谱的三维谱图；类似地，HPLC-CD系统新的发展是在流通池后，使用色散仪和CCD作为多通道传感器，代替商用CD仪在流通池前的单色仪和池后的光电倍增管(图7-17)。该装置能在一段时间范围内同时测量CD和UV吸收谱，不停流得到ΔA-波长-时间的三维谱图。图7-18是分离检测(±)-螺二[2*H*-苯并吡喃]的三维CD色谱图。通过计算机处理，能同时获得三维UV色谱图(图7-19)。除此之外，还可以得到一定固定波长下的CD和UV色谱图及某一组分流出最大量时的CD及UV光谱图。一次数据采集能获取众多信息。缺点是一次CD谱图扫描时间为9s，无法适应快速分析的要求，有必要进行改进和提高。

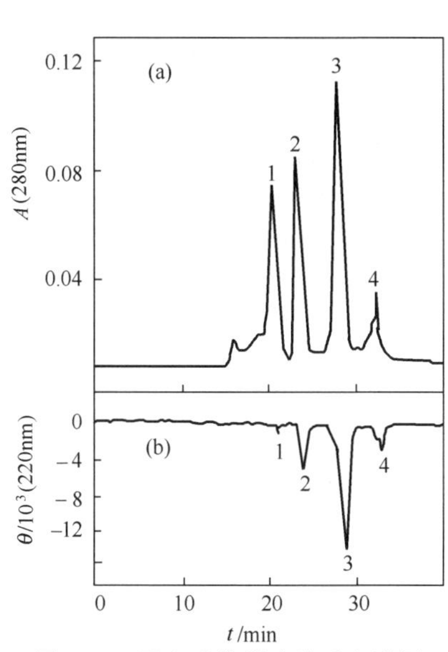

图 7-15　蛋白质的凝胶渗透色谱图

(a) UV 吸收色谱图；(b) CD 色谱图

色谱柱：GS-510

流动相：50mmol/L 三羟甲基氨基甲烷-HCl (pH 7.2)，流量 1.0mL/min

圆二色条件时间常数：4s

色谱峰：1—铁蛋白；2—铁转移蛋白；3—肌红蛋白；4—核糖核酸酶 A

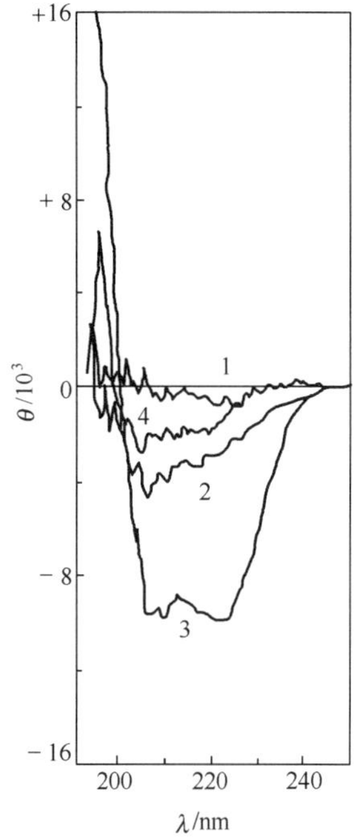

图 7-16　蛋白质的 CD 谱图

时间常数：4s

扫描速度：20nm/min

色谱峰：1—铁蛋白；2—铁转移蛋白；3—肌红蛋白；4—核糖核酸酶 A

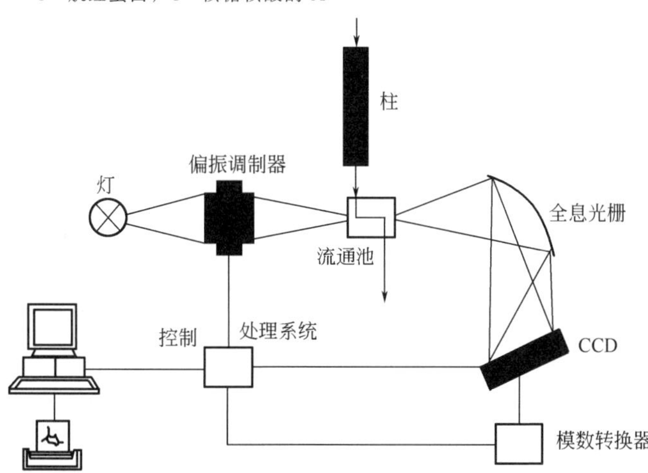

图 7-17　不停流的 HPLC-CD-UV 系统

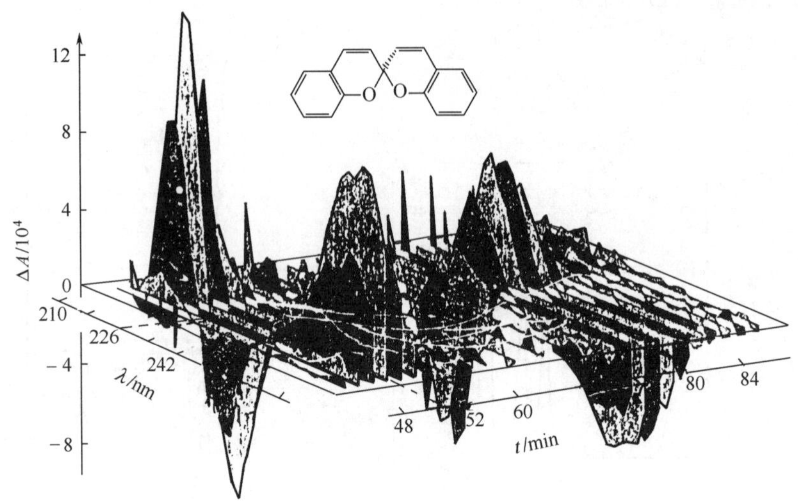

图 7-18 (±)-螺二[2H-苯并吡喃]的三维 CD 色谱图

t=52min 时，流出物为（+）型；t=80min 时，流出物为（−）型

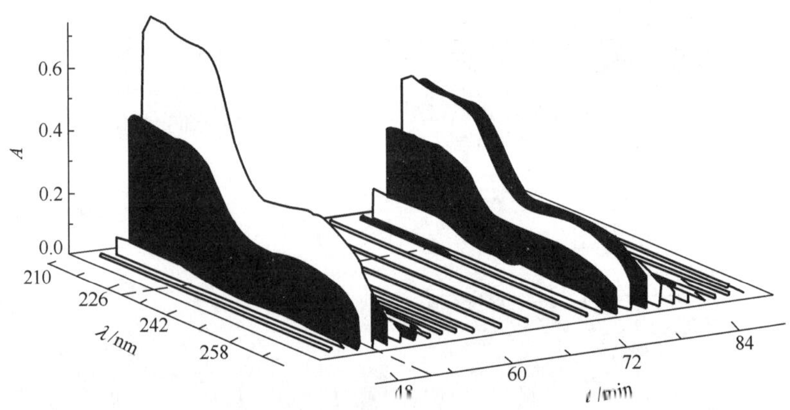

图 7-19 (±)-螺二[2H-苯并吡喃]的三维 UV 色谱图

3. 热镜-圆二色检测（TL-CD）[21]

圆二色检测的一个缺点是灵敏度不高（ΔA 的最小检测量为 10^{-4}）。一个理想的检测器不但能产生溶质完整的 CD 光谱，而且能提供与现行色谱检测相当的灵敏度。这个要求限制了传统 CD 仪作为液相色谱检测器的广泛应用，因此发展能够测定手性流出物的高灵敏 CD 色谱检测器非常必要。一种新型的热镜-圆二色检测器的检测是基于衡量物质对左旋和右旋偏振光顺序吸收光热效应产生的热能差异。由于是吸收能量被直接衡量，该仪器的灵敏度相对高于传统的透射光测量技术。而且使用激光器作为激发和检测光源，允许很小的样品检测体积。光学活性 $[Co(en)_3]^{3+}I_3^-$ 络合物的最小检测量为 5ng（检测体积 8μL）。

图 7-20 是 TL-CD 检测系统的结构图。70-2Ar^+激光器产生的激发光源，经格兰-汤姆逊棱镜偏振器转变成完全线性偏振光，然后经电光调制器转变成圆偏振光。电光调制器由高压电源控制，电源周期性地产生两种不同的电压输出 V_1、V_2，与之对应，进入电光调制器的线偏振光分别被周期性地调制为左旋偏振光和右旋偏振光。被调制的激发光束在样品池中被部分吸收，在样品池中产生热透镜效应。由于手性化合物对左旋偏振光和右旋偏振光的吸收不同，样品池中的热透镜效应也随时间周期性地变化，这种变化使通过样品池的探测光束的强度也随之变化。光电二极管检测出探测光束的强度，经锁相放大器后，由记录器保存信号。

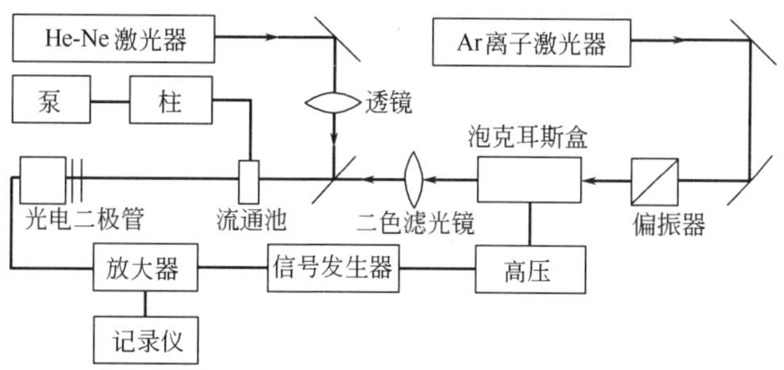

图 7-20　液相色谱的 TL-CD 检测

图 7-21 是 TL-CD 检测 $Co(en)_3^{3+}$ 的左、右旋光异构体的色谱图。此外，检测器还提供了溶质的光学活性，保留时间短的负峰是(－)-$Co(en)_3^{3+}$，保留时间长的正峰是（＋）-$Co(en)_3^{3+}$。以 6mW 的 514.5nm 激发光束为激发光源，$Co(en)_3^{3+}$ 的检测限为 7.2ng，线性范围 $2.5\times10^{-5}\sim2.5\times10^{-3}$mol/L。

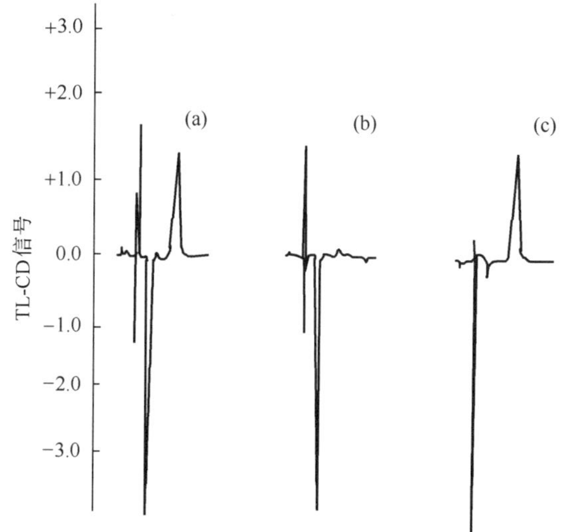

图 7-21　TL-CD 检测 $Co(en)_3^{3+}$ 的左、右旋光异构体的色谱图

(a) 混合物；(b) (－)-$Co(en)_3^{3+}$；(c)(＋)-$Co(en)_3^{3+}$

第四节　分子量检测器[22,23]

1964年建立的凝胶色谱法，在高聚物分子量分布的测定技术和分析速度上是一个突破，已成为该项测定的主要方法，为研究高分子材料的结构与性能的关系提供了有力的工具。在此之前，经典的分子量测定方法是直接分级法，即用逐步沉淀或逐步溶解的方法对试样按分子量进行分级，整个过程需要多次平衡，一般测定一个试样需一个月左右的时间。另外一种间接超离心沉降速度法，是在离心力场下测定高分子溶液的沉降系数分布，然后从沉降系数与分子量的关系得到分子量分布。由于仪器条件的限制，应用有限。凝胶色谱是一种用溶剂作流动相，具有一定孔径的多孔性填料或凝胶作分离介质的柱色谱，试样在色谱柱中按分子尺寸大小分开（对均聚物来说，按分子尺寸也就是按分子量）。目前，凝胶色谱主要应用于高聚物和蛋白质的分离，可用来测定分子量从一百以下到几百万这样宽分子量范围的分子。测定高聚物的分子量分布时，需要在色谱柱出口处放置两个检测器。一个检测浓度，一个检测分子量。两个检测器的信号同时输入记录仪，可以得到反映分子量分布的色谱图。最常用的浓度检测器是示差折光检测器，此外还可用紫外吸收检测器等。质谱检测器为应用最为广泛的一类分子检测器。分子量检测方法有两种：间接法和直接法。

一、间接法检测器

间接法即体积指示法。凝胶色谱法是按分子尺寸大小来分离的，试样中分子尺寸最大的不能进入填料孔中，最先流出；分子尺寸小一些的，能扩散到较大的孔，洗出慢些；分子尺寸最小的可以出入所有的孔，最后洗脱出来。因此，试样中各组分的洗脱体积取决于组分分子大小和填料孔径分布，分子间作用力不是分离的主要因素。对给定的色谱柱来说，一定大小的分子必然在一定洗脱体积时洗出。如果用已知洗脱体积的标样标定好色谱柱，得到一系列分子量与洗脱体积的关系。对未知试样，只要测得洗脱体积，按照上述分子量与洗脱体积的关系，即可间接得到试样分子量。该方法简易可行。

在一定条件下，洗脱体积 v_e 和高聚物分子量 M 之间，有以下关系：

$$v_e = K_1 - K_2 \lg M \tag{7-5}$$

式中，K_1 和 K_2 是常数。只要经过标定，淋洗图谱中由体积指示器所得毫升数，就可代表高聚物的分子量。体积指示器就是凝胶（渗透）色谱的相对分子量检测器。

按体积指示方式的不同，体积指示器可以分为以下几种类型：

1. 虹吸管体积指示器

虹吸管体积指示器是使用最广泛的一种体积指示器，结构简单、制作方便、定量准确性较高。它的检测原理是以一定体积的虹吸管连续接收洗脱液，当光束通过空虹吸管或通过积满溶液的虹吸管时，其光强会发生变化。光强信号由光电二极管检测，再经放大器输出一脉冲信号至记录仪，在色谱图上得到标记。虹吸管体积指示器的缺点是：①对挥发性较大的溶剂造成的体积指示相对误差大，如果采用密封设计可以减少测定误差；②当虹吸管液体滴满时，就要释放液体，释放后总有一段液体又回到虹吸管内，而每次回到虹吸管内的液体，由于各种条件的影响会略有区别，因此计量准确性尚有不足；③通常所用的 5mL 体积指示器只能是一种近似体积。

2. 计滴型体积指示器

测量是通过在计滴器中的一个光电转换器直接记录液滴数来实现的。钨灯光源发出的光经透镜等一系列光学元件照在接收元件上。当液滴通过光路时，光受到瞬间阻挡，使光强发生变化，产生一个脉冲并输入计滴器，滴数被记录显示出来。该设备使用方便，记滴准确，自动化程度较高。由于不同液体的黏度值不同，同样液滴数所表现出来的实际体积数也各不相同。另外，液体的黏度值受环境温度影响很大，也对实际体积数产生一定影响。

3. 其它类型体积指示器

有一种电子体积指示器的液体体积计量非常准确。它是通过循环往复在脉冲分割器中不断地储存热脉冲信号，然后利用选择开关按 2^n 从脉冲分割器中取出热脉冲信号作为体积指示的。另外，还有以保留时间作为体积标记的直接记录保留时间法。两种方法均要求输送系统流量稳定，否则误差大。

体积指示器不仅指示流出体积，同时还可监视系统的堵、漏及流速变化情况。商品凝胶色谱仪的分子量检测器常常采用体积指示器。用这种间接的分子量检测方法虽然简易可行，但也有一些在实验上和数据处理上需要解决的问题。例如在标定色谱柱时用的高分子标样应该是窄分布的或者分子量分布是精确已知的，需要用特殊方法予以制备，但合成这类标样较困难。而且因为是相对检测方法，在测定试样时原则上需使用同类标样来标定色谱柱，因而也有不便。为此提出了一种流体力学体积标定方法，具有一定的普遍适用性。即用一种标样（常用窄分布的聚苯乙烯）所做的标定曲线（普适标定曲线）用于其它高聚物的分子量分布测定，但是要求知道被测高聚物在该体系条件下的特性黏度（$[\eta]$）-分子量（M）关系式，方能计算。另外，从标定曲线把色谱图换算成分子量分布时，由于峰加宽效应的存在，还需要对数据进行峰加宽的校正。因此，直接测定流出液的分子量是很必要的。再有，虽然凝胶色谱的分析速度比起经典的沉淀分级法提高了数百倍，然而测定一个样品仍要 3～5h。所以凝胶色谱向高速和绝对测定方法发展已经成为进一步改进的方向。

二、直接法检测器

根据凝胶色谱流出物浓度稀、随时间变化快的特点，需要快速检测。目前直接法使用的检测器有自动黏度计检测器和小角度激光散射检测器。

（一）自动黏度计检测器

自动黏度计检测器，有两种不同的形式。

1. 间歇式黏度检测器

该种检测器是将流出液分割成等体积的级分，自动输入黏度计中，自动进行测定并将测定的结果变成电讯号，输入记录仪记录下来。

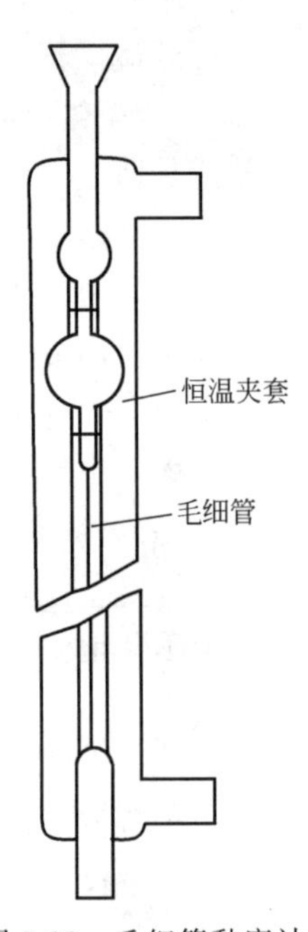

图 7-22 毛细管黏度计

图 7-22 是由两个上下连接的玻璃球组成的毛细管黏度计，毛细管直径和长度选择使溶剂的流出时间 t 为 100s 左右。将黏度计接到虹吸管出口处，并置于温度在 0.01℃的恒温水浴中。凝胶色谱流出液从虹吸管流下时，充满两玻璃球。液流到达下玻璃球的上刻度线时，通过第一光电管开始记录时间，流经下刻度线时，通过第二光电管停止记录时间。这种设计测定每虹吸一次流出物流经毛细管黏度计的流出时间。间歇式黏度计测定间隔取决于虹吸管体积。根据溶液的黏度与纯溶剂黏度的比值，即相对黏度 η_r，正比于溶液的流出时间 t_i 与溶剂的流出时间 t_0 之比 $\left(\eta_r=\dfrac{t_i}{t_0}\right)$，以及浓度很稀时，高聚物溶液的特性黏度 $[\eta]$ 等于增比黏度 η_{spi} 与溶液浓度 c_i 之比，故

$$[\eta]_i=\frac{\eta_{spi}}{c_i}=\frac{t_i-t_0}{t_0\cdot c_i}=\frac{t_i-t_0}{t_0}\cdot\frac{V}{V_i}\cdot\frac{V_0}{m} \tag{7-6}$$

式中，V_0 为虹吸管的体积；m 为高分子样品进样量；V 为流出物的总体积；V_i 为虹吸一次的体积。

由于浓度检测器和虹吸管之间存在死体积，以及虹吸管不可能流尽，会产生组分混合等问题，影响结果的准确度。间歇式黏度计结构简单，但只适用于检测分子量分布较宽的高聚物。

2. 连续式黏度检测器

连续式黏度检测器是由一根不锈钢毛细管加上一个灵敏的压力传感器构成。黏度计接到浓度检测器的出口处，测定流出物流经毛细管的压力降，是根据液体压力降低值与高分子溶液黏度的定量对应关系而进行检测的。它的特点是能连续测定。同时记录浓度和压力差谱图，由于流体通过毛细管的压力降正比于流体

黏度，

即
$$\Delta P = K\eta$$

式中，K 为仪器常数，该值与流速、毛细管长度和半径有关。当流速不变，毛细管几何形状一定时，溶液的压降 Δp_i 与溶剂的压降 Δp_0 之比等于溶液与溶剂的黏度之比，即

$$\frac{\Delta p_i}{\Delta p_0} = \frac{\eta_i}{\eta_0}$$

因此，凝胶色谱流出液任一级分的特性黏度，都可以写成

$$[\eta]_i = \left[\ln\left(\frac{\Delta p_i}{\Delta p_0}\right)_i \Big/ c_i\right]_{c \longrightarrow 0} \tag{7-7}$$

该组分的浓度 c_i 值可以通过浓度检测器获得。

图 7-23 是一种商品凝胶色谱仪连续式检测器的结构示意图。连续式检测器由于它的连续性，能实时检测分子量，可以与计算机联用快速处理数据。因为流速和温度的变化将直接影响压力降，因此在使用过程中要求有十分稳定的流速和精密的恒温条件。

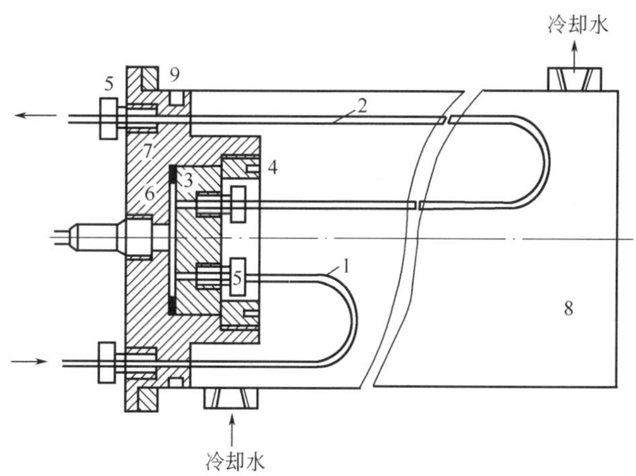

图 7-23 不锈钢毛细管黏度计

1—不锈钢连接管；2—毛细管；3—压力池上的压板；4—上压板固定环；5—接头；6—压力池室；7—压力传感器；8—恒温槽；9—恒温槽 O 形密封圈

高聚物溶液的$[\eta]$与分子量之间存在着定量关系：

$$[\eta] = KM^{\alpha} \tag{7-8}$$

根据被测的黏度值，如果已知高聚物的参数 K 和 α 值，分子量可以直接从上式中计算得到。黏度检测器与凝胶色谱的联用扩大了测定高聚物的范围，即使被测高聚物在给定温度和溶剂条件下没有 K 和 α 值，也可以从普适标定曲线求得分子量分布。因为

$$[\eta_1]M_1=[\eta_2]M_2$$

则

$$M_2=[\eta_1]M_1/[\eta_2] \tag{7-9}$$

分子量从测得的$[\eta]$值换算得到。可以说，黏度检测器仍是一种相对的分子量检测器。

（二）小角度激光光散射检测器

光散射技术测定高聚物的重均分子量（按分子重量统计平均得到的分子量），是当前应用较广的一种方法。过去 20 年来，光散射法应用于高分子的特性分析技术发展得很快。凝胶色谱分离——激光光散射检测器的结合，特别是小角度激光光散射检测器（low-angle laser light scattering，LALLS），不但可以直接测量大分子的绝对分子量、分子旋转半径等数据，还可获得聚合物的分布、分枝率及分子形状等信息，成为一种很有用的分析工具。传统的光散射技术有许多不足之处，如测定的准确度不够高，研究结果仅有局部意义，光散射的实验数据较为复杂，难以达到自动化，也不能进行快速和连续测定等，因而不能成为凝胶色谱的分子量检测器。激光技术的建立和发展，为光散射技术提供了新的光源。激光光散射仪克服了以上许多缺点，能连续自动测定高聚物的重均分子量，成为一种性能优良的绝对分子量检测器。

1. 激光光散射检测器的测定原理

一束光通过介质时，在入射光以外的各个方向也能观察到光强的现象称为光散射现象。其本质是光波的电磁场与介质电子相互作用的结果，是一种二次发射光波。利用在不同角度、不同时间所测得的散射光强度变化，可以了解到微粒的许多性质。

激光光散射检测器的散射光强和重均分子量之间的关系可由下式表示：

$$\frac{Kc}{R_\theta}=\frac{1}{\overline{M}_W}+2A_2c+\cdots$$

式中，K 为仪器常数；R_θ 为瑞利比（表征散射光强与入射光强之比的因子）；$\overline{M}_W$ 为聚合物的重均分子量；A_2 为第二维里系数；c 为溶质浓度。当$c\longrightarrow 0$及散射角 $\theta\longrightarrow 0$ 时，上式可简化为：

$$\frac{Kc}{R_\theta}=\frac{1}{\overline{M}_W} \tag{7-10}$$

仪器常数

$$K=\frac{4\pi^2}{N\lambda^4}\cdot n^2\cdot\left(\frac{dn}{dc}\right)^2 \tag{7-11}$$

根据上式，很容易求得仪器常数 K。c 可从示差折光检测器的浓度曲线计算，对第 i 级分的浓度 c_i：

$$c_i=\left(\frac{m}{\Delta V}\right)x_i/\sum x_i \tag{7-12}$$

式中，m 为溶质的总质量，ΔV 为每一间隔的体积数，x_i 为第 i 级分的峰高。从散射光强度曲线可求得每一级分的瑞利比 $R_{\theta i}$

$$R_{\theta i}=\frac{F_1}{IG}Y_i \tag{7-13}$$

式中，F_1 为衰减倍数，I 为透过光强度，G 为仪器常数，Y_i 为在第 i 级分的峰高。

通过一系列转换，配合其它浓度检测器，就可得到高聚物微分分子量分布曲线，能够连续、实时地表征级分的分子量与含量。如果采用计算机数据处理，不但可简化过程，而且还可通过放大信号提高灵敏度。

2. 小角度激光散射光度计的结构和特点[24]

光源采用 He-Ne 激光器。用激光作光源，光源强度高，允许在很低浓度范围内测量散射光强，一般可至 10^{-6}g/mL。激光光束单色性好，空间相干性好，大大减少了背景的杂散散射光。因此可测定很小角度（2°～4°）的散射光强，角度外推也可忽略。激光光束集中，杂质粒子出现的概率小，溶液的除尘可以减少甚至避免。由于散射体积小，除尘容易，并提高了灵敏度。

图 7-24 中，激光光束通过发散透镜、折叠棱镜后，在 A_1、A_2、A_3 消光片进行衰减，然后由聚光透镜 L_1 和两个光栏（即狭缝）聚焦于样品池 H_2。通过散射角 θ（取决于环形光栏）的散射光（θ 通常很小），由中继透镜 L_2 聚焦到直径很小的光栏 H_4 上。收集的散射光再经滤光片、透镜等到达光电倍增管。

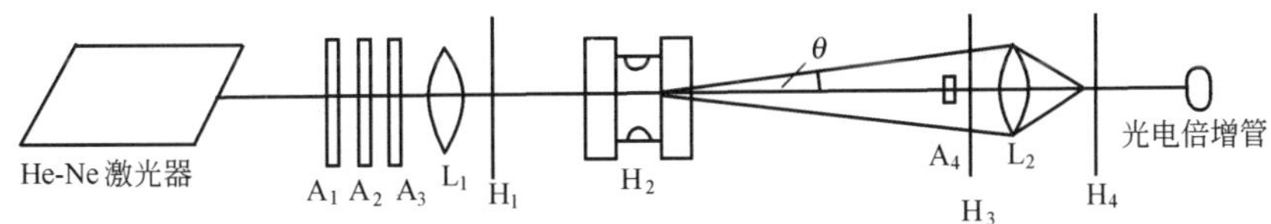

图 7-24　激光光散射检测器光路示意图

只依靠浓度型检测器、普适标定曲线和淋洗体积来获得分子量分布有时是不准确的，因为高聚物分子体积的大小不仅取决于分子质量，它还与分子的化学组成、结构、实验参数（溶剂、温度、压力）有关。光散射技术测定高聚物分子量分布的发展很快。精确的分子量分布测定需要光散射测量角度小，样品浓度低。小角度激光散射检测角度可小于 2°。He-Ne 激光波长为 633nm，虽然散射光强与波长的四次方成反比，但该波长条件下样品对光的吸收和荧光都大大降低，此时纯水的信噪比大于 100。因为入射光强是散射光的 10^9 倍，光路中衰减器（A_1、A_2、A_3）的存在是很必要的。样品池的设计见图 7-25。样品池由中心嵌有黑色聚四氟乙烯的不锈钢样品池体、两块石英窗及进样过滤器构成。池孔直径为 1.5mm，池体积 6μL。

用光散射法测定高聚物的分子量，主要是测定 R_θ 和高分子溶液折射率的浓度

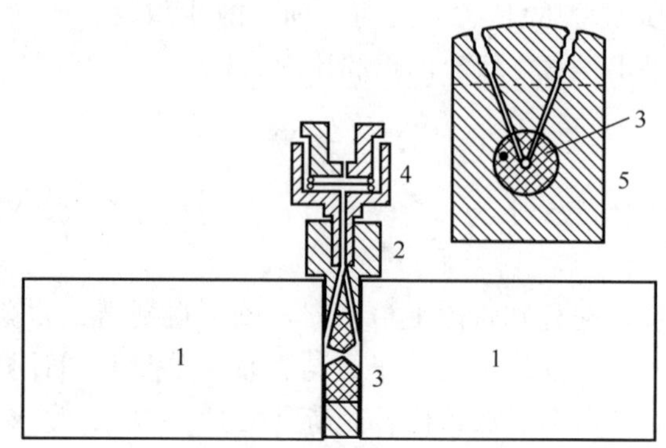

图 7-25　小角激光散射光度计样品池的设计

1—石英窗；2—不锈钢样品池室；3—聚四氟乙烯池；4—过滤器；5—不锈钢池室

依赖值 dn/dc。由于散射光强有角度和浓度依赖性，一般必须测定几个浓度和不同角度下的散射光强，从而得到外推值。小角度光散射检测器的特点是光束集中且准直性好，测量小角度及较稀浓度下的散射光强，可以免去角度和浓度外推。小角度激光散射检测器作为凝胶色谱的分子量检测器，直接测定流出液的重均分子量，无需标定曲线，是真正的绝对方法。而且该检测器能快速、连续测定样品分子量，是理想的分子量检测器。

应该注意的是，为了提高该方法的灵敏度，必须降低杂散光。另外，当激光光散射检测器与凝胶色谱仪联用时，柱后应先接激光光散射检测器，再接浓度检测器。小角度激光光散射检测器中进样过滤器体积应尽量小，以减少级分的混合量。整个系统也应尽量缩短连接管，减小死体积。

（三）激光光散射检测器的发展

光散射强度与分子的大小及分子量有直接的关系，而凝胶色谱能分离不同大小和不同分子量的分子，两者结合不但可以分离测定高分子的分子量，还可以得到许多其它有用的信息，并应用于高分子、生化及动力学等研究范畴。

虽然黏度检测器能有效地检测凝胶色谱流出液的分子量，但当被测试样没有 K、α 值时，仍需求助于标定曲线。小角度激光光散射检测器能实时、有效地测量高聚物的分子量，成为一种商品检测器。但它也有一些不足之处，因为在低角度测量时，由杂质产生的干扰会很大，易受溶液中杂质的影响，所以误差较大。再者它的结构复杂，数据处理繁复。后来出现的单角度激光散射仪（SALLS），将角度固定在 45°或 90°，避开了杂质散射光较强的低角度。

20 世纪 80 年代初，一种多角度激光散射仪（MALLS）以其较高的准确度和精确度（由于单一样品槽和多角度测量大大降低背景噪声，准确度和精确度都高达 99%以上），以及优良的综合性能成为大分子化合物可靠的分析工具。多角度激光散射仪（18 个角度）具有广泛的适用性，无论是分析高温树脂 PP、PE、PS，超高分子量电解质，还是生物大分子蛋白质、多糖，都能迅速、准确地提供绝对分子量数据。分子量测量范围（500～10^9）和分子大小测量范围（10nm～1μm）都很宽。多角度激光散射仪除了可以独立使用外，还能与色谱联用。与 HPLC 联用时，可以说 MALLS 是最理想的在线检测器。

较基本的三角度激光散射仪是在与入射光成 45°、90°及 145°配置三组光电二极管探测器，同时检测不同角度的光散射强度。如果要增加量测的多个角度，在样品槽的两侧以不对称的方式增加光电二极管数目，可达 18 个角度之多。多角度激光散射仪不但可以直接测得大分子的绝对分子量 M_W、M_n（数均分子量）、M_z（z 均分子量）及 R_g（均方根旋转半径）等数据，还可获得聚合物的分布、分枝率及分子的形状等信息，特别是对蛋白质的聚集体结构的分析更为有效。MALLS 还具有相应的温控系统，适于特殊的实验要求，如高温聚合物和低温生物分子等。此外，MALLS 还可对化学反应进行监测，得到某些反应的动力学参数和平衡常数。由于是 3 个以上的多角度同时捕捉散射信号，即使极微弱的信号，如低分子量样品所散射出的信号只比背景值高一些，也可以从不同的角度去撷取，合在一起得到相当准确的结果，这是单角度或者只有两个角度所达不到的。一般传统光散射仪在分子量低于 10000 时测定就比较困难，但用多角度激光光散射仪可以测到分子量达数百的样品，对样品的组成从低浓度高分子量到低分子量高浓度，都解析得很清楚。

第五节　放射性检测器[25,26]

放射性检测器（radioactivity detector）是一种监测液相色谱柱流出物中放射性溶质的装置。由于放射性检测器对放射性化合物（如放射性标记药物）具有较高的选择性，在进行药物动力学和代谢研究中应用广泛。

一、检测原理

放射性溶质中通常含有不稳定的原子核，不稳定原子核会自发地转变为别的原子核，并在转变时伴有射线的发射（α、β、γ 射线），因此通过对射线强度的测量就可以得到放射性溶质的含量。对射线强度的测量可使用气体电离探测器、闪烁探测器或半导体探测器。

气体电离探测器常用的主要有电离室、正比计数室和盖革计数器三大类，是早年应用最广泛的射线探测器。由于闪烁计数器的发展，气体电离探测器在许多方面已被取代，但它们的结构简单，在某些方面，如电离室用于 γ、X 射线的外照射剂量测量，2π、4π正比计数器用于β射线活度测量，端窗式正比计数器用于放射性层析测量等，仍有一定的实用价值。半导体探测器是新发展起来的一种探测器，优点很多，前途不容忽略[27]。

闪烁探测器是基于放射性原子核进行衰变放出粒子（通常是较弱的β发射体），粒子激发闪烁体材料（闪烁体应在适当的位置与放射性溶质接触）。激发态的闪烁体分子通过光子发射的形式退激、释放能量，光子被光电倍增管检测。每秒计数的光子正比于单位体积的放射量，进而可检测出放射性溶质的浓度。闪烁体可以是液体（在柱后与流动相混合）和固体（流动相在其表面流过）。液体闪烁剂的优点是它能够和放射性溶质进行充分的接触，这样大部分放射性核素都能产生光子，计数效率高。固体闪烁体的计数效率比液体闪烁体的计数效率低得多，但使用固体闪烁体的系统能提供更小的有效体积，使用起来更方便。此外，计数效率和测量信号依赖于放射性核素的类型。

例如对^{14}C核素的闪烁测量：

$$^{14}C \longrightarrow {}^{14}N + \beta^-$$

$$^{-}\beta + M \longrightarrow M^*$$

$$M^* + S \longrightarrow S^*$$

$$S^* \longrightarrow S + h\nu$$

放射性^{14}C核素衰变为^{14}N，同时放出0.153MeV β^-粒子，β^-粒子与流动相M作用，得到激发态的溶剂分子M^*。M^*很快将其过多能量传递给闪烁体分子S，产生了激发态闪烁体分子S^*。激发态闪烁体分子S^*放出光子回到基态S。放出的光子量取决于放射能。光子被光电倍增管检测，用脉冲计数。观察到的计数数值取决于检测器中标记化合物的衰变常数Δ和比活性（Ci/mg）。

用于放射性标记的弱β发射体见表7-3。

表7-3 用于放射性标记的弱β发射体

原子核	半衰期/a	衰变常数/s^{-1}	粒子能/MeV
$^{3}_{1}H$	12.26	1.79×10^{-9}	0.018
$^{14}_{6}C$	5730	3.83×10^{-12}	0.156
$^{35}_{16}S$	86.7	9.25×10^{-8}	0.17
$^{32}_{15}P$	14.3	5.61×10^{-7}	1.71

除此之外，也有报道以强的β、α和γ发射体（即^{131}I、^{210}P、^{125}Sb）用于液相色谱，采用盖革计数法和闪烁系统检测。溶剂不被闪烁体作用。

二、离线和在线检测

离线检测是用馏分收集器收集单个馏分的间断测量。有几种测量方式可供选择：在样品引入计数瓶前预先通过自动装置与一定闪烁液混合进行液体闪烁测量；

对高能β射线用契仑科夫计数；把样品直接引入含塑料闪烁珠或蒽晶体的计数瓶内进行固体闪烁计数。

在线检测即连续流动计数法，其灵敏度比离线检测低。在连续流动测量中只能通过增加计数时间来改善信噪比。而增加计数时间又只能通过降低流量来实现，这和快速分离的要求相矛盾。尽管在线检测存在一定缺陷，但是为了方便和分析快速起见，还是希望采用连续流动计数法。在用放射性标记法研究药物和农药代谢的过程时，连续流动检测非常有效。

三、均相和非均相计数系统

使用闪烁计数系统的液相色谱连续流动测量，由于闪烁体的不同，流动相与闪烁体的接触方式也不一样，可以分成均相计数系统和非均相计数系统两类。

使用液体闪烁剂的均相计数系统中，流动相是在流经检测池之前与有机闪烁剂混合的。该系统的特点是死体积大（最大达 400μL），计数效率高。均相计数系统的放射性检测器主要用于分析型液相色谱，分析型液相色谱分离中样品的回收不重要，而灵敏度和灵活性比较重要，在检测器的灵敏度与液相色谱可获得的速度和分辨率之间有一定的制约。图 7-26 是液相色谱与均相计数放射性检测系统的连接示意图。该系统包括两个检测器：紫外吸收检测器和放射性检测器。柱后流出物先通过紫外检测池，然后到达一个小体积的 T 形管，与闪烁液混合。闪烁液用微型泵输送。加入清洁乳化剂会提高计数效率。紫外吸收检测器与放射性检测器互补，对色谱流出物进行检测。

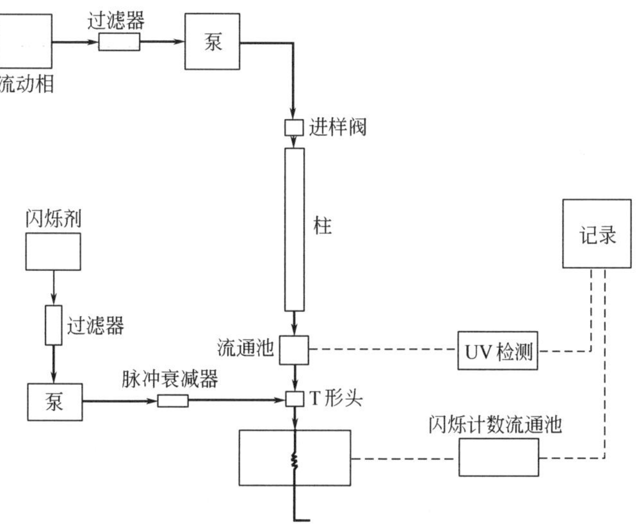

图 7-26 均相计数放射性检测系统

在非均相计数系统中，使用固体闪烁体放置在流通池内。固体闪烁体最初为蒽晶体，现多用铈活化的锂玻璃、掺杂铕的氟化钙等。流动相连续流过流通池，同时被检测。非均相计数系统同化学猝灭效应无关，样品容易回收。非均相计数系统死体积小（小于100μL），但总的计数效率低，闪烁体的溶解度影响流动相的选择，溶质吸附在闪烁体表面，使本底不断提高。非均相计数系统最好在制备色谱法中使用，检测溶质的浓度高，放射性效率也相对较高。流通池是一个装满了铈活化的锂玻璃球的U形管流通池。该池峰扩展小，^{14}C的计数效率高达70%以上，可以与标准液体闪烁技术媲美。图7-27是液相色谱与非均相计数放射性检测系统的连接图。

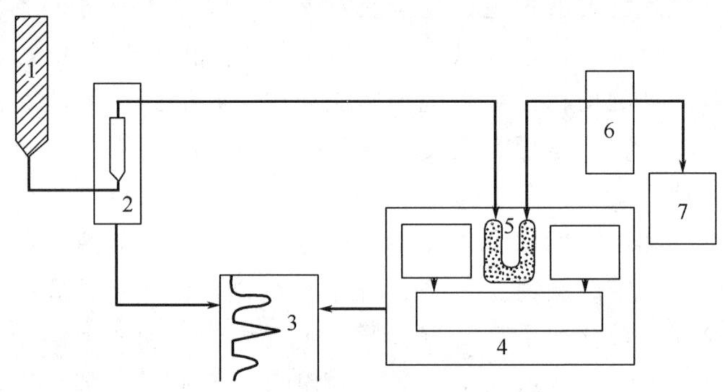

图7-27　非均相计数放射性检测系统

1—色谱柱；2—UV检测器；3—记录；4—液闪光度计；5—流通池；6—泵；7—馏分收集器

四、特点和发展

对低能粒子来说，闪烁计数的噪声是最严重的。例如^{3}H衰变的β粒子同光电倍增管的热离子噪声具有相近的能量，因此光检测器通常需要冷却，以减少噪声。正常的无规则噪声是每分钟10～25个计数。放射性溶质的最小检测量取决于同位素、计数效率和流速等因素，流动相中的杂质、检测池压力以及能影响稳定记数的因素等都能影响检测器的响应。在最佳条件下，可检测的含^{14}C的放射峰最小为每分钟100计数。放射性检测器具有很宽的线性范围（10^5），而且对溶剂的变化不敏感，因此适用于梯度洗脱。

放射性检测器的专属性非常好，背景干扰低，许多复杂基体不被检测。少量的干扰主要来自：流动相中痕量放射活性物的化学发光及磷光，使计数效率增高；各种原因引起的猝灭和样品及闪烁体引起的自吸，使计数效率降低；玻璃闪烁体对以前在池中的样品的长久记忆；在液体闪烁系统中可能发生的沉降作用等。

当前的放射性检测器缺乏小体积流动液槽。使用小体积流动液槽可以减少柱外谱带扩展，但是计数时间缩短，检测灵敏度降低。虽然这种商品装置不能用来监测细径的高效液相色谱柱，在要求较低的应用上（如大口径柱），它们的结果令人满意。因为液体的扩散较慢，放射性检测器具有使载液可以在液槽中停流的优点，而且为了提高灵敏度，可以在任何周期内测定放射性峰的记数。

五、应用

对药物动力学和药物代谢过程的研究促进了放射性检测器的发展，此外，它对分离纯化标记化合物和鉴定标记化合物的放化纯度也有一定潜力，具有分析速度快、分离效率高、适用范围广等特点，几乎 80%的有机化合物均可应用。关键是要选择合适的固定相和流动相，使产品和杂质分离。被分析物各组分的浓度变化用紫外吸收检测器或荧光检测器检测，具有放射性的组分同时由放射性检测器检测。

一个应用实例是用非水溶性液体闪烁剂（30%的盐酸）萃取水溶性反相液相色谱柱后流出物，测定用$^{3}_{1}H$和$^{14}_{6}C$标记的苯基异硫脲基氨基酸衍生物，计数效率分别为 30%和 80%[28]。在萃取法中，计数效率取决于萃取效率，不但节约了闪烁液的用量，而且灵敏度得到提高。计数可以采取两种方式，一种是普通的直接检测，另一种是部分液流（完整的一个色谱峰）被贮存在不锈钢毛细管环中，然后液闪泵停止，转换变换阀，不锈钢毛细管环中的溶液被引入放射性检测器。这种做法的好处是计数时间长，可超过 4min。但萃取法不适于萃取效率低的化合物的检测。其计数效率可与非均匀计数法相比，灵敏度提高 150 倍。其它的应用还有反相 HPLC 分离、液体闪烁剂放射性检测^{75}Se标定的硒化物及其代谢物等[29]。

对放射性核素的检测除了采用放射性检测器外，还可以利用其它技术。例如对 γ 射线检测的能谱分析法，可以首先采用中子活化技术形成放射性核素，即用中子照射样品，使其中待测的稳定核素发生核反应转变为放射性核素，然后测定其衰变放出的射线能量及活度，就能确定样品的量。由于干扰的存在及对多元素的同时测定的需求，液相色谱分离是一种很好的手段。钼是重要的高科技材料，痕量杂质会干扰钼的许多优良性质，尤其是铀和钍。一个实例是测定钼中的杂质含量[30]。100mg 的钼经裂变中子源辐照，再经表面腐蚀、沉积、蒸干处理后，再溶入 2mL 20mol/L HF-3% H_2O_2 介质中，然后以该介质为淋洗液，使其通过 Dowex 1×8 阴离子交换柱。Mo 被吸附在柱上，而其它成分不被保留。最后用高分辨的 γ 射线能谱仪对流出物的放射性进行检测。使用^{233}Np和^{233}Pa分别作为 U 和 Th 的显示剂，测得检测限为 4ng/g 和 40pg/g。其它元素 Ag、Cd、Co、Cr、Cs、Cu、Fe、Ga、In、Ir、K、Mn、Na、Np、Pa、Rb、Ru、Sn、Se、Zn 等也可以同时检出。

第六节 热学性质检测器

一、光声检测器（PAD）[31,32]

光声光谱是 20 世纪 70 年代初期重新兴起的高灵敏度分析新技术，它适用于透明、不透明、甚至强散射样品在紫外、可见和红外光区的光热性质研究，在物理、化学、工程材料、生物、医学等领域得到广泛的应用。

光声光谱是一种光热吸收光谱。当一束调制后的或脉冲的单色光照射样品时，样品吸收光能，然后以无辐射弛豫方式将吸收的光能全部或部分地转换成热能。而荧光是以光的形式将吸收的光能释放的。样品受热体积膨胀，产生以光源为中心向外扩展的压力波，用置于其中的声传感器接收光声信号。用波长扫描的方法得到样品的光声光谱，可做定性分析。根据光声信号大小与物质吸光度成正比的关系进行定量分析。光声光谱用于固体、液体、气体、粉末、凝胶等多种凝聚态的光谱检测。

光声光谱随着新光源、声传感技术以及微弱信号检测技术的不断进步，发展迅速。对气体和液体样品的检测灵敏度分别为 $10^{-10}cm^{-1}$ 和 $10^{-7}cm^{-1}$，比分光光度法高几个数量级。但是光声光谱的一个重要问题是选择性差。因为在室温条件下，凝聚态物质的吸收峰具有宽带性质，缺乏特征结构。光声光谱检测技术的高灵敏度与色谱的高效分离性质结合起来成为发展的必然结果，尤其是在对紫外吸收弱、荧光量子产率低的化合物的检测上。

20 世纪 70 年代初光声光谱检测就已经应用于薄层色谱分析，不久又用于气相色谱检测，1981 年与液相色谱结合。由于激光光源可聚焦成细小光束，适用于小体积、短光程的测量体系。这种优良性能为光声检测的微型流通池提供了可能。

1. 激光光源及调制技术

光声光谱使用的是周期性的辐射源，即脉冲波和调制的连续波。脉冲光源不需要特别调制就能直接用作光声光谱的光源，而且由于它的高峰值功率，可以把极高的能量在极短的时间内释放给样品。但是池壁或窗口吸收带来的背景噪声是使用高峰值功率激光器的一个弊病，所以许多灵敏的微量光声光谱分析装置采用连续波激光源。使用连续波激光源时，为了观测光声信号需要进行光束调制。一般情况下，光声信号的强度与光源的能量成正比。虽然光源能量高，信号就会增强，但通常低能量的 5～25mV 连续波和低脉冲的 5～15mW 的激光光源对大多数应用来说已经足够了。常用的激光光源有氩离子激光器、He-Ne 激光器、CO_2 激光器等。光束的调制技术可以是振幅调制和频率调制，振幅调制比较常用。机械斩波器是一种便宜而有效的调制方法，另外还有电调制、声-光调制等调制方法。

2. 光声池[32,33]

光声池是光声光谱仪器的心脏部件。

最早用于 HPLC 的微型光声池是根据常规液相色谱的工作条件设计的（图 7-28）。池体采用传统的 U 形结构，声敏元件压电陶瓷通过一块抛光的铂片与样品接触。图 7-29 是氯-4-(二甲氨基)偶氮苯三种异构体的光声色谱图，检测限为 $7.9\times10^{-6}cm^{-1}$，比紫外吸收检测器高 25 倍。使用的是功率为 500mW 的氩离子激光器，激发波长 488nm，调制频率 4.035kHz。

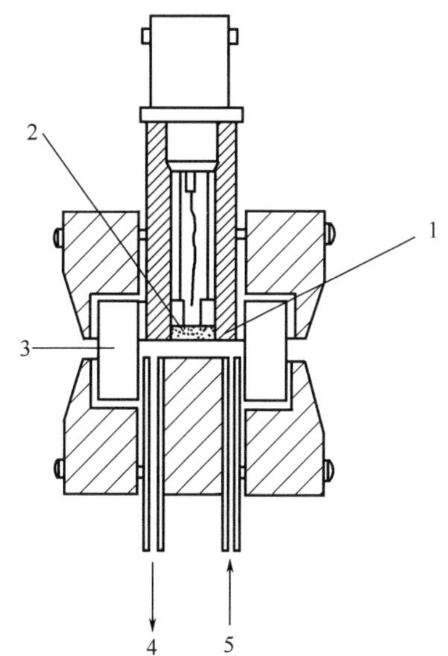

图 7-28 液体流动 PA 池

1—Pt；2—压电陶瓷；

3—光窗；4—出口；5—入口

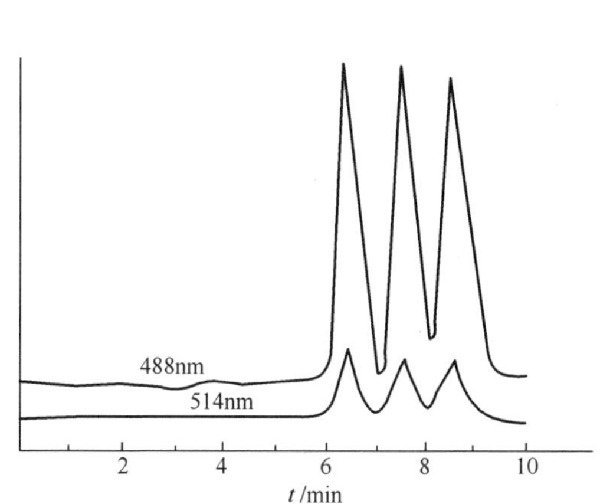

图 7-29 Cl-DAAB 异构体混合物色谱图

图 7-30 是另一种设计的毛细管微型 PA 池，石英管内径为 1mm，外径 4mm，对多种多核芳烃化合物的检测灵敏度比紫外-可见光检测器低 1 个数量级。使用脉冲氮气（0.3mJ）和激子激光器（11mJ，XeCl308nm）作光源，脉冲信号到达传感器的时间是 20～50μs，可重现，主要取决于激光光源与传感器的距离和流动相的组成。后来，在该池的基础上又设计了双传感器和三传感器的毛细管流动光声池。此外，也有直接用石英晶体做毛细管池体的光声池，池体本身就是压电元件。

从以上可见，液体光声流动检测的灵敏度取决于池体材料的选择和结构的合理性。一个设计较好的光声池能将灵敏度提高 2～3 个数量级。

3. 声敏元件和信号记录系统

检测样品产生的声信号的器件有微音器、压电元件、折射率传感器和温度传感器等。压电元件是液相色谱最常用的声敏元件。

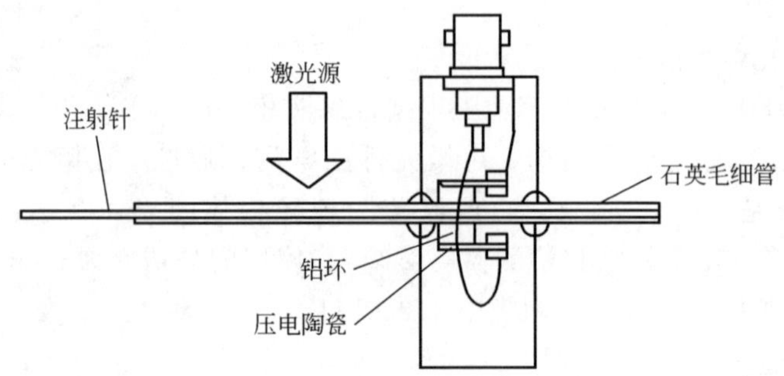

图 7-30　毛细管微型 PA 池

信号记录系统包括前置放大器、同步放大器和记录仪等。声敏元件输出的微弱信号需经前置放大器放大，然后输入同步放大器。同步放大器有两个输入信号，一个是声敏元件传来的并经放大的测量信号，另一个是由斩波器与单色器之间引出的与测量信号同步的参比信号。由光敏二极管或参比光声池将光信号转变为电信号，作为参比信号输入到同步放大器。最后记录仪记下不同波长光声信号的强度。

4. 理想情况下的光声信号

在理想情况下，

$$I_{o\lambda} \propto I_{\lambda}^{0}(2.303\varepsilon cl)\beta\alpha \tag{7-14}$$

这里，$I_{o\lambda}$是光声信号的强度。从以上表示式中可以看出，在理想情况下，光声信号的强度直接与光源的能量 I_{λ}^{0}，被测物质的摩尔吸光系数 ε 和浓度 c，吸收层的厚度 l 以及能量的有效转换因子 β 和 α 成正比。在实际应用中，有些因素对光声信号有很大的影响。

二、热透镜检测器[4]（TL）

当具有高斯曲线强度分布的连续波激光束通过光学透镜聚焦后，照射到样品池上时，样品分子吸收光能，由低能态跃迁到高能态。处于高能态的受激分子不稳定，若受激分子是以无辐射跃迁的方式回到基态的，则释放热能，使周围的分子吸收能量，局部温度升高。在样品中产生温度梯度分布，处于光束中心处的样品温度最高。介质温度的变化将导致折射率的变化；因而在样品中将形成折射率的梯度变化，好像形成了光学透镜—液体热透镜。大多数液体的折射率随温度升高而降低，因而形成的热透镜是负透镜，使激光光束发散。在激光光束热透镜的形成过程中，始终存在着两种过程：激光光束的加热过程和液体的散热过程。当加热速率等于溶剂的散热速率时，在溶液中形成稳定的热透镜，即达到稳态。

1. 热透镜信号

热透镜检测器（又称热镜检测器）测量的信号定义为：

$$R_C = \frac{I(0) - I(\infty)}{I(\infty)} = \frac{\Delta I}{I(\infty)} \tag{7-15}$$

式中，$I(0)$和 $I(\infty)$分别表示光束刚入射样品池（$t=0$）和热透镜稳态时（$t=\infty$）远场光斑中心处的光强。

在弱的热透镜效应条件下（即 $R_C<0.1$ 时），热透镜的信号 R_C 与样品的吸光度 A 成线性关系。这是热透镜检测的定量基础。

$$R_C = 2.303K_C A = 2.303K_C \varepsilon cl \tag{7-16}$$

热透镜方法的灵敏度比普通吸收光谱法多了一个灵敏度增强系数 K_C。K_C 正比于激光功率。此外，介质的黏度、密度、热扩散等因素也有作用。一般热透镜检测的灵敏度与荧光检测相当。

2. 脉冲激光热透镜

在连续波激光热透镜技术中，产生的热透镜信号是以缓慢的速度增加到最大值的。在液相色谱分析中，由于连续波激光热透镜信号上升时间长，样品的流动使热量损失，热透镜信号随流速的增加而降低。而脉冲热透镜信号上升时间极短，基本不受样品流速的影响，特别适合于流动样品的测定。

3. 单光束和双光束热透镜

热透镜分为单光束热透镜和双光束热透镜两种类型。

在单光束系统中，激光束既是加热光束又是探测光束。连续波或脉冲波激光经斩波器、透镜调制后，通过样品池被样品吸收，然后透过小孔（使小孔对准光斑中心，这样可检测光斑中心的光强），由光电二极管检测。热透镜信号与样品池位置有关，样品池置于光束束腰处时，热透镜效应最强。

双光束热透镜技术采用两个激光光束，其中一个是功率较大的加热光束，另一个是功率较小但比较稳定的探测热透镜信号的探测光束。研究表明，双光束透镜信号不仅与探测光束的位置有关，而且与加热光束的位置有关。当加热光束聚焦在样品处，而探测光束的束腰在样品前 $3\frac{1}{2}$个共焦距处时，可获得最大的灵敏度。如果是连续波激光作为加热光束，一般要用切光器进行调制。常用的加热激光器是氩离子激光器，探测激光器为 He-Ne 激光器。在探测光束被检测前，需加一滤光装置将加热光束滤除，滤光装置常用的是滤光片和偏振分离器。在双光束测量系统中，经典的安排是加热光束和探测光束在样品池中严格共线，且光斑大小应匹配。此外，还有两光束成直角的正交双光束热透镜。常用的检测系统是锁定放大器检测系统，锁定放大器在此起调解和提取热透镜信号的作用。通过选择适当的参比相角，消除残存的加热光束，降低噪声。为提高热透镜技术的精密度和准确度，最近提出了三种检测系统：二极管阵列检测系统、像检测系统和光学处理机。图 7-31 是双光束热透镜检测系统的示意图。

有人认为理想的 LC 光热检测器应是连续波单光束检测系统，对甲基红可获

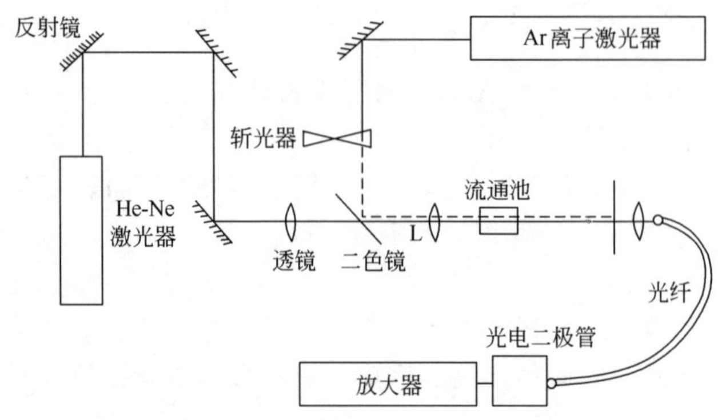

图 7-31 双光束热透镜检测系统

得 3×10^{-14}mol 的检测限。另外，紫外二极管激光器能极大地提高灵敏度。

4．热透镜检测的液相色谱应用

以 190mW 的氩离子激光器为激发光源的单光束热透镜系统，采用 1cm 长、18μL 的流通池对硝基苯胺及其衍生物进行检测。流动相为甲醇-水（体积比＝50∶50），流速 1.0mL/min，可检测的最小吸光值为 1.5×10^{-5}，对应的邻硝基苯胺的检测限为 5.0×10^{-10}g，灵敏度增强系数为 120。以单光束热透镜测量装置作为开管式液相色谱的检测器，500～800mW 氩离子激光器为激发光源，边长为 100μm 或 200μm 的毛细管流动池，流动相流速 0.5cm/s，检测的最小吸光度为3×10^{-5}，则邻硝基苯胺的检测限为 3×10^{-11}g（图 7-32）。

双光束热透镜光谱测量装置作为液相色谱的检测器，测定了邻硝基苯胺和 *N*,*N*-二甲基-3-硝基苯胺。用 100mW 的氩离子激光器为加热光源，2mW 的 He-Ne 激光器为探测光源，流通池长 1mm，体积为 0.5μL，当样品溶液流速为 35～50μL/min 时，可检测的最小吸光度 A 为 2×10^{-6}～4×10^{-6}。同样用双光束热透镜光谱检测邻硝基苯胺，不同的是锁定放大器于 2 倍调制频率处进行检测，结果表明，邻硝基苯胺的线性范围为 0.9～46μg/mL。有人用 10mW He-Cd 激光器（$\lambda=422$nm）为光源的双光束热透镜检测器进行检测，流速为 1mL/min 时，可检测的最小吸光度 A 为 3×10^{-5}，邻硝基苯胺的线性范围为 0.1～5μg/mL。

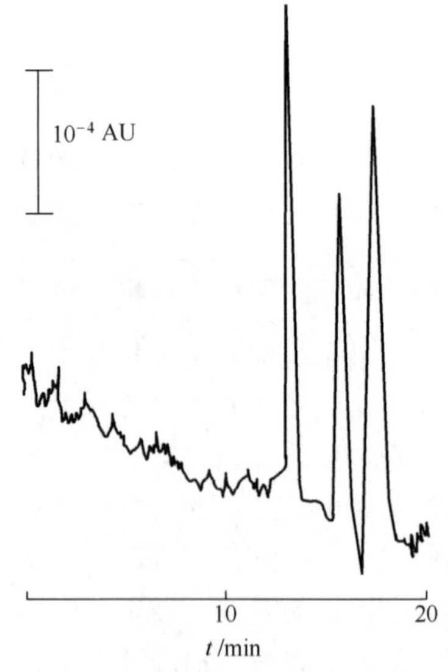

图 7-32 热透镜检测邻硝基苯胺、4,5-二甲基苯胺和 *N*,*N*-二甲基-3-硝基苯胺

将高频调制的单光束热透镜光谱检测用于微孔液相色谱，50～500mW 氩离子激光器为

激发光源，调制频率 150kHz，微孔流通池的容积为 2.9μL，若池长 1cm，可检测的最小吸光度为 4×10^{-6}，相应的苯并红紫 4B 的量为 3×10^{-12}g。

正交双光束热透镜光谱特别适合于小体积的小量样品溶液。4mW He-Ne 激光器为加热光源，另一 He-Ne 激光器为探测光源，两激光束正交于流通池上。该装置减少了光束在空间的瞄准噪声，因而有效地降低了检测限。甲醇-水体系中铁-邻菲啰啉络合物的检测限为 3×10^{-7}mol/L，在探测光束照射的体积（25pL）内绝对检测限为 4×10^{-6}g。氨基酸的检测限在 10^{-15}mol 级，对应的是 0.2pL 体积内 50 个分子。激光脉冲激光器也可以作为激发光源，采用相对稳定的样品和较厚的检测池壁，能够获得 5×10^{-6}AU 的最小检测限。图 7-33 是毛细管液相色谱正交双光束热透镜检测系统的示意图。

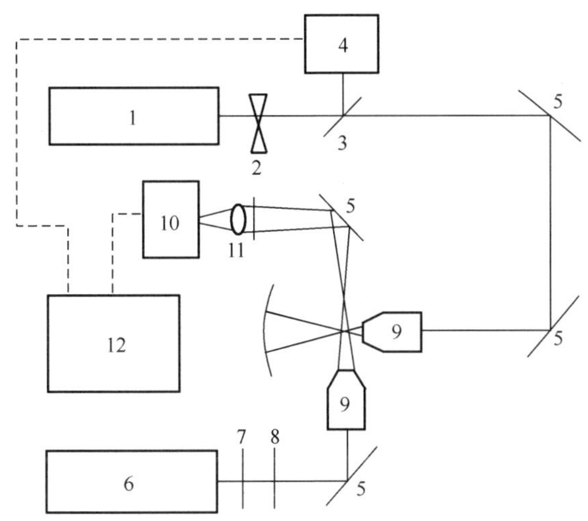

图 7-33　毛细管液相色谱正交双光束热透镜检测系统

1—Ar 离子激光器；2—斩光器；3—光束分离器；4—参比二极管；5—反射镜；6—He-Ne 激光器；7—偏振滤光片；8—λ/4 波片；9—显微镜；10—光电检测器；11—透镜；12—放大器

除了光谱吸收测量外，热透镜检测器还提供了色谱流出物的折射率信息，可以同时进行热透镜和折射率信号检测。这是因为色谱流出物在探测光束作用下产生了两种不同的效果，既改变了探测光束的未经调制的量（由于色谱流出物的折射率改变引起），又改变了探测光束的调制量（由于热透镜吸收引起）。因此，通过衡量探测光束的调制和未调制成分，能同时测定热透镜和折射率信号。由图 7-34 所示的检测体系，可以同时检测的折射率最小信号和吸收最小信号分别为 4.0×10^{-6}和 6.3×10^{-6}。

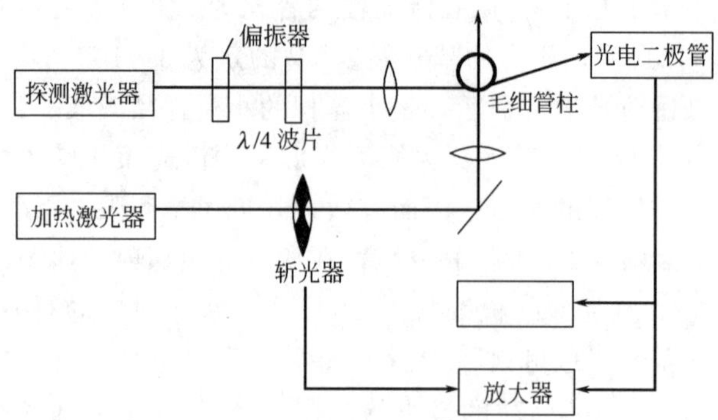

图 7-34　同时热镜和 RI 检测

三、光热偏转检测器（PTD）[4,34]

光热偏转技术同热透镜原理相近，但检测方法不同：用强的调制激发光照射某一介质材料，该材料将吸收的能量周期性转变成热能，使介质材料本身和周围介质的温度升高，从而引起其折射率的变化。与此同时，用一激光束作探针来探测折射率的变化，探测激光束将随激发光的调制频率同步偏转，用位置传感器可以检测这一周期性的偏转信号。在光热偏转检测方法中，激发光束与探测光束并不共线重叠，探测光束与样品成一个很小的角（$<1°$）。检测器衡量的不是光强的变化，而是由折射率梯度引起的探测光束的偏转角度。光热偏转检测的灵敏度比光声检测要高，与热透镜检测的灵敏度相近。而且在光声技术中，散射光容易引起背景噪声，但在光热偏转检测中，只要散射光不沿着光探测方向，则散射光的影响就很小。另外，激发光不必具有高斯分布的单模形式。

光热偏转检测在液相色谱中应用较少。图 7-35 是微柱液相色谱分离，以 1.2W 激光作为激发光源的光热偏转检测器示意图，光热偏转系统的检测限为 8.0×10^{-6}A。

光热检测器又称非直接吸收检测器，灵敏度应该比直接吸收检测器高。光热检测器一直在向提高灵敏度的方向发展。近年来报道的一种内腔双光束热透镜测量装置，将流通池置于探测激光器的谐振腔内，由于激光光束在谐振腔内可多次通过样品，检测灵敏度可提高 30 倍之多，即内腔光热透镜液相色谱检测器。降低背景噪声同样可以提高检测灵敏度。使用双激发波长的热透镜检测器，溶剂的背景噪声可大大降低，如镍的甘油酸盐浓度即使高达 10^{-2} mol/L，背景噪声仍观察不到。在双光束或多光束光热检测器中采用声光可调滤波器，由于其具有的多种良好性能（快速扫描、分辨率高、重复性好、稳定性好等），不但降低噪声，而且可以使检测器的性能得到进一步提高。另外，溶剂的导热率和折射率的温度系数对灵敏度也有影响。非极性溶剂，如 CCl_4，具有导热率低、折射率温度系数大的

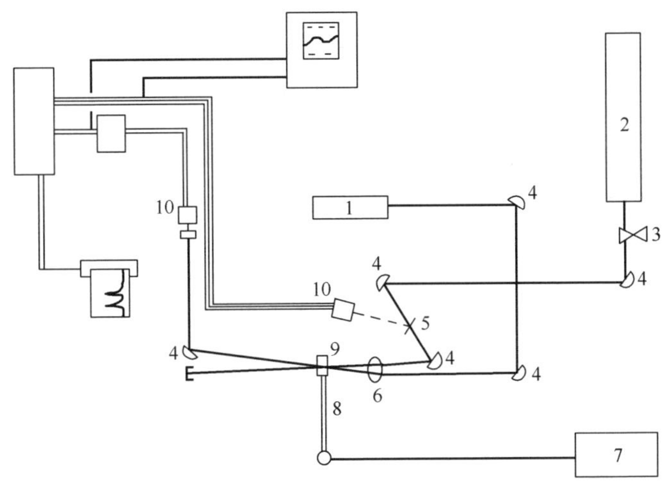

图 7-35　光热偏转检测器

1—He-Ne 激光器；2—Ar 离子激光器；3—斩光器；4—反射镜；5—光束分离器；6—透镜；7—泵；8—柱；9—池；10—光电二极管

特点，热透镜效应强，灵敏度高；而水等极性溶剂的热透镜效应要弱得多，仅是 CCl_4 的 1/40。

尽管光热检测器具有上述优点，应用方面仍是比较有限。究其原因，仪器体积大、价格高可能是主要原因。靠光纤传导光束的热透镜检测技术可以降低仪器体积，具有一定的发展前景。

第七节　其它检测器[32]

一、光电导检测器

当分析物自身电导与流动相电导差别不大，不能用普通的电导检测器检测时，可以通过外加光源引起分析物的光化学反应，进而发生电导的改变实现检测。这是光电导和光离子化检测的基础。两种检测之间的区别主要在信号获取方式上，即使光化学产物不是离子，仍能进行光电导检测。光电导检测器（PCD）以示差电导池为基础，将柱流出物分成等同的两部分，一部分流入参比池，一部分在进入样品池之前，先到达石英反应蛇形管。254nm 输出的汞灯用作激发光源，另外还可以选择 214nm 的锌灯。

几种类型的反应能够影响电导的改变。例如有机卤化物形成酸：

$$RX + h\nu \longrightarrow R\cdot + X\cdot \longrightarrow P + HX$$

P 代表产物。对硝基化合物：

$$C_6H_5NO_2 + h\nu \longrightarrow C_6H_5NO\cdot + O$$

$$C_6H_5NO_2 + h\nu \longrightarrow C_6H_5\cdot + NO_2$$

NO_2 具有导电性，能够获得很好的响应。有些种类的产物在电导上有很小的区别，但也能进行有效检测：

$$R_3N + h\nu \longrightarrow R\cdot + R_2N$$

类似的反应在硫化物，如硫-磷杀虫剂中也能发现。图 7-36 是光电导检测的应用例子。由于反应活性和产物的不同，光电导检测的响应与相同波长的吸收检测结果大不相同。硝基胺的检测限在 pg 级。光电导检测器常用于药物分析，一般硝基化合物、卤代芳烃及硫胺的灵敏度为 0.2～10ng。

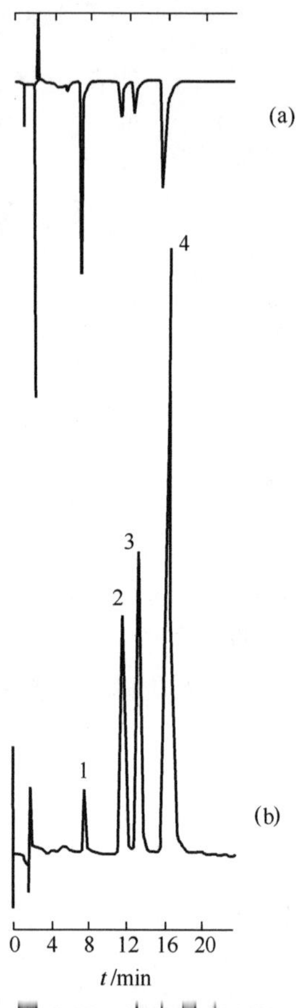

图 7-36 光电导和 UV 检测单取代苯

(a) UV 检测；(b) 光电导检测

色谱峰：1—氟苯；2—氯苯；3—溴苯；4—碘苯

商品光电导检测器的缺点主要是反应蛇形管增加了死体积，对于微孔液相色谱，问题尤其严重。对此可以采用脉冲激光器作为激发光源。几种常见的激光器都能用于该测量，如在 254nm 光解时，可以采用的激光器有：氟化氪激光器、四倍频率的钕/钇-铝-石榴石激光器、双频双铜蒸发激光器及双频氩离子激光器等；对于更稳定的化合物，可以在 193nm 使用氟化氩激光器。

二、磁旋光检测器[35,36]

在分析一些未知样品时，通用检测器是非常有用的。示差折光检测器是其中最常见的一种，但该检测器有一些不足之处：如灵敏度不够高、与梯度洗脱不匹配、对温度和压力的极端敏感等。因此，有必要发展一些新的通用型检测器。

磁旋光（MOR）检测器就是一种新型的通用检测器，它利用光通过处于磁场中的物质时的旋光效应（法拉第效应）来检测物质。一个沿着光传播方向的磁场使所有的物质具有光学活性，这种法拉第效应是物质的一个普通性质，从微波到 X 射线都可以观察到这种效应。

法拉第效应能够用下列复数表达式说明：

$$\hat{\alpha} = \alpha - i\theta = \hat{\Lambda}\int_o^l H(l)\,\mathrm{d}l$$

磁旋光（MOR）α 是光线沿磁场 H 的方向走过 l 路径后的极化面的旋转角

度；磁圆二色（MCD）代表的是该光束的椭圆度，如果样品是无吸收的，则 $\theta=0$，这时就只有 MOR，可表示为

$$\alpha=\Lambda\int_{o}^{l}H(l)\mathrm{d}l$$

式中，Λ 是 Verdet 常数，它与被测物质及光的频率有关。对于二元混合溶液，Verdet 常数表示为

$$\Lambda=\frac{V_1}{V}\Lambda_1+\frac{V_2}{V}\Lambda_2$$

式中，V_1 和 V_2 分别表示溶质和溶剂的体积；V 为总体积。加入溶质后溶液的改变反映在溶液的磁旋光变化上。MOR 检测器检测的就是这种磁旋光变化。

$$\Delta\alpha=\frac{V_1}{V}(\Lambda_1-\Lambda_2)\int_{o}^{l}H(l)\mathrm{d}l$$

图 7-37 给出了 MOR 检测系统的装置图。一个 He-Cd 激光器提供能量为 2～3mW 的波长为 442nm 的光束，由 50cm 的聚焦透镜会聚于检测池中。调制盒在波形发生器的驱动下产生周期性变化的磁场。理论上，如果起偏器和分析器的方向垂直时，在没有磁旋光效应的情况下，应该没有信号输出。但实际上总会有一些残余光通过分析器，这将严重影响检测灵敏度。因此，起偏器和分析器的质量很重要。另外，由于溶剂本身会产生磁旋光，因此在加入溶质前两者之间并不是垂直放置的，而是使它们偏离一些以补偿由于溶剂产生的 MOR，使这时的分析器输出光强为零。这样，光电管输出的信号就与 $\Delta\alpha$ 成正比。

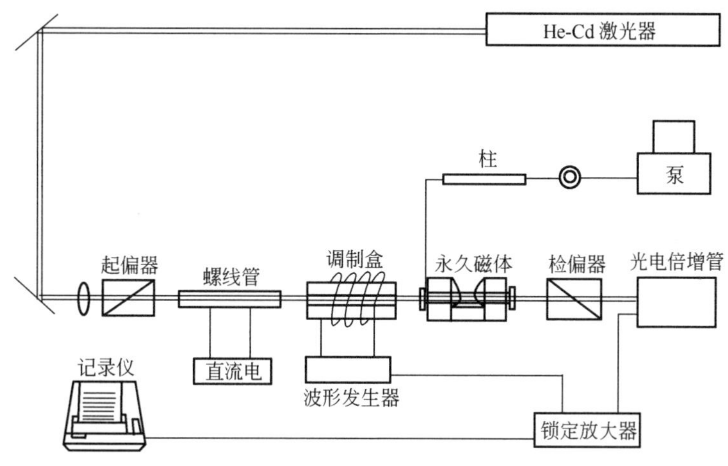

图 7-37　MOR 检测系统

图 7-38 给出的是用该装置得到的分离菲、芘和苯并荧蒽的色谱图，对各分析物相应的检测限分别为 0.19μg、0.16μg 和 0.24μg。图中的负峰及其紧邻的正峰不是分析物峰，而是由于注入分析物相对过多的剂量引起的系统峰。

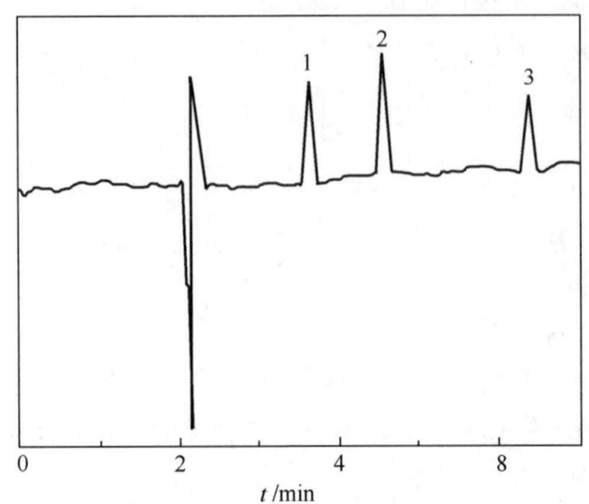

图 7-38　MOR 检测的应用色谱图

色谱峰：1—菲；2—芘；3—苯并荧蒽

另外，当检测物中含有具有光学活性的吸收物质时，将以上装置和圆二色的装置结合起来，可以做成磁圆二色检测器，检测手性化合物。

三、光腔衰荡光谱检测技术

经典吸收光谱分析技术是分析化学中一个强有力的研究手段，基于这类原理的液相色谱检测器常见的有紫外可见检测器，二极管阵列检测器等。这类检测器都是基于 Lambert-Beer 吸收定律：

$$I = I_0 e^{-\varepsilon bc} \tag{7-17}$$

式中，I 为透射光强度，I_0 为入射光强度，ε 为摩尔消光系数，b 为光程，c 为待测物质浓度。

对于微量待测物产生的弱吸收，上式可近似写成

$$I \approx I_0(1 - \varepsilon bc) \tag{7-18}$$

$$I_0 \varepsilon bc \approx I_0 - I = \Delta I \tag{7-19}$$

从式（7-19）可以看出，当待测物的浓度很低或摩尔消光系数很小时，吸收很弱，此时直接吸收光谱检测实际上是通过两个大数（入射光和透射光）之间的微小差别来测量样品的浓度，因此灵敏度受到限制，误差很大，有时甚至无法检测。其次，光强的波动对测量的影响也很大，因此限制了信噪比。

鉴于此，人们不断发展新的光谱测量技术，光腔衰荡光谱（cavity ring-down spectroscopy，CRDS）就是其中一例。1988 年 O'Keefe 和 Deacon 阐述了 CRDS 的基本操作原理[37]。CRDS 是基于测量光在衰荡腔（内含流通池）中的衰荡时间进行定量分析的一种新型的检测技术。如图 7-39 所示，CRDS 的主要部件由激光

源、一对高反射性镜面（反射系数大于99%）组成的光共振腔和光探测器组成。应用于液相色谱检测时，将流通池置于光共振腔中。脉冲激光束入射衰荡腔，并在两个反射镜之间来回反射，每次都有少量的光透过镜面而离开光腔。这部分光就构成了光衰荡信号，其强度由高响应速率的探测器测量。光衰荡信号强度与反射镜的透过率、腔内物质的吸收率以及反射镜的衍射效应等有关。

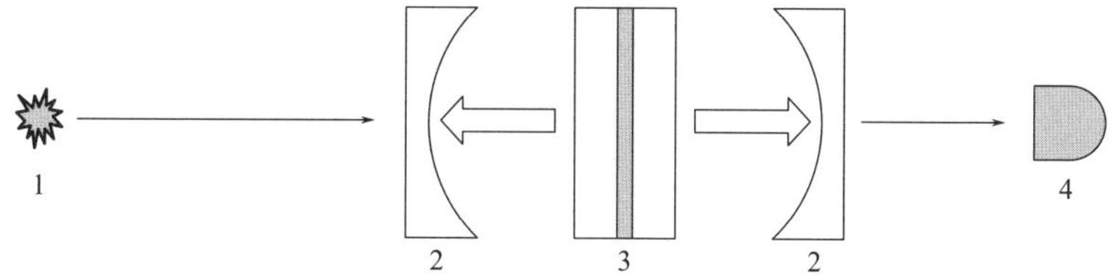

图 7-39 液相色谱光腔衰荡光谱检测示意图

1—激光光源；2—高反射率镜面；3—液相色谱流通池；4—探测器（光电倍增管）

理论上光衰荡信号强度随时间指数衰减，t 时刻衰荡信号的强度（I_t）可以用下式表示：

$$I_t = I_0 e^{-t/\tau} \tag{7-20}$$

式中，I_0 为入射到腔中的初始光强；τ 为光在腔中的衰荡时间。

对于图 7-39 所示的装置，衰荡时间 τ 可以用下式表示[37]

$$\tau = \frac{L}{C(\delta_m + \delta_C + \varepsilon cl)} \tag{7-21}$$

式中，L 为两个反射镜之间的距离；C 为光速；δ_m 为反射镜的损耗因子；$\delta_m \approx 1-R$，R 为镜面的反射系数；δ_C 为除待测物吸收之外的其它光腔测量系统损耗因子，如流通池和流动相的散射、吸收及衍射损耗；εcl 为根据朗伯-比耳定律估算的待测物质吸收损耗，其中 l 为流通池的厚度，c 为待测物质浓度。

和式 7-21 相似，没有待测物质通过流通池时的衰荡时间 τ_0 可以表示为：

$$\tau_0 = \frac{L}{C(\delta_m + \delta_C)} \tag{7-22}$$

根据测量有待测物通过流通池和没有待测物通过流通池时的衰荡时间，可以求出待测物的浓度 c：

$$c = \frac{L}{\varepsilon l} \frac{\tau_0 - \tau}{\tau_0 \tau} \tag{7-23}$$

因此，采用 CRDS 测量技术，分析物的浓度只和衰荡时间 τ_0 及 τ 有关，和激光强度的变化无关，可以避免光源变化对测量精度的影响，从而提高信噪比。其次，测量过程中光在光腔中往返几十甚至上千次，其有效光程显著增加，这是其它吸收光谱法无法比拟的。光腔衰荡光谱法具有灵敏度高、信噪比高、抗干扰能力强等优点。

近年来有不少分析工作者做了将CRDS与液相色谱联用的尝试，图7-40为高效液相色谱-CRDS分离检测蒽醌类化合物的谱图[38]，采用的流通池光程为0.3mm，样品浓度为10μmol/L。为了验证CRDS与液相色谱联用的可行性，还将样品分离后用紫外检测器进行分析（图7-41），紫外检测器的流通池光程为10mm，通过对比可以看出，CDRS的检测限较UV检测法优秀。

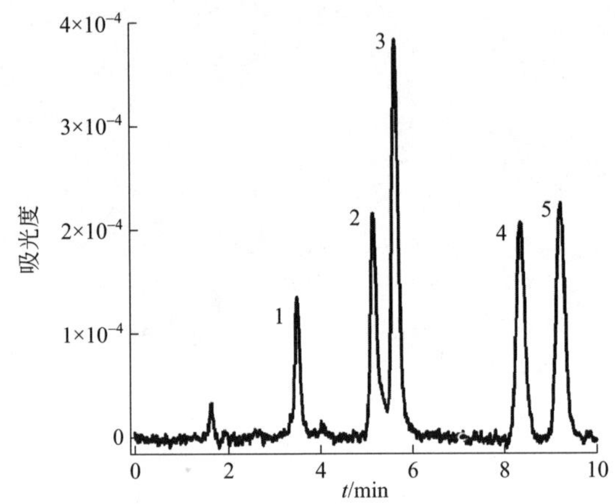

图7-40　HPLC-CRDS分离检测蒽醌类化合物谱图

色谱峰：1—茜素（alizarin）；2—羟基茜草素（purpurin）；3—醌茜素（quinalizarin）；4—大黄素（emodin）；5—醌茜（quinizarin）（2min之前出现的峰为溶剂峰）

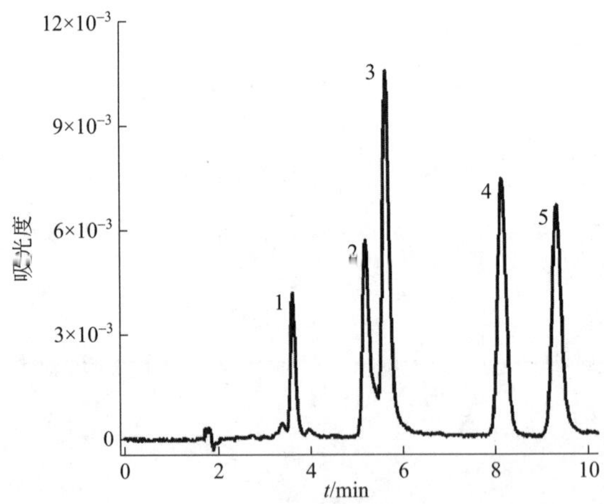

图7-41　HPLC-UV分离检测蒽醌类化合物谱图

检测：紫外分光，检测波长为470nm。其它条件同图7-39

为了减小流通池壁对光线反射影响灵敏度，Jones等[39]将色谱柱后的流动相与表面活性剂十二烷基硫酸钠的正丁醇溶液混合后，通过一个椭圆形的环形成一层薄膜用CRDS法进行分析（原理图见图7-42），对硝基芳烃的检测也获得了比较满意的灵敏度（图 7-43）。

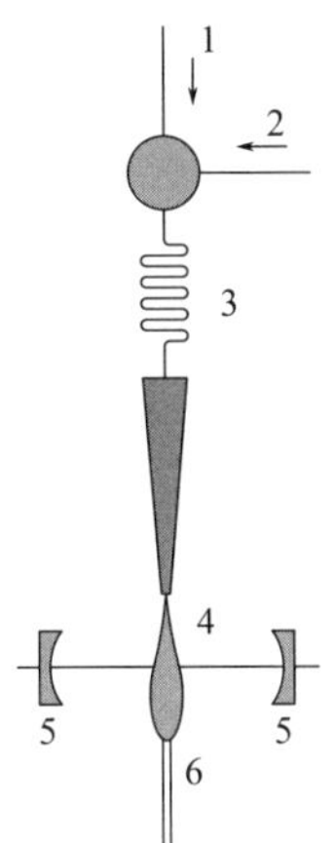

图 7-42　基于薄膜的 CRDS 检测系统原理图

1—色谱柱流出物；2—十二烷基硫酸钠的正丁醇溶液；3—混合器；4—液膜；5—反射镜；6—回收管

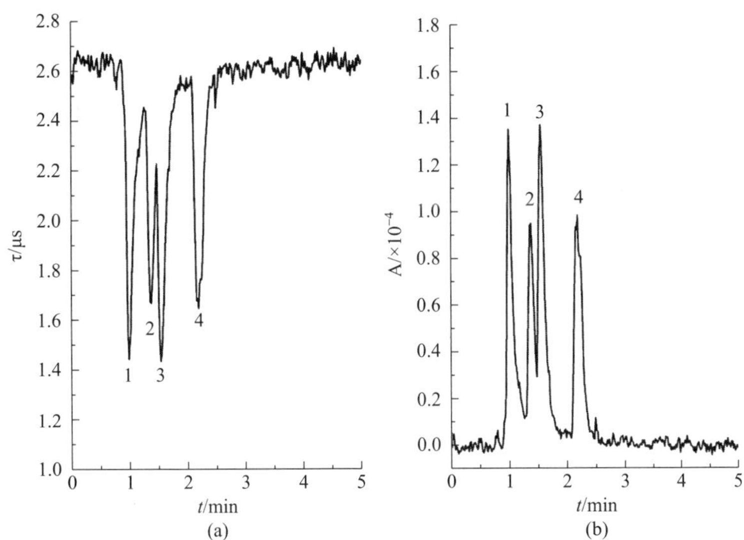

图 7-43　HPLC-CRDS 对四种硝基芳烃化合物的分离检测[39]

图（a）的纵坐标为衰荡时间，图（b）纵坐标为根据式（7-23）换算成的吸光度。

色谱峰（500μmol/L）：1—苦味酸（picric acid）；2—对硝基苯胺（4-nitroaniline）；3—2,4-二硝基苯酚（2,4-dinitrophenol）；4—2,4-二硝基-6-甲基苯酚（2,4-dinitro-6-methylphenol）

四、电喷雾式检测器

在液相色谱检测中，紫外-可见光检测器具有较高的灵敏度、线性范围宽、低价、适用性强等优点，因此对于含有一个或多个紫外吸收基团的物质，紫外-可见光检测器可能是应用最为广泛的一种检测方法。然而对于那些没有较强紫外吸收基团的物质，如氨基酸衍生物、糖类、脂类、聚合物和表面活性剂等，该类检测器就表现出一定的局限性，可以借助其它类检测器对其进行补充。例如，基于带电气溶胶现象的电喷雾式检测器（the charged aerosol detector，CAD），作为液相色谱检测器可以对非紫外吸收物质进行有效检测。该 CAD 检测器的主要优点是：广泛适用于非挥发性物质检测，检测信号与化学特性无关，灵敏度高、检测范围宽（ng 到 μg 级别）、精确度好、操作简单易控制[40]。

（一）基本原理及仪器构造

CAD 系统的检测基本原理过程和蒸发光散射检测器（ELSD）具有一定的相似性，如图 7-44 所示，从 HPLC 系统洗脱出来的洗脱液进入 CAD 检测器后先在氮气的作用下在雾化室中被雾化，再以较高流速撞击到碰撞挡板上，形成大小不同的液滴，较大的液滴在重力作用下凝结由废液管排出；较小液滴则随氮气流入干燥管，使挥发性的物质和溶剂被蒸发除去。同时，氮气的另一流路则流经高压铂丝电极，形成电晕放电，而产生带正电荷的氮气粒子。最后，干燥后的粒子在碰撞室中发生碰撞，氮气粒子上的正电荷在此过程中会转移到粒子表面，粒子表面积越大，携带电荷越多。为了减小氮气所带过多正电荷而引起的背景噪声，在荷电粒子流入采集器之前，通过一个带有低负电压的离子肼，中和掉迁移率较大的氮气粒子上的电荷。随后，带电的分析物粒子把电荷转移给采集器里的捕集网，并由高灵敏度的静电检测计测量出总的电信号[41-43]。

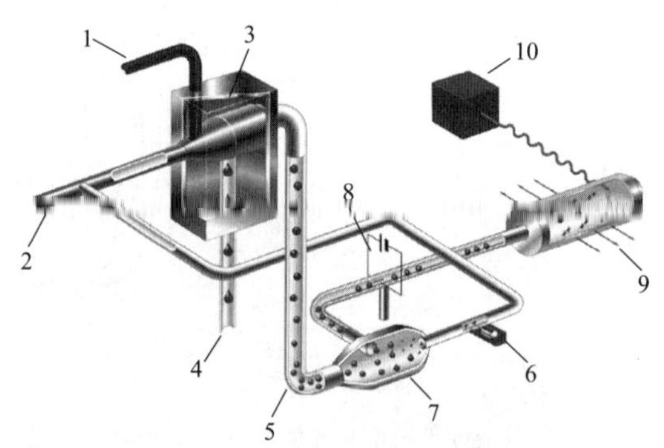

图 7-44 CAD 系统检测基本原理图[21]

1—HPLC 洗脱液入口；2—氮气入口；3—雾化室；4—废液管；5—干燥管；6—Corona 电极；7—碰撞室；8—离子肼；9—采集器；10—静电计

CAD 检测的响应信号强度与被测物的表面积成正比，也可以说是与被测物的进样量成正比，因而该检测器是一个质量敏感型检测器。此外，被测物在被打碎时，无论是离子还是分子都会形成中性的颗粒，且电荷只加在颗粒外表面，所以该检测器可同时检测中性粒子、正离子、负离子，而在此之前的其它检测器都难以实现，这也成为电喷雾检测器的一个亮点。目前，该检测器已经成功和 HPLC 联用并实现了商品化（表 7-4 是赛默飞世尔公司的 Corona *Ultra* 电喷雾检测器技术指标），还可以和填充柱超临界流体色谱（packed column supercritical fluid chromatography，pSFC）及高温微型液相色谱（high-temperature micro liquid chromatography，μHTLC）等联用。CAD 检测器操作简单，涉及参数较少，一般包括气体输入压力、温度或温控范围和信号输出范围，在另一方面这可能也会限制 CAD 的优化空间。该检测器从原理上仍然属于气溶胶检测器，因而其局限性与 ELSD 的局限性类似——检测信号将会随流动相组成改变而变化，浓度和峰面积均为非线性，在实际计算中可能不如紫外检测器简便；并且由于被测物需要打碎成颗粒再干燥，所以挥发性的化合物无法进行检测；此外，不同于紫外二极管阵列检测器或者质谱检测器，CAD 不能提供物质的特征信息，不利于确定物质或提供物质纯度信息。尽管如此，电喷雾检测器仍不失为一款性能优越的通用型检测器，成为紫外和质谱等检测器的有力补充。

表 7-4 赛默飞世尔公司 Corona Ultra 电喷雾检测器技术指标

项　目	指　标
流动相流速	0.2～2.0mL/min
裸露面材质	316 不锈钢和特氟隆材质
满量程输出范围	在 1-2-5 程序内 1～500PA
滤波时间参数	无，低，中，高，电晕
噪声参数	峰与峰之间<750fA(20%甲醇/80%水)
信号输出	0V～1V 直流
输出分辨率	0.12μV～1V 满量程
最大采集频率	100Hz
显示器	彩色液晶显示器
接口	继承触摸屏
雾化器可设置范围	5℃～35℃
温度稳定性	<±0.5℃
加热时间	<30min
雾化器加热器	出厂设置 25℃

注：实际温度可能会随流动相和环境温度而变化

（二）CAD 系统的响应信号

类似于 ELSD（ELSD 与 CAD 检测器比较见表 7-5），CAD 是一个质量敏感型检测器，并且响应信号是和物质的物理化学性质无关的，这一点和浓度敏感型的UV检测器差异较大。这意味着CAD是一种总体性能的检测器，对于相同量的不同物质会产生相似的响应值。该检测器中信号和样品量是非线性关系的，它们的直接的关系可以通过如下公式体现：

$$A = am^b \tag{7-24}$$

式中，A是检测器响应值；m是样品的质量；a和b是依赖于样品和色谱条件的系数。

公式（7-24）可以转变成：

$$\lg A = b\lg M + \lg a \tag{7-25}$$

这样就可以通过峰面积和样品量的对数值绘制分析线，进行定量计算。通过该方式，CAD对物质的检测性能仍然可以和ELSD相媲美，具有灵敏度高、检测范围宽（ng到μg级别）、精确度好等优点[43]。

表7-5　CAD和ELSD系统的主要特点比较[23]

项　目	特　点
工作原理	均为基于气溶胶的HPLC检测器，其操作在开始阶段是类似的（包括喷雾、流动相挥发），但在检测阶段是不同的（ELSD检测粒子的光散射性能，CAD检测荷电粒子流）
响应信号	均检测半挥发性物质，与光学或物理化学特性无关。CAD给出的是抛物线式对数校正曲线，当浓度较低或范围较小时该校正曲线接近线性，而ELSD的响应是多级响应，因而在低浓度下信号会急剧降低
动态范围	CAD可以达到4个数量级，ELSD相对差点
灵敏度	根据文献报道，CAD灵敏度相对较高
主要局限性	均随流动相组成成分变化而变化（可以通过流动相补偿措施而消除），不能提供光谱信息

和很多雾化过程类似，CAD系统的响应信号是随粒子直径变化而变化的，遵循如下公式：

$$d_p = d_d(c/\rho_p)^{1/3} \tag{7-26}$$

式中，ρ_p是分析物粒子的密度；c是浓度；d_p是粒子的直径；d_d是液滴直径。由于液滴直径与流动相的密度和黏度有关，因而流动相组成也会影响CAD系统的响应。尤其在梯度洗脱色谱分离中，响应信号会随着流动相组成的改变而有很大变化，这一定程度上也成为该检测器的一个缺点。若流动相中有机成分浓度较高，会使雾化器的传输效率大大提高，使得大量粒子都能进入检测池而得到过高信号。这一不足可以通过双泵双流动相系统来克服：一方面让检测器一直通过一个固定组成的流动相，另一方面和该流动相具有反相组成的另一流动相通过另一泵加到柱的流出物中，通过流动相的混合，保证在检测器入口处的流动相组成不变，这就能够保证信号持续稳定，不会随流动相组成改变而改变，这就是流动相补偿措施[44]。

此外，CAD 的信号还会受到污染物或流动相添加剂的影响。比如，随着流动相(水/乙腈=60/40)中醋酸铵的浓度变化(5mmol/L、10mmol/L、20mmol/L)，在低缓冲浓度下 CAD 系统的性能要好于 ELSD 性能，但在高缓冲浓度下，CAD 的信噪比就会大大降低。但换成挥发性酸如醋酸等，对 CAD 的信号就没有什么影响。目前，对于不同溶剂对 CAD 检测噪声及检测性能的影响仍然需要继续研究[45]。

借助 CAD 系统，还可以考察色谱柱流失程度，从侧面反映固定相的衰退程度。有比较证明，由于 CAD 的峰面积是不随物质的消光系数变化而变化的，因而 CAD 系统比紫外二极管阵列检测器能更好地提供色谱柱柱流失信息[46]。

（三）应用及发展

CAD 的应用范围很广，可以用于分析非挥发或半挥发性的中性、酸性、碱性和两性化合物，涉及极性或者非极性的所有化合物，包括脂类、蛋白质、类固醇、聚合物、糖类、肽以及其它含较弱发色团的化合物，在医药、化工、食品、生命科学等领域均有较大的应用前景。

CAD 对无紫外吸收或吸收较弱的物质具有较好的检测性能。有人通过定量检测一种聚酮化合物，将 CAD、ELSD、质谱三种检测器的检测性能进行了比较。通过比较各个检测器的检出限、精密度、动态范围以及线性等信息，发现 CAD 可以在保证与质谱检测器具有相似动态范围的同时，得到较低的检出限，因而 CAD 是一种更为经济的与质谱检测器具有可比性的检测器。此外，这种气溶胶检测器具有更好的精密度和准确性。虽然 ELSD 具有定义明确的校正曲线和较好的精密度，但检出限却不是很理想[47]。另外一个例子是对二磷酸盐的检测，该物质的常规检测过程比较费时，对降解产物的分析涉及很多不同的方法，如间接紫外检测法、柱前衍生等。而 Fang 等采用混合柱，借助 CAD 实现了非紫外活性的依替膦酸钠的快速、直接、稳定的分离和检测。该方法通过线性、准确度、精密度、灵敏度、稳定性等多方面的考证，均证实了其可靠性，对依替膦酸钠的熔融样品或其降解产物都能很好地检测[48]。

CAD 还可以用于复杂的天然产物的分析。如海藻油作为一种天然产物用途广泛，但由于其成分复杂且相似组分较多，很难用一种检测器同时检测。CAD 可以实现该类物质的检测，如图 7-45，通过 CAD 可以得到海藻油中不同种类物质的特征指纹图谱峰。类似的还有芥末油、核桃油等油脂也可以用该方法进行分析[41]。

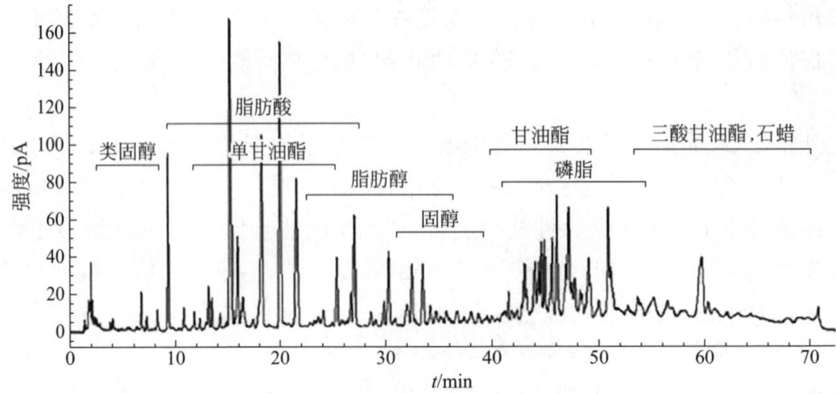

图 7-45 海藻油 CAD 检测图

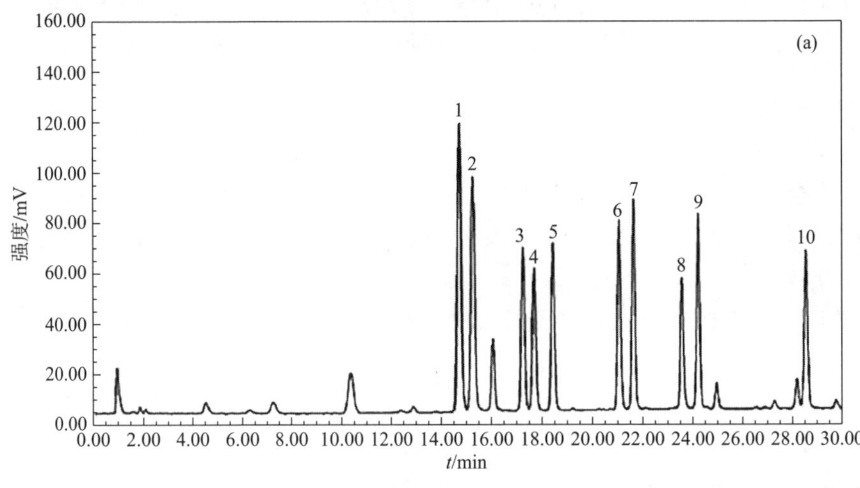

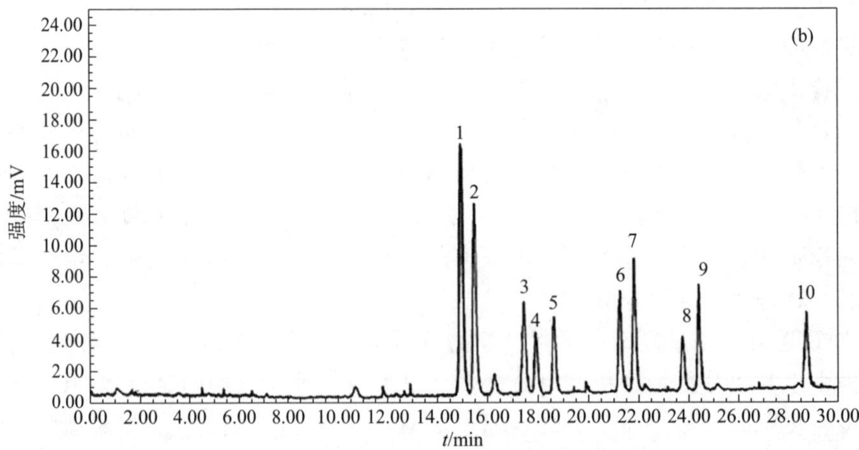

图 7-46 CAD（a）和 ELSD（b）对 10 种柴胡皂苷类混合物的检测比较

按洗脱顺序 10 种物质分别为：1—柴胡皂苷-C；2—柴胡皂苷-I；3—柴胡皂苷-H；4—柴胡皂苷-B3；5—柴胡皂苷-B4；6—柴胡皂苷-A；7—柴胡皂苷-B2；8—柴胡皂苷-G；9—柴胡皂苷-B1；10—柴胡皂苷-D

CAD 还可以用于天然的生物活性物质的检测，如皂苷、大豆异黄酮、花青素等，而这些活性物质也大都没有紫外吸收，CAD 的出现使对该类物质的检测较之前使用 ELSD 更加准确、方便。如图 7-46 所示，分别列出了 CAD 和 ELSD 对 10 种柴胡皂苷类混合物的检测结果，发现 CAD 具有更好的检测灵敏度[49]。

此外，CAD 还可以用于同一样品中的阴阳离子的同时检测，使得药物中的活性成分和反离子可以一次测定，如图 7-47 所示，在一次进样后，25 种药物的阴阳离子物质都可以被检测出来，大大提高了检测效率。这对很多加入赋形剂和平衡离子的药物分析具有重要意义，如检测盐酸乙胺丁醇片中盐酸乙胺丁醇的含量[50]。

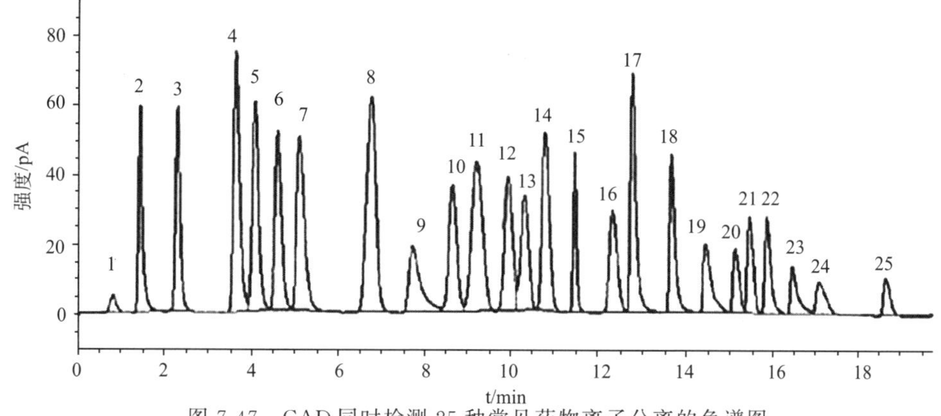

图 7-47　CAD 同时检测 25 种常见药物离子分离的色谱图

色谱峰：1—乳酸盐；2—普鲁卡因；3—胆碱；4—氨基丁三醇；5—钠离子；6—钾离子；7—甲葡胺；8—甲磺酸；9—葡萄糖酸；10—马来酸盐；11—硝酸盐；12—氯化物；13—溴化物；14—苯磺酸盐；15—琥珀酸盐；16—甲苯磺酸盐；17—磷酸盐；18—苹果酸盐；19—锌离子；20—镁离子；21—延胡索酸盐；22—酒石酸盐；23—柠檬酸盐；24—钙；25—硫酸盐

总之，CAD 是一种新型通用型液相色谱检测器，具有较宽的动态检测范围、较高的灵敏度和重复性、操作简单，响应信号不依赖于化学结构，可以检测中性、酸性、碱性及两性物质，特别适用于无紫外吸收、非挥发性或半挥发性物质的检测，应用范围广，可用于食品饮料分析、环境分析、化学品分析和制药研发及分析领域。但也有一定局限性，随着人们对 CAD 的认识和技术的发展，以及实践中对检测器不断提高的要求，CAD 将会获得进一步的发展。

五、便携式液相色谱检测器

台式液相色谱检测系统通常应用于实验室分析，但是在样品收集点进行现场分析在很多场合很有必要，如太空探索、国土安全、环境污染、地质研究、法医学、临床分析和考古研究等。另外，有些场合，如生物战剂扩散现场、有毒气体的泄漏、爆炸或者油井喷发、飞机失事等场所，需要快速、高通量甚至能自动分析的检测装置。

这些潜在的需求促进了便携式仪器的研究与发展，1983 年，Baram 等报道了第一台车载便携式液相色谱仪[51]，这台仪器采用微柱系统，重 45kg。1997 年 Tulchinsky 和 St Angelo 报道了 MINICHROM 液相色谱系统[52]，该系统自重 9.5kg，12V 直流电池供电。之后，Knauer 公司推出一款商品化的等度便携式 HPLC 系统（CHANCE），该系统配备固定波长（254nm）的紫外检测器，重 3.5kg，24V 直流电池供电。由于采用传统的色谱柱，系统的溶剂消耗与常规液相色谱系统相当。便携式液相色谱仪的基本特点是尺寸小、重量轻、容易携带。

由于业界对便携式液相色谱系统的需求越来越多，对仪器提出的指标也越来越高。按照目前的制造水平，一套成熟的便携式液相色谱系统应满足以下条件[53]：

（1）重量小于 7kg，体积小于 $0.0164m^3$；

（2）应集成所有液相色谱系统必需的电子器件、数据接口和控制软件；

（3）采用太阳能电池或化学电池供电，连续工作时间大于 8h；

（4）自动化程度高；

（5）能承受较大温度和湿度变化；

（6）预热时间短；

（7）符合绿色分析化学理念，消耗有机溶剂少；

（8）系统死体积小；

（9）具有优良的灵敏度；

（10）配备与台式液相色谱系统性能相当的二元梯度分离系统。

本节着重介绍与便携式液相色谱系统配套的化学发光和紫外检测器的一些应用。

（一）紫外光谱检测器

由于便携式液相色谱采用毛细管微柱分离，因此当采用紫外检测法时，非常适合柱上检测，从而进一步减小扩散以提高柱效。便携式紫外检测器通常采用固定波长，这种设计具有结构紧凑、制造成本低、灵敏度高的优点。图 7-48 为一款采用笔式汞灯为光源的便携式紫外固定波长检测器，该检测器采用滤光片纯化光源，用光纤将光线引入测量单元，并加入一个参比光路对光源的波动进行扣除。由于采用上述措施，仪器的灵敏度良好[54]。

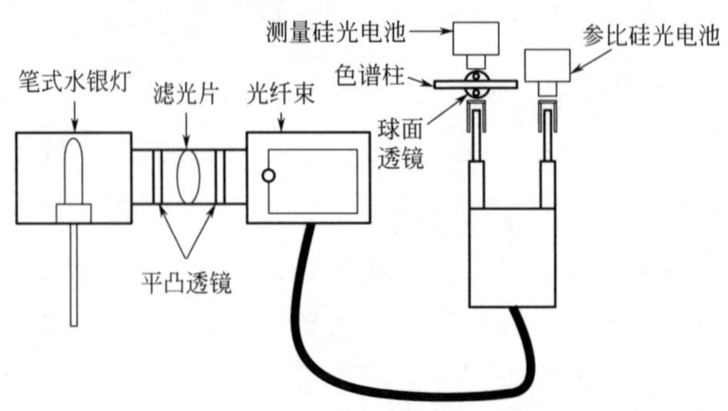

图 7-48　紫外吸收检测器示意图[54]

为了进一步缩小检测器的体积，Sharma 等[55]采用中心波长为 260nm 的深紫外发光二极管作光源，由于二极管光源发出的光很稳定，漂移小，不需要参比光路，因此仪器的结构大大简化。但是，由于二极管发出的是带状光谱，毛细管对入射光线的散射不应该忽略。散射光是指光源发出的光线没有经过毛细管中的待测溶液，而是通过毛细管壁进入检测器。散射光对检测的最直接的影响是使检测器的线性范围变窄。如图 7-49 所示，为了减小散射光的影响，除了使用带通滤光片之外，还在毛细管前加入一个狭缝。上述设计的紫外检测器为圆柱体，直径 3.0cm，高 5.2cm，重 85g。

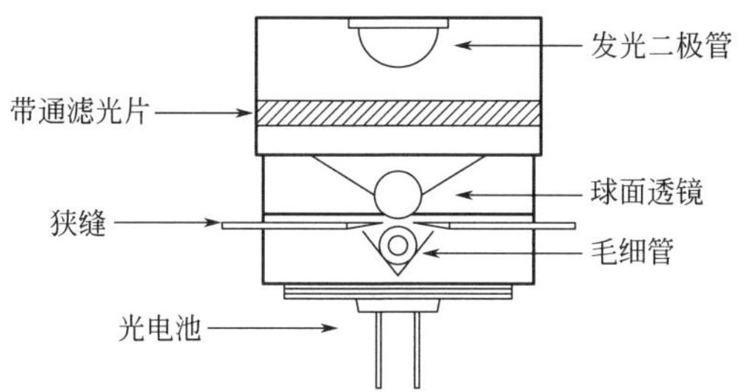

图 7-49　基于深紫外发光二极管的一体化检测器示意图

仪器的检测限是一项重要指标，对于相同灵敏度，仪器噪声越低意味着其检测限也越低，性能越好。为了降低仪器噪声，上述两款检测器都采用软件滤波的方式，数据采集频率为 24000Hz，移动平均步长为 1200 时可以使信噪比提高 75 倍[54]。

采用便携式的液相色谱-紫外检测器对水中常见的污染物苯酚类化合物的分析可以在 20min 内达到分离检测（图 7-50），分离效率达到 150000 塔板/米[56]。

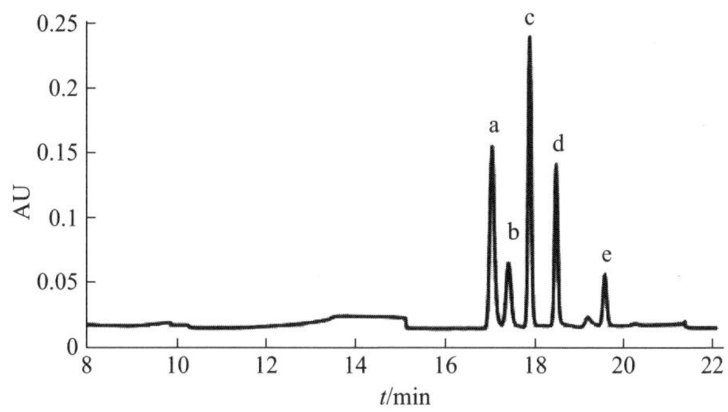

图 7-50　苯酚类化合物的梯度分离

色谱柱：毛细管整体柱，13cm×150μm

流动相：A—0.1%磷酸水溶液；B—0.1%磷酸乙腈溶液

梯度程序：30%B（0min）→75%B（15min）

色谱峰：a—苯酚；b—邻硝基苯酚；c—对硝基苯酚；d—2,4-二氯苯酚；e—2,4-二硝基苯酚

上述便携式紫外检测器有一个显著的缺点，由于光线垂直透过毛细管柱进行检测，实际光程受限于毛细管微柱的内径，通常为 100～500μm。而台式检测器由于采用流通池，光程可达 1cm，根据 Beer 定律，灵敏度较台式检测器低。为了使便携式液相色谱系统能满足某些场合下灵敏度的要求，可以制作特殊流通池以提高光程，如 Z 型池、U 型池、多次反射池等。但是采用这些流通池使系统结构复杂，提高了造价，而且，Z 型池或 U 型池在提高检测灵敏度的同时降低了分离效率。所以，采用何种结构需根据分析对象的需要进行取舍。

（二）化学发光检测器应用于环境中爆炸物残留的检测

爆炸物残留是一种比较特殊的环境污染物，大量存在于爆发战争区域或进行军事演习/训练的场所的土壤、淤泥、地表水和地下水中。土壤和淤泥中的污染水平可达 mg/g 量级，而水中的含量通常为 mg/L 级别。多数爆炸物为硝基芳烃和硝胺，这些物质比较稳定且具有潜在毒性，人体大量吸收后可引发癫痫、高铁血红蛋白血症、贫血等疾病，还可能引起肝、肾脏的损害。对这些区域中爆炸物残留的分析可为区域的污染水平评估提供必要的依据。另外，和平时期爆炸物检测比如公共场所的反恐活动、犯罪现场枪击物鉴别等也具有重要的意义。

检测爆炸物残留的方法很多。大多数光谱法（红外、紫外、核磁共振等）可以对爆炸物进行定性分析；电化学方法如伏安法和安培法可以对痕量爆炸物残留进行定性、定量分析，但是一些内源性化合物如硝基苯酚、硝基苯、二硝基苯胺等会引起显著的测量误差。因此，要准确地对爆炸物残留进行定量分析，需要与分离技术相结合。常用的气相色谱-火焰离子化检测器或电子捕获检测器在性能上能够满足对这些化合物的准确定量检测，特别是近年发展起来的顶空气相色谱-质谱联用技术可以对环境中痕量物质进行分析。但是，对于热不稳定和低挥发性的爆炸物，采用液相色谱技术无疑具有更多优势。

Caplin 等[57]发展了一种便携式微柱液相色谱检测环境中爆炸物残留的方法，样品在毛细管柱（Zorbax SB-C1，35mm × 0.5mm）中分离后与氨基磺酸（sulfamidic acid）溶液混合，进入光解转化器，光解产物为过氧亚硝酸根（peroxynitrite）。通过一根内径为 200μm、外径为 360μm 的毛细管（图 7-51 中 a）将光解后的待测物引入化学发光检测器。化学发光检测器由一根内径为530μm具有检测窗口的粗毛细管（图 7-51 中 b）和光电倍增管构成。毛细管 a 插入毛细管 b 中，同时将碱性鲁米诺溶液通过鞘流引入毛细管 b，鲁米诺与过氧亚硝酸根反应后产生的化学发光用光电倍增管检测，从而实现对爆炸物残留的分析。该方法对爆炸物残留检测限可达 1.5×10^{-7} mol/L，实现对加标土壤中爆炸物残留的检测（图 7-52）。

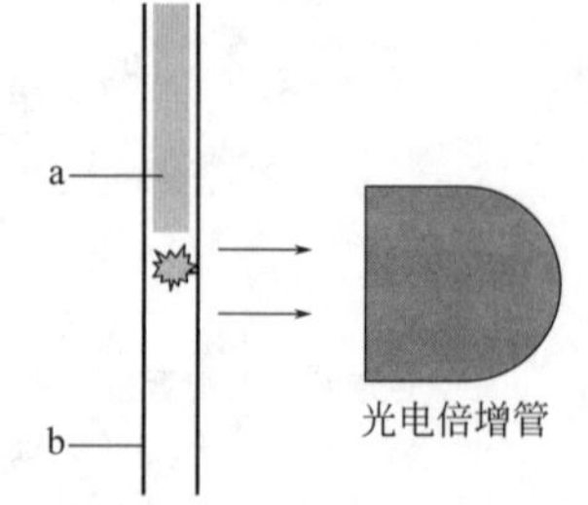

图 7-51　检测器示意图

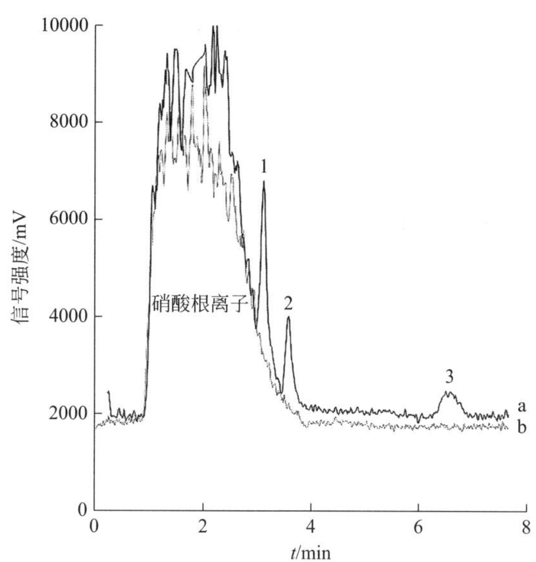

图 7-52 便携式微柱液相色谱-化学发光法对土壤中爆炸物残留的检测

a—加标土壤；b—土壤对照品

色谱峰：1—环四亚甲基硝胺（octogen）；2—1,3,5-三硝基六氢-1,3,5-三嗪（cyclonite）；3—季戊四醇四硝酸酯（pentaerythritol tetranitrate）；图中 2min 出现的巨峰为土壤中的硝酸根离子（nitrate）

此外，随着技术的发展，还陆续出现了许多其它类型的液相色谱技术的小型化装置，如质谱小型化将在第八章第二节进行介绍，此处不再进行详细论述。

参考文献

[1] 谢光华．分析仪器，1988，1(1)：1-7.

[2] 周延秀，朱果逸．色谱，1997，15(4)：230-296.

[3] 武竞存，章竹君，吕九如．分析化学，1994，22(4)：396-405.

[4] Gabor Patonay. HPLC Detection Newer Methods. New York：VCH Publishers，Inc，1992.

[5] Imai K. Methods Enzymol，1986，133：435-449.

[6] 武竞存，吕九如，章竹君．色谱，1993，11(4)：214.

[7] Yuki H et al. Chem Pharm Bull，1988，36：1905-1908.

[8] 林金明，安镜如．分析仪器，1991，4(3)：14-18.

[9] 李云辉，王春燕，电化学发光．北京：化学工业出版社，2008.

[10] Miao W，Choi J P，Bard A J. J Am Chem Soc，2002，124：14478-14485.

[11] Zacharis C K，Tzanavaras PD. Anal Chim Acta，2013，798：1-24.

[12] 王卫，内仓和雄，药物分析杂志，2005，25(11)：1299-1302.

[13] 丁收年，徐静娟，陈洪渊，中国科技论文在线，2007，8：595-606.

[14] David M，Goodall. Trends in Analytical Chemistry，1993，12(4)：177-184.

[15] Ng K，Rice P D，Bobbit D R. Microchem J，1991，44：25-33.

[16] Goodall D M，Wu Z，Lisseter S G. Anal Proc，1992，29：31-33.

[17] Edward S Yeung. Detectors for liquid Chromatography. New York:John Wiley & Sons Inc, 1986.
[18] Zukowski Janusz, et al. Anal Chim Acta, 1992, 258: 83-92.
[19] Takashi T, et al. J Liq Chromatogr, 1987, 10(12): 2759-2769.
[20] Brandl Gert, et al. J Chromatogr, 1991, 586: 249-254.
[21] Minren Xu, Chieu D Tran. Anal Chem, 1990, 62(22): 2467-2471.
[22] 施良和．凝胶色谱法．北京：科学出版社，1980.
[23] 虞志光编．高聚物分子量及其分布的测定．上海：上海科学技术出版社，1984.
[24] Robert B G. Anal Chem, 1983, 55(1): 21A-30A.
[25] Vickrey Thomas M. Liquid Chromatography Detectors. New York: Marcel Dekker Inc, 1983.
[26] Scott R P W. Liquid Chromatography Detectors: 2nd ed. New York: Elsevier Science Publishers B V, 1986.
[27] 夏宗勤主编．实验核医学与核药学．上海：同济大学出版社，1989.
[28] Veltkamp A C, et al. Analytica Chimica Acta, 1990, 233: 181-189.
[29] Baldew G S, et al. J Chromatogr, 1989, 496: 111-120.
[30] Karl-Heinz Theimer, Viliam Krivan. Anal Chem, 1990, 62: 2722-2727.
[31] 左伯莉，邓延倬．色谱，1989，7(6)：337-339.
[32] Yeung Edward S. Detectors for liquid Chromatography. New York: John Wiley & Sons Inc, 1986.
[33] 吕小虎，赵贵文．分析仪器，1993，(2)：37-41.
[34] 吕小虎，王辉，赵贵文．分析仪器，1992，(1)：9-11.
[35] Xiaobing Xi, Edward S Yeung. Anal Chem, 1991, 63(5): 490-496.
[36] Hirofumi Kawazumi, et al. Talanta, 1991, 38(9): 965-969.
[37] Okeefe A, Deacon D A G. Rev Sci Instrum, 1988, 59: 2544-2551.
[38] Snyder K L, Zare R N. Analytical Chemistry, 2003, 75: 3086-3091.
[39] Vogelsang M, Welsch T, Jones H. J Chromatogr A, 2010, 1217: 3316-3320.
[40] Ligor M, Studzinska S, Horna A, et al. Rev Anal Chem, 2013, 43: 64-78.
[41] 刘立洋，刘肖．现代科学仪器，2011,5：141-145.
[42] 刘璐，高旋，杨永健．中国医药工业杂志，2012，43，227-231.
[43] Vehovec T, Obreza A. J Chromatogr A, 2010, 1217: 1549-1556.
[44] Gorecki T, Lynen F, Szucs R, et al. Anal Chem, 2006, 78: 3186-3192.
[45] Vervoort N, Daemen D, Török G. J Chromatogr A, 2008, 1189: 92-100.
[46] Teutenberg T, Tuerk J, Holzhauser M. J Chromatogr A, 2006, 1119: 197-201.
[47] Pistorino M, Pfeifer B A. Anal Bioanal Chem, 2008, 390: 1189-1193.
[48] Liu X K, Fang J B, Cauchon N, et al. J Pharm Biomed Anal, 2008, 46: 639-644.
[49] Eom H Y, Park S Y, Kim M K, et al. J Chromatogr A, 2010, 1217: 4347-4354.
[50] Zhang K, Dai L L, Chetwyn N P. J Chromatogr A, 2010, 1217: 5776-5784.
[51] Baram G I, Grachev M A, Komarova N I, et al. J Chromatogr, 1983,264, 69-90.
[52] Tulchinsky V M, St Angelo D E. Field Anal Chem Technol, 1998, 2: 281-285.
[53] Sharma S, Tolley L T, Tolley H D, et al. J Chromatogr A, 2015, 1421:38-47.
[54] Sharma S, Plistil A, Simpson R S, et al. J Chromatogr A, 2014, 1327:80-89.
[55] Sharma S, Tolley H D, Farnsworth P B, et al. Anal Chem, 2015, 87:1381-1386.
[56] Sharma S, Plistil A, Barnett H E, et al, Anal Chem, 2015, 87, 10457-10461.
[57] Capka L, Vecera Z, Mikuska P, et al. J Chromatogr A, 2015, 1388: 167-173.

CHAPTER8

液相色谱检测技术

随着社会的发展及技术的不断进步，液相色谱检测的对象日益复杂，因此对检测技术的更新和发展提出了越来越高的要求。针对日益复杂的检测对象的性质，一方面人们不断寻找和设计新原理的检测器以适应检测需要；另一方面人们也要不断对所分析的样品进行衍生设计及改性，使其能够利用现有的方法完成检测。随着质谱仪器的发展，其通用检测功能在液相色谱检测中已经突显优势，因而以液相色谱-质谱联用为首的一系列联用技术应运而生，大大扩展了色谱检测技术的应用范围。

在未来的色谱分析检测中，面对复杂的检测体系，我们一方面要正确地选择检测器，另一方面要对样品性质进行全面分析，选择合适的检测方式、衍生方法以及必要的联用技术，以实现快速、高效的分离和检测。作为本书的最后一章，本章将介绍重要的液相色谱联用技术、间接检测技术以及对样品的衍生检测方法。

第一节　液相色谱检测器的联用

在分离分析含有复杂组分的实际样品时，由于其中各组分具有不同的物理化学特性，使用单一检测器检测，往往难以得到完全的信息。为了在液相色谱一次分离检测中得到更多、更准确的定性定量信息，除了对现有的检测器利用新出现的技术进行改造以提高性能外，将不同的检测器联用是一个可行有效的方法。现有的检测器有各自的优缺点和适用范围，将不同的检测器联合使用，可以发挥各检测器的优点，在一次色谱进样分析中得到更多、更准确的信息。

检测器的联用可以分为以下几种方式：串联、并联和一体化。

一、串联

在串联检测方式中，液相色谱的流出物经一个检测器后再进入下一个检测器。串联检测的好处是简单、易实现，无需设计专门的器件和对检测器进行改造，只需用管线将相应的检测器连接使用即可。一般拥有两台或两台以上检测器的液相色谱实验室都可实现。

实行串联检测时，必须注意以下两点：

① 检测器的串联可能会给检测造成干扰。因此，当示差折光检测器和其它检测器串联使用时，为了避免其它检测器给它带来压力和温度的扰动，通常将示差折光检测器放在后面。当使用电化学检测器时，由于样品可能会发生化学变化，该检测器应放在其它检测器的后面。一般来说，非破坏性检测器放在前面，破坏性检测器放在后面。

② 在检测器串联使用中，色谱流出物会经过更长的路程，这个过程会额外地使峰展宽，从而使色谱分辨能力和灵敏度下降。因此，应考虑尽可能地减小不同检测器之间连接管线的长度。并且，池体积小的检测器应放在池体积大的检测器前面，让柱流出物先通过池体积小的检测器。

一个实际例子是将液相色谱柱与紫外检测器和光电导检测器串联起来(HPLC-UV-PCD)，分离并检测 18 种苯基脲类除草剂[1]。由于只有光敏感的化合物经过紫外光照射后才能成为离子型化合物而被光电导检测器选择性地检测，因而比较经过 UV 和 PCD 两种检测器后得的色谱图，就能判断色谱流出物是否具有光敏性。比较图 8-1(a)和图 8-1(b)，紫外检测器对所有的 18 种农药均有响应，而光电导检测器对其中不具有光敏性的化合物[图 8-1(a)中的第 1、4、10、11 号峰]不能响应。因此，这种检测器的串联技术有利于对色谱流出物做定性鉴别。图 8-2 是荧光和紫外吸收检测器串联检测食物中的有毒胺类化合物[2]。

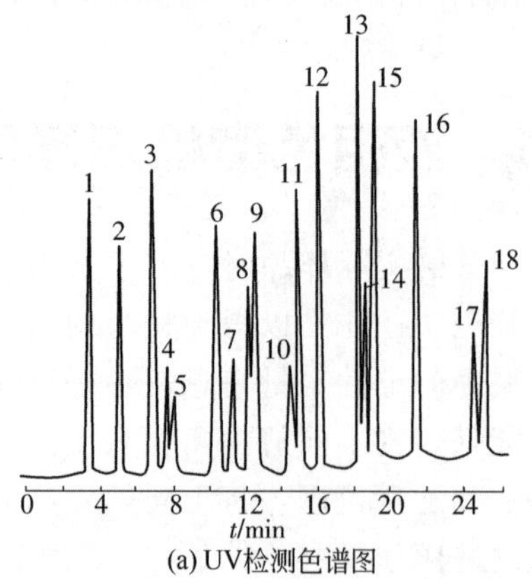

(a) UV检测色谱图

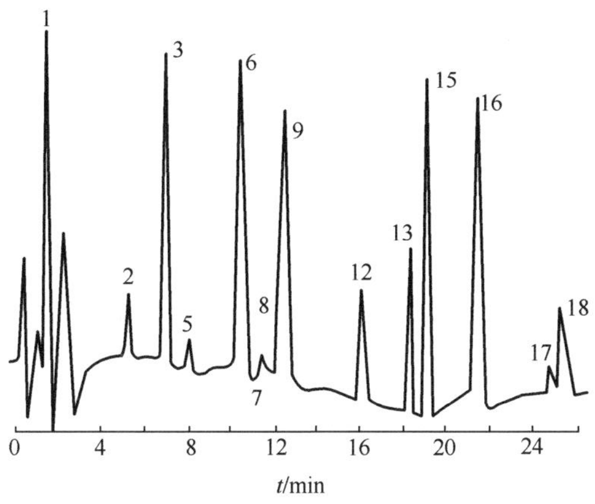

(b) PCD检测色谱图

图 8-1 18种苯基脲类农药在UV及PCD上色谱图

色谱柱：Microsorb ODS（10cm×4.6mm）3μm；柱温35℃

流动相：甲醇48%～65%+水（梯度淋洗）；

色谱峰：1—非草隆；2—甲氧降；3—灭草隆；4—卡草灵；
5—Thiadiazuron；6—绿谷隆；7—伏草隆；8—绿麦隆；
9—秀谷隆；10—枯秀隆；11—异丙隆；12—敌草隆；
13—利谷隆；14—环草隆；15—氯溴隆；
16—枯草隆；17—氟脲杀；18—草不隆

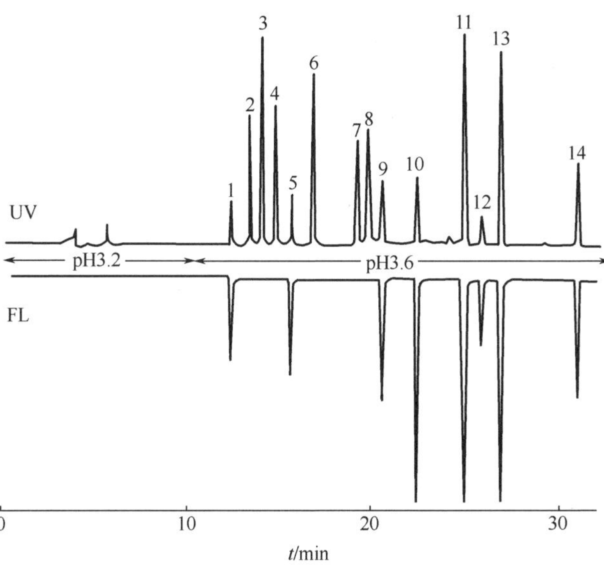

图 8-2 UV和FLD串联检测食物中的有毒胺类化合物

色谱柱：TSK gel ODS 80，250mm×4.6mm，5μm

流动相：0.01mol/L三乙胺水溶液（pH 3.2或pH 3.6）和乙腈

色谱峰：1,5,12—吡啶并咪唑；2,4—咪唑并喹啉；3,6,7,8—咪唑氧杂喹啉；
9,10,11,13,14—吡啶并吲哚

二、并联

在并联检测法中，柱后流出物被分成几路，同时被多个检测器检测。与串联检测法相比，并联检测方式的优点是不同检测器之间的相互干扰少；而且，不会由于两个以上检测器的存在额外增加峰扩展。但是由于柱后流出物被分成几路检测，从而使进入每个检测器检测的样品量都小于使用单一检测器时的样品量。

图 8-3 是一个并联检测的示意图[3]。其中 B 是流量分离器，C 是压力线圈，流量分离器和压力线圈的体积应尽量减小，以减小峰展宽。压力线圈提供10kgf/cm^{2}的压力，该压力线圈的作用是使各个分路的流量相等，但是由于各检测器的反应不尽相同，得到的各个分路的压力略有差异（±1kgf/cm^2，1kgf/cm^2=98.0665kPa）。三个流路所用的检测方法分别是：邻苯二甲醛柱后用衍生荧光检测法、电化学伏安法和三羟基吲哚柱后用衍生荧光检测法。图 8-4 是该系统的色谱图。实际生物样品中的儿茶酚胺在 ODS 柱上分离后，在系统中由于三羟基吲哚柱后衍生反应所需时间长（7min），所以相应的峰保留时间长；邻苯二甲醛衍生反应时间短（20s），相应峰的保留时间与电化学伏安法的保留时间相近。另外，由于流量分离器体积小，峰扩展小，溶质的浓度在分离前后变化很小，三种检测法的检测灵敏度与单一检测法也相近。

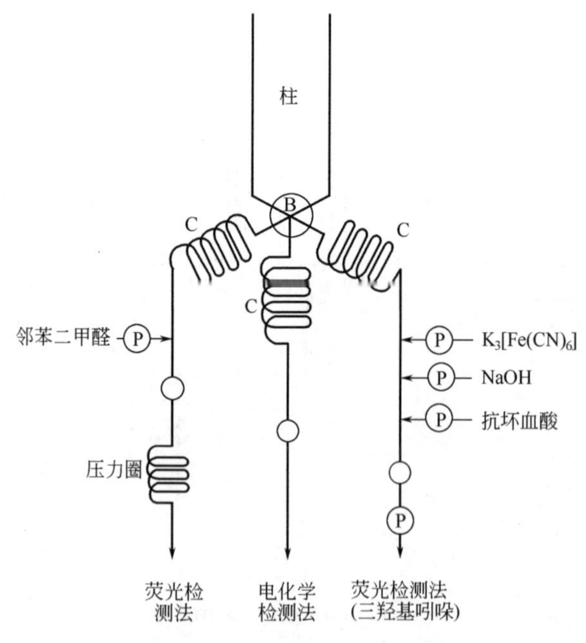

图 8-3 并联检测示意图

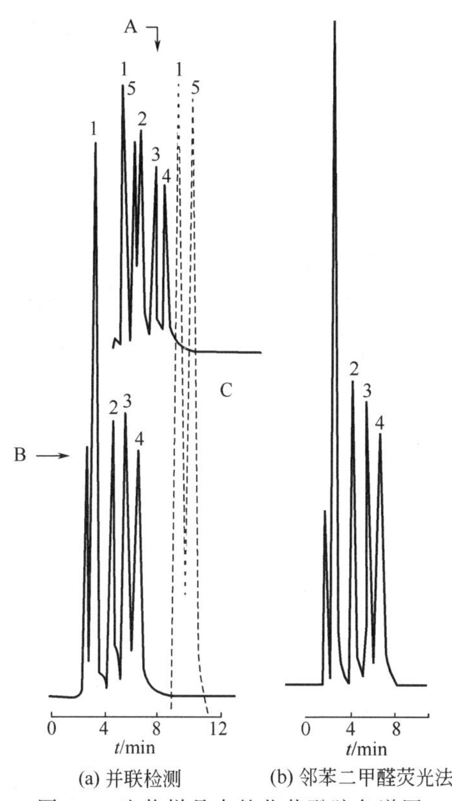

(a) 并联检测 (b) 邻苯二甲醛荧光法

图 8-4 生物样品中的儿茶酚胺色谱图

A—电化学检测；B—邻苯二甲醛法；C—三羟基吲哚荧光法

色谱峰：1—去甲肾上腺素；2—二羟基苯胺；3—二羟基氨基丙酸；4—多巴胺；5—肾上腺素

三、一体化设计

一体化检测又称多功能检测，具体是指在一个检测池内，检测器能同时对溶液的不同性质进行检测，同时得到多种检测信号。一体化检测的特点是克服了串联、并联检测法的一些缺点，如峰扩展、灵敏度降低、干扰、检测信号的时间迁移等。但它的缺点是仪器结构比串联、并联复杂，需要针对所需检测特性专门设计，不具有普遍性。

（一）一体化检测器

早期的一体化检测器是美国杜邦公司发展的一种双功能检测器——同时用紫外和荧光检测 LC 柱流出物。图 8-5 中，UV 光源发出的光经石英镜准直，然后通过圆柱形检测池。池体由透明材料制成。透过光经另一石英镜会聚到光电二极管，光电信号正比于溶质浓度。入射 UV 光激发的荧光被另一组透镜会聚到与第一个光电二极管方向垂直的第二个光电二极管上。荧光信号正比于溶质浓度。另外，还出现了一种 UV 和电导双功能检测器（图 8-6）。紫外系统同图 8-5 的紫外系统相近，检测池的两端用不锈钢构成电导系统的电极。交流电施加在两电极上。具有紫外吸收和离子型的溶质能被选择性地检测。

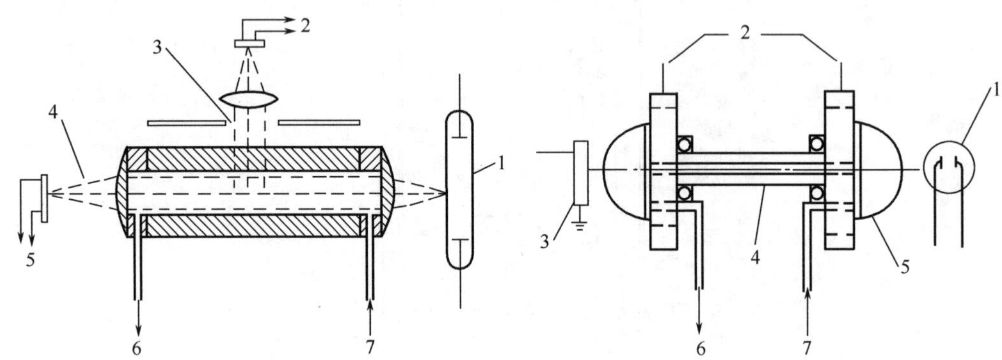

图 8-5 UV 和 FLD 双功能检测器

1—UV 光源；2—去荧光放大器；3—荧光；4—紫外透过光；5—去紫外吸收放大器；6—出口；7—进口

图 8-6 UV 和电导双功能检测器

1—UV 光源；2—电极；3—光电池；4—池；5—透镜；6—出口；7—进口

一种商品化的紫外和折光双功能检测器，由于它集溶质性能检测和整体性能检测为一体，令人特别感兴趣（图 8-7）。该系统有两个光源，从低压汞蒸气灯发生的 UV 光经过滤器、检测池，照在光电池上。光电池提供的 UV 信号正比于溶质浓度。折光检测器为偏转型，从灯丝发出的光通过半银镜，该镜反射光通过检测池到达凹镜。从凹镜来的反射光再次穿过检测池、半银镜、玻璃片（用于调零），然后到达棱镜。棱镜反射两光束于两个光电池上。当检测池中液体的 RI 值改变时，棱镜顶的接收光会发生偏转，结果使一个光电池上的光量增加，另一个光电池上的光量下降。这种差异信号正比于 RI 值的改变。RI 的检测限为 10^{-6}，UV 的检测限为 0.001。

后来又发展了一种三功能检测器[4]，即集紫外检测、荧光检测和电导检测于一身。紫外吸收系统与双功能检测系统相似(图 8-8)，它具有一个低压汞放电灯光源，检测池长 3mm，与光源靠近的一头是圆柱形石英窗，另一头是一个平凸石英镜。靠近石英窗和凸石英镜的是两个不锈钢圆盘，圆盘中间为直径 0.8mm 的洞，这两个圆盘构成了电导池的电极。该系统有两个光电池，一个光电池接收 UV 透过光，另一个光电池与紫外检测光路成直角，接收入射光发出的荧光。三个检测功能的检测限和线性范围分别是：UV，1.7×10^{-7}g/mL 甲苯，1.5×10^{3}；荧光，2.5×10^{-8}g/mL 对单酰氯异亮氨酸，1.2×10^{3}；电导，5×10^{-8}g/mL 氯化钠，3×10^{3}。

一个含蒽、芳香烃和氯化钠的合成样品在三功能检测系统中得到的色谱图如图 8-9。三个检测功能具有不同的选择性，荧光检测只记录了蒽的信号，电导检测

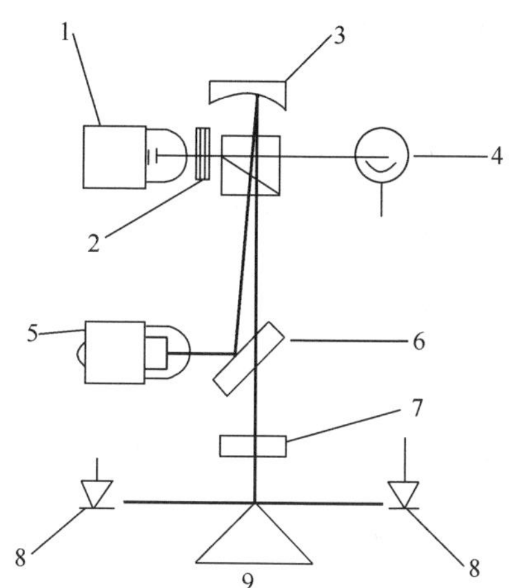

图 8-7 UV 和 RI 双功能检测器

1—低压汞蒸气灯；2—滤片；3—凹形镜；4—光电池（UV 输出）；5—白炽灯；6—半银镜；7—调零；8—光电池；9—棱镜

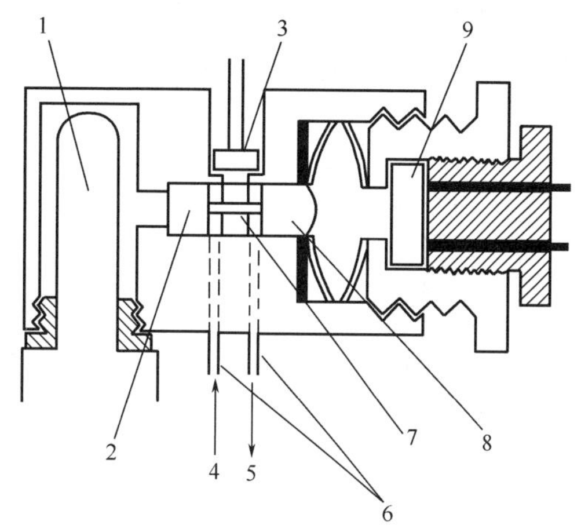

图 8-8 三功能检测器

1—UV 光源；2—石英镜；3—荧光光电池；4—流动相入口；5—流动相出口；6—电极；7—流通池；8—石英镜；9—UV 光电池

记录了 NaCl 的信号，UV 检测获得了除 NaCl 以外的蒽和其它芳烃的信号。三个检测功能的一体化，不但能同时提供三种检测信息，使得信息完整，有利于组分定性鉴别，而且峰扩展小。

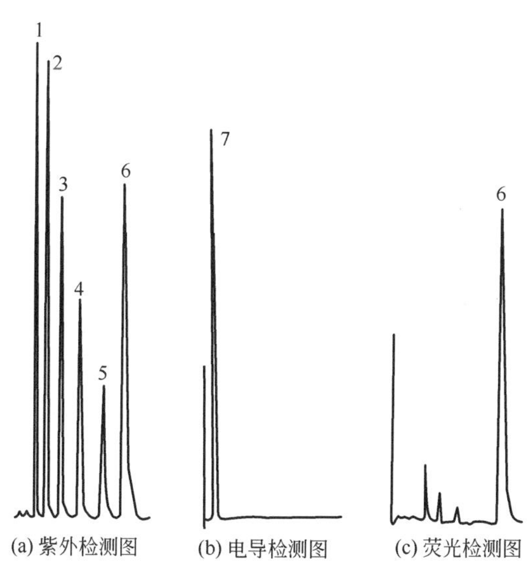

图 8-9 三功能同时检测色谱图

色谱柱：C_{18}，30mm×3mm

流动相：甲醇-水（体积比=75：25）

流量：2mL/min

色谱峰：1—苯；2—甲苯；3—乙苯；4—异丙苯；5—叔丁苯；6—蒽；7—NaCl

对于不同类型的样品，可以分别采用不同检测功能的例子反映了该检测器在使用方式上的灵活性（图 8-10）。

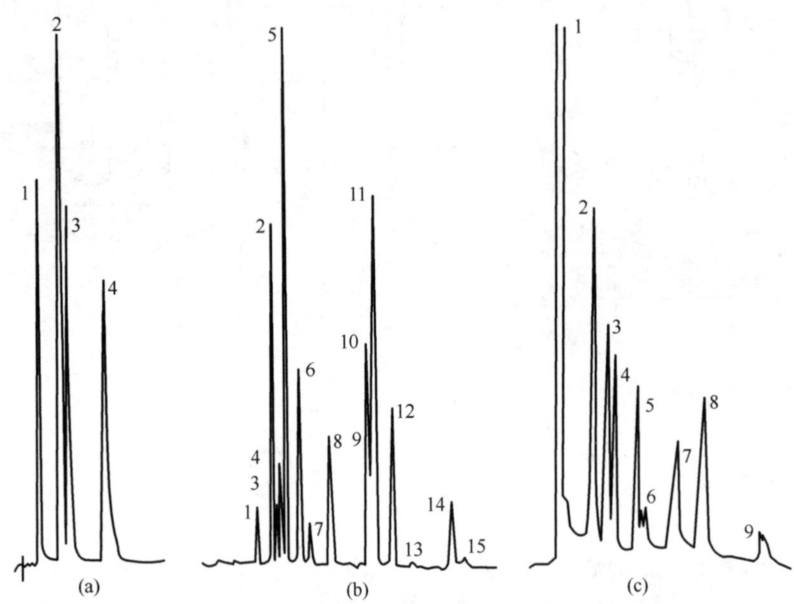

图 8-10　不同检测功能分别应用于不同样品

（a）UV 检测

色谱柱：C_{18}，30mm×3mm

流动相：甲醇-水（体积比＝17∶83）

流量：3.0mL/min

色谱峰：1—可可碱；2—茶碱；3—羟乙基萘碱；4—咖啡碱

（b）荧光检测

色谱柱：C_{18}，150mm×4.6mm

流动相：乙腈-水（体积比＝90∶10）

流量：2mL/min

色谱峰：1—萘；2—芴；3—二氢苊；4—菲；5—蒽；6—荧蒽；7—芘；8—苯并[*a*]蒽；9—䓛；10—苯并[*b*]荧蒽；11,12—苯并[*k*]荧蒽；13—二苯并[*a*,*h*]蒽；14—茚并[1,2,3-*c*,*d*]芘；15—苯并[*g*,*h*,*i*]芘

（c）电导检测

色谱柱：C_{18}，30mm×3mm

流动相：1nmol/L 四丁基铵氢氧化物

流量：1.5mL/min

色谱峰：1—溶剂峰；2—Cl^-；3—NO_2^-；4—Br^-；5—NO_3^-；6—PO_4^{3-}；7—PO_3^{3-}；8—SO_4^{2-}；9—IO_3^-

当激发光强足够高时，光离子化作用就能发生。激光脉冲的高能量甚至可以激发两个质子的光离子化。离子被约 300V 的高压加速、收集到两个电极。有机化合物分子所需的光离子化能量之高甚至可以毁坏光电池的光窗。为了避免这个问题，可采用无窗流通池，流动相在柱后呈液流流出，激光直接照射在柱后液流上（图 8-11）。柱后流出物的有效检测体积为 3μL。337nm N_2 激发光源可用于多

核芳烃的光离子化激发，光声信号和荧光信号也可以同时被记录下来[5]。

稀土元素在地理环境中的广泛分布促进了对溶液中镧系离子测定方法的发展。液相色谱分离、同时激光诱导荧光和热镜检测这些样品离子，能帮助鉴别元素的氧化态，给出溶液中离子的直接环境信息。热镜是准通用检测器，荧光检测器是高灵敏度选择性检测器。该双功能检测系统的结构如图 8-12。热镜双光束系统是：激发光源为 N_2 激光器，输出功率 500μJ，探测光束是 He-Ne 激光器，输出功率 3mW。激发光在到达分束器之前被 L_1 镜汇集入流通池，探测光被 L_2 镜组会集于流通池后。光束收敛部分与流通池中心的距离是$\sqrt{3}$倍瑞利距。激发光束穿过吸收溶液，在流通池中引起热镜效应。探测光束直接穿过 1mm 的小孔，被光电二极管检测。光路中发散透镜 L_3 用于控制探测光束到达小孔的光量。荧光信号检测方向与热镜信号检测方向呈 90°，用透镜 L_4 集中于单色器狭缝入口处，然后由光电倍增管检测。流通池 8μL，光路长 1mm。利用该检测器同时进行热镜和荧光检测铀，检测限为 1ng[6]。

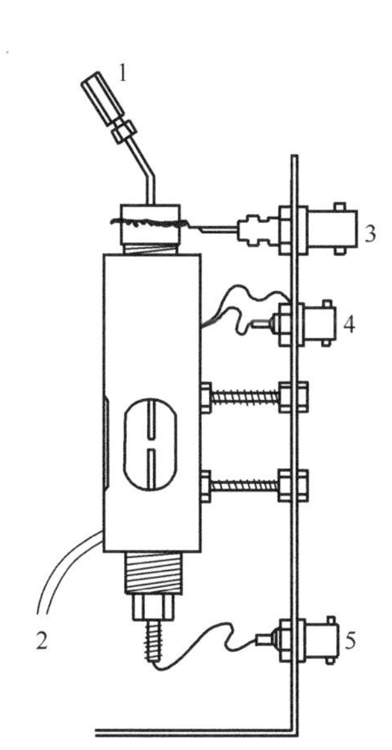

图 8-11 无窗三功能检测器

1—色谱柱；2—废液；3—荧光信号；4—光声信号；5—光离子化信号

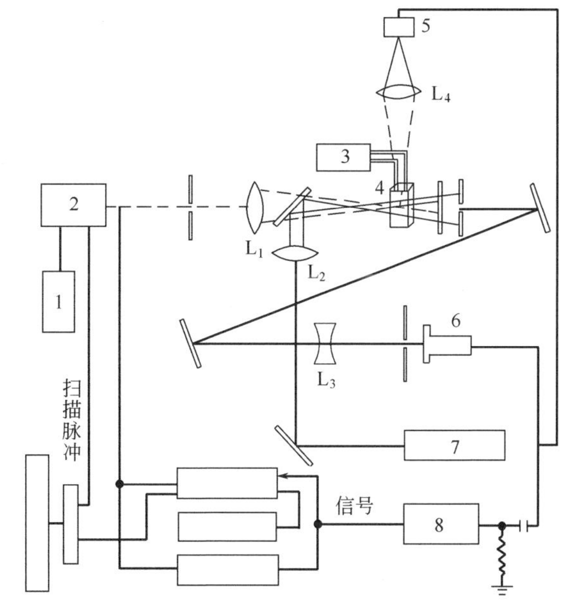

图 8-12 激光诱导荧光和热镜双功能检测

1—N_2 激光器；2—染料激光器；3—HPLC；4—样品池；5—光度计；6—光电二极管；7—He-Ne 激光器；8—电流放大器

一体化检测的研究在不断发展中。一种较为成熟的检测器—光电化学检测器能同时检测电化学活性和具有紫外吸收的样品。该检测器的一个应用实例是对苯酚类化合物的分离检测[7]（图 8-13）。7 种化合物中的 6 种都可以在给定电势下氧化，只有 2,4,6-三硝基苯酚由于具有三个不易氧化的硝基而不反应，而在 UV 检测色谱图中，2,4,6-三硝基苯酚具有很强的紫外吸收。

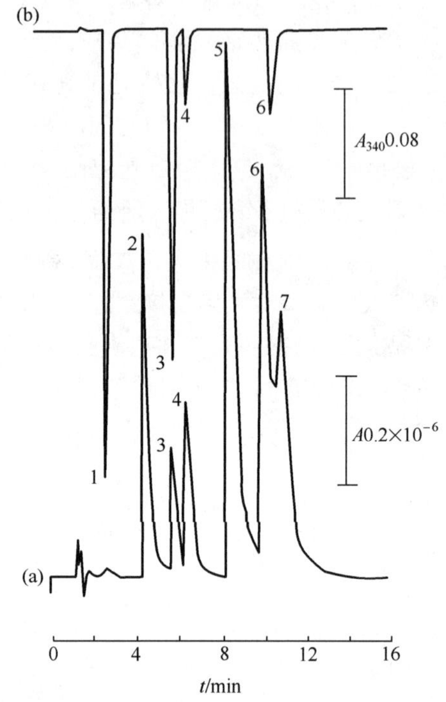

图 8-13　光电化学检测器检测苯酚类化合物

（a）电化学检测；（b）UV 检测，λ＝340nm

流动相：0.2mol/L $NaClO_4$/0.005mol/L 柠檬酸钠（调 pH 4.4），混合溶液与乙腈之比为 70：30

流速：1.8mL/min　应用电势：1.3V

色谱峰：1—苦味酸；2—苯酚；3—2,4-二硝基苯酚；4—对硝基苯酚；
5—邻氯苯酚；6—邻硝基苯酚；7—对硝基苯酚

（二）微型池一体化检测器

与普通液相色谱柱相比，微型柱具有分离效率更高、分析速度更快等优点。最近液相色谱检测器发展的两个趋向是同微型柱匹配的检测池的微型化和提高检测方式的多元化。一个简单、有效的解决方法是发展微型池一体化检测器，用小体积的多功能检测池与微型柱 LC 匹配。

近些年，随着技术的不断进步，微流控芯片技术逐渐被人们认识、应用，并迅速发展起来。它是利用微加工技术在芯片上制作微阀、微通道、微反应器、微传感器、微检测器等功能单元，集成为一个微型化学系统，兼有样品的前处理、化学反应、分离、检测等功能，集中体现了将分析实验室的功能转移到芯片上的设想，具有试剂消耗量少（纳升级）、效率高（秒级）、微型化、集成化等特点。为了达到微量检测的高灵敏度检测，该系统的检测器要求具有灵敏度高、响应速度快、成本低、体积小等特点。因而，检测系统也是微流控芯片系统的关键部分。目前，适于微流控芯片的检测器基本上可分为光学、电化学和质谱检测器三类。

目前应用较多的微流控芯片的光学检测器包括紫外、荧光和化学发光等检测系统。作为一种标准配置的检测器，紫外检测器在微流控芯片电泳中也较为常用，并且还能与其它检测器联用，因而具有良好的通用性。荧光检测技术准确度好、灵敏度高，可以检测蛋白质、脱氧核糖核酸、氨基酸等自身带有荧光或者衍生化后具有荧光特性的物质，检测限可达 10^{-14} mol/L，甚至还可以检测单分子。该类检测器报道最多的是激光诱导荧光检测器（LIF）、发光二极管（LED）荧光检测器、双光子激发荧光检测器等。以 LIF 检测器为例，Cui 等在 PDMS 芯片上使用汞灯作为激发光源，成功分离了进样量少于 5ng 的蛋白质混合物。如图 8-14，借助微流控芯片，采用 LIF 作为检测器，可以很好地分离、检测绿色荧光蛋白（GFP）和 r-藻红蛋白（PE）两种蛋白的混合物[8]。

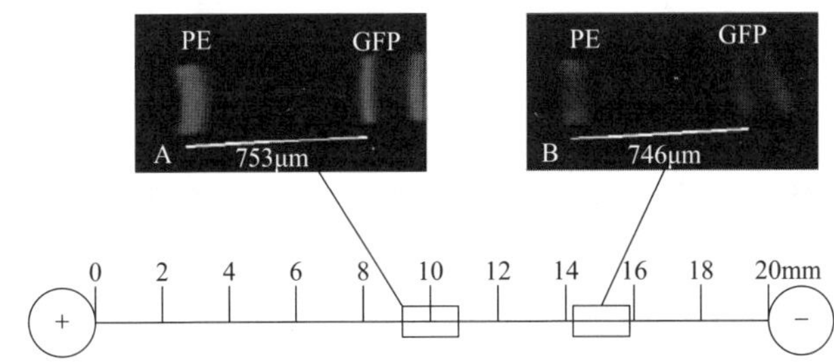

图 8-14　绿色荧光蛋白（GFP）和 r-藻红蛋白（PE）等电聚焦分离后的 LIF 结果图

图 8-14 中，A 和 B 分别是开始电泳后第 10min 和 17min 时刻获取的结果，样品：0.4%（质量分数）的甲基纤维素，4%（体积分数）pH 3～10 的安福林两性电解质，r-藻红蛋白 0.02μg/μL，绿色荧光蛋白 0.04μg/μL。A 和 B 信号的差异是由于汞灯光源强度差异导致。

化学发光检测系统是一种高灵敏度的检测系统，由于其是基于化学反应所伴随产生的光信号进行检测的，因而不需外加光源，构造简单，不存在荧光和其它光谱分析中因散射和杂质产生的背景干扰等问题，具有灵敏度高和选择性好的优点。如图 8-15 所示，该类微流控芯片检测系统更为简单，一般只包括微流控分离通道（microchip）、高压电源（HV）、光电倍增管（PMT）、试剂引入系统（micropump）和数据处理系统（PC）[9]。

电化学检测方法是以电极作为传感器，直接将溶液中待测组分的化学信号转变为电信号，对该电信号进行处理并实现检测，主要包括安培检测器、电导检测器和电位检测器等。由于电极作为传感器，所以系统结构可以做得更加紧凑，从而进一步减小检测器的体积。例如，一个三电极的电化学检测系统也可以构建于 PDMS 的微芯片上（如图 8-16），并采用导电铂层作为去耦器，完成物质的快速分

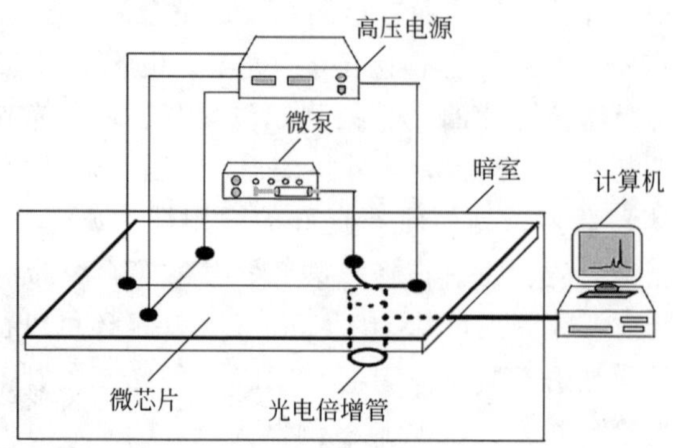

图 8-15 具有化学发光检测系统的微流控芯片装置图

离和检测，对多巴胺碱的检测限达到了 0.125μmol[10]。

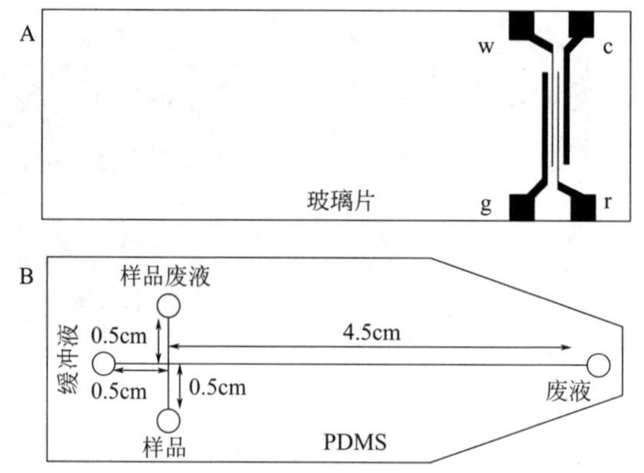

图 8-16 微流控芯片三电极检测装置图

A—玻片上的电极布局；B—PDMS 的进样和分离通道；c—对电极；g—地电极；r—参比电极；w—工作电极

随着质谱技术的不断推广和发展，质谱高灵敏度的优势和对化合物独特的鉴别能力逐渐展现出来。质谱是通过样品离子的质荷比进行成分和结构分析的分析方法，灵敏度高、专属性强。质谱的在线检测是促进微流控芯片发展的一个有效途径，即将芯片分离通道直接偶联到质谱中进行检测，因而其接口技术是微流控芯片与质谱联用的关键[11]。电喷雾质谱（ESI-MS）被较早地用于微流控芯片电泳检测，常用的芯片电喷雾接口设计大体可分为芯片尖端直接喷雾型、外接喷雾针和外接毛细管喷雾型。如 Lin 课题组以毛细管为桥连管路连接芯片与质谱（如图 8-17 所示），方便地实现了毛细管在多个微通道间的组装与拆卸，进行了多种模式的细胞药物代谢研究[12]。此外，基质辅助激光解吸附电离质谱（MALDI-MS）与 ESI-MS 相比，具有耐高浓度盐、缓冲剂等非挥发性成分，灵敏度高、检测限低，谱图中单电荷、双电荷的分子离子峰信号强等优点，因而也可以被用于构建集成微流控圆盘对各个样品进行高通量处理[13]。

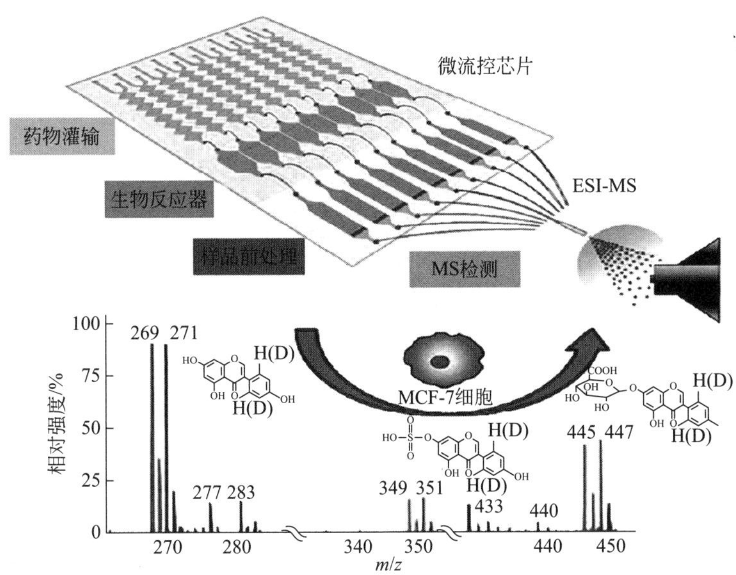

图 8-17 芯片-质谱联用平台用于细胞的药物代谢分析

在芯片上集成不同的功能单元，分别进行细胞培养、药物灌输、样品预富集及 ESI-MS 在线检测

随着科技的发展，微流控芯片集微型化、集成化、便携化、自动化、低成本和低损耗等诸多优点于一体，已发展成为微全分析中最活跃的领域和发展前沿之一。为了促进微流控技术的进一步发展，避免应用范围、检测限、灵敏度等方面的局限性，采用多种微流控检测技术联用将成为一个重要研究方向。相信其在生物医学、高通量药物合成筛选、农作物的优选优育、环境监测、卫生检疫等众多领域会有广阔的应用前景。

第二节 液相色谱仪的联用技术

20 世纪 50 年代以后为解决复杂混合物的分离而建立的色谱法，特别是气相色谱法和高效液相色谱法，分离能力强。以后陆续发展的与其相结合的检测器部分，实际上多数是将其它仪器方法加以改进后，与色谱法的联用。如气相色谱法的火焰光度检测器实际上是结构经改造的火焰光度计与之的联用；高效液相色谱法的示差折光检测器、荧光检测器、紫外-可见光检测器等，也是如此。可以说，这些检测器的使用就是仪器联用分析的开始。自此，色谱联用仪器不断出现。各具优势的多种仪器的联用，互相取长补短，解决了大量实际问题。仪器联用分析是现代仪器分析发展的必然趋势。色谱仪的联用技术主要包括色谱仪与质谱仪的联用和色谱仪与光谱仪的联用。此外，还有色谱仪与色谱仪联机分析，如将高效液相色谱仪与气相色谱仪的联用等。关于色谱联用技术的详细内容请参见本丛书《色谱联用技术》一书，在此仅简单介绍液相色谱仪的联用技术。

一、液相色谱仪与质谱仪的联用

色谱-质谱联机技术结合了色谱对复杂基体化合物的高分离能力与质谱独特的选择性、灵敏度、分子量及结构信息于一体，具有广泛的应用领域。现代色谱-质谱主要有气相色谱-质谱和液相色谱-质谱（HPLC-MS）。气相色谱-质谱的联用技术已趋于成熟，它适于易挥发、半挥发性有机小分子化合物的分析。然而，据估计已知化合物中约70%为亲水性强、挥发性弱的有机物，热不稳定化合物及生物大分子，这些化合物广泛存在于当前应用和发展最广泛、最有潜力的领域，包括生物、医药、环境等方面，因而液相色谱-质谱的联机变得非常重要。液相色谱-质谱的联用在20世纪80年代以后逐渐进入实用阶段。与气相色谱-质谱已取得的成功相比，液相色谱-质谱的联用还有些技术难题有待解决，主要是色谱系统各种难挥发溶剂的排除问题。

液相色谱-质谱联用仪主要由色谱仪、接口、质谱仪、电子系统、记录系统和计算机系统六大部分组成。混合样品注入色谱仪后，经色谱柱得到分离。从色谱仪流出的被分离组分依次通过接口进入质谱仪。在质谱仪中首先在离子源处被离子化，然后离子在加速电压作用下进入质量分析器进行质量分离。分离后的离子按质量的大小，先后由收集器收集，并记录质谱图。根据质谱峰的位置和强度可对样品的成分和结构进行分析。所采用的色谱仪和质谱仪在基本结构和工作原理上与普通色谱仪和质谱仪无大差别，只是在某些方面有些特殊要求。

液相色谱仪和质谱仪联用时，以下困难问题需要解决：

① 色谱仪与质谱仪的压力匹配问题。质谱仪要求在高真空[$1.33\times(10^{-2}\sim10^{-5})$Pa即$10^{-5}\sim10^{-7}$ mmHg]情况下工作，而液相色谱仪柱后压力约为常压101325Pa（760mmHg）。色谱流出物直接引入质谱的离子源时，可能破坏质谱仪的真空度而不能正常工作。

② 色谱仪与质谱仪的流量匹配问题。一般质谱仪最多只允许1～2mL/min气体进入离子源，而流量通常为1mL/min的液体流动相气化后，气体的流量为150～1200mL/min。

③ 气化问题。被色谱分离后的样品必须以气态的、未发生裂解和分子重排的形式进入质谱仪离子源。这就要求色谱流出物在进入质谱仪前气化。HPLC的流出物为液体，必须采用不使组分发生化学变化的方法使之气化。

要解决以上矛盾，实现液相色谱仪与质谱仪的联机，一般要在两种仪器之间加入一种称为接口的连接装置。接口是色谱-质谱的关键部件，它起着除去大量色谱流动相分子、浓集和气化样品的作用。接口性能很大程度上决定着色谱-质谱联用仪性能的优劣。

（一）LC-MS联用技术

1. 传送带式接口

传送带式接口是将HPLC流出物滴加到运动着的传送带上，溶剂被加热蒸发掉，样品由传送带送入离子源电离。传送带式接口的优点是对样品的收集率和富集率都高。但其缺点却较多：如色谱展宽，只适于对热稳定的样品，有记忆效应以及在反相HPLC中有一定的限制等。

2. 液体直接进样系统

当HPLC采用微径柱时，可以让柱后流出物直接全部导入质谱仪离子源；当HPLC采用普通内径柱时，通过分流让一部分流出物直接进入质谱仪，但样品利用率低。该法适于不挥发和热不稳定化合物，可以用于反相HPLC。

3. 热喷雾接口

利用一根似探针的加热输送管和特殊设计的离子源，先将流动相加热蒸发，再把喷出液滴中的挥发组分快速蒸发，在此过程中将电荷转移至分析物分子中，然后使生成的离子导入质谱系统。用离子源内的灯丝、放电电极，即所谓断裂电极可以提高离子化效率，除了提供通常的质子化分子离子（或负离子形式中的分子阴离子）给予的分子量信息外，有时还提供结构信息。热喷雾接口技术被用于分析热不稳定、极性和大的分子，特别是用在药物、农业和环境化学领域及许多基础学科。

热喷雾对待分析物的类型有一定的限制。一般要求分子有一定的极性，而且流动相要有一定量的水。该技术通常在进入MS的流量为1mL/min左右时工作最佳，采用柱后加入也适用于微孔径色谱柱。热喷雾主要提供分子量信息，而且溶剂加合物或缓冲液成分的出现也使热喷雾不是一个鉴定未知物的最佳方法。

4. 粒子束接口技术

粒子束LC-MS将LC-MS分析的应用范围扩展得比热喷雾更宽，它还可用于带电子轰击和化学电离方式的质谱。粒子束接口将电离过程与溶剂分离过程分开，因此使接口更适合于使用不同的流动相，不同的分析物质，得到不同谱图信息。

雾化器用每分钟几升的氦气同轴加到LC流出液，将LC流动相喷成微滴，气体和液滴混合物通过一个两极动量分离器除去氦气，再将液滴中的溶剂蒸发，然后经过一段短毛细管进入加热的质谱离子源。微粒在此被热源蒸发，再用常规电子轰击或各种反应气体的化学电离进行电离，既可用正离子方式也可用负离子方式。

传送带式接口和液体直接进样系统开发较早，目前已少用。热喷雾和粒子束两种接口设计，缺乏专一性和足够的灵敏度。在确定化合物时，热喷雾常不能提供足够多的碎片。受挥发性、极性、分子量限制，粒子束不能使非挥发性化合物电离，不能测定低于 10^{-9}g 水平的样品。由于热喷雾和粒子束质谱的灵敏度不能与液相色谱的紫外检测器、二极管阵列检测器相匹配，已不能满足色谱工作者需求，技术仍需进一步完善。由于早期接口的复杂性、不稳定性和灵敏度不高的缘故，1993 年出现的大气压电离技术有取代热喷雾、粒子束、快速轰击质谱等的趋势。以下就对这种大气压电喷雾源和大气压化学源作简要介绍。

在进行质谱分析时，首先要把样品分子或原子电离成离子，产生离子的装置叫离子源。目前比较普遍的是电子轰击源（EI）和化学离子源（CI）。EI 是在高真空下，用强电子流直接轰击气态样品，使之发生电离。EI 源重现性好，所得信息量多，但分子离子峰丰度小。CI 是利用低压的样品气和高压的反应气受电子流轰击，反应气首先被打掉电子形成离子，这些离子再接受样品分子的电子，发生离子分子反应来完成样品的离子化的。化学电离属于软电离方式，解析图谱较容易，缺点是重现性差。其它离子化方式还有场电离、场解吸电离、快速原子轰击电离、二次离子质谱等。

一种称为大气压离子化（API）的接口离子化方式目前已经商品化，该类技术是一类软离子化方式，适用范围非常广泛，常用于代谢研究和大量药物成分的分析。API 技术可分为两种类型：电喷雾（ESI）和大气压化学电离（APCI）。ESI 首先在喷雾毛细管管口加 3～6kV 的高电压，作用于经毛细管进入离子化室的溶液，使毛细管末端液滴表面的电荷增加，导致液体表面分裂并形成多电荷液滴。根据毛细管对应电极的正、负电性而产生正电荷或负电荷液滴，因此 ESI 可分为正离子和负离子两类模式。带电液滴形成分子离子的机理有两种假设：离子蒸发假设机理和带电残基假设机理。前者认为带电溶液在电场作用下向带相反电荷的电极运动，并形成带电液滴，由于小雾滴分散，比表面积增大，溶剂在电场中迅速蒸发，结果带电雾滴表面单位面积的场强非常高而产生液滴的“爆裂”，重复这一过程，最终产生分子离子；后者认为处于毛细管尖端的极性溶液液滴在强电场中积累电荷，带电的雾滴在电场作用下运动，由于溶剂迅速蒸发，库仑斥力大于表面张力导致液滴破裂成较小液滴，再蒸发溶剂，液滴再破裂，溶液中分子所带电荷在去溶剂化时被保留在分子上形成离子化分子，最终形成气相离子。ESI 是很软的电离方法，它通常没有碎片离子峰，这对于生物大分子的质谱鉴定是十分有利的。

APCI 与 ESI 相似，所不同的是通过电晕放电针使溶剂首先离子化，离子化的溶剂与待测分析物发生离子交换化学反应，使分析物离子化，即

$$[\text{溶剂}+\mathrm{H}]^{+} + \mathrm{M} \longrightarrow [\mathrm{M}+\mathrm{H}]^{+} + \text{溶剂}$$

该离子化方式对低分子量和中等分子量有机化合物（<1600）的检测较为有效。

大气压电离技术的出现使 LC-MS 成为一种灵敏度高（pg 级）、选择性强、样

品用量少、分析速度快的仪器联用分析方法。电喷雾源多电荷的形成使其成为蛋白质生物分子研究领域不可缺少的手段，该法的高灵敏度使生物学家能够在分子水平上研究蛋白质转移修饰，如糖基化、磷酸化、二硫键、脱酰胺基作用、蛋氨酸或色氨酸的氧化作用等，真正揭示结构与生物功能的关系。化学源对于极性较小的化合物（如烃类、醚类、醛类）也能获得理想的结果，在有机化合物分析中扮演重要角色，特别是在药物分析，从原材料筛选、生产过程中质量控制、到成品纯度鉴定及药物毒理、临床等领域都展现了一定的使用潜力。

（二）LC-MS 能够提供的质谱信息

1. 准确的化合物分子量信息

常规生物测蛋白质技术如十二烷基磺酸钠聚丙烯酰胺凝胶电泳、Bio-Gel、超离心、色谱法等方法的分子量测定准确度低。而电喷雾（ESI）质谱多电荷离子系列即使是测定生物大分子也能给出精确分子量，测定误差为 0.001%。

2. 未知化合物碎片结构信息

对于电喷雾源，通过调谐接口锥体上的电压，使加速分子离子在 293.3Pa（2.2Torr）真空下与 N_2 发生多次碰撞而增加内能，导致分子中某些键断裂形成碎片离子，这种断裂过程叫碰撞诱导解离。调控电压形成不同强度电场，可以控制化学键断裂的程度。碰撞产生的分子离子、碎片离子流损失小，灵敏度高、重现性强。

3. 一套完整的图谱和多种扫描方式充分提供定性、定量和峰纯度信息

一套完整的色谱-质谱联机分析图谱包括色谱图、总离子流色谱图（TIC）、质谱图、质量碎片图谱、质量色谱图等。另外，在进行色谱分离的同时，质谱仪的质量分析器也进行重复的质谱扫描，即以一定的时间间隔，重复地让某一质量范围的离子次序通过，同时检测系统和计算机进行快速地检测、记录和储存处理。扫描方式有多种：全量程扫描（Full Scan），选择离子扫描（SIM），高分辨扫描（Zoom Scan），选择反应检测（SRM），自动控制子离子扫描（Data dependent Scan），串联质谱子离子扫描（MS/MS Scan）等多种分析功能。化合物的定性定量分析就是根据这些图谱和扫描结果来进行的。

4. 可用于无共价键、无官能团的化合物

色谱检测器如紫外、荧光、电化学等需要待测化合物具有特殊官能团，如共价键、苯环、氧化或还原基团等等。而大气压电离源这种软电离技术，无需化合物具有特殊官能团即可完成分析测定，使几乎所有化合物均能得到质谱信息。

（三）LC-MS 联用的应用

随着技术的不断发展，LC-MS 联用技术将液相色谱的高分离能力与质谱强大的结构鉴定功能相结合，具备了高分离度、高灵敏度、高选择性以及提供丰富结

构信息等一系列优点，广泛应用于药物分析、食品分析、环境分析等多方面，如药物或毒物进入机体内后，会产生广泛的分布和代谢。但是它们在各器官、组织、体液中的含量甚微，要从体内极为复杂的内源性物质中分离、鉴定和测定原药及代谢物就极为困难。近年来，由于联用技术的应用，这些物质的鉴定及测定已有了较大进展。对于采用气相色谱-质谱难以分析的对热不稳定和强极性的药物，采用 HPLC-MS 分析法有特殊的优点。已成功地定性、定量分析了许多化合物，如氨基酸、大分子抗生素、甾类化合物（类固醇类）、生物碱、磺胺药物、多肽、大小分子蛋白质、青霉素、磷脂、核苷、前列腺素、维生素及各种农药等。

二极管阵列检测器（DAD）具有高分辨的紫外谱库检索和组分纯度计算功能，十分适合药物代谢的高灵敏度检测要求，但它还缺少对化合物结构的确证性。结合质谱，可以迅速阐明母体药物与其代谢产物在结构上的差异。下面是生理液中一种麻醉药及其代谢产物的分析实例。图 8-18 中可以看出，二者的紫外光谱图有很强的相似性，不易区分；而在质谱图上则有很大差异，尤其是分子离子的差异更明显。化合物的结构信息如图 8-19。

在猪饲养业中，广泛使用磺胺类药物作为抗生素。通常所说的磺胺药物是指一大类化合物，它们以结构上都带有磺酰基为共同特征而具有药效。面对如此多种化合物或动物组织的代谢产物，几乎没有一种方法可以对其完全检测。采用 APCI 的 LC-MS 可以对多达 13 种磺胺药物（1μg/mL）分离和检测。数据采集通过选择离子模式得到。由 C_{18} 柱分离，流动相采用梯度洗脱：A 为 0.1％七氟丁酸酐水溶液，B 为 70％乙腈、5％四氢呋喃、25％水（含 0.1％七氟丁酸酐）；B 通过 11min 从 10％～70％，保留 2min。这 13 种分子量为 214～310 的磺胺类药物通过一次进样分析就可获得满意的结果（图 8-20）。

欧盟曾明令禁止使用的牲畜甲状腺促生长剂的检测方法在 LC、GC 法中已有规定，但它们的样品前处理十分复杂而且检测时经常漏检。在 APCI 电离源的液-质联用系统上问题却能轻松解决。图 8-21 中分析了 5 种存在于动物甲状腺组织中的这类药物，其浓度很低(1μg/g)，它们分子量分别为 114、128、142、170、204。

对热不稳定的除草剂、杀虫剂及其代谢物也适用于 LC-MS 分析，如三嗪类、氨基甲酸酯类、有机磷、有机氯、磺酰脲类等，检测限在 ng 级至 pg 级之间。

LC-MS 分析染料的应用较多，原因可能是样品的光谱数据不易获得以及环境中染料分析的重要性。例如，汽油、废水和土壤样品中偶氮和重氮化合物的分析；有害物堆积处芳香磺酸化合物的分析；热喷雾和粒子束接口用于测定双苯胺和 *N*-亚硝基双苯胺等。

LC-MS 也是复杂天然产物研究中结构鉴定的最有效手段。例如，红三叶草浓缩液制品，广泛用于抗肿瘤药物、激素治疗药物和保健品。红三叶草的萃取物包含许多复杂基质，HPLC-DAD-MS 的串联使用可以同时提供紫外光谱、质谱和保

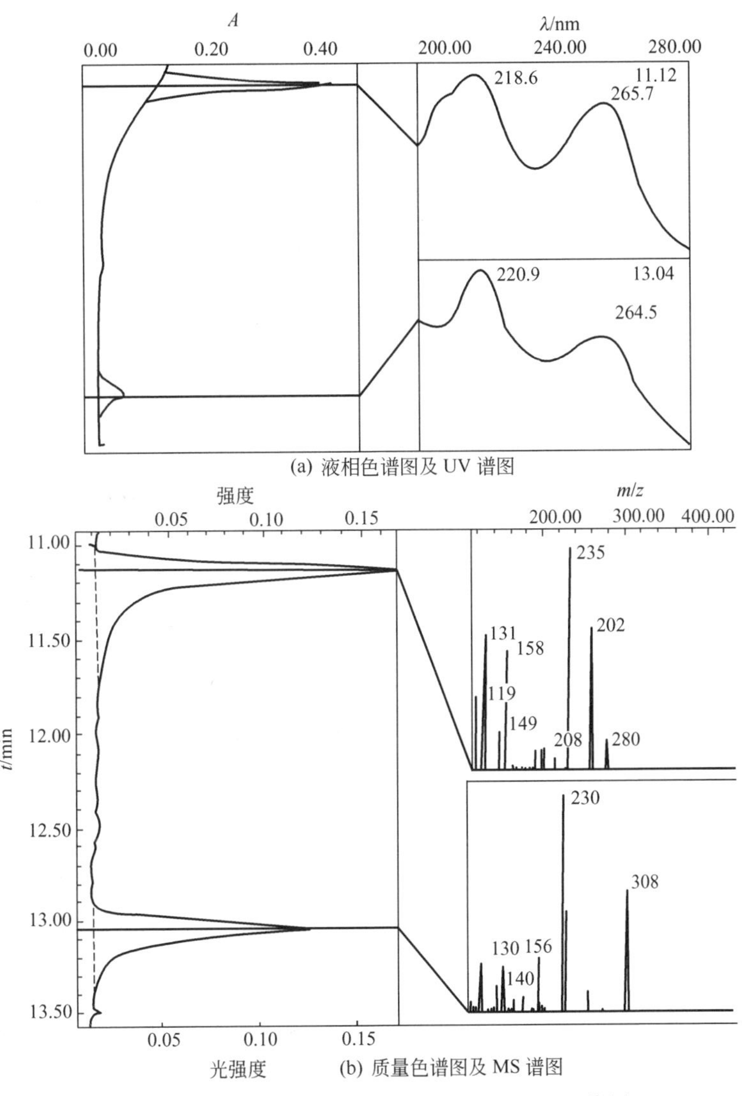

图 8-18　麻醉药母体及其代谢物的 DAD 和 MS 检测

留时间三元信息，极大地增强了分析、鉴定复杂混合物的能力。

此外，LC-MS 联用技术结合了 LC 的高分离能力和 MS 的高选择性、高灵敏度，使其在生物大分子分析方面更加快速、准确。目前应用最为广泛的是 LC-ESI-MS，蛋白质酶解后，产生多个肽段，经过 LC 分离，用 MS 可以获得肽的质谱图进行分析；通过蛋白序列数据检索，可得出蛋白质的序列信息[14]。因而可用于多肽及蛋白质的多种定性分析，如分析准确的相对分子质量、一级结构序列、二硫键位置等。对于侧链糖基、磷酸盐、硫酸盐等多肽及蛋白质，还能测定取代基的结构和位置。

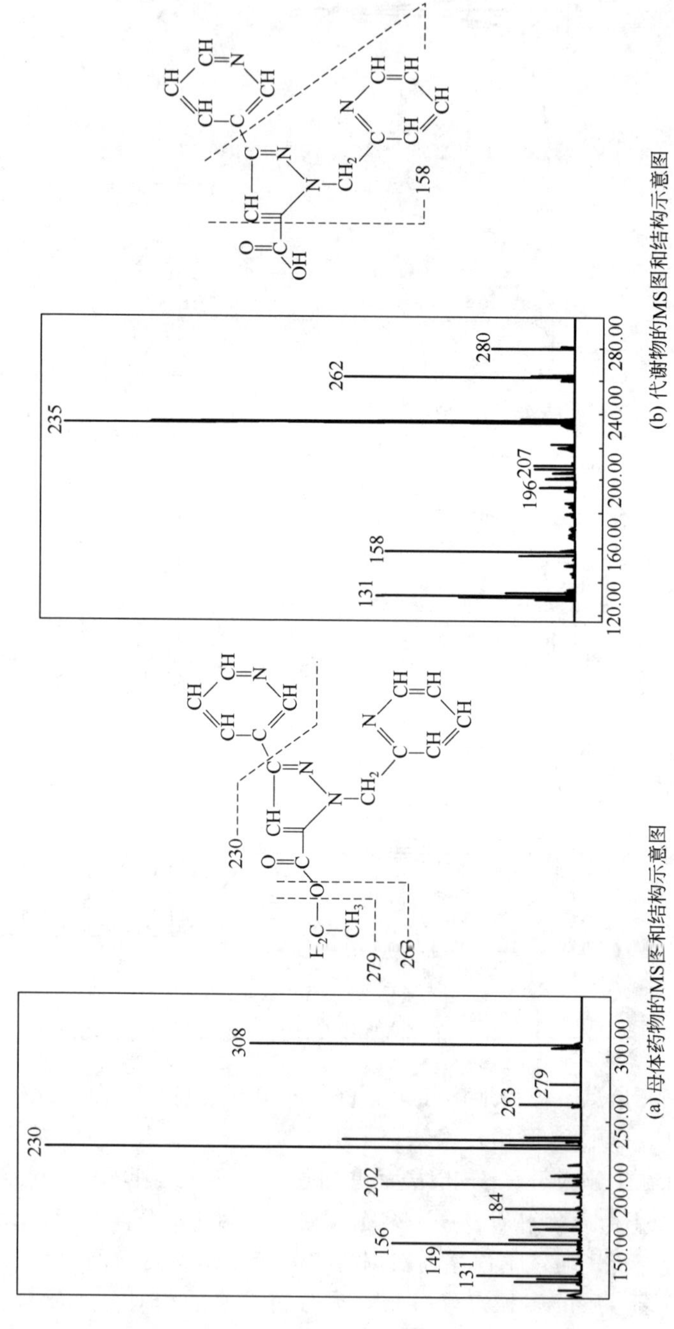

(a) 母体药物的MS图和结构示意图

(b) 代谢物的MS图和结构示意图

图 8-19 从 MS 图判断母体药物及其代谢物的结构

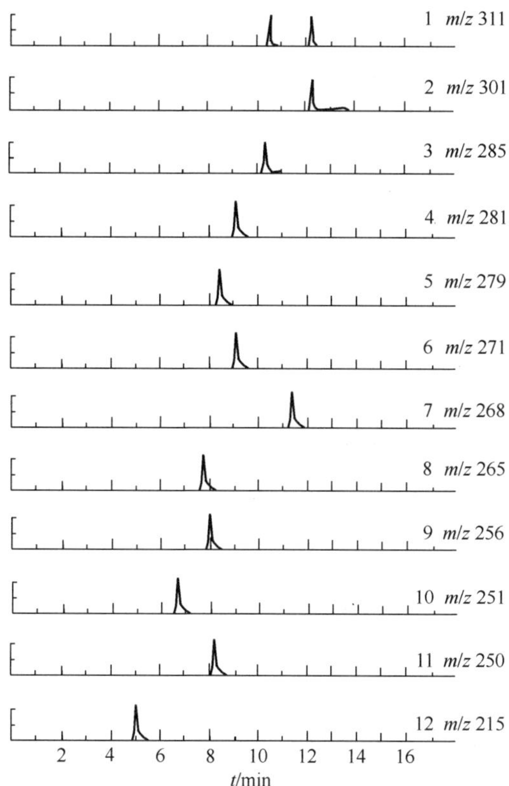

图 8-20　13 种磺胺类药物混合物 APCI 电离的选择离子（M＋H）$^+$ LC-MS 质量色谱图

色谱峰：1—磺胺二甲氧哒嗪；2—磺胺喹噁啉；3—磺胺氯代哒嗪；4—磺胺甲氧哒嗪；5—磺胺二甲嘧啶；6—磺胺甲基硫（代）二嗪；7—硫代异噁唑；8—磺胺二甲基嘧啶；9—磺胺噻唑；10—磺胺嘧啶；11—磺胺吡啶；12—磺胺胍

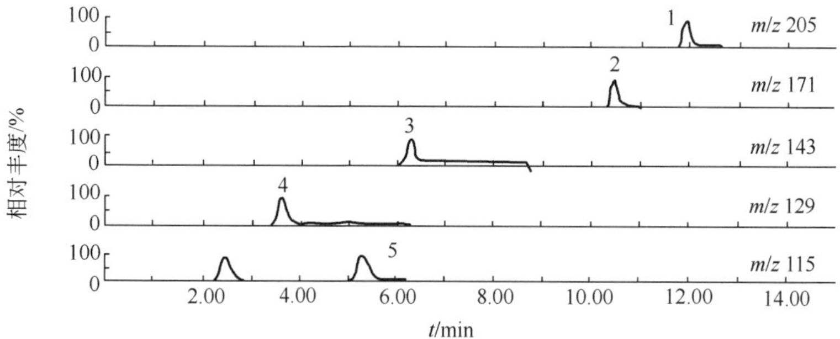

图 8-21　动物甲状腺组织内 5 种违禁促生长剂的 LC-MS 选择离子(M＋H)$^+$ 检测结果

色谱峰：1—苯基硫脲；2—丙基硫脲；3—甲基硫脲；4—硫脲；5—甲硫咪唑

（四）质谱检测器的小型化

质谱检测器是液相色谱检测中一个具有较高通用性和灵敏度的检测器，应用越来越广泛。而传统大型质谱检测器（即质谱仪）价格昂贵，在追求高性能的同时却严重限制了其使用的便携性，并且对工作环境的要求比较苛刻，无法进行现场分析。分析检测操作较为复杂，往往需要复杂的样品预处理，专业的操作人员，不能实时检测。此外，随着航天技术的发展，在航天飞机、太空站及太空探测器上配备质谱检测器已经变得非常有必要。因此，越来越多的研究组开始把精力投入到质谱检测器的小型化研究中。虽然小型化质谱检测器在质量范围和分辨率等方面的性能均比不上大型质谱仪，但其定性、定量功能已经能够满足市场和众多场合应用的需求。

质谱检测器的小型化，不仅要求质量分析器小，同时也要关注于减小真空系统、控制电路、进样系统、电源等的尺寸。目前，大家研究较多的关注点和难点之一就是质量分析器的小型化。理论上，任何一种质量分析器都可以被小型化，如四极杆、扇形磁场、离子阱、飞行时间、傅里叶变换离子回旋共振等质量分析器都是比较容易小型化的。其中，四级杆和离子阱由于其结构简单，可以在相对较高的压力条件下工作，是质量分析器小型化的首选方案，因而被研究得也最多。虽然离子阱在体积上具有明显优势，但随着零件的小型化，加工精度上的限制将在很大程度上影响质量分辨率的精度要求。此外，进样时压力波动和谱图匹配问题使得小型离子阱技术在实际样品分析中存在一定挑战，需要在样品导入技术和数据处理技术上进一步推进。对于四极杆质量分析器，缩短其长度是小型化设计的一个有效方案，但考虑到批量加工的一致性要求，还是需要优化到一个合理的长度范围内[15]。

随着质谱检测器的小型化，样品导入技术的革新也变得非常重要。由于质谱检测器真空泵的小型化，其所能承受的气体负载降低，因此需要减少进样导致的气体负载。考虑到小型化设备多应用于现场快速检测，例如有机挥发物或半挥发物的分析，其目标物的分子质量范围可以大幅缩小，也利于仪器小型化。利用色谱柱后进样是常规的液相色谱-质谱联用技术的常规进样方式，但小型质谱有气体负载的限制，若构建小型化质谱检测器，可以考虑在色谱柱后端进行分流设计以减少真空泵负载。膜进样是另外一种小型化质谱检测器的进样技术，借助薄膜的选择性和分离作用，将待测物从薄膜一侧渗透到达膜的另一侧，进而在真空系统中进行解吸脱附。理想的膜要求对待测样品具有高渗透速率，好的热稳定性和化学稳定性，并且耐酸碱腐蚀和氧化，例如硅聚合物半渗透膜。这一方式操作简便，适于现场分析，检测灵敏度高，并且可以长期连续进行监测，但易被样品基体或杂质污染[16]。

常压下或大气压下质谱离子化方式无需复杂的样品预处理步骤，可以实现快速样品解吸附和离子化，给质谱检测器小型化提供了非常重要的样品导入方式[17]。较为典型的小型化质谱与常压质谱离子源的接口是非连续性大气压接口技术（DAPI）。该技术通过毛细管，将大气压下的离子化源直接与真空质量分析器相连，离子化的待测物以大流量脉冲方式在很短周期内注入质量检测器，接口只在每次离子注射时才打开，有效解决了大气压离子化源与有限的真空泵抽气容量间的矛盾[16]（如图 8-22）。

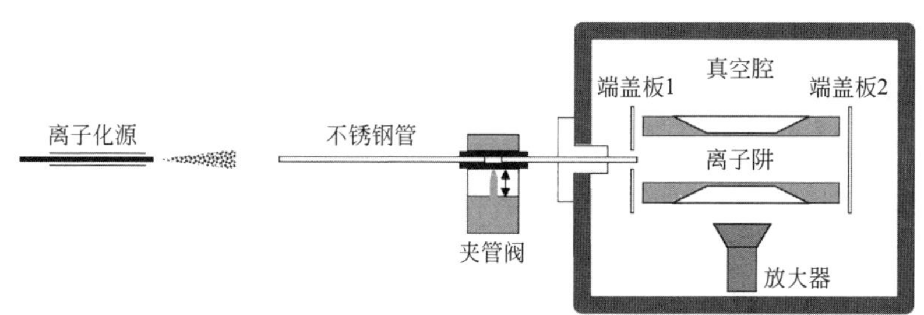

图 8-22 非连续性大气压接口技术（DAPI）接口原理图

国际上已经先后出现了不少车载式、便携移动小型质谱检测器或气质联用仪的研发工作或产品，这些工作集合小型化真空系统、小型化质量分析器、大气压接口技术、常压离子源以及电路系统于一体，构成可以以电池进行供电（>1h）的便携式操作性强的小仪器[18]。例如，普渡大学的 R. Graham Cooks 教授实验组近些年一直在质谱小型化上进行研究，借助 DAPI 已经完成了 Mini10、Mini11、Mini12（如图 8-23）的构建，其质量可以低至 4kg，最大质量范围可以达到 m/z 900[19]，功率消耗可以缩小到约 50W。Mini12 还设计了完整的溶剂泵、储液瓶、样品池部件以及纸喷雾离子化的用户界面，设计成的肩背式的 Mini S 更利于野外现场检测（如农药、麻醉剂、爆炸物等的检测），其 LTP 离子源设计成了重为 2kg 的手持单元，整个仪器将电路、电池、真空、等离子体气体等部分集成一起构成了一个 10kg 的肩背式仪器。通过实验证明，这些小质谱检测器可以与大气压化学电离源（APCI）、纳升电喷雾（nano-ESI）、解吸电喷雾离子化（DESI）、低温等离子体离子化（LTP）、纸喷雾离子化（PSI）等常压离子化方式进行联用，对气体、液体、固体样品进行分析[17]。

此外，基于该类技术，也发展了其它一些小质谱检测器。例如，以 DAPI 为接口，借助 nano-ESI，在壳流气体的辅助作用下，实现了毛细管电泳技术与小质谱的联用[20]。基于 3D 离子阱技术的 MassTech's MT Explorer 50 也可以用于与 ESI、大气压基质辅助激光解吸附（AP MALDI）、大气压化学电离源（APCI）、实时直接分析质谱离子源（DART）、介质阻挡放电离子源（DBDI）等离子化技术联用。上海大学、中国计量科学研究院、北京理工大学等单位在小型质谱检测器的构建上也取得了突破性的进展。The Sam Yang Chemical Company of Korea 公司开发了只有 1.48kg 的手持式小质谱 PPMS 用于化学战剂的分析[21]（如图 8-24）。此外，还有 Kore 公司的 MS-200 飞行时间质谱仪、Infico 公司的 HAPSITE 气质联用仪、Torion Technologies（PerkinElmer）公司的 ruggedized GUARDION-7 和 TRIDION-9 GC/MS 质谱仪以及 California Institute of Technology 公司和 Thorleaf Research 合作研发的 GC-QIT 等都引起了人们的关注。国内也对小型质谱检测器的研究给予了高度的重视。“十一五”期间，国家自然科学基金等基金项目加强和注重仪器的研制工作，以便携、现场、无损检测仪器的研制作为分析化学学科的优先资助方向之一，并将面向国家安全、人类健康、突发事件的分析方法与技术作为重点项目，带来了国内小质谱检测器的研究热潮。中低端质谱仪市场正面临着从大型质谱仪向小型质谱仪转换的一个过渡时期，这将是我国质谱产业发展的重要契机。

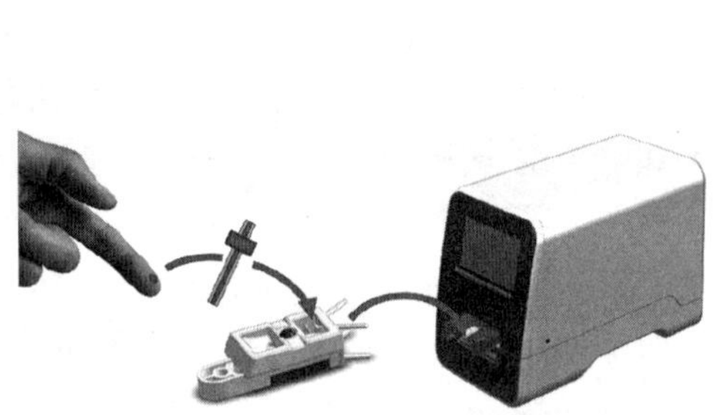
图 8-23　Mini12 小型质谱简易快速检测示意图

图 8-24　PPMS 手持小质谱的外观照片

二、液相色谱仪与其它仪器的联用

复杂样品分析常常需要综合运用分离和鉴定手段，将分离仪器和结构鉴定仪器结合成整体能更好地发挥作用。20 世纪 70 年代以后，色谱法与各种光谱仪的联用技术发展起来。计算机技术的应用，特别是各种接口技术的发展，使色谱仪与各种光谱仪的联用正在逐步实现商品化。

（一）与红外光谱仪的联用

红外光谱是一种强有力的结构鉴定手段，几乎没有两种物质有完全相同的红外光谱。早期的色散型红外光谱仪扫描速度和灵敏度低，无法满足色谱快速测定的要求。20 世纪 70 年代傅里叶光谱技术问世，红外扫描速度大大提高，满足了普通 HPLC 检测的要求。

要实现红外光谱仪与液相色谱的联机，必须解决两大难题。其一，一般化合物对红外光的吸收都是弱吸收，即化合物振动能级跃迁的概率很小。而普通色散型红外光谱仪的灵敏度很低，要求样品量大（mg 级）。其二，HPLC 的流动相都可吸收红外光而干扰被测组分的红外光谱测定。尽管如此，色散型红外光谱仪对于检测凝胶色谱流出物（聚合物和高分子化合物）是有效的，这是因为这些化合物的分离可以使用对红外光无强烈吸收的流动相，如水。流动相的干扰可通过选择适当的检测波长范围而被排除，用特定波长检测，就能得到良好的选择性。该系统的联结是通过一个小体积的具有氟化钠或氟化钙窗口的流通池来实现的，可在 2.5～14.5μm 波长范围内进行检测。用干涉滤光片来选择检测波长或波长范围，透过 3.5μm 红外光的滤光片可检测 C—H 伸缩振动，而 C—H 伸缩振动是几乎所有化合物都具有的，此时的红外检测器是一个通用型检测器。若选用可透过 5.8μm 的滤光片，则只能检测 C═O 化合物，红外检测器就成了专用型检测器。色散型红外光谱仪也可用于扫描一定的波长范围，但却不能得到色谱峰的全红外光谱。通常，该检测器只用于某些样品的检测，如硅树脂、聚苯乙烯、三甘油酯及某些金属络合物等。

20 世纪 80 年代以来，傅里叶变换红外技术得到迅速的发展。傅里叶变换红外光谱仪（FTIR）具有测量快速（0.2s）、灵敏度高（ng 级）的特点，且能够在得到色谱图的同时监测每个色谱峰的完整光谱。已有的两种类型傅里叶联用光谱仪，一类是不必除去流动相，仪器的数据处理机能通过差减的方式扣除溶剂的红外吸收光谱，得到被测物的红外光谱。由于流动相组成常不是单一的，各组分含量也不定，所以光谱差减较困难。一般只适用于正相色谱，对于反相色谱，需要采用细内径柱和氘代溶剂。另一类是除去溶剂后进行检测，已有的接口包括漫反射转盘接口、缓冲存储接口和粒子束接口等。各种接口有其适用范围和限制。总之，傅里叶变换红外光谱仪在提高灵敏度、记录光谱等方面的改进，可使它用于普通 HPLC 分析物的检测，但联用技术特别是接口技术尚未完全成熟，价格也较昂贵，还有待于进一步发展。

以下是几个 HPLC-IR 的应用[22]实例：

（1）煤衍生物分析[23] 微型柱 HPLC-FTIR 测定了煤衍生物中的碱性含氮化合物。以胺基键合相微孔高效柱作分离柱，流动相为氘代氯仿-四氯化碳（体积比＝70∶30），其中添加了0.02％三乙胺。其中氘代氯仿使有价值的碳氢伸展区变得透明，而四氯化碳在中红外区也很少强吸收，三乙胺用量很少，对联机测定几乎没有影响。本例是采用正相 HPLC 来分离煤衍生物中的氮杂芳烃和芳香胺的。图 8-25 所示为碱性氮化物的 IR 重建色谱图。除此之外，还可以获得单个峰的 IR 光谱(图 8-26)。

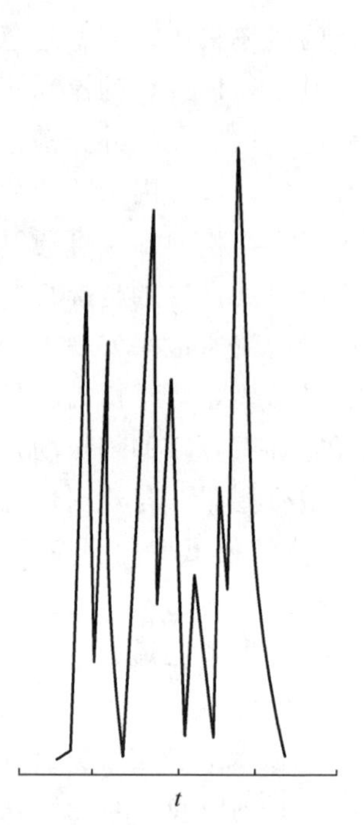

图 8-25　碱性氮化物的 IR 重建色谱图

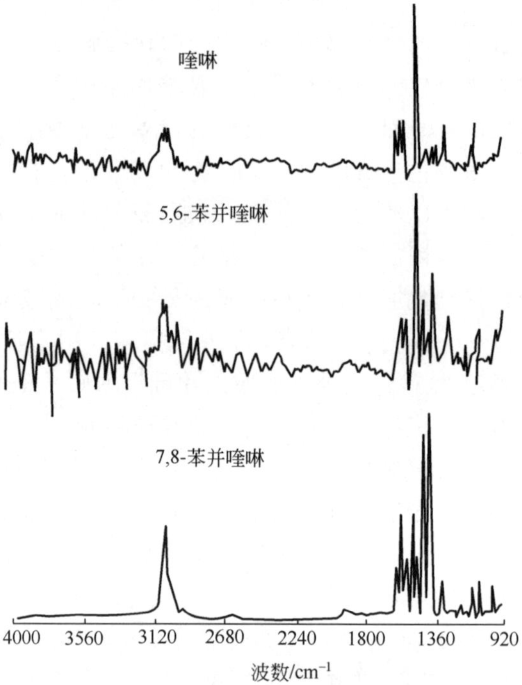

图 8-26　三种氮杂环化合物的 FTIR 光谱

（2）组合试样分析[24]　反相 HPLC-FTIR 联机鉴定组合试样。流通池选用 CaF_2 或 ZnSe 窗片，以 70∶30（甲醇-水）作流动相，样品以甲醇溶解。组合试样的重建色谱图和鉴定结果见图 8-27 和表 8-1。

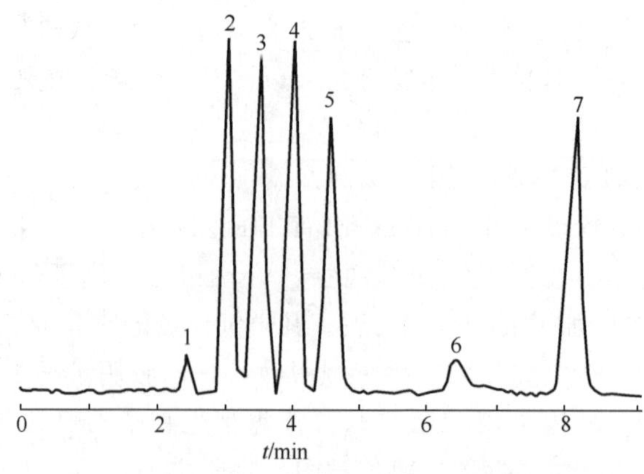

图 8-27　组合试样的 Gram-Schmidt 重建色谱图

表 8-1　组合试样鉴定结果

出峰顺序	化合物	K 值	出峰顺序	化合物	K 值
1	甲乙酮	0.24	5	硝基苯	0.88
2	酚	0.35	6	间苯基苯酚	1.66
3	环己酮	0.41	7	二苯甲酮	2.39
4	乙酰苯	0.64			

（二）与核磁共振的联用

与其它 HPLC 检测器相比，核磁共振仪（NMR）是一种信息丰富的检测手段，其化学位移和偶合常数能提供丰富的有关分子中每个氢原子的局部电子环境的结构信息。在有机结构分析四大谱（红外光谱、紫外光谱、核磁共振、质谱）中，NMR 是推断化合物结构的最好的手段之一。HPLC 与 NMR 联用的有利条件是：HPLC 与 NMR 都是在溶液状态下操作，无需挥发和加热步骤。核磁共振仪对样品是非破坏性的，为实现 HPLC-NMR-MS 三联用和 HPLC-NMR-FTIR-MS 四联用提供了可能性。

LC-NMR 联用技术在 20 世纪 80 年代初期已经开始研究，但是由于技术上的原因，如 NMR 灵敏度低（10^{-4}～10^{-5}g）、液相色谱使用的氘代溶剂十分昂贵、溶剂信号对样品的干扰等，使联用技术发展缓慢。近年来，NMR 技术迅猛发展，磁场强度不断提高，氘锁通道性能改善，可以不用或少用氘代试剂，在抑制溶剂峰方面也有很大进展，设计方面已有专为 LC-NMR 联用用的流动液槽探头。以上这些意味着 LC-NMR 的实用阶段正在开始。LC-NMR 联用主要有三种模式，即连续流动模式、停止流动模式和峰存储模式，有两种接口供选择。

LC-NMR 联用技术的应用领域较为广泛，在聚合物应用方面有：测定组分结构和分子量、控制原料和产品质量、聚合物动力学研究等。NMR 在序列分布、支化度方面能给出比 IR 和 MS 更多的信息。在药物和临床化学方面有：不需事先分离就能检测混合物中的各个组分，分析体液如尿、胆汁、血清、生物体培养等；研究代谢过程和药效学。在食品工业方面有：各种酒、果汁中的糖类分析；水污染分析和天然产物的筛选等。

现以一个尿样实例说明 LC-NMR 联用在代谢物方面的应用[25]。

LC 条件：Nucleosil 100C-18 键合硅胶柱（5μm，125mm×4.6mm id），UV 检测出口后通过 0.25mm 内径毛细管与 LC-NMR 联用探头连接。梯度洗脱条件：流动相 A 是 0.05mol/L KH_2PO_4（pH 2.45）的重水溶液，流动相 B 是乙腈，线性梯度变化条件为 2%～45%，70min；柱温 35℃。

NMR 条件：专用^{1}H 探头，内径 2mm，体积约 60μL，1D NOESY 脉冲序列，水及乙腈进行双溶剂峰预饱和。流动模式时，采样 1 次扫描数为 16，时间分辨为

12s。停止模式时，采样扫描 256 次（或 512 次）。2D NOCSY 时则取 400 个 FID，用 4K，48 次扫描，自旋锁定时间 80ms。

图 8-28 是流动模式时取得的谱图。为进一步确证，采用停止流动模式，对图中右上角的 a、b、c、d、e 五个峰进行停流检测。典型图谱示于图 8-29 和图 8-30。在停止流动模式时还测定了 2D TOCSY 谱图（图 8-31）。

LC-NMR 方法与常规代谢物分离鉴定相比，可节省时间，对不稳定的化合物分析非常有利。目前，HPLC-NMR 联用技术还在向其它核如 ^{19}F、^{31}P、^{13}C 等的应用发展。总之，LC-NMR 联用已为分析复杂混合物提供了经济、有效的方法，取得丰富的结构信息。但是 LC-NMR 联用的技术完善还有待进一步的努力。

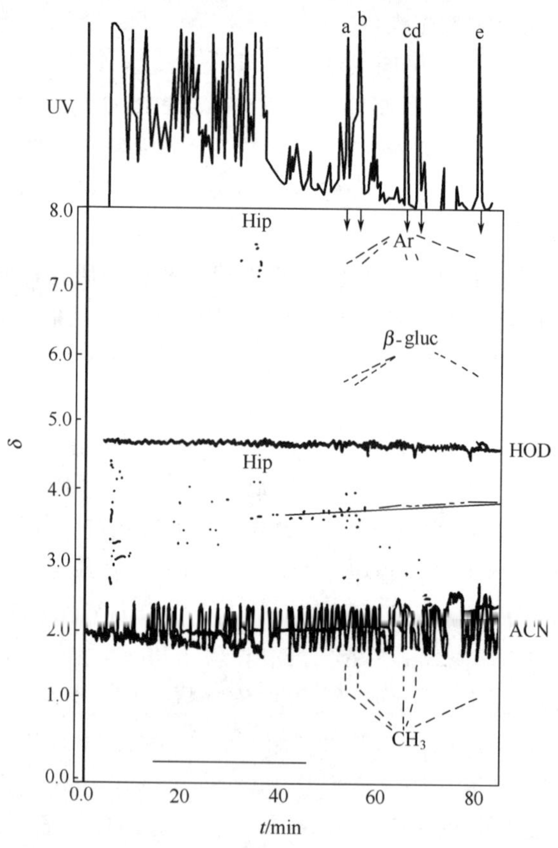

图 8-28 紫外（210nm）和 ^{1}H-NMR 检测尿样的代谢物

Hip 为马尿酸共振峰；Ar 为代谢物芳环信号；

β-glue 为葡萄苷酸质子信号；CH_3 为代谢物甲基信号；

HOD（水）和 ACN（乙腈）表示溶剂信号

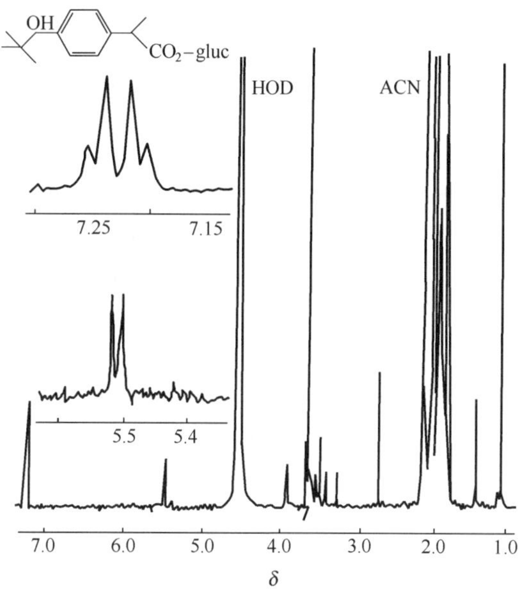

图 8-29 HMPPA 葡糖苷酸用停止流动模式在 500MHz 上取得的^{1}H 谱图
用带预饱和的 NOESY 脉冲序列，扫描 128 次取得的谱图，用 1Hz 加宽处理

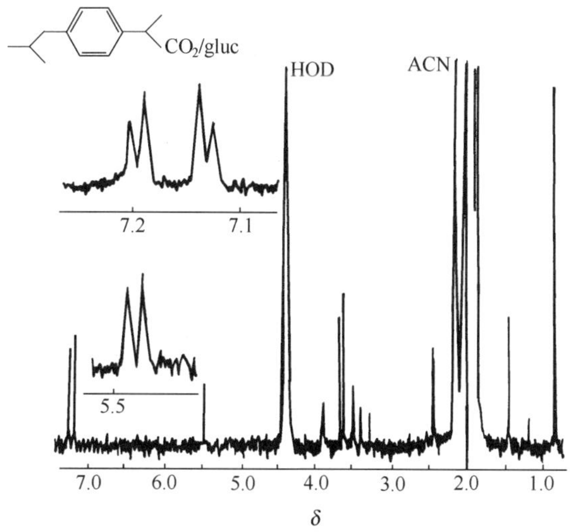

图 8-30 异丁苯丙酸葡糖苷酸用停止流动模式在 500MHz 上取得的^{1}H 谱图
实验条件同图 8-29

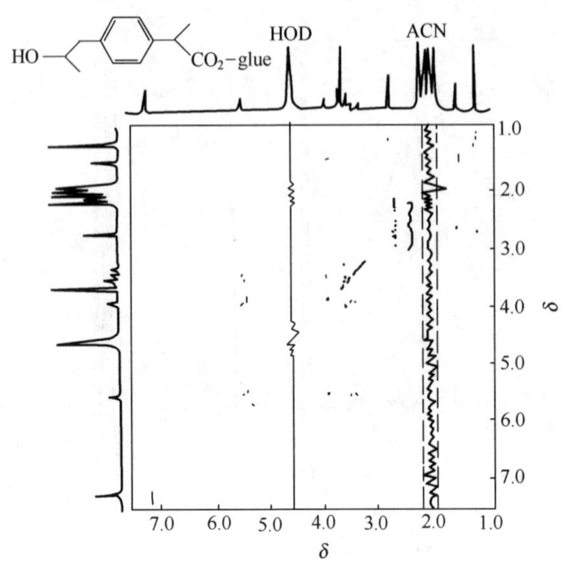

图 8-31 HMPPA 葡糖甘酸用停止流动模式取得的 2D TOCSY 谱图

采用双溶剂抑制，混合时间为 90ms，实验时间约 12h

（三）与原子吸收、原子发射光谱仪的联用

1. 与原子吸收光谱仪的联用

HPLC 能分离各种有机或无机样品，原子吸收光谱仪（AAS）能选择性地、高灵敏度地检测大多数元素。HPLC 和 AAS 的联机使用，在环境和生物化学研究中已得到应用。

HPLC 柱流出物是溶液，而 AAS 测定所用样品也为液体，因此 HPLC 与 AAS 的联机较为方便，一般认为只需将 HPLC 流出液引入原子化器即可。但困难是 HPLC 柱流出液的流速（0.5～2mL/min）和样品溶液引入 AAS 仪的流速（2～10mL/min）不匹配。要人工调节使两者匹配很困难。一种新研制的分析小量样品的原子吸收注入方法是：用液滴形成器收集 HPLC 流出物，产生的小液滴落入漏斗中，然后被吸入火焰。实验表明，一滴液滴（100μL）可满足 AAS 的分析要求。

HPLC-AAS 联用分析已成功地用于实际分析工作中，如润滑油中的磷化物、砷化物的分离和测定，水中锡硅酸盐中的硅和锡，有机铅物质中的铅的测定等。极性流动相通过在加热的热解室中氧气-氢气氛围里燃烧，产物被气体引入未加热的光学管中。对元素的不同氧化态能给出同样大小的响应。砷和硒的阴、阳离子的检测限可低于 ng 级。图 8-32 是掺入了 5 种含砷化合物的冻干角鲛鱼肌肉的 10mL 萃取液经 HPLC 分离、AAS 检测的色谱图[26]。

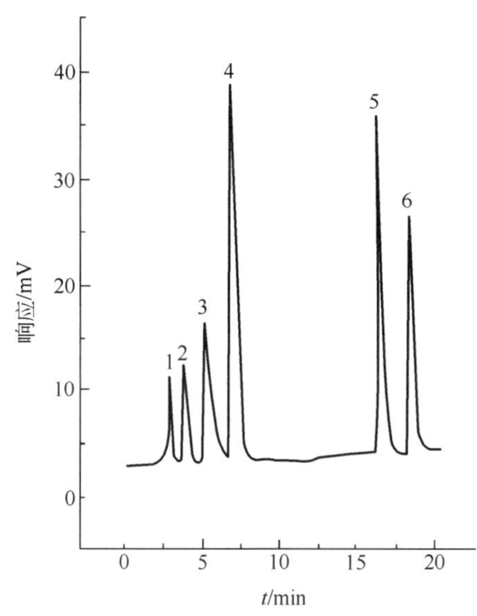

图 8-32　冻干角鲛鱼肌肉萃取液的 HPLC-AAS 色谱图

色谱峰：1—砷酸盐；2—甲基胂酸盐；3—二甲基次胂酸盐；4—偶胂基内铵盐；5—偶胂基胆碱；6—四甲基胂正离子

2. 与原子发射光谱仪的联用

许多元素受到适当的激发时，会发射特征波长的辐射，原子发射光谱仪（AES）就是被用来测量这些元素的。同 AAS 比较，AES 能够同时进行多元素测量，适合于在线监测 HPLC 柱流出物。

AES 分析温度大大高于 AAS 分析同种元素时所需要的温度，这是因为在 AES 中要使原子激发，而在 AAS 中仅是原子的气化。AES 常用的激发原子的方法是火焰法和电感耦合等离子体法。二者都已用于 HPLC 和 AAS 的联机上。相比之下，电感耦合等离子体 AES（ICPAES）比火焰 AES（FAES）的灵敏度更高。ICPAES 用作 HPLC 检测器是 20 世纪 80 年代以来的新发展，它对多数金属离子的检测限达到10^{-9}～10^{-10}g/mL。虽然与 HPLC-FAES 相比，HPLC-ICPAES 法具有更高的灵敏度和选择性，但其成本却高得多。HPLC-ICPAES 已用于许多物质的测定，如螯合物中的铜、有机金属络合物中的金属、磷酸盐中的磷、生物样品中的砷、蛋白质、核糖核酸、硒等。

HPLC-ICP 接口连接的主要问题是典型的 LC 流动相流速不适于等离子体源。这种专属原子发射光谱检测器一般使用在线雾化、激发小体积（5～200μL）液体，液体转化成气溶胶后引入原子激发池。使用一种全注入微浓喷雾器，有助于提高较低的雾化和迁移效率。减小等离子体焰炬、水冷喷雾室、采用低压和低流炬、氧掺杂等方法也可以提高转化效率。HPLC-ICP 的检测限变化大，一般对金属元素的检测灵敏度高，例如：S 的检测浓度为 164ng/mL，有机砷酸样品中可测得 130ng/mL 的 As，而 Zn 的检测浓度较低，为 4ng/mL。

等离子体源除了最常用的 ICP 外，在 HPLC 中应用的还有直流等离子体（DCP），交流等离子体（ACP），微波诱导等离子体（MIP）。DCP 适用于广泛溶剂的特点有利于它成为 HPLC 的检测器。实际应用包括海底堆积物、表面井水和废水样品等。测定的检测限也较低，如 Cr(Ⅲ)和 Cr(Ⅵ)的检测限为$5\times10^{-9}\sim1.5\times10^{-8}$g/mL；在线氢化发生法 DCP 测定锡，检测限为 1×10^{-8}g/mL，方法适于测定氯化烷基锡、四价和二价锡阳离子。HPLC-ACP 的应用不多。一个例子是反相色谱流出物通过热喷雾引入 ACP，100%甲醇也不会引起 ACP 焰猝灭。在有机汞化物测定范围($10^{-9}\sim10^{-6}$g)内，甲基汞氯化物的检测限为 2.2ng/s（汞）。低压氦气 MIP 会因为连续引入液流引起放电熄灭，不能同传统 HPLC 柱直接接口。为此采取了各种技术的改进。一种移动带接口将溶剂甲醇-水（体积比＝80∶20）与分析物分离，在 ODS 柱上分离测定 9-氯芴和对-氯二苯等，检测限达 100pg/s。

ICP 除了可以作 AES 的激发光源外，还可以与 MS 联用。近年来，HPLC-ICP-MS 的应用发展很快。氩离子 ICP 是一种质谱离子源，9000K 时进行离子化。液体样品首先在喷雾器中雾化，然后通过一个喷雾室，电解质进入 ICP 源，进行去溶剂、蒸发、原子化和离子化一系列过程。其中一部分在等离子体中心的样品通过一个水冷金属锥，从低压接口进入质谱。HPLC-ICP-MS 具有 HPLC-ICP-AES 的优点，如多元素分析、宽广的动力学范围和同位素分析等。而且 ICP-MS 的灵敏度很高，对许多元素的检测限可低至 pg 级。溶质的量、同位素或基体干扰等因素能影响到 ICP-MS 的应用。ICP-MS 主要应用于预富集、基体干扰（光谱和非光谱干扰）消除、同位素分析等方面[27]。

近年来电感耦合等离子体质谱（ICP-MS）作为 ESI-MS 和 MALDI-MS 的补充，越来越多地应用于蛋白质的定量分析，尤其是绝对定量分析，是检测生物分子中痕量元素的理想工具，具有灵敏度高、动态范围广、不易受基体影响等优点[28,29]。在待测生物分子所含元素已知的前提下，通过元素测量就可以得到待测生物分子的绝对定量结果；还可以通过元素标记技术向生物分子中定量引入合适的元素，进行 ICP-MS 检测，从而实现生物分子的绝对定量分析。元素标记蛋白质可以通过共价键直接将杂原子与特定氨基酸结合，也可以通过配位化合物引入金属元素（如镧系元素）。标记时既可以标记蛋白质或肽的主链（N 端或 C 端），也可以标记其中的氨基酸（Cys、Met、Lys 等）。如有人利用甲基汞（CH_3Hg^+）与蛋白中的巯基之间的特异性共价反应进行蛋白标记，结合 ICP-MS 实现了牛胰腺核糖核酸酶 A（RNase A）、溶菌酶（lysozyme）、胰岛素（insulin）等蛋白的标记和定量检测（如图 8-33）[30]。其检出限分别为 0.6pmol、21.2pmol 和 0.4pmol，相对标准偏差分别为 2.3%、2.5%和 1.8%（$n=5$，100pmol），灵敏度高、线性范围宽、精确度好，为蛋白质的绝对定量提供了新方法。

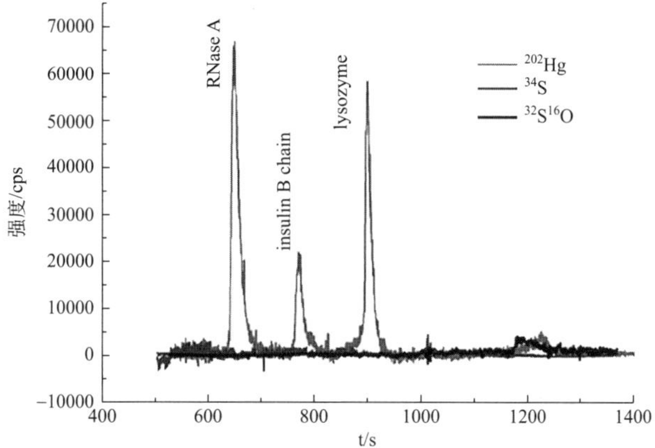

图 8-33 HPLC-ICP-MS 对 RNase A、insulin 和 lysozyme 的检测色谱图[30]

（四）与电子自旋共振光谱仪的联用

除了红外光谱区，电磁辐射的微波光谱区也已经被开发使用，成为一种有用的检测器。电子自旋共振光谱（ESR）可以满足 HPLC 对检测器的许多要求，如检测限、选择性、溶剂可溶性等，但目前应用不多。

ESR 的研究对象是至少具有一个未成对电子的原子或分子。分子中的未成对电子在直流磁场作用下产生能级分裂，当施加在垂直于磁场方向上的电磁波满足了一定条件时，则处于低能级的电子吸收了电磁波能量跃迁到高能级，产生电子顺磁共振现象。得到的吸收信号的一次微分谱图，反映了样品的结构信息，同时对吸收曲线进行积分，可测得顺磁物质的自旋浓度，即对样品进行定性、定量分析。

为了获取 ESR 光谱，样品被放在强磁场区，用微波激发。在 0.34T（3400G）磁场区，共振所需频率为 9.5×10^{9} Hz，最小可测量是 10^{-13} mol 未成对电子。这使 ESR 可能成为一个最灵敏的检测器。HPLC 与 ESR 的连接无需特殊的接口。

用 ^{60}Co 放射源的强 γ 射线激发生物分子如氨基酸、核酸，能获得样品的 ESR 谱，但由于混合物样品的谱图重叠，需要在样品结构测定前进行 HPLC 分离。然而许多自由基的生命周期太短而不能实现分离，为此可以使用各种自旋捕捉试剂来提高自由基的生命周期。图 8-34 中，自旋捕捉试剂同短寿命自由基反应产生了一个长寿命的自由基产物，稳定了自由基。在理想情况下，自旋捕捉试剂不应使未成对电子发生位移。例如硝基胺的反应[31]：

$$R+R'—N═O \longrightarrow R—N(O\cdot)—R'$$

在 HPLC-ESR 的联用分析中，除了可以获得样品浓度外，还可以通过停流获得样品 ESR 谱，得到未成对电子的化学环境信息（图8-35）。ESR作为 HPLC 的检测器，具有很高的选择性，特别是对不同氧化态的金属的分析。缺点是 ESR 的灵敏度还不够高，且价格昂贵。

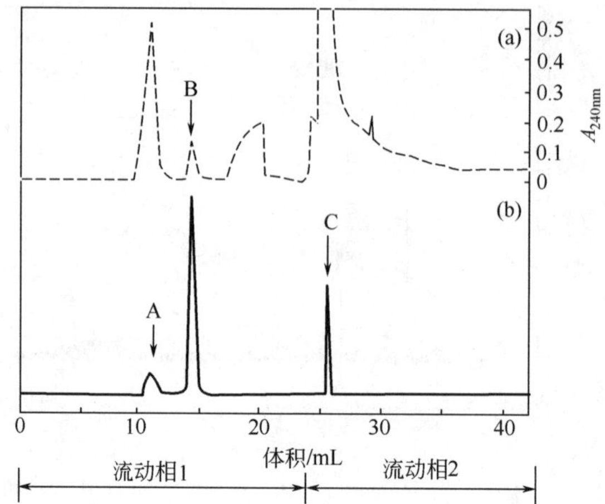

图 8-34　甘氨酰-L-丙氨酸与 2-甲基-2-亚硝基丙烷在强 γ 射线激发下产物的色谱图

（a）UV 检测，240nm；（b）ESR 检测

色谱柱：TSK IEX-210SC 强阳离子树脂，60cm×0.9cm

流动相 1：0.1mol/L Na_3PO_4，pH 6.0

流动相 2：0.2mol/L Na_2HPO_4，pH 11.5 加 NaOH

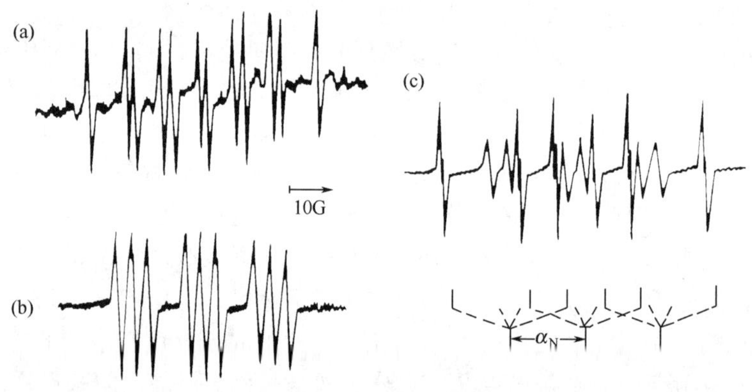

图 8-35　ESR 谱图

（a）图 8-34 中的 A；（b）图 8-34 中的 B；（c）图 8-34 中的 C

另外，利用金属元素与自旋标记试剂反应形成络合物，通过测定配体的 ESR 信号，而不是金属元素的顺磁性，可以进行多元素的分析。一个例子是用 2,2,5,5-四甲基-4-（硫苯氧基次甲基）咪唑-1-氧烷［TTIO（I）］为标记试剂测定金属汞[32]。TTIO（I）是 *S*,*N*-型、亚硝酰自由基自旋标记试剂。含 0.001mol/L 金属的有机溶液与等体积的 0.001mol/L TTIO 氯仿溶液混合 20min 后，衍生产物在 HPLC 中进样分析。柱后通过聚四氟乙烯毛细管（0.5mm 内径）与流通池连接。流通池为直径 2mm 的石英管，体积 6μL，置于共振器中。色谱条件为：80mm×3mm 内径、5μm Silasorb-600 柱，流动相为甲苯-丙酮（体积比＝95∶5），流速

0.25mL/min。获得的色谱峰面积与 $2\times10^{-5}\sim5\times10^{-3}$ mol/L 浓度样品成正比，汞的检测限为 10^{-5} mol/L。

（五）与表面增强的拉曼光谱仪的联用

当一束单色光照射到样品上后，样品分子使入射光发生散射。在散射光谱中出现几个波数到几千个波数频率改变的散射光为拉曼散射。不同的分子或结构有特征的拉曼位移。拉曼光谱线的强度与入射光的强度和样品分子的浓度成正比，据此可以对样品分子定性、定量分析。目前的拉曼光谱一般都采用激光激发。虽然激光使拉曼效应增强了，但拉曼散射仍比较弱，而表面增强拉曼散射（SERS）可以使拉曼散射截面积增加5～6个数量级，具有较高的灵敏度，有利于满足痕量分析检测的需要。SERS已经成为检测药物、生物医学和环境等领域痕量有机化合物的高灵敏度、高选择性和灵活性的一项技术。

许多分子都能产生SERS效应，但只有在少数金属（Ag、Au、Cu、Li、Na、K等）表面上才能出现，其中银的表面增强效果最佳。为了使金属表面达到能产生SERS效应的粗糙度，可以采用多种处理办法，其中采用银、金的胶体溶液有较好的效果。但胶体溶液具有凝絮趋向，会导致结果重现性差。而流动系统，如高效液相色谱，有助于减少凝絮趋向。近年来，采用银的胶体溶液的SERS在HPLC中的应用逐渐发展。研究结果表明，较高的温度会加大胶体凝集，增强拉曼信号。用反相液相色谱分离测定4个嘌呤碱，SERS的检测限在1～10nmol。不但可以得到通常的二维色谱图（时间-SERS强度），而且能获得三维图谱（时间-拉曼位移-SERS强度），为定性分析提供更多的依据。

检测器使用普通的流通池时，每次都需要用稀硝酸清洗整个系统，以去除沉积在管壁的银的胶体溶液和其它物质。这些沉积物具有较强的记忆效应，会产生色谱峰的拖尾、基线漂移、谱图干扰等。为此，有人提出了一种无窗流通池的设计[33]。柱后流出液与Ag的胶体溶液用T形管混合，然后流入由两根不锈钢管连接成的流通池部分。采用反相ODS柱，10cm×4.6mm内径，甲醇-水（体积比＝50∶50）作流动相，拉曼光谱激发光源为488nm波长的氩离子激光，能量为85mW。实验条件下，流动相流速为0.075mL/min和银的胶体溶液流速为1.5mL/min时，可以获得最大的SERS

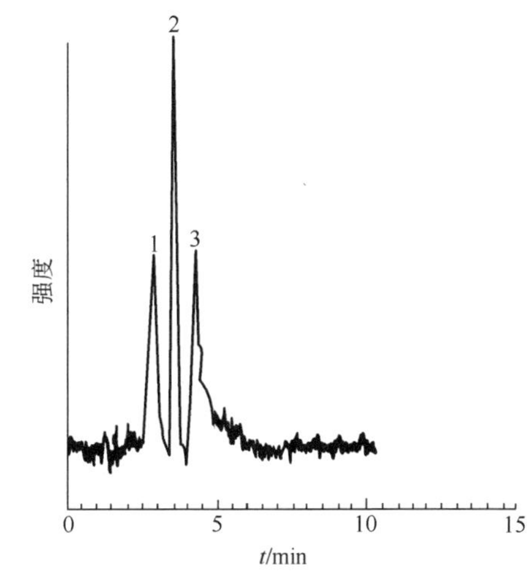

图8-36　SERS检测三种药物混合物的色谱图
色谱峰：1—2-巯基吡啶；2—苯异妥英；3—氨氯吡脒

信号。图 8-36 是 SERS 检测三种药物混合物的色谱图。拉曼光谱，特别是表面增强拉曼光谱，正逐渐发展成为一种新的液相色谱检测技术。

（六）超高效液相色谱检测器

随着分析体系的日益复杂化，人们对于分离的要求越来越高，需要更快、更好地得到分析结果。2004 年美国 Waters 公司推出了超高效液相色谱（UPLC）。UPLC 延续 HPLC 的理论及原理，采用细粒径的新型固定相，获得了高效的分离结果，全面提升了分离速度、灵敏度和分离度，大大拓展了液相色谱的应用范围，进而巩固了其在分析化学中的重要地位。

为了使分离效率和分离速度等性能显著提高，UPLC 在多项色谱技术上进行了改进与创新。包括应用杂化颗粒技术合成新型全多孔球形反固定相色谱填料，并采用新型填装技术制备高效色谱柱；构建 UPLC 的高压输液泵；使用高响应速度的检测器；设计低扩散、低交叉污染的自动进样器；最后进行系统综合的自动化设计等[34]。

其中，提高 UPLC 的检测器的性能是提高 UPLC 检测性能的主要突破点。UPLC 分离样品的色谱峰扩展很小，通常峰底宽只有几秒钟，低浓度样品峰更窄，因而需要选用高频检测仪器，利用更快的数据采集速率来适应短时间内出现的多个色谱峰的检测，并降低样品在检测池内的驻留时间，这也是推动 UPLC 发展的必要环节。人们尝试各种方式构建新型检测器，目前使用最广泛的检测器为紫外和可见光吸收检测器，其结构简单，使用方便，价格便宜，但是因其只有一个固定检测波长导致应用范围受到很大限制，所以对于多波长和可变波长检测器的需求日益增大。随着二极管阵列元件和计算机技术的发展，二极管阵列快速扫描检测器(PDA)应运而生(其工作原理如图 8-37 所示)[35]，它可构成多通道并行工作，通过一系列分光技术，使所有波长的光在接受器上被检测，得到的是时间、光强度和波长的三维谱图，是一类在 UPLC 中极有发展前途的新型检测器，例如，同时检测中药四君子汤配方中的 12 种化学成分[36]。其它类型的检测器，如光程与普通 HPLC 相同而池体积仅为 500nL（约为 HPLC 的 1/20）的新型光纤导流通池，利用不损失能量的聚四氟乙烯作池壁，采样速率达 20～40 点/s，实现了 UPLC 的高速、高分辨的要求，灵敏度因而得到较大提高[37]。

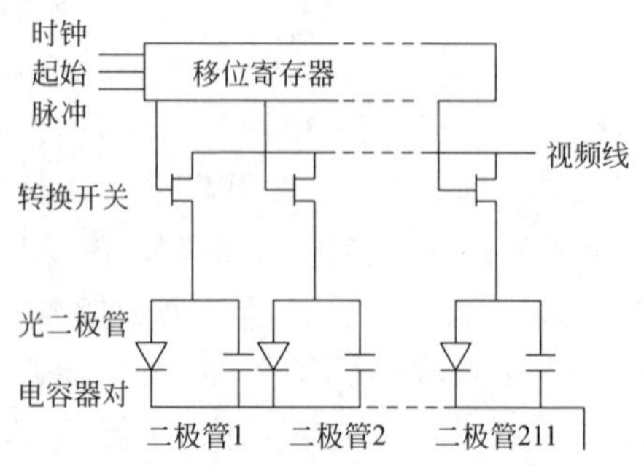

图 8-37　光电二极管阵列检测器工作原理[35]

此外，随着质谱技术的发展，质谱技术与 UPLC 技术相结合，使得 UPLC 能够充分契合质谱检测器的诸多优点和需求，成为质谱检测器的最佳入口，并可以极大改善质谱检测的质量，充分发挥和体现质谱检测器的性能优势。由于UPLC低流速下色谱峰扩散不大可以增加峰浓度，有利于提高离子源的离子化效率，进而灵敏度至少提高3倍。同时，除了在分离速度、灵敏度上的改善外，UPLC的超强分离能力有助于除去与分析物竞争电离的杂质，从而进一步改善因离子抑制所导致的灵敏度降低现象[38]。

基于UPLC-MS的优越性能，该分析方法在食品安全、环境分析、药物开发、代谢组学研究等领域均发挥了巨大作用。例如，借助电喷雾离子化串联质谱技术UPLC-ESI-MS/MS，可以对15种内源性大麻素及包括脂肪酸酰胺和丙三醇在内的相关化合物进行同时检测，在牛奶及其它生物流体中均可以实现很好的检测[39]。如图8-38所示，对麋鹿及三种不同种类牛的奶中所含内源性大麻素及其相关化合物的含量均进行了精确定量。由于该类物质的含量与一些重要生理过程有关(如婴儿的进食和睡眠)，因而利用该方法可以很好地对生理机能进行检测和解释。

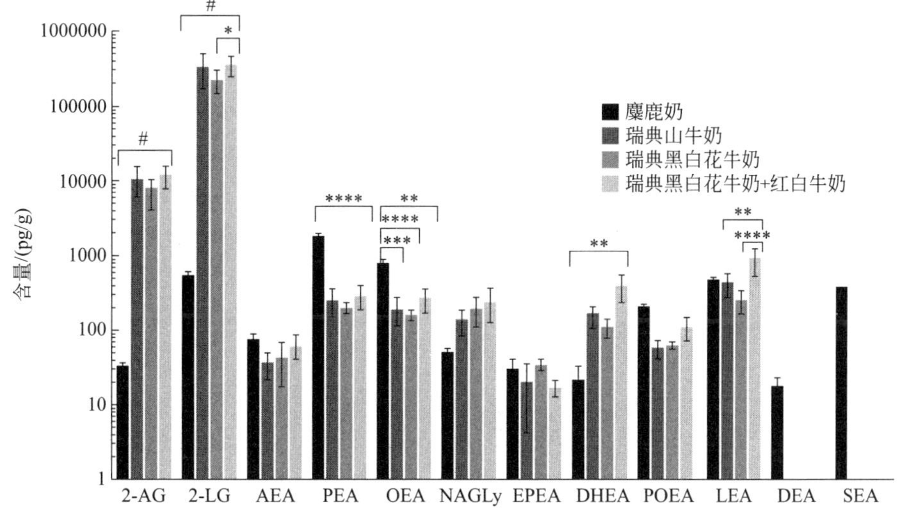

图8-38 麋鹿及三种不同种类牛的奶中所含内源性大麻素及其相关化合物的含量比较图[39]

2-AG—2-花生四烯酸甘油；2-LG—2-亚油酸甘油酸酯；AEA—大麻素；
PEA—棕榈酰乙醇酰胺；OEA—油酰乙醇酰胺；NAGLy—花生酰甘氨酸；
EPEA—二十碳五烯基乙醇酰胺；DHEA—二十二碳六烯基乙醇酰胺；POEA—棕榈油酰基乙醇胺；
LEA—亚油酸乙醇酰胺；DEA—二十二碳四烯基乙醇酰胺；SEA—硬脂酰乙醇酰胺

随着各种检测技术的发展，单一检测器已经不能适应人们对日益复杂的样品的分析检测要求，多种检测技术联用慢慢得到人们的关注，例如通过光电二极管阵列和四级杆/飞行时间质谱联用（UPLC-PDA-Q/TOF-MS）检测技术，对水果不同部位所含酚类物质能够进行很好的检测[40]。如图8-39所示，对梨浆、皮、叶子以及种子四个不同部分所含72种酚类物质通过UPLC-PDA-Q/TOF-MS技术首次进行定性分析。

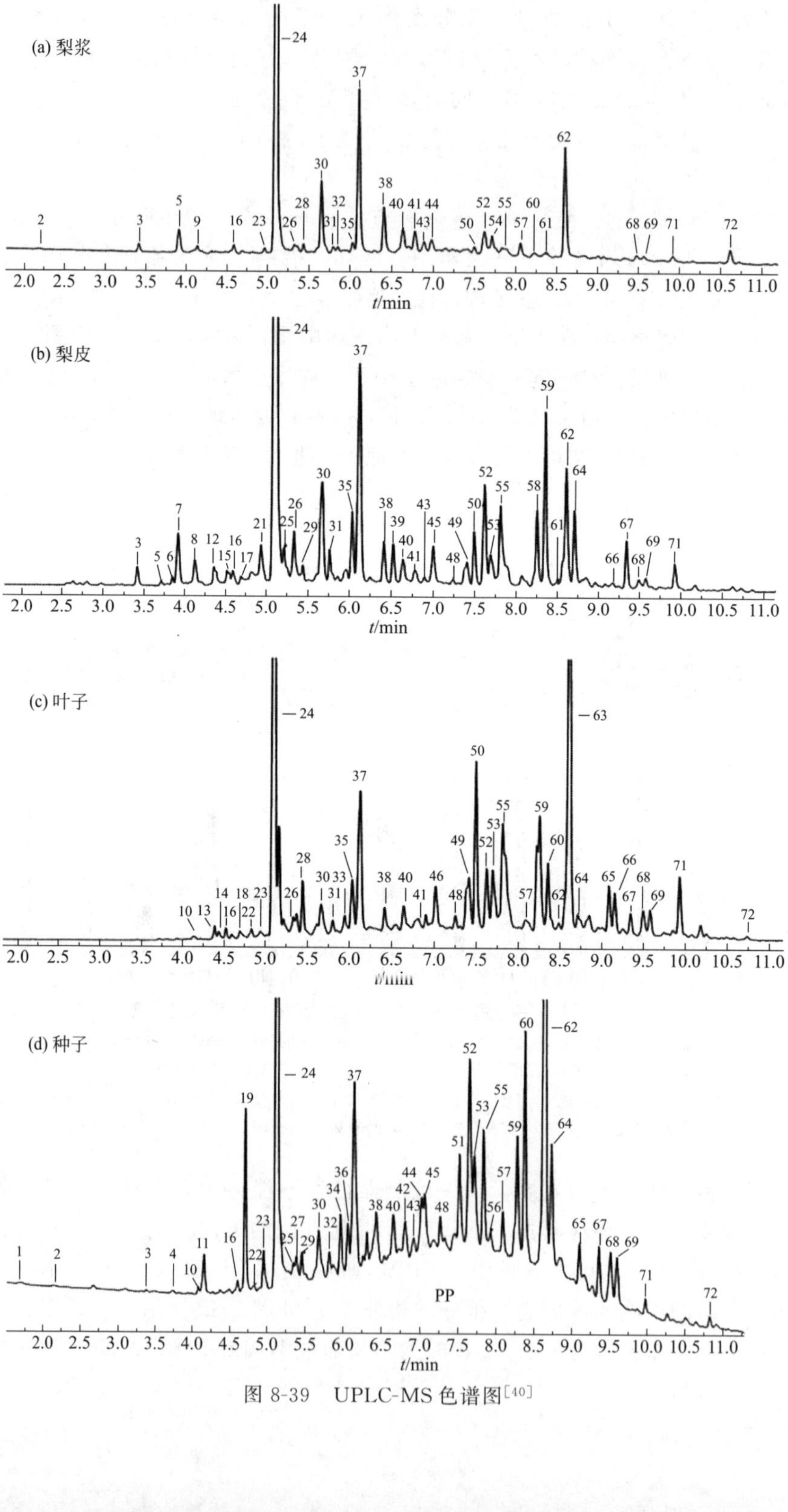

图 8-39 UPLC-MS 色谱图[40]

第三节　气相色谱检测器在液相色谱检测中的应用[41]

随着液相色谱的发展，特别是液相色谱的小型化——从 20 世纪 70 年代末期，微柱（0.1～0.5mm 内径）、微孔柱（0.5～1mm 内径）和毛细管液相色谱柱（0.05～0.1mm 内径）的发展，促进了新的液相色谱检测技术的产生。其中，一些气相色谱检测器通过合适的接口技术，可以与液相色谱仪实现在线连接。液相色谱发展早期，人们试图找到一种通用型的质量检测器，如气相色谱的火焰离子化检测器（FID），就被应用到液相色谱中。此外还有其它一些气相色谱检测器，如化学发光检测器（CLD）、电子捕获检测器（ECD）、火焰光度检测器（FPD）、热离子化检测器（TID）和光离子化检测器（PID）等。而气相色谱最常用的热导检测器（TCD）因为响应值受化合物和检测器操作条件影响较大，不适宜用于 LC 检测。

一、液相色谱仪和气相色谱检测器的连接

具体地说，LC 同 GC 检测器的连接就是将溶解在液体中的溶质引入一个加热检测区或火焰部分，克服这个难题主要需要考虑的是流动相的流量和组成，以及 GC 检测器的类型。好的接口技术是在将所有液体流动相引入 GC 检测器的基础上，仍能保持 GC 检测器的优良性能，如线性范围和灵敏度。然而，一些接口技术还达不到以上要求。

1. 传送系统

传送系统包括一个传送器，它可以是金属链、传送带、圆盘或其它相似的设备。HPLC 流出物滴到运动着的传送器上，之后，其中的溶剂被蒸发掉，剩下的非挥发性溶质传入热解炉或直接到达 GC 检测器的火焰部分。该传送系统与 HPLC-MS 联用的传送带接口原理相近。这种传送系统被应用在 FID、ECD 等检测中。

LC 与 PID 或 ECD 连接的一种新的传送系统是基于热喷雾蒸发原理（图 8-40）。对蒸发器中的流动相加热时，由于液体迅速蒸发而膨胀，形成细小的雾状物从蒸发管口以超声速喷出。喷出物中除了有大量的气化了的溶剂分子外，还存在一些溶质分子的细小雾粒。细小雾粒沉积在传送带上，通过加热分解器，被载气带动，进入 GC 检测器。

2. 直接引入系统

使用直接引入系统，溶质是以液体（如小液滴、气溶胶）的形式进入 GC 检测器的。一般需要使用喷雾器或雾化设备。在微型 HPLC 中，由于其流速仅为 1～50μL/min，所以让 100%的柱后流出物直接引入检测器是合适的。

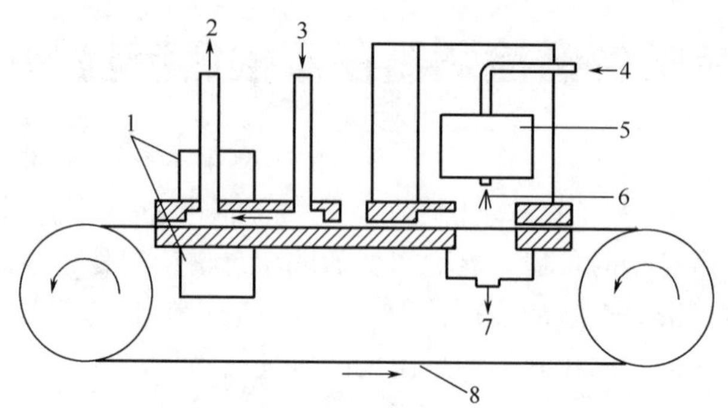

图 8-40 基于热喷雾蒸发原理的 LC-GC 检测器的连接示意图

1—热解器；2—样品和载气通往 GC 检测器；3—载气入口；4—LC 流出物；5—喷雾加热器；6—蒸气喷射；7—蒸气出口；8—移动带

二、氢火焰离子化检测器的应用

一般采用移动丝（移动带或移动盘）运载装置将液相色谱柱流出物的溶剂和溶质分开，将溶质载入氢火焰检测器检测，又称为移动丝（移动带或移动盘）氢火焰离子化检测器。在 LC 中应用的 FID，其灵敏度除了与检测器本身的结构有关外，传动装置、运载方式、运载量多少、系统的泄漏以及氮气、氢气和空气的比例对它的影响也很严重。其灵敏度一般比在 GC 中使用时低 3～4 个数量级。虽然灵敏度不够理想，但它对有机物都有响应，不受溶剂限制，可方便地使用梯度洗脱，受流动相的温度、流速、气泡含量等因素影响也很小，是一种通用性较好的检测器。

图 8-41 是移动丝氢火焰离子化检测器的示意图。移动丝由电机驱动按一定恒速运动，柱后流出物中的溶剂和溶质的一小部分（低于 3%）被移动丝黏附带走。在蒸发室 4 中移动丝上的低沸点溶剂被蒸发除去，使丝上仅剩下溶质。在裂解炉 5（氧化炉）中溶质裂解成低分子量的碳氢化合物和 CO_2 或全部氧化成 CO_2。在分子挟带器 6 和吹洗气（氮气或空气或氧气）的共同作用下，生成的低沸点烃类物质和 CO_2 被送入镍催化炉 7。在此全部 CO_2 被转化成 CH_4，并与低分子量的烃类物质一起在 FID 中进行检测。理论上经过一次循环，可产生 2 倍分子的甲烷。多次循环会提高灵敏度。

这种传送方法的优点是检测与色谱分离过程无关。由于较易挥发的化合物在检测之前也可与溶剂一起蒸发，所以该法仅限于检测比较难挥发的样品。虽然曾出现过商品检测器，但迄今仍没有广泛使用。

20 世纪 80 年代以后 FID 与 LC 的联用发展趋向于使用微型 LC 柱，而流动相可以 100%进入检测器[42]。图 8-42 是毛细管 LC 柱（5～34μm 内径）和 FID 的在线连接的燃烧器设计示意图。该装置可以在含有甲醇的流动相中使用，但响应有所下降。该检测装置的应用实例见图 8-43。间甲苯酚的最低检测限为 1pg/s。

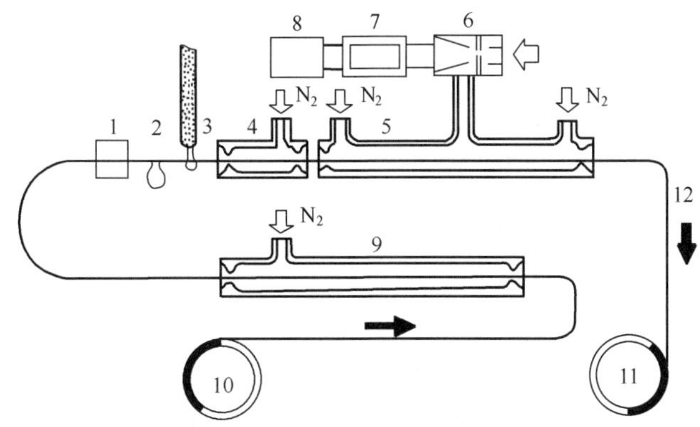

图 8-41　移动丝氢火焰离子化检测器

1—涂敷器；2—烧结室；3—色谱柱；4—蒸发室；5—裂解炉；6—挟带器；7—催化炉；8—氢火焰检测器；9—净化炉；10,11—电机；12—移动钢丝

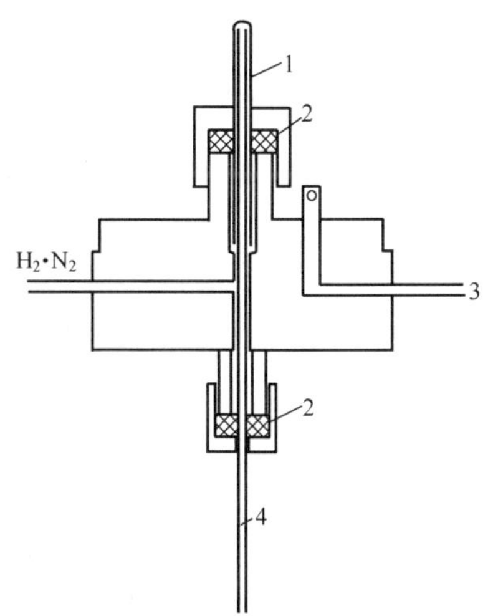

图 8-42　与毛细管 LC 柱联用的 FID

1—石英管；2—橡胶密封；3—空气；4—毛细管柱

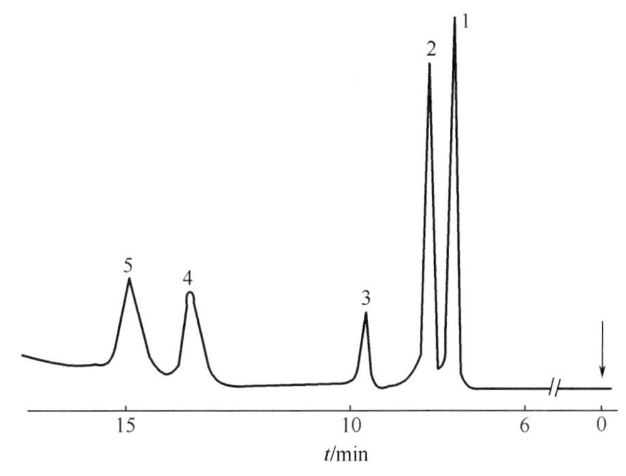

图 8-43　FID 检测色谱图

色谱柱：OV-101，3m×14μm

流动相：水

色谱峰：1—三乙烯基甘醇；2—间甲苯酚；3—2,4-二甲基苯酚；4—2-甲基-4-乙基苯酚；5—2-异丙基苯酚

三、热离子化检测器的应用

热离子化检测器（TID）是一种选择性检测器，对含氮、磷、硫和卤素等元素的化合物有较高的检测灵敏度，所以又称为氮磷检测器（NPD）。LC 中 TID 检测器的使用最早始于 1973 年。20 世纪 80 年代以后的应用表明，这种高灵敏度、高选择性的检测器一般适合于微型 LC 中使用。

（一）火焰热离子化检测器

图 8-44 是火焰热离子化检测器的示意图。微型 LC 柱后的全部流出物经浓缩、雾化后，在基焰处燃烧。基焰的燃料产物同助燃气汇合，到达分析焰。当燃烧被控制在铷球附近时，可以获得最好的响应和最低的背景噪声。流动相中有机溶剂甲醇、丙酮、乙酸乙酯和己烷不干扰检测。但当存在水、乙腈和二氯甲烷时，可以观察到背景电流的提高。磷的最低检测限为 22pg/s，线性范围在 3 个数量级以上。

LC-TID 系统对氮检测的灵敏度也较高，最小检测限为 14pg/s，线性范围跨越 3 个数量级。未经衍生的巴比土酸的色谱图见图 8-45[43]。

人们还使用微型 LC-TID 测定不挥发性极性化合物（图 7-46）。该系统也可用于测定包含磷的手性杀虫剂。

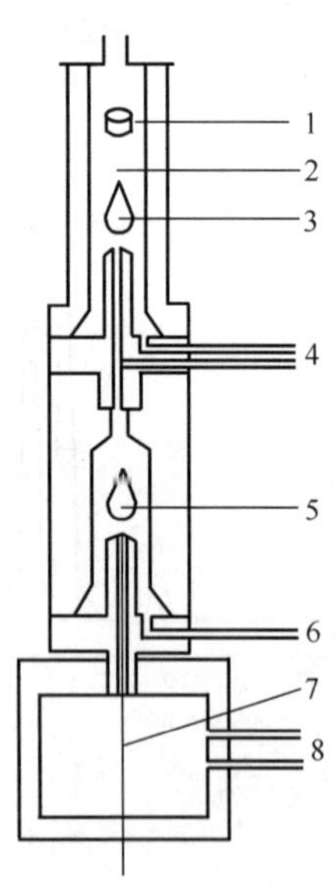

图 8-44　双焰热离子化检测器的示意图

1—收集电极；2—Ru 球；3—分析焰；4—H_2、空气入口；5—基焰；6—空气入口；7—毛细管；8—H_2、N_2 入口

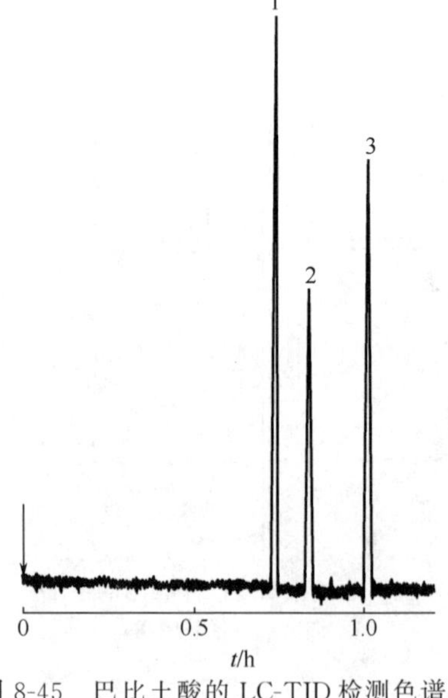

图 8-45　巴比土酸的 LC-TID 检测色谱图

色谱柱：C_8，1.8m×200μm，5μm

流动相：甲醇

色谱峰：1—喹那巴比妥；2—戊巴比妥；3—苯巴比妥

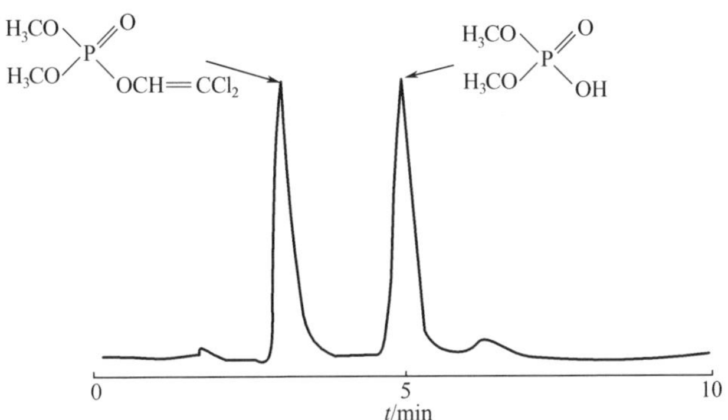

图 8-46 微型 LC-TID 检测二氯乙烯基二甲基磷酸及其主要酸性代谢物

色谱柱：PRP-X100，200mm×0.32mm

流动相：甲醇-0.5mol/L 乙酸铵水溶液（体积比=93∶7）；流速 10μL/min

（二）无火焰热离子化检测器

商品 GC-无火焰 TID（GC 柱内径为 0.7mm）可以很容易地转换成 LC-TID 形式。接口同早期的 LC-ECD 接口相近。改进的设计（图 8-47）是蒸发的流出物通过加热石英毛细管直接进入 GC-TID 系统的底部[44]。同时使用低流速的氮气吹扫。对一些含磷的化合物、极性杀虫剂，可以获得 0.2～0.5pg/s 的检测限，系统的重现性好。色谱峰的谱带展宽取决于溶质的挥发性和 LC 的流量。

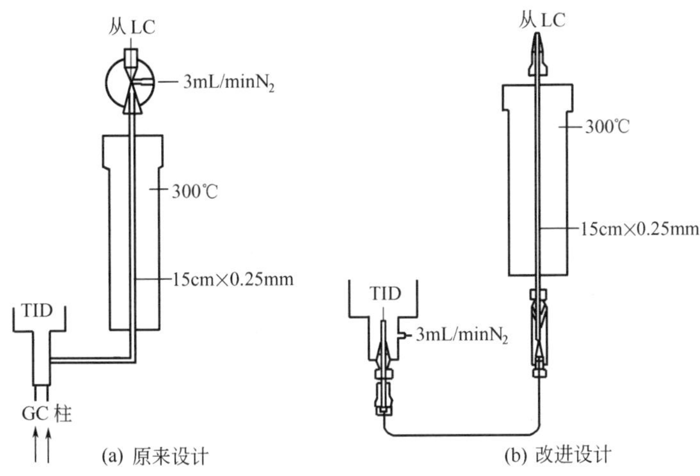

图 8-47 LC-TID 接口示意图

四、火焰光度检测器的应用

对于反相 LC，火焰光度检测器可以用作检测器，但普通使用的接口的喷雾效率低（15%～25%）。为了提高效率，使用与微型 LC-TID 相同的接口（图 8-44），全部柱流出物喷雾后进入冷氢气-空气扩散火焰。这种 FPD 可以使用水相流动相，含 50%甲醇、乙醇或丙酮（流量为 1～10μL/min）的流动相不会引起响应的信号下降。但即使含 1%～5%的乙腈也会引起背景噪声的提高以及火焰的猝灭。流量小于 5μL/min 时可以获得最好的灵敏度。几种混合物如有机磷杀虫剂和二甲基膦化硫衍生物得到分离检测。使用双焰 FPD 检测器，微孔柱（1mm 内径）和微型柱（0.32mm 内径）LC 分离，流量为 2～20μL/min 的流动相经过结构复杂的超声微型喷雾器会得到很好的雾化效率（10%～70%）。得到的直径小于 10μm 的液滴通过喷雾室、气溶胶输管和浓缩器到达检测器检测。图 8-48 是对非挥发性磷脂和磷酸糖类分离的色谱图[45]。含缓冲体系的流动相会引起喷雾效率的波动，使用双光束检测提高了信噪比。磷的检测限为 50pg/s。

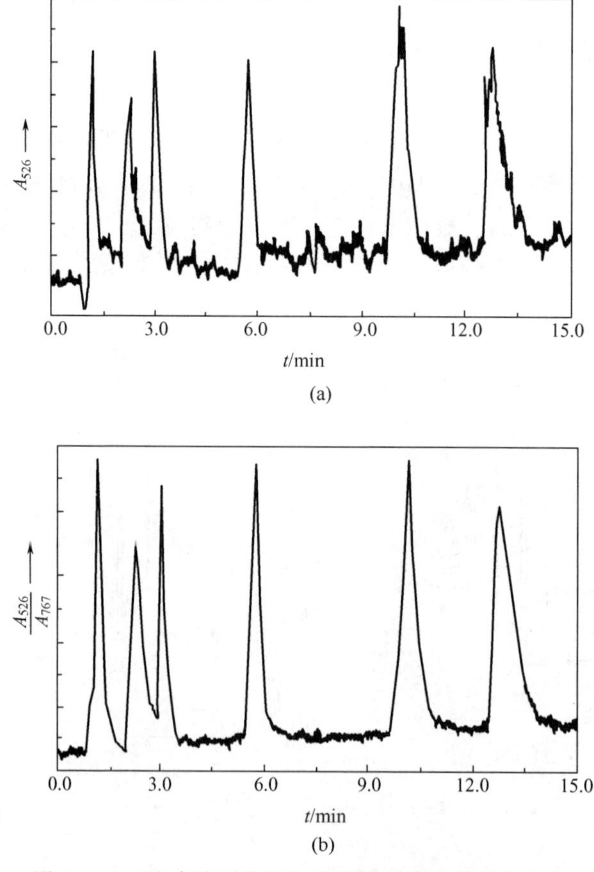

图 8-48 双光束检测非挥发性磷脂和磷酸糖类化合物

（a）单光束；（b）双光束

色谱柱：SP IP-5，170mm×0.32mm

流动相：1%正丁醇-0.06%四丁铵氢化物-0.12%乙酸-0.008%高氯酸，30.8MPa（304atm），分流操作

一种微孔（1mm 内径）LC 柱的氯选择性火焰检测器中，所有的柱后流出物（20～70μL/min）通过电热毛细管尖嘴喷雾引入加热炉。H_2 气流热解后，含氯化合物在冷氢扩散火焰中转化成氯化铟，然后进入 FPD 检测。水中 1,1,2-三氯乙烷的检测限为 9pg/s。在含 15%甲醇的水溶性流动相中该溶质的线性响应范围为 5～70ng。氯化尿嘧啶、鸟嘌呤和鸟嘌呤核苷等化合物能被选择检测。

火焰光度检测器一直在不断地改进，一种 FID 接口适合于检测不挥发性有机磷酸化合物。所有柱后流出物在靠近氢火焰反应区处引入。对一系列有机磷酸化合物，检测的线性范围为 0.5mg～4000ng。使用甲酸铵、乙酸铵或硝酸铵水溶液作流动相，LC-FPD 的磷的检测限为 20pg/s。对于痕量在线富集技术，进样体积可以从 60nL～500μL，有机磷化合物的检测浓度为 5×10^{-9}～5×10^{-8}g/mL。

五、光离子化检测器的应用

光离子化检测器是用紫外光照射在被测气体分子上，使分子发生光电离作用来测定该气体含量的检测器。对于给定的 PID，离子电流与被测物质浓度成线性关系。据报道，PID 是继 FID、TCD 和 ECD 之后，第四种应用最广泛的 GC 检测器。PID 常用于检测含硫、氮、磷等有机物及一些无机物。PID 具有灵敏度高、线性动态范围宽和不破坏被测物质分子结构的特点。PID 比 FID 的灵敏度高 50～100 倍。分子发生光离子化作用的条件是分子吸收了高于其电离能的光子，发生光离子化作用：

$$AB + h\nu \longrightarrow AB\cdot$$

$$AB\cdot \longrightarrow AB^+ + e^-$$

两极形成离子流，

$$e^- + \text{阳极} \longrightarrow \text{离子电极(电流 } i\text{)}$$

$$AB^+ + \text{阴极} \longrightarrow AB$$

离子电流的大小与光辐射强度和被测物质的浓度成正比。因此用激光取代传统光源，如使用 ArF193nm 处的高能激光，可以有效地提高检测灵敏度。另外，采用脉冲操作能进一步降低背景干扰。在高强度激发光条件下，还实现了另外一种激发方式——双质子电离。分子同时吸收两光子光达到其电离阈，因此减少了一半的电离能。

图 8-49 是一种 PID 的流通池。流动相通过具有两个电极的流通池时，溶质分子被照在池上的光子激发。使用 337nm 的氮激光器（10ns，10Hz，每个脉冲 2.5mJ），可以检测 5pg 的蒽。

LC 溶剂分子的电离能是不同的，正确的选择激发光源可以在流动相较低的背景下，进行许多溶质分子的光电离作用（电离能 10eV 左右）。但液态水的电离能低（6.05eV），因此 LC-PID 的应用一般只限于正相 LC，常见的做法是蒸发溶剂

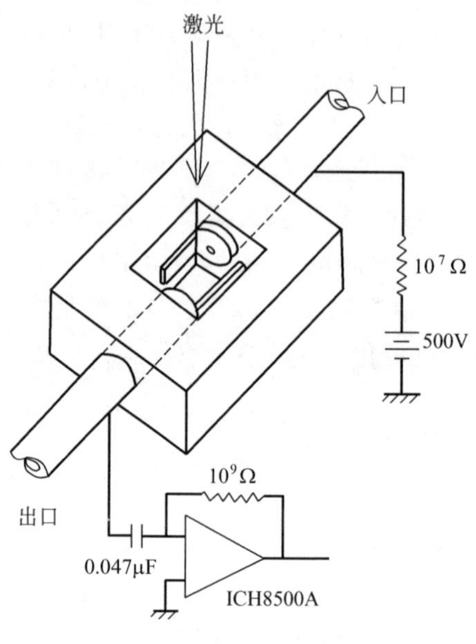

图 8-49 PID 的流通池

后，用 PID 检测。

早期的应用是正相色谱流动相（流量 1mL/min）全部蒸发，透过氟化锂窗口 11.9eV 的光能直接照射被测物质蒸气分子，溶剂如正戊烷、甲醇等无干扰。甲基苯胺的检测限为 10pg/s，线性动态范围 10^4。但其最大使用温度（80℃）限制了一些高沸点溶剂的使用。

1984 年以后出现了一种新的 LC-PID 设计（图 8-50），能用于反相色谱分离检测一些化合物[46]。色谱柱为 C_8 或 C_{18} 硅胶柱，乙腈-水或甲醇-水做流动相，流量为 0.5～2.5mL/min。柱后流动相在加热的接口炉中完全蒸发，蒸气的一部分与添加的载气 He 一起进入检测器。对于芳香胺、脂肪胺和取代的碳氢化合物，检测限在 3～700ng 之间。检测灵敏度与溶质的物理化学性质、载气和光源能量有关。色谱图见图 8-51。后来的发展是使用热喷雾接口，测定了氨基酸和肽。以水为流动相，苯丙酸胺的检测限为 2ng，线性范围大于 10^4。

此外，还有开管柱 LC 与 PID 的联用系统，它分成三个部分：蒸发、离子化和离子收集。LC 流出物的蒸发通过一个放在柱尾的加热线圈来完成。为了防止柱尾过热引起的阻塞，线圈采用脉冲加热，同时使用 He 载气来冷却[47]。

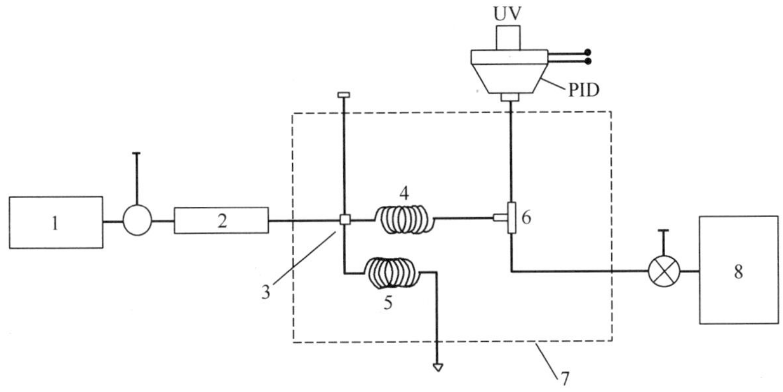

图 8-50　HPLC-PID 检测系统

1—泵；2—柱；3—T 形分流；4—蒸气；5—废液；6—T 形接头；7—炉箱；8—气体

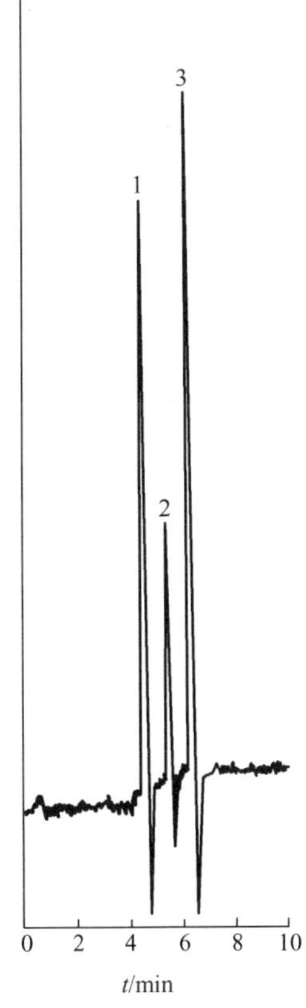

图 8-51　HPLC-PID 检测 *N*-取代的苯胺化合物

色谱柱：C_8，250mm×4.6mm，10μm

流动相：乙腈-水（体积比＝75：25）

流速：0.8mL/min

色谱峰：1—*N*-甲基苯胺；2—*N*,*N*′-二乙基苯胺；3—*N*,*N*′-二甲基苯胺

六、电子捕获检测器的应用

电子捕获检测器很早就应用于 LC 检测中。最早的接口是传送线系统，还有的采用喷雾技术将 LC 柱流出液的一部分直接引入 ECD。1974 年以后较多地采用蒸发接口。所有正相 LC 流出液在 300～350℃的不锈钢管中蒸发，得到的蒸气用 N_2 吹扫进入电子捕获检测器。此系统用于常规的正相 LC，它曾作为商品检测器使用了几年。成功的应用例子是自动检测牛奶中的杀虫剂，检测限低于0.1μg/g；另一个应用是测定血清和尿中的 α-内三氧化硫和 β-内三氧化硫，其中 α-型的检测限为 200pg。一种新的旋管蒸发接口提高了热的转移效率，允许检测更高沸点的卤代芳香化合物，而且减少了峰扩展。各种卤代芳香化合物的检测限为 5～100pg，线性范围为 3 个数量级。它也用于检测极性更强的化合物如取代的苯胺、氯代苯酚和羟基取代的多氯联苯等；通过与七氟丁酸酐的衍生化反应，已用于测定苯基脲除草剂（检测限 1×10^{-9}g/g)、木头样品中的五氯苯酚（检测限 2×10^{-8}g/g)、肝中五氯苯酚（5×10^{-9}～1×10^{-8}g/g）等。

一种反相 LC-ECD 是采用柱后萃取的方式进行检测的。流动相为包含离子对试剂的甲醇/水溶液，流量为 1mL/min，用甲苯-己烷（体积比＝1∶1）萃取柱后流出物，流程见图 8-52。通过痕量富集后，可测尿中 4×10^{-9}g/g 的五氯苯酚。

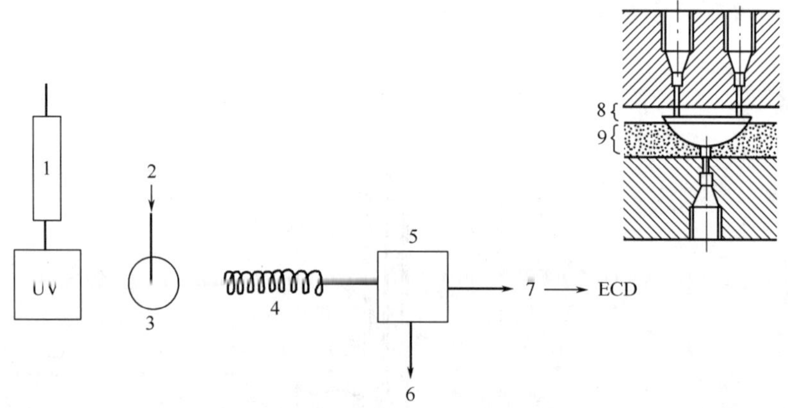

图 8-52　反相 LC-ECD 检测系统

1—柱；2—有机相；3—T 形接头；4—萃取；5—分离；
6—水相废液；7—有机相；8—聚四氟乙烯；9—玻璃

LC-ECD 的一个进步是 1984 年微型 LC(0.7～1mm 内径柱，流量 50μL/min）与 ECD 的在线联用，不但可用于正相 LC 分离，而且可用于反相 LC，所有流动相全部引入 ECD 检测器。例如，反相 LC 分离检测 2,2′,6,6′-四氯联苯的条件是：ODS 柱，甲醇-水（体积比＝85∶15)，流动相在 300℃条件下通过 300mm×40μm 内径的镍毛细管蒸发。四氯联苯在此条件下可以获得 100pg 的最小检测限，线性范围 2～3 个数量级。作为流动相的有机调节剂，甲醇和二噁烷要好于乙腈。特别值得注意的是，这种 LC-ECD 系统可以用纯水（20μL/min）作流动相。图 8-53 是一个很好的反相 LC-ECD 检测硝基芳香化合物的应用实例[48]。此后，采用熔融硅石毛细管取代镍毛细管，减少了峰扩展。系统用于正相色谱的梯度淋洗，检测限在 pg 级。表 8-2 列出 LC-ECD 在一些领域中的应用。

表 8-2 LC-ECD 的应用

化合物分类	基 体	化合物分类	基 体
杀虫剂	牛奶、血清、尿	苯基脲类除草剂	地表水、草莓
炸药	爆炸后残余物	五氯苯酚	木头、肝
芳香硝基化合物	尿	氯代苯酚	河水、尿

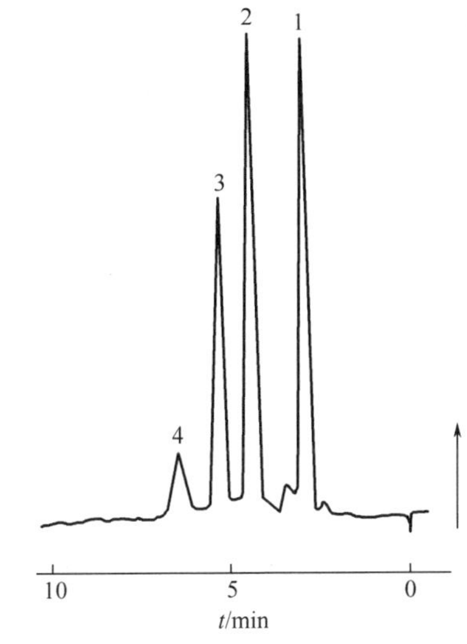

图 8-53 反相 LC-ECD 检测硝基芳香化合物

色谱柱：RP-18；流动相：甲醇-水（体积比=80∶20）；流速：35μL/min

色谱峰：1—2,4-二硝基苯酚；2—2,4-二硝基苯胺；3—1,3-二硝基苯；4—4-硝基甲苯

七、气相化学发光检测器的应用

为了检测硝基胺和硝基酰胺，一种商业气相色谱检测器——热能分析器（TEA）得到应用开发，显示出很好的选择性。而后，LC-TEA 有了发展（图 8-54）：包含挥发性和不挥发性 N—NO 基的被测化合物的 LC 流动相被导入热解炉，其中氩气或氮气为载气。热解炉中发生如下反应：

$$R'R^2N—NO \longrightarrow NO^* + R'R^2N$$

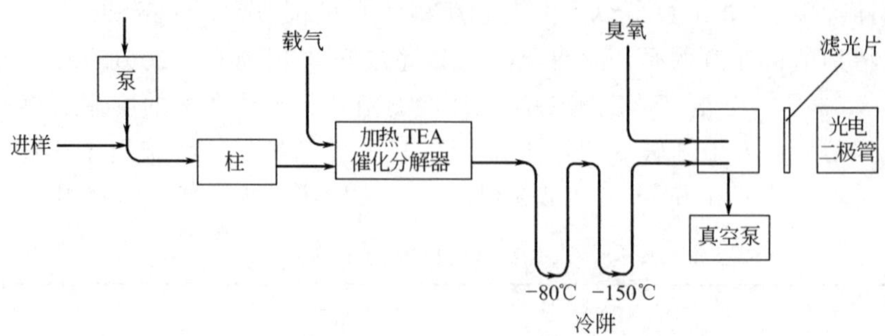

图 8-54　LC-TEA 检测系统

反应后的热蒸气依次通过两个冷阱：第一个冷阱将流出物冷却、液化，第二个冷阱去除剩余的气体和反应分解产物。而 NO^* 由于具有很高的蒸气压，即使在第二个冷阱－150℃的低温下，NO^* 也能通过，然后在反应室中进行如下发光反应：

$$NO^* + O_3 \longrightarrow NO_2^* + O_2$$

$$NO_2^* \longrightarrow NO_2 + h\nu$$

发光强度正比于 NO^- 的量，并被对红外光敏感的光电倍增管检测。如果热解炉保持在 500℃，系统对 N—NO 化合物具有很高的选择性。对两个冷阱采取减压的方法，可以减少死体积到小于 10μL。LC-TEA 检测的灵敏度取决于炉温、气流量以及 NO 化合物的挥发性，操作条件依化合物的挥发性而定。LC-TEA 一般不用水相或无机缓冲液作流动相。由于芳香硝基化合物的C—NO_2 键能要比亚硝胺的 N—N 键能和硝基酯类的 O—N 键能高很多，LC-TEA 最高热解温度 550℃限制了它对芳香硝基化合物的检测。

因此，后来出现了一种光助热分析检测器（PAT）。使用 UV 光诱发C—NO_2 键断裂，释放出适合 TEA 检测的 NO_2。为了减少谱带展宽，设计上采用一种接合开管光化学反应检测器，接合管内径为 0.6mm，体积为 6mL。LC-PAT 对单硝基甲苯、二硝基甲苯和三硝基甲苯的检测灵敏度提高了几十至上百倍，克服了 LC-TEA 检测灵敏度低的缺点。一些 LC-TEA 的应用实例列于表 8-3。

表 8-3　LC-TEA 的应用

化合物分类	基　体	化合物分类	基　体
N—NO	水、食物、血	硝化甘油	血浆
亚硝胺	食物、化妆品	硝基甲苯	炸药
硝酸酯	炸药	季戊四醇	血浆

基于 NO 与 O_3 的发光反应原理的气相化学发光检测器，也用于 LC 分离检测。与上述不同的是，热解炉保持 900℃高温仍能获得良好的基线稳定性，而且可

用于水相流动相。反相 LC 分离芳香硝基化合物：2.1mm 内径柱，0.2～0.5 mL/min的低流量，可以获得良好的检测限和线性范围。

20 世纪 80 年代以后出现了微型 LC 柱与 TEA 的联用，有反相离子对色谱测定极性和离子型硝基胺化合物，正相 LC 分离检测 N—NO 化合物等。

为了检测有机硫化物，可以使用下面的气相化学发光反应[49]：

$$R_1—S—R_2+F_2 \longrightarrow X^* \longrightarrow 产物+h\nu$$

发射光通过石英光窗，659～800nm 的滤光片，被红敏光电倍增管检测。微孔 LC 通过一个 100nm×0.254mm 内径的不锈钢毛细管接口与检测器相接，毛细管的温度保持在 300℃以蒸发溶剂。系统用于检测一系列含硫化合物：硫醇、杀虫剂马拉硫磷、对硫磷、二甲基硒醚和二甲基二硒醚等。对大多数有机硫化合物，检测器的响应范围超过 3 个数量级，检测限范围从 50pg 到 3ng 之间。

微型 LC-气相化学发光检测器由于其高选择性、良好的灵敏度、宽广的线性范围（10^5），将会发展成为环境分析的重要工具，而且应用范围逐渐扩大到石油、医药、食物、香料等领域。

八、总结与展望

LC 分离中使用 GC 检测器检测，不但提高了灵敏度，而且更重要的是提高了检测的选择性。LC 与 GC 检测器联用中最重要的是接口设计。显然，同一接口设计不能适应各种类型的 GC 检测器，主要原因是液体流动相的干扰问题。LC 的微型化促进了 LC 同 GC 检测器联用的可行性，两者之间已有一些很好的结合使用，其中最成功的应该是 LC-ECD，无论是正相 LC，还是反相 LC。传输系统和蒸发接口可能造成溶质的丢失，为此，使用加热或加载气的喷雾接口的微型 LC 越来越多。但微型 LC 的进样体积小，为了获得 ng/mL 级的检测灵敏度，有些样品需要采取富集技术。

（1）LC-FID　经过多年努力，接口技术有了很大进展。微型 LC 同传送系统结合能将全部流动相引入 FID，有利于灵敏度的提高。在线毛细管 LC-FID 允许流动相的流量达 1μL/min。微型 LC-FID 中使用含水流动相，可以检测离子型和极性有机化合物，但对于有机调节剂，由于基线噪声加大，检测效果不理想。换句话说，对使用有机调节剂作流动相的一般溶质的检测，传送接口系统的 FID 仍是最好的选择。

（2）LC-TID　双火焰和无火焰 TID 都可以与微型 LC 联用测定痕量含磷和含氮化合物。两者因基于不同的接口原理，如流动相直接引入和蒸发，不好区分。主要局限是两种 LC-TID 都不能使用含缓冲液和无机盐的流动相。

（3）LC-FPD　普通 LC-FPD 的灵敏度较低，而且流动相中有机调节剂也会大大降低灵敏度。微型 LC 和微孔 LC-FPD，可以将所有柱后流出物引入检测器，灵敏度提高，不挥发性有机磷化物也能检测。

(4) LC-PID　LC-PID的应用还不多，但微型LC-PID具有较好的发展前景，可以与LC-FID相媲美。使用的光能输出低于水和乙腈的电离电势的光源，可以测定许多有机化合物同时产生很低的背景噪声。

(5) LC-ECD　LC-ECD是LC与GC检测器联用中最成功的，有许多令人感兴趣的应用报道。其中许多是正相LC，但反相LC也有一些成功应用，特别是微孔LC，主要含水的流动相也能全部引入检测器。接口技术在不断开发，主要接口原理之一是将全部柱流出物蒸发气化，因而限制了挥发性差或极性化合物的应用。

(6) LC-气相化学发光检测器　以前的LC-TEA只能用于检测N—NO化合物。随后的发展是微型LC-光助TEA联用，扩大了应用范围：极性和离子型硝基胺、硝基芳香化合物的检测，并可以使用水溶液体系进行检测。

第四节　间接光度液相色谱法

采用光度检测器，主要是紫外吸收检测器（少数是荧光检测器）测定无紫外吸收的样品，一般称为间接光度检测法（indirect photometric detection）。使用这种检测技术的高效液相色谱称为间接光度液相色谱。这种间接光度液相色谱法与液相色谱衍生法相比，相同之处在于扩大了光度检测器的应用范围，可用于低响应或无响应的样品；不同之处是采取的手段有别。间接光度液相色谱法一般是在体系中加入一个在检测波长范围内具有高摩尔紫外吸收系数的试剂（或发荧光的基团），形成高的紫外吸收本底（或产生高的荧光本底）。样品注入时，待测组分与该试剂发生缔合、相互交换或其它相互作用，从而使色谱区带中紫外吸收试剂浓度与流动相本底浓度之间产生差异，由于基流的变化导致吸收信号的变化，显现出组分色谱峰。结果是无紫外吸收的样品获得了高检测灵敏度。除此之外，间接光度检测信号的产生与色谱分离过程密切相关，能提供色谱过程热力学和动力学的有关信息，有助于阐明各种色谱机理。

一、检测原理[50]

紫外吸收检测器能直接检测具有紫外吸收的有机离子，部分无机和有机离子在低波长紫外区有吸收，也能直接检测。而大部分无机离子和一些有机离子紫外吸收低，只能采用化学衍生或间接光度法测定。间接光度液相色谱检测技术是一项正在发展中的色谱技术，在离子和离子对色谱法中都有应用。

间接光度离子色谱以具有强紫外吸收的阴离子或阳离子作淋洗试剂，称为紫外洗脱试剂。假设用一个紫外吸收阴离子洗脱剂 Na^+E^- 分离样品 Na^+S^-，样品

离子 S^- 被固定相保留，保留值取决于 S^- 和 E^- 对固定相的相对亲和力。按电中性和等当量交换原理，当共存阳离子（Na^+）浓度恒定时，总的阴离子浓度（S^- 和 E^-）也应保持恒定。设 c_E 和 c_S 分别为淋洗离子和样品离子浓度，A_E 和 A_S 是淋洗离子和样品离子摩尔吸收值，样品洗出时产生的响应信号 R 为

$$R \approx c_S A_S + (c_E - c_S) A_E - c_E A_E$$
$$= c_S (A_S - A_E)$$

因为样品离子吸收低，即 $A_S \approx 0$，则

$$R \approx -c_S A_E \tag{8-1}$$

产生的负响应信号正比于样品浓度 c_S 和淋洗离子摩尔吸收 A_E 值。A_E 值越高，检测灵敏度越高。

离子对色谱技术是分离可解离的有机化合物及无机化合物的一种常用液相色谱技术。一般在离子对色谱光度检测中，被测离子带有发色基团，在流动相中加入无发色基团的反离子形成离子对被检测。而在间接光度离子对色谱法中，流动相中加入的是带发色基团的反离子，形成了高的紫外吸收本底。当注入无紫外吸收的被测离子时，被测离子与反离子以静电力结合在一起形成离子对，在键合相与含水流动相之间进行分配而被分离。被测离子引起反离子基流的变化而产生了检测信号的变化。这种紫外吸收试剂又称为离子对探针（ion pair probes)，而这种形式的离子对可以认为是一种特殊的衍生化形式。

为了实现间接光度法检测，洗脱液要满足一些化学上或光度测量上的要求。通常使用低浓度的洗脱液有利于灵敏度的提高。要获得精确的测量，吸光度应在 0.2～0.8 范围内。当固定相和流动相都确定后，最佳吸光度范围可借助于调整检测器的工作波长来实现。间接光度检测的灵敏度通常高于一般的电导检测器，其最低检出浓度低于 10^{-6}g/mL。

在间接光度液相色谱图中，有两类色谱峰：一类是流动相本身组分产生的系统峰，另一类则为样品峰。这两类峰的出峰方向比较复杂，尤其是在离子对色谱系统中。有人根据样品离子和紫外探针离子的正负电荷情况和相对保留，总结了一个样品峰的出峰规律表（表 8-4)。

表 8-4　间接光度离子对色谱峰的出峰规律的影响

样品与探针离子的相对电荷	样品出峰方向	
	$k'_A < k'_S$	$k'_A > k'_S$
相同或无电荷	＋(正峰)	－(负峰)
相反电荷	－	＋

表中，k'_A、k'_S 分别为样品峰和系统峰的容量因子。上面得出的只是初步结论，实际应用中样品的出峰方向受较多因素的影响。

二、应用

间接光度检测法中常用的试剂主要有以下几种。

（一）含芳基的胺类及季铵盐

常用的有烷基吡啶鎓盐，如甲基吡啶鎓盐和十六烷基吡啶鎓盐；芳香胺类，如4,4′-(3,3′-二甲基）联苯二胺；含苄基或萘基的季铵盐，如 α-萘基甲基三丁基氢氧化铵、N-甲基辛基铵对甲基苯磺酸盐、苄基三甲铵盐等。这些试剂在间接光度离子对色谱法中常作为阴离子探针试剂。而芳香胺和芳香族季铵盐在间接光度离子色谱中是阳离子的淋洗剂。

很多因素影响了离子样品在离子对色谱系统中的保留行为，这些因素包括样品离子的性质、有机调节剂的浓度和性质、缓冲溶液、探针试剂离子及其对离子等。其中探针试剂在离子对色谱系统的吸附性能是影响溶质间接光度色谱响应和保留值的重要因素。4,4′-(3,3′-二甲基）联苯二胺在酸性条件下的最大吸收峰位于 254nm 附近，可以作为带相反电荷的紫外透明样品的离子对探针试剂。有人探讨了该试剂在反相 ODS 柱上的吸附作为影响因素，并对脂肪二元酸进行分离和检测[51]。

早期的发展是在正相色谱体系中加入离子对探针试剂，后来主要应用于反相色谱分离测定无机阴离子、阳离子。例一[52]是在 Supelco LC18 柱上，以 4mmol/L α-萘基三丁基铵为离子探针，0.25mmol/L 己基磺酸盐和 10mmol/L 乙酸-乙酸钠水溶液(pH 4.75)为流动相，在 UV 316nm 处可以检测以下无机阴离子：F^-、Cl^-、ClO_3^-、ClO_4^-、Br^-、BrO_3^-、I^-、IO_3^-、IO_4^-、NO_2^-、NO_3^-、SO_4^{2-}、SO_3^{2-}。例二是在 ODS 柱上，以含 2mmol/L 的十六烷基吡啶鎓的乙腈-水（体积比＝35∶65）磷酸缓冲液为流动相，在紫外 222nm 可以很好地检测 IO_3^-、NO_3^-、NO_2^-、I^- 和 SCN^-[53]（图 8-55）。并将该法用于人体唾液中 NO_2^- 和 NO_3^- 含量的测定。例三是采用苯基键合相固定相，流动相中加入苯乙基吡啶作为紫外响应的反离子，测定无机离子。

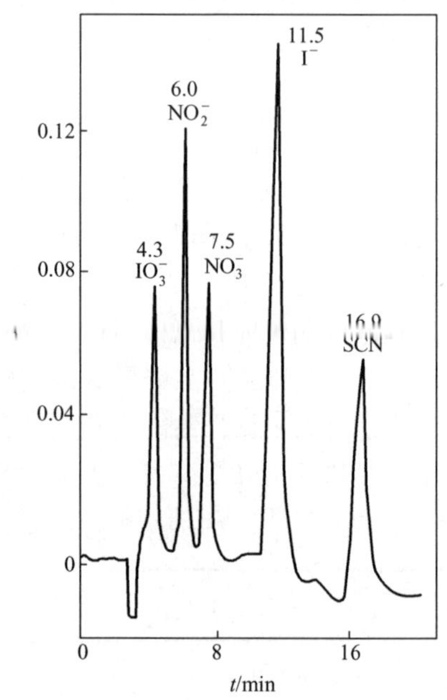

图 8-55　分离阴离子混合物的色谱图

（二）芳香磺酸盐

间接光度离子色谱法采用的阴离子淋洗剂有苯甲酸、邻苯二甲酸、均苯三酸、苯磺酸和萘磺酸等。例一是色谱柱固定相为表面烧结薄壳型离子交换剂，离子洗脱剂可以是 1mmol/L 邻苯二甲酸盐（pH 7～10）或 10mmol/L 磺基苯甲酸盐（pH 8）或 10mmol/L 苯均三酸盐（pH 8），间接光度检测的离子很多：F^-、Cl^-、ClO_3^-、Br^-、BrO_3^-、IO_3^-、OCN^-、NO_2^-、NO_3^-、N_3^-、CO_3^{2-}、SO_3^{2-}、SO_4^{2-}、PO_4^{3-}。例二是以 Nucleosil 5 SB 为固定相，0.25mmol/L 苯均三酸盐和 2mmol/L 磺基苯甲酸为洗脱剂，间接光度检测 SO_4^{2-}。间接光度法的应用为 HPLC-光度法开辟了一个新领域，在阴离子分析中应用较多，在阳离子分析中，目前仅限于碱金属、碱土金属及铵离子的测定。

反相离子对色谱法采用苯基键合相固定相，以甲基吡啶鎓和 β-萘磺酸为对离子同时测定无紫外吸收的阴、阳离子（图 8-56～图 8-58），氨基酸（图8-59）和二肽（图 8-60）[54]。

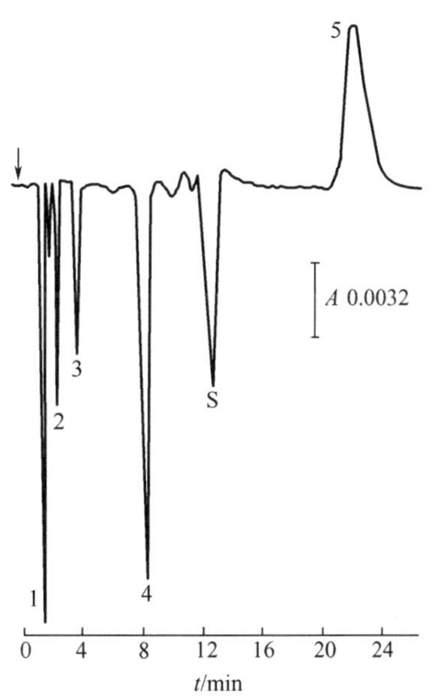

图 8-56 以甲基吡啶鎓为对离子测定羧酸

色谱柱：苯基

流动相：1-苯乙基-2-甲基吡啶鎓，

3×10⁻⁴mol/L 乙酸缓冲液(pH 4.6)

色谱峰：1—乙酸；2—丙酸；3—丁酸；4—戊酸；5—己酸；S—系统峰

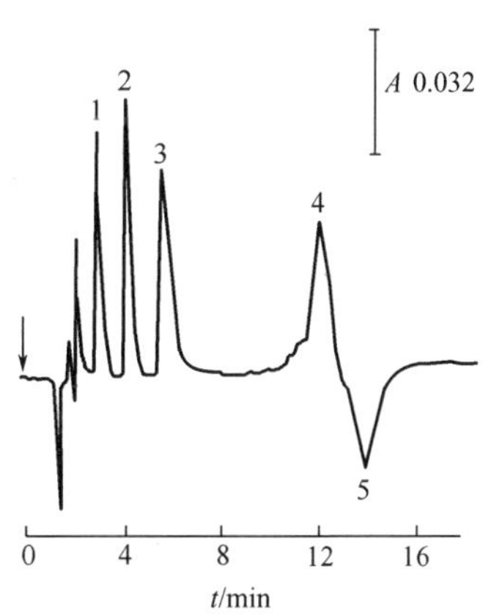

图 8-57 以甲基吡啶鎓为对离子测定季铵离子

条件如图 8-56

色谱峰：1—三甲基苯基铵；2—三甲基苄基铵；3—甲基三丙基铵；4—系统峰；5—四丙基铵

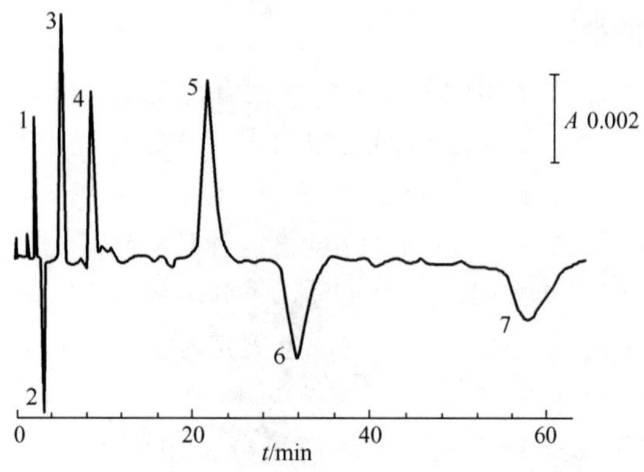

图 8-58 以β-萘磺酸为对离子测定阴、阳离子

色谱柱：苯基

流动相：β-萘磺酸 4×10^{-4}mol/L，0.05mol/L 磷酸

色谱峰：1—丁磺酸；2—戊胺；3—己基磺酸；4—系统峰；5—庚胺；6—辛磺酸；7—辛基硫酸

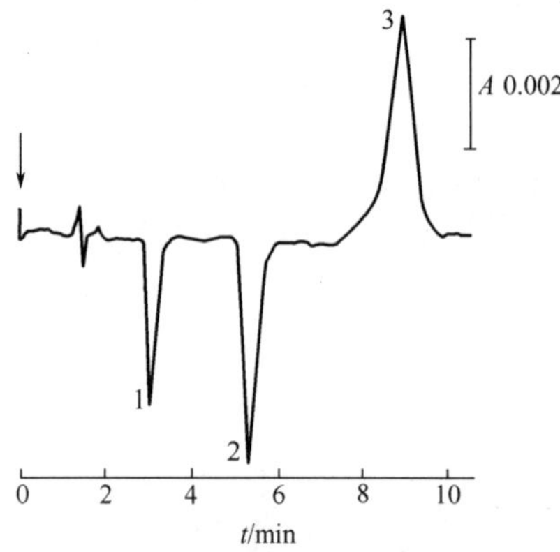

图 8-59 以β-萘磺酸为对离子检测氨基酸

条件同图 8-58

色谱峰：1—乙亮氨酸；2—苯丙氨酸；3—系统峰

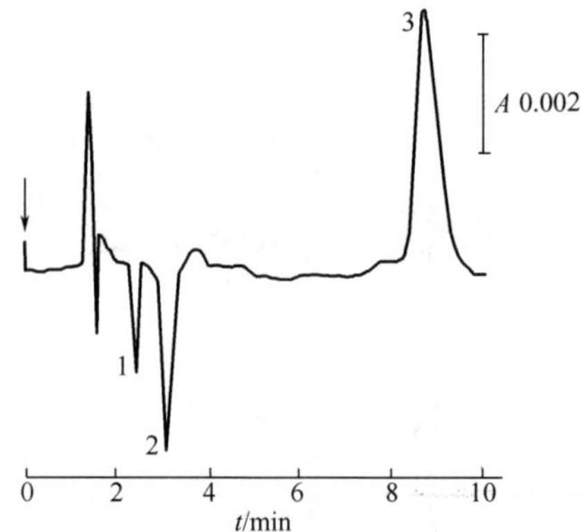

图 8-60 以β-萘磺酸为对离子检测二肽

条件同图 8-58

色谱峰：1—亮氨酰丝氨酸；2—亮氨酰丙氨酸；3—系统峰

（三）金属络离子

具有紫外吸收的铜盐、铈盐及其它各种金属络离子能有效地提高检测灵敏度。

一个很好的例子是铁（1,10-邻菲啰啉）$_3^{2+}$[Fe(phen)$_3^{2+}$]作为紫外探针离子，间接光度测定无机阴离子[55]（图 8-61）。比较了 C_{18} 柱和苯乙烯二乙烯基苯柱（PRP-1）的性能，发现 Fe(phen)$_3^{2+}$ 在 PRP-1 柱上的保留更可逆，而且有 pH 值范围宽、使用寿命长、样品保留时间长的优点，更有利于分离检测。

金属络离子还可以成为间接荧光检测的探针离子。钌（1,10-邻菲啰啉）$_3^{2+}$-[Ru(phen)$_3^{2+}$]和钌（2,2′-二吡啶）$_3^{2+}$-[Ru(bpy)$_3^{2+}$]作为流动相添加剂，在 PRP-1 柱上间接荧光检测阴离子（图 8-62）[56]。其中 F^- 的检测限为 0.8ng [Ru(bpy)$_3^{2+}$ 为对离子]和 0.4ng [Ru(phen)$_3^{2+}$ 为对离子]。

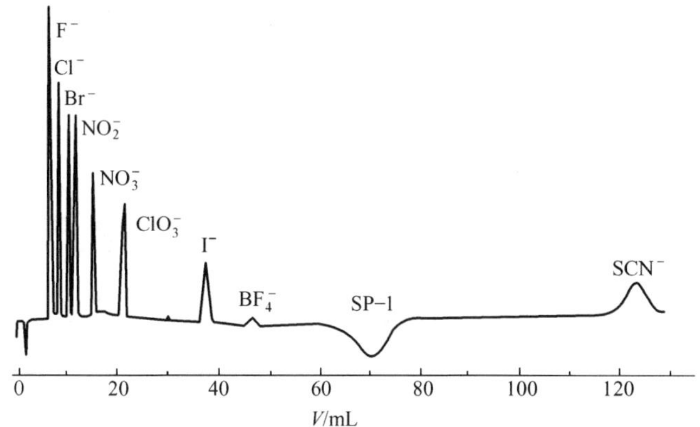

图 8-61　间接光度测定无机阴离子

色谱柱：PRP-1，4.1mm×150mm，10μm

流动相：10^{-4}mol/L [Fe(phen)$_3$](ClO$_4$)$_2$，10^{-4}mol/L 丁二酸，pH 6.1

检测波长：510nm

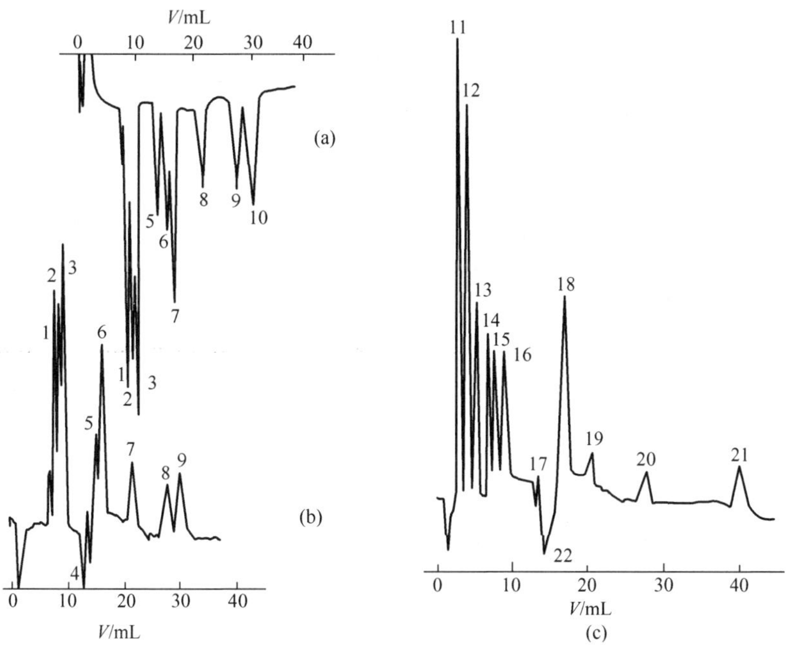

图 8-62　间接光度检测阴离子

(a) UV 检测有机阴离子；(b) 荧光检测有机阴离子；(c) 荧光检测无机阴离子

色谱柱：PRP-1，150mm×4.1mm，10μm

流动相：(a) 和 (b) 为 0.10mmol/L [Ru(phen)$_3$](ClO$_4$)$_2$，0.10mmol/L 琥珀酸 (pH 6.10)；
(c) 为 0.10mmol/L [Ru(phen)$_3$] (ClO$_4$)$_2$、0.10mmol/L 柠檬酸 (pH 7.10)

流速：1mL/min　　　　检测器：IPD，448nm

色谱峰：1—乙二醇酸；2—乙酸；3—乳酸；4—系统峰；5—丙酸；6—乙酰乙酸；7—α-OH-丁酸；8—氯乙酸；9—异丁酸；10—丁酸；11—F⁻；12—Cl⁻；13—NO_2^-；14—HPO_4^{2-}；15—$H_2AsO_4^-$；16—NO_3^-；17—ClO_3^-；18—SO_4^{2-}；19—CrO_4^{2-}；20—I⁻；21—BF_4^-；22—系统峰

HPLC-间接光度检测法仍处于研究发展阶段，新试剂、新色谱分离体系及新测定方法的研究将会进一步改善色谱分离性能、提高检测灵敏度。其中寻找新的光度探针试剂将是间接光度检测技术今后的主要发展方向。

第五节　化学衍生液相色谱法

液相色谱技术的发展要求通用型的高灵敏度检测器。迄今为止，遗憾的是高效液相色谱还没有一个足以与气相色谱氢火焰相比拟的通用型检测器。示差折光检测器虽然是一种通用型检测器，但其灵敏度不佳，而且干扰因素较多。蒸发光散射检测器不适合检测易挥发物质，且易受到流动相中无机盐的干扰。最常用的高灵敏度检测器是紫外吸收检测器和荧光检测器，近年来灵敏的电化学检测器也得到了较快的发展。但它们均属于选择性检测器，只能检测某些结构的化合物。为了扩大高效液相色谱的应用范围，提高检测灵敏度和改善分离效果，采用化学衍生法是一个行之有效的途径。色谱技术中的化学衍生法系指在色谱过程中用特殊的化学试剂（称为衍生试剂），借助于化学反应给样品化合物接上某个特殊基团，使其转变成相应的衍生物之后进行分离检测或直接进行检测的方法。近些年来，化学衍生法在高效液相色谱法中的应用受到重视，发展较快，新的衍生试剂不断出现。

上述利用化学衍生反应达到改变化合物特性，使其更适合于特定的分析过程的方法，在其它仪器分析方法中都有应用，如质谱、核磁共振、紫外可见吸收、荧光和电化学等。在气相色谱中应用化学衍生反应是为了增加样品的挥发性或提高检测灵敏度。液相色谱中的化学衍生法主要有以下几个目的：

① 提高对样品的检测灵敏度；

② 改善样品混合物的分离度；

③ 适合于进一步做结构鉴定，如质谱、红外、核磁共振等。

进行化学衍生反应应该满足如下要求：

① 对反应条件要求不苛刻，且能迅速定量地进行；

② 对某个样品只生成一种衍生物，反应副产物（包括过量的衍生试剂）不应干扰被测样品的分离和检测；

③ 化学衍生试剂方便易得，通用性好。

以是否与 HPLC 系统联机来划分，化学衍生法可分为在线与离线两种。以发生衍生化反应的前后区分，又可分为柱前衍生法与柱后衍生法两种。目前，在 HPLC 中，以离线的柱前衍生法（简称柱前衍生法）与在线的柱后衍生法（简称柱后衍生法）使用居多。柱前衍生法是在色谱分离前，预先将样品制成适当的衍生物，然后进样分离和检测。柱前衍生的优点是衍生试剂、反应条件和反应时间的选择不受色谱系统的限制，衍生产物易进一步纯化，不需要附加的仪器设备。缺点是操作过程较烦琐，容易影响定量的准确性。柱后衍生则是在色谱分离后，于色谱系统中加入衍生试剂及辅助反应液，与色谱流出组分直接在系统中进行反应，然后检测衍生反应的产物。柱后衍生的优点是操作简便，可连续反应以实现自动化分析。缺点是由于在色谱系统中反应，对衍生试剂、反应时间和反应条件均有很多限制，而且还需要附加的仪器设备，如输液泵、混合室和加热器等，还会导致色谱峰展宽。柱前衍生和柱后衍生两者的主要差别在于前者是根据衍生物的性质不同而进行色谱分离的，后者则先分离样品混合物，然后再衍生。究竟选用哪种方式，需视不同情况而定。为保持较高的反应产率和重现性结果，一般要求加过量的衍生试剂，这可能会干扰测定，对采用柱后衍生的方式不利。若对大量样品做常规分析，则柱后衍生更适合于连续的自动化操作。

一、衍生反应

（一）紫外衍生反应

在液相色谱法中，紫外吸收检测器是最常见的一种高灵敏度检测器。但是有很多化合物在紫外可见光谱区没有吸收，而不能被检测。将它们与带有紫外吸收基团的衍生试剂在一定条件下发生反应，由于反应产物带有发色基团而能被检测。现将常用的紫外衍生化试剂及其应用列于表 8-5。

表 8-5 常用的紫外衍生化试剂

化合物类型	衍生化试剂		最大吸收波长 λ_{max}/nm	摩尔吸收系数 ε_{254}
	名称	结构		
RNH_2	2,4-二硝基氟苯	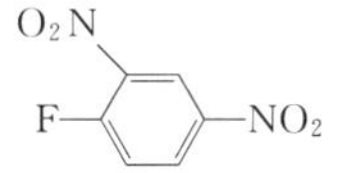 O_2N, F—C₆H₃—NO_2	350	$>10^4$
$RR'NH$	对硝基苯甲酰氯	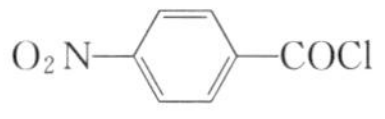 O_2N—C₆H₄—COCl	254	$>10^4$
	对甲基苯磺酰氯	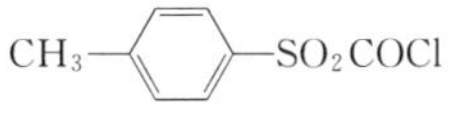 CH_3—C₆H₄—SO_2COCl	224	10^4
RNH_2 及 $RR'NH$	*N*-琥珀酰亚胺-对硝基苯乙酸酯	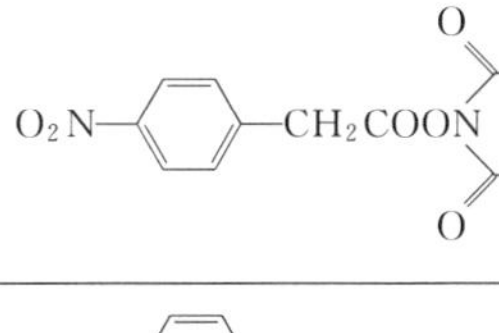 O_2N—C₆H₄—CH_2COON（琥珀酰亚胺，两个 O）		
RCH—NH_2 (COOH)	异硫氰酸苯酯	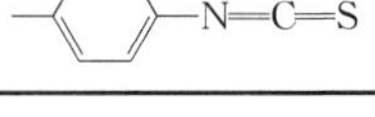 —C₆H₄—N═C═S	244	10^4

续表

化合物类型	衍生化试剂		最大吸收波长 λ_{max}/nm	摩尔吸收系数 ε_{254}
	名　称	结　构		
RCOOH	对硝基苄基溴	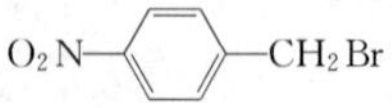 $O_2N-C_6H_4-CH_2Br$	265	6200
	对溴代苯甲酰甲基溴	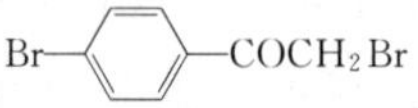 $Br-C_6H_4-COCH_2Br$	260	1.8×10^4
	萘酰甲基溴	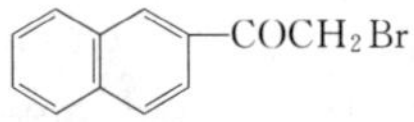 $C_{10}H_7-COCH_2Br$	248	1.2×10^4
	对硝基苄基-*N*，*N* 异丙基异脲	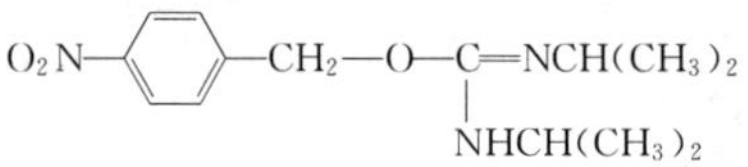 $O_2N-C_6H_4-CH_2-O-C(=NCH(CH_3)_2)-NHCH(CH_3)_2$	265	6200
ROH	3，5-二硝基苯甲酰氯	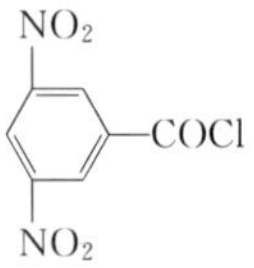 $(NO_2)_2C_6H_3-COCl$		10^4
	对甲氧基苯甲酰氯	 $CH_3O-C_6H_4-COCl$	262	1.6×10^4
RCOR′	2，4-二硝基苯肼	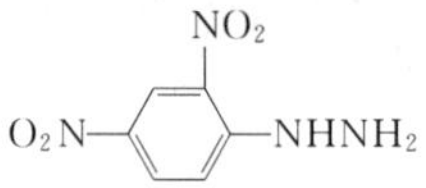 $(O_2N)_2C_6H_3-NHNH_2$	254	
	对硝基苯甲氧胺盐酸盐	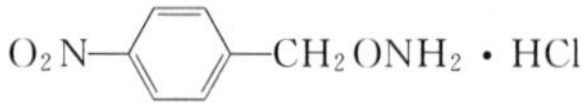 $O_2N-C_6H_4-CH_2ONH_2\cdot HCl$	254	6200

大多数的紫外衍生试剂已用于经典的光度法和定量有机分析法。新的紫外衍生反应和试剂也在不断出现。许多荧光试剂在紫外区都有强吸收，故也可用作紫外衍生试剂。实质上，衍生反应是专门的有机合成反应，要求操作者对反应过程有较深入的了解。首先要保证得到较高的反应产率，其次要求重复性好。另外反应量仅在 mg 级甚至更低的情况下，还需要加入大量的试剂，而过量的试剂和试剂中的杂质又会干扰测定。因此要在色谱进样前，预先将试剂和反应产物进行纯化。溶剂的影响也不容忽视，例如溶剂会影响产率，尤其是极性溶剂和溶质之间有相互作用，溶剂对紫外吸收谱的强度、峰形和最大吸收波长等也有一定影响。

现将各类化合物的紫外衍生化反应介绍如下：

1. 胺类化合物的衍生化

胺的化学性质与其氮原子上有两个未成对的电子有关。胺具有亲核性，易与亲电性的化合物发生反应，即容易与卤代烃、羰基化合物、酰基化合物、酸等发生反应，因此它们常用作胺类化合物的衍生试剂。

(1) 卤代烃衍生化试剂　2,4-二硝基氟苯（FDNB）的对位、邻位上硝基的存在使卤原子更加活泼，容易发生反应。这种试剂主要与仲胺发生衍生化反应，因此常用于仲胺的鉴别。

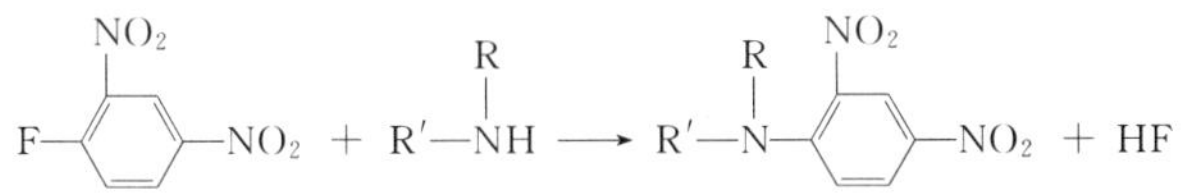

(2) 酰氯类衍生化试剂　苯甲酰氯及其衍生物对硝基苯甲酰氯、3,5-二硝基苯甲酰氯和对甲（氧）基苯甲酰氯可以与胺类、醇类和酚类化合物反应生成强紫外吸收的苯甲酸酯类衍生物。典型的反应如下：

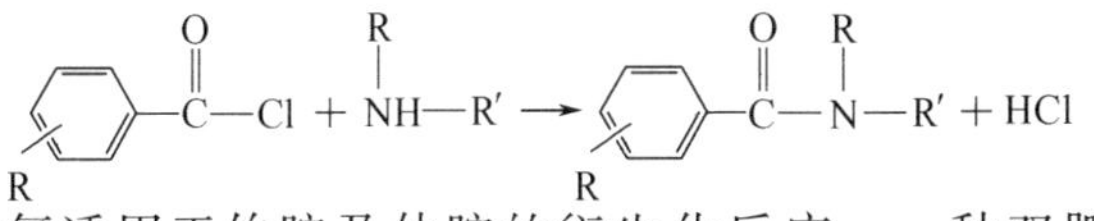

对硝基苯甲酰氯适用于伯胺及仲胺的衍生化反应。一种双胍化合物能同对硝基苯甲酰氯生成适合紫外检测的S-三氮杂苯环衍生物。

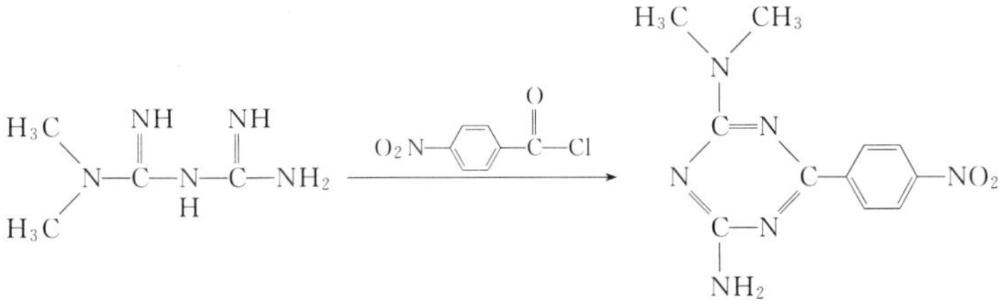

对甲基苯磺酰氯的衍生反应为

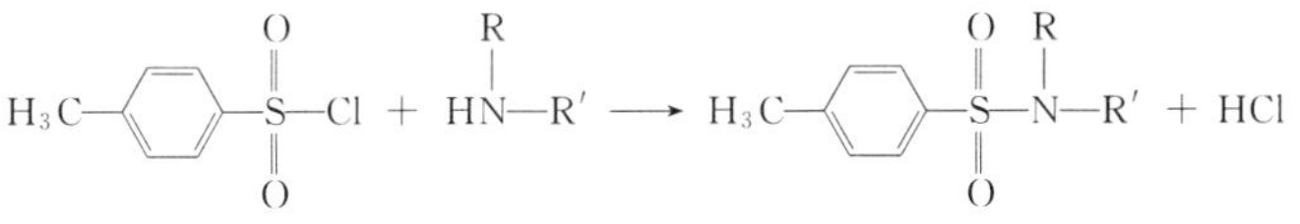

(3) *N*-琥珀酰亚胺对硝基苯乙酸酯　该试剂与仲胺反应生成对硝基苯乙酰胺。

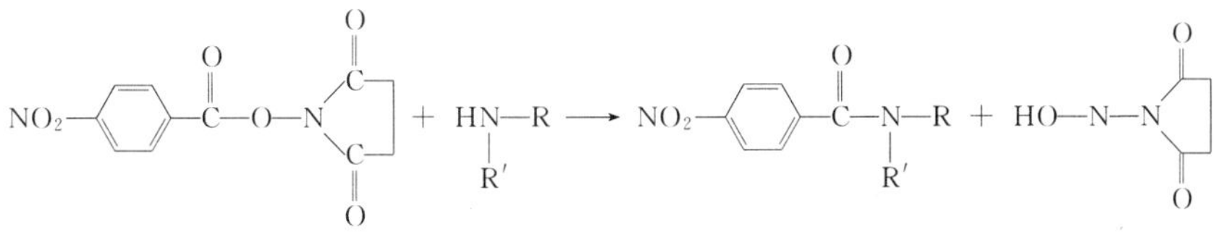

2. α-氨基酸的衍生化

(1) 异硫氰酸苯酯（PITC）　与氨基酸生成苯基乙内酰硫脲衍生物，即PTH氨基酸。PTH氨基酸在酸性条件下是稳定的，故用作蛋白质酸解时测*N*-末端氨基酸，对于多肽的序列测定十分有用。PTH氨基酸可借助吸附或反相分配色谱分离，紫外260nm检测限量可达5×10^{-11}mol。PITC与伯胺或仲胺氨基酸反应，反应方程式如下：

$$\mathrm{H-\overset{R}{C}(NH_2)-COOH} + \mathrm{C_6H_5-N{=}C{=}S} \longrightarrow \mathrm{C_6H_5-NH-C(=S)-NH-CH(R)-COOH} \longrightarrow$$

$$\longrightarrow \text{(苯胺基噻唑啉酮)} \longrightarrow \text{(PTH 氨基酸)}$$

实验操作是将氨基酸溶于含 60%吡啶及适量异硫氰酸苯酯的水溶液中，并在40℃微热 1h，即生成 PTH 氨基酸。然后在反相 ODS 柱上，或正相硅胶柱上分离。因为整个反应过程比较长，用该衍生试剂时，一般都采用柱前衍生的方式。

(2) 茚三酮　茚三酮是最常用的定量测定氨基酸的柱后衍生试剂。经色谱柱分离后的氨基酸在 130℃时与茚三酮反应。伯胺氨基酸的衍生产物在 570nm 处都有最大吸收，所以利用紫外检测。同样也可以检测蛋白质和多肽等化合物。

$$\mathrm{H_2N-CH(R)-COOH} + 2\,\underset{\text{茚三酮}}{\text{(C}_9\text{H}_6\text{O}_4)} \longrightarrow \text{(产物)} + \mathrm{RCHO} + \mathrm{CO_2} + 3\mathrm{H_2O}$$

另外，仲胺氨基酸如脯氨酸及羟基氨基酸生成的衍生产物的最大吸收在 440nm。

3. 羧酸的衍生化

羧酸很容易同酰溴基反应生成酯。衍生试剂有苯甲酰溴、对硝基苯甲酰溴、对氧基苯甲酰溴和对溴苯甲酰溴等。羧酸的衍生化条件与一般酸的酯化有些不同，可以先将欲衍生的酸制成它的钾盐，然后以冠醚为催化剂，钾离子进入冠醚结构内，在冠醚外边的 $RCOO^-$ 基与卤代烃反应，这样形成的酯的产率在 90%以上。酯化反应在极性有机溶剂（乙腈、丙酮或四氢呋喃）中进行，还可加入三乙胺、*N*,*N*-二异丙基胺等催化剂。该衍生化法应用于测定脂肪酸、前列腺素、青霉素和二丙基乙酸等。

$$\mathrm{RCOO^{\ominus}K^{\oplus}} + \text{(18-冠-6)} \longrightarrow \left[\text{(18-冠-6)}\,\mathrm{K^+}\ \ \mathrm{RCCO^{\ominus}}\right] \equiv \mathrm{RCOO^{\ominus}K^{\oplus}}$$

$$\mathrm{RCOO^{\ominus}K^{\oplus}} + \mathrm{C_{10}H_7-\overset{O}{\overset{\|}{C}}CH_2Br} \longrightarrow \mathrm{RCOOCH_2\overset{O}{\overset{\|}{C}}-C_{10}H_7} + \mathrm{K^{\oplus}Br^{\ominus}}$$

$$X\text{-}C_6H_4\text{-}\overset{O}{\overset{\|}{C}}CH_2Br + HO\overset{O}{\overset{\|}{C}}R + R'_3N \longrightarrow X\text{-}C_6H_4\text{-}\overset{O}{\overset{\|}{C}}\text{—}CH_2O\text{—}\overset{O}{\overset{\|}{C}}R + R'_3NH^{\oplus}Br^{\ominus}$$

1-萘重氮甲烷与 C_{10}～C_{18} 脂肪酸和某些极性、非极性胆汁酸反应，衍生物在紫外 250～280nm 范围内检测，可用吸附色谱法分离。

$$C_{10}H_7\text{—}CH{=}\overset{\oplus}{N}{=}\overset{\ominus}{N} + HO\overset{O}{\overset{\|}{C}}\text{—}R \longrightarrow C_{10}H_7\text{—}CH_2\text{—}O\text{—}\overset{O}{\overset{\|}{C}}\text{—}R$$

4. 羟基的衍生化

由于酰氯的化学性质很活泼，容易与亲核试剂发生反应，它不仅是胺类化合物的衍生试剂，同时也是羟基化合物的衍生试剂。常用的衍生试剂有 3,5-二硝基甲酰氯、对甲氧基苯甲酰氯。

$$R\text{-}C_6H_4\text{—}\overset{O}{\overset{\|}{C}}\text{—}Cl + HO\text{—}R \longrightarrow R\text{-}C_6H_4\text{—}\overset{O}{\overset{\|}{C}}\text{—}OR + HCl$$

过量的试剂通过水解很容易除去，反应产物用有机溶剂提取，然后直接进样，吸附或反相分配色谱分析。这些衍生物的紫外吸收值与苯环上的取代基及其所处位置有关。对于多羟基化合物，可接上多个苯甲酸基团，其紫外吸收值的大小正比于衍生反应接上的苯甲酸基团的数目。例如，脱乙酰洋地黄苷 C 可以接上 8 个对硝基苯甲酸基团，紫外吸收值高达 1.2×10^5。

5. 羰基的衍生化

醛类和酮类化合物与 2,4-二硝基苯肼（DNPH）生成苯腙衍生物，反应在弱酸性条件下进行。

$$NO_2\text{-}C_6H_3(NO_2)\text{—}NHNH_2 + R^1\text{—}\overset{O}{\overset{\|}{C}}\text{—}\underset{(H)}{R^2} \longrightarrow NO_2\text{-}C_6H_3(NO_2)\text{—}NH\text{—}N{=}C(R^1)\text{—}R^2(H) + H_2O$$

该反应速度快而且反应完全，灵敏度高。甾酮、酮酸以及其它羰基化合物都可用此法反应。对硝基苄基羟胺（PNBA）与醛类、酮类反应生成紫外吸收的衍生物肟，反应需要碱催化。

$$NO_2\text{-}C_6H_4\text{—}CH_2\text{—}O\text{—}CH_2 + O{=}C(R^1)(R^2) \xrightarrow[40℃]{吡啶} NO_2\text{-}C_6H_4\text{—}CH_2\text{—}O\text{—}N{=}C(R^1)(R^2)$$

上述两类反应正好互相补充，如有的化合物在酸性条件下不稳定，可用 PNBA 反应；反之若在碱性条件下不稳定，则可与 DNPH 反应。例如前列腺素和凝血噁烷先用重氮甲烷处理变成甲酯，再用 PNBA 反应生成对硝基苄基肟，在紫外 254nm 处有强吸收。

6. 金属离子的柱后衍生反应

由于大多数无机金属离子在紫外光谱区吸收弱，且无机离子与电解质缓冲液之间折射率的差异不是很显著，直接光度或示差折光检测法很少用。虽然电化学检测选择性较高，但只适用于个别的无机离子。因此发展起来了柱后衍生-紫外吸收检测法，该法特别适合于高价金属离子-过渡金属离子和镧系金属离子等的检测。

最常用的金属离子衍生试剂是 4-(2-吡啶偶氮）间苯二酚（PAR)，它能与 34 种金属离子起反应。将 1mmol 的 PAR 溶解在 pH 值较高的缓冲溶液中（如 NH_3-NH_4Ac)，PAR 可以与大多数过渡金属离子（包括镧系）形成络合物，在 520nm 处检测。

此外，还有其它一些金属离子的检测：4,5-二羟基-间苯二磺酸衍生测定铝离子；1,5-二苯基碳酰肼衍生测定铬（Ⅵ）离子；钼酸盐衍生测定硅酸盐和磷酸盐等。

（二）荧光衍生反应

在液相色谱法中，荧光检测器是一种高灵敏度、高选择性的检测器，比紫外吸收检测器的灵敏度要高 10～1000 倍，尤其适合于痕量分析。但是液相色谱法中一些重要的分离对象如高级脂肪酸、氨基酸、生物胺、甾体化合物和生物碱等本身不发荧光，主要依靠荧光衍生试剂与这类化合物反应，接上荧光的生色基团达到痕量检测的目的。

表 8-6 列出了一些常用的荧光衍生试剂，能在柱前或柱后进行反应。荧光衍生物的选择性好，它的激发波长和发射波长与衍生试剂不一样，即使有过量的试剂或反应副产物存在于反应液中，也不会产生干扰。反应的衍生物往往不需要预先去除干扰而可以直接进样。表 8-6 为常用的荧光衍生试剂。

表 8-6 常用的荧光衍生试剂

名 称	结 构 式	应 用	激发及发射波长
丹磺酰氯	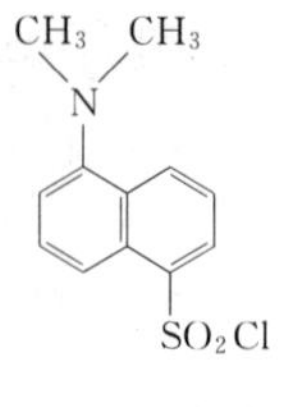 CH_3 CH_3 N（萘环）SO_2Cl	RNH_2 R(R′)NH RCHCOOH R—CH—COOH（NH_2）	激发波长 340nm 发射波长 455nm

续表

名　称	结　构　式	应　用	激发及发射波长
丹磺酰肼	CH_3 CH_3 N SO_2NHNH_2	R(R')C=O RCHO	激发波长 340nm 发射波长 525nm
荧光胺	O= O O O	RNH_2 $RCHCOOH$ (NH_2)	激发波长 340nm 发射波长 525nm
邻苯二甲醛	O=CH CH=O	RNH_2 $RCHCOOH$ (NH_2)	激发波长 340nm 发射波长 455nm
4-溴甲基-7-甲氧基香豆素	O O OCH_3 CH_2Br	RCOOH	激发波长 365nm 发射波长 420nm
芴代甲氧基酰氯	CH_2—O—C(=O)Cl	RCH—COOH (NH_2) R—CH—COOH (—NH)	激发波长 260nm 发射波长 310nm
荧光素异硫氰酸酯	HO O OH COOH N=C=S	RNH_2 $RCHCOOH$ (NH_2)	激发波长 350nm 发射波长 383nm
N-[*p*-(苯-1,3-氧氮杂茂)-苯]马来酰亚胺	N O N O O	RSH	
4-氯-7-硝基苯-氧二氮杂茂	Cl N O N	RNH_2 R(R')NH	激发波长 480nm 发射波长 530nm

1. 丹磺酰氯和丹磺酰肼

丹磺酰氯(DNS-Cl)是一种应用很广的荧光衍生试剂，它可以与氨基酸、胺类和酚类化合物反应生成强荧光衍生物。丹磺酰氯同酚类、胺类分别生成丹酰磺酸酯和丹酰磺酰胺。反应在弱酸性和稍高于室温(30～50℃)条件下进行，5～10倍过量的丹磺酰氯先溶于丙酮-$NaHCO_3$水溶液中，反应过程中经水解产生丹酰磺酸。荧光检测器对于丹磺酰氯和氨基酸的衍生产物的检测限是10pg。丹磺酰氯与氨基酸的反应如下：

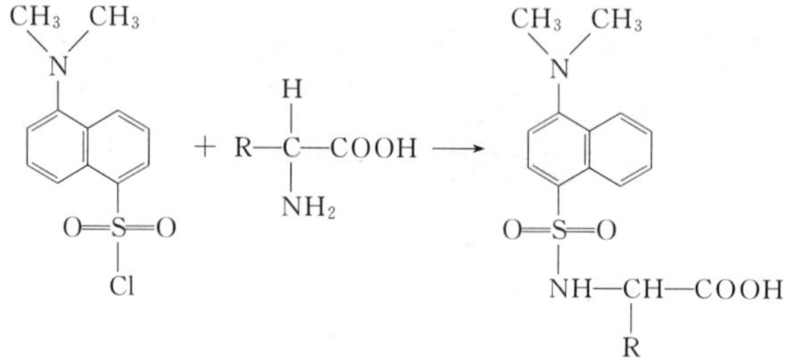

$$\text{DNS-SO}_2\text{Cl} + \text{R—CH(NH}_2\text{)—COOH} \longrightarrow \text{DNS-SO}_2\text{—NH—CH(R)—COOH} + \text{HCl}$$

另外，丹磺酰氯也用于蛋白质及肽的末端基团分析。

丹磺酰肼能够与醛类、酮类化合物反应，包括甾酮、还原糖和蛋白质等，生成丹磺酰腙衍生物。

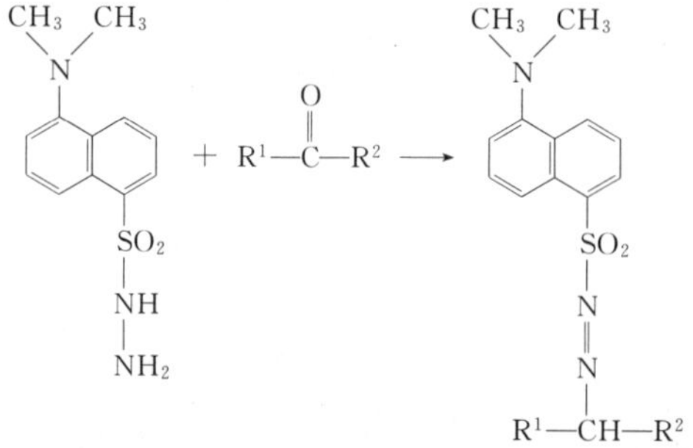

$$\text{DNS-SO}_2\text{—NH—NH}_2 + \text{R}^1\text{—CO—R}^2 \longrightarrow \text{DNS-SO}_2\text{—N=N—CH(R}^1\text{)—R}^2$$

2. 荧光胺

荧光胺只能和伯胺反应，是一种选择性试剂。虽然荧光胺本身没有荧光，但在碱性条件下，它与伯胺及伯胺氨基酸能很快反应形成具有荧光的产物。过剩的试剂在很短时间内就会被分解，不干扰测定，特别适合于柱后衍生系统。荧光强度与反应速率有关，如肽类在pH 7和氨基酸在pH 9时荧光最强。荧光胺和伯胺的反应式是：

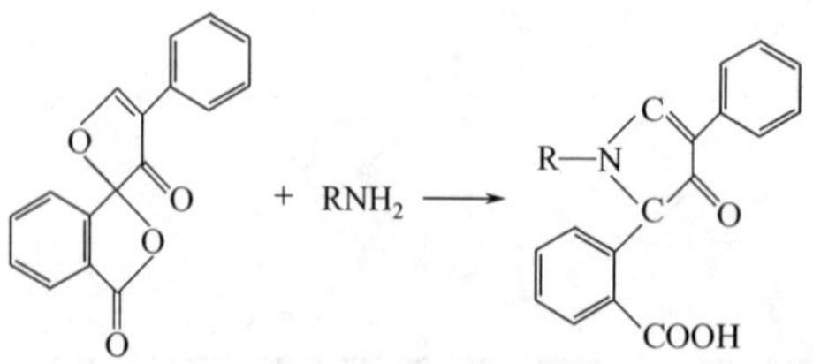

$$\text{荧光胺} + \text{RNH}_2 \longrightarrow \text{产物（R—N 吡咯酮，邻位 COOH 苯基）}$$

3. 邻苯二甲醛

在碱性条件下，邻苯二甲醛（OPA）易与伯胺反应，形成荧光化合物。因为反应速度快，也适合柱后衍生，多用于氨基酸、生物胺和儿茶酚胺的自动分析。

$$C_6H_4(CHO)_2 + RNH_2 + R'\!-\!SH \xrightarrow[1\sim 2\,min]{室温} \text{(1-(S-R')-2-R-isoindole)} + H_2O$$

OPA 与伯胺氨基酸可以柱前衍生或柱后衍生反应，不仅适用于荧光检测（检测限为 $10^{-12}\sim10^{-15}$ mol)，也能用紫外检测（检测限为 5×10^{-12} mol)。OPA 是至今最常用的伯胺氨基酸衍生试剂。

4. 4-溴甲基-7-甲氧基香豆素

4-溴甲基-7-甲氧基香豆素(BrMmC)是一种卤代烃，与羧酸反应生成强荧光的酯。反应在有碳酸钾的丙酮溶液中进行，或以冠醚为相转移催化剂。该反应具有一定的选择性，有机单羧酸、二羧酸和前列腺素都能反应，酚类和胺类不能反应。

$$RCOOH + Br\!-\!CH_2\!-\!\text{(7-}OCH_3\text{-coumarin-4-yl)} \xrightarrow{K_2CO_3} RCOOCH_2\!-\!\text{(7-}OCH_3\text{-coumarin-4-yl)}$$

5. 芴代甲氧基酰氯

芴代甲氧基酰氯(FMOC-Cl)是一种较新的氨基酸衍生试剂，适用于伯胺和仲胺氨基酸的衍生。其氨基酸衍生物具有很稳定的荧光强度，特别适用于柱前衍生。在合成肽的过程中，可用它来保护氨基。由于 FMOC-Cl 本身具有较强的荧光，所以在衍生化反应后必须除去多余的试剂才能进入色谱柱。

$$\text{(fluorenyl)}\!-\!CH_2\!-\!O\!-\!C(=O)\!-\!Cl + R\!-\!CH(NH_2)\!-\!COOH \longrightarrow \text{(fluorenyl)}\!-\!CH_2\!-\!O\!-\!C(=O)\!-\!NH\!-\!CH(R)\!-\!COOH + HCl$$

6. 其它荧光衍生试剂

(1) 荧光素异硫氰酸酯(FITC) 异硫氰酸酯和异氰酸酯同胺类、氨基酸反应，生成带荧光的衍生物。例如异硫氰酸酯 2-(4-异氰酸苯基)-6-甲基苯噻唑能与胺类、氨基酸、酚类和醇类分别生成带取代基的氨基甲酸脲酯或脲的衍生物。

(2) *N*-[*p*-(苯-1,3-氧氮杂茂)苯]马来酰亚胺(BIPM) 具有芳香性的马来酰亚胺环结合—SR 基，消芳香性，而增强了荧光。反应条件为 pH 6.9、0℃，

40min 完成。

（3）4-氯-7-硝基苯-氧二氮杂茂(NBD-Cl) 该试剂只与伯胺、仲胺反应，反应条件与丹磺酰氯相似，需要在弱碱性条件下进行。衍生产物用苯或乙酸乙酯萃取。

（三）电化学衍生反应

电化学衍生法是指样品与某些试剂反应，生成具有电化学活性的衍生物，以便在电化学检测器上有较高的响应。环境介质对电化学反应有很大影响，如离子强度、pH 值和溶剂组成等。介质的电导是重要的，离子强度高于 0.05mol/L 对安培检测有利。pH 值则影响反应的电荷转移，适合色谱分离的流动相组成，却不一定有利于电化学反应的进行。为了不干扰色谱分离，有时可采取柱后调节流动相 pH 值的方法。

1. 氧化衍生试剂

电化学衍生试剂包括两部分：电生色团和反应活性基团。氧化衍生反应时，氧不干扰测定。许多紫外和荧光衍生试剂同样可用于电化学衍生。例如，荧光检测常用的衍生试剂 OPA 与伯胺反应的产物同样可用安培检测器检测。一个典型的例子是柱前衍生、反相梯度淋洗测定氨基酸，在 3μm 粒径的 ODS 柱上，22 种氨基酸在 10min 内分离，检测限为 5×10^{-13} mol[57]。柱前衍生反应是在锥形反应小瓶中加入 20μL 样品和 pH=9.5 的 OPA/硫醇缓冲液 100μL，2min 后进样。以玻璃碳电极为工作电极，相对于 Ag/AgCl 参比电极的电势为 0.70V。该衍生反应可用于测定啤酒和脑髓中的氨基酸。

其它的氧化衍生基团有芳香氨基、苯酚基和邻甲氧基苯酚基等。下式表示的是 α-甲基多巴和 4-乙酰氨基酚的氧化过程。

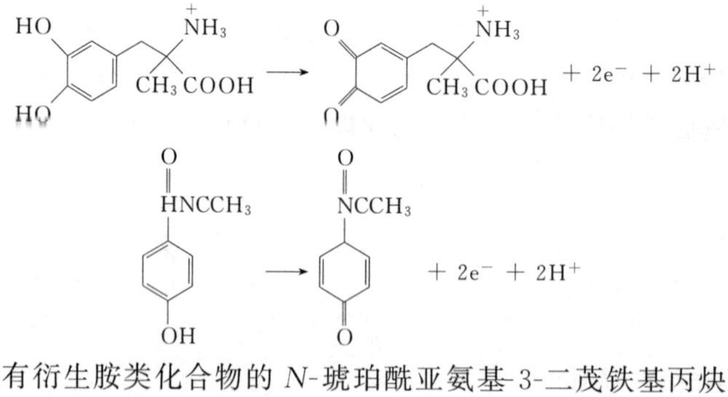

HO, HO, $\overset{+}{N}H_3$, CH_3 COOH $\longrightarrow$ O, O, $\overset{+}{N}H_3$, CH_3 COOH $+ 2e^- + 2H^+$

O‖HNCCH$_3$, OH $\longrightarrow$ O‖NCCH$_3$, O $+ 2e^- + 2H^+$

此外，还有衍生胺类化合物的 *N*-琥珀酰亚氨基-3-二茂铁基丙炔酸，用于衍生醇类化合物的二茂铁基叠氮化合物，而且二茂铁基化合物还能衍生硫醇和羧酸。选用不同的二茂铁基试剂与许多分析物选择性地进行衍生反应得到的衍生物，具有很好的色谱分离特性、相同的电活性基团和较低的半波电位。例如：儿茶酚胺的半波电位为 400mV，其 *N*-琥珀酰亚氨基-3-二茂铁基丙烯酸衍生物的半波电位为 280mV，故该试剂适于生物样品的分析。

异硫氰酸酯类化合物是紫外吸收和荧光检测伯胺、仲胺的衍生试剂。对二甲基氨基异氰酸苯酯作为一种不具有电活性的电活性衍生试剂，能与肝脏匀浆中的苯基羟胺快速反应，产生电活性物质羟基脲。产物容易在碳糊电极被氧化。芳香羟胺的检测限为 5×10^{-9} mol。反应如下：

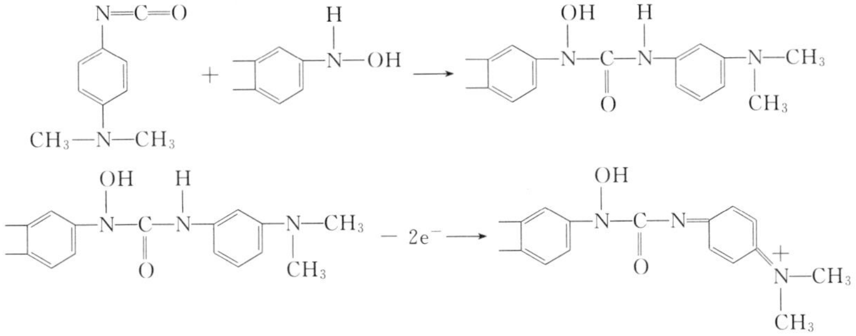

顺丁烯酰亚胺是硫醇类化合物的荧光衍生试剂，而 *N*-(4-苯胺苯基) 顺丁烯酰亚胺可用于电化学衍生半胱氨酸、谷胱甘肽和青霉酰胺。*N*-(4-苯胺苯基) 顺丁烯酰亚胺与硫醇的衍生反应以柱前衍生的方式进行。含 0.033mol/L 磷酸缓冲液 (pH 6.85) 的顺丁烯酰亚胺溶液 (50μg/mL) 与 0.1～0.4μg 的硫醇反应，反应在 273K 下进行 10～90min，剩余试剂用 2mL 二乙基醚萃取。水相在 323K 下保持 2min 后，进样。用反相 C_{18} 柱分离，谷胱甘肽和青霉酰胺衍生物的检测限约为 20pg。

2. 还原衍生试剂

最常用的还原衍生试剂是带硝基的芳香化合物 (表 8-7)，发生的电化学反应如下：

$$R-\phi-NO_2+4H^++4e^-\longrightarrow R-\phi-NHOH+H_2O$$

$$R-\phi-NHOH+2H^++2e^-\longrightarrow R-\phi-NH_2+H_2O$$

(ϕ——芳香基)

表 8-7 电化学还原衍生试剂

试剂	简称	反应物
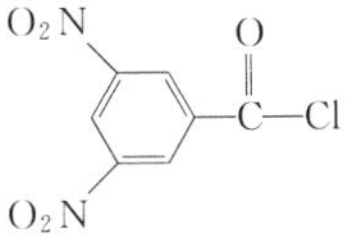 3,5-二硝基苯甲酰氯（结构式）	DNBC	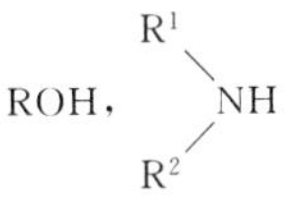 ROH，R^1R^2NH
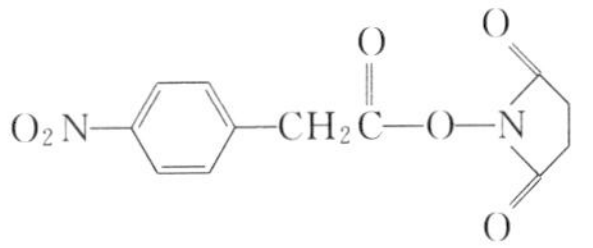 对硝基苯乙酸 N-琥珀酰亚胺酯（结构式）	SNPA	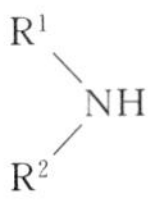 R^1R^2NH

续表

试剂	简称	反应物
2,4-二硝基氟苯（O_2N—$C_6H_3(NO_2)$—F）	DNFB	$RCH(NH_2)COOH$，R^1R^2NH
2,4-二硝基苯磺酸（O_2N—$C_6H_3(NO_2)$—O—SO_2—OH）	DNBS	$RCH(NH_2)COOH$，R^1R^2NH
O_2N—C_6H_4—CH_2O—C(=$NCH(CH_3)_2$)—$NHCH(CH_3)_2$	PNBDI	RCOOH
O_2N—C_6H_4—CH_2Br	PNBB	RCOOH
O_2N—$C_6H_3(NO_2)$—$NHNH_2$	DNPH	R^1—C(=O)—R^2，RCHO

这些带硝基的衍生物能分别与羟基、氨基、羧基和羰基化合物反应生成具有电化学活性的衍生物。尽管这些衍生物都可以用紫外吸收检测器检测，但电化学检测的灵敏度高，选择性更好，为临床、生化、食品等样品的分析提供了新的途径。

许多还原衍生试剂也是从荧光衍生试剂中发展来的，如用于标记羰基的肼类化合物等。2,4-二硝基苯肼可以与醛、酮反应，衍生物的还原电势为－750～－1100mV。一个实际应用例子是柱前衍生人血浆（0.1mL）中的17-酮甾类硫酸酯。首先用乙腈（2mL）萃取分析物，混合物在25℃静置5min，离心5min后，加入内标，然后使混合物挥发。在残余物中加入10μL *p*-硝基苯肼（50μg/μL）和100μL三氯乙酸-苯（30mg/10mL）混合液。60℃加热20min后，衍生物用C_{18}柱分离，以80%甲醇、20%pH＝3.0磷酸缓冲液（0.5%）为流动相，检测限约为80ng/mL。

3. 柱后电化学衍生

三电极安培检测器常使用柱后电化学衍生法。表8-8列出了一些该类检测器的应用实例。

表 8-8　电化学衍生三电极安培检测① 的应用

分析物	基　体	工作电极 1 E/mV	工作电极 2 E/mV
生物胺	尿	+800	−50
酚酸	苏打	+1000	0
4-乙酰氨基酚代谢物	尿	+900	0
维生素 K	肝脏	−1200	+50
二氯酮	脑	−1000	+200
有机锡化合物		−1200	+200
儿茶酚胺		+850	−150
胱氨酸、半胱氨酸		−1100	+50
青霉胺		−1100	+50

① 以 Ag/AgCl 为参比电极。

4. 其它电化学衍生

除了直接检测电化学衍生产物外，还可通过间接方式检测被检测物。例如，与色谱系统在线产生的溴同柱后流出物反应，而剩余的溴由安培检测器检测。该系统可用于酚醚（图 8-63）[58] 和烷基胺的分析。

有些化合物虽然具有电活性，但由于电势高而不能被检测。通过电化学衍生反应可以改变这一情况。例如血浆中胞壁酸的测定。用乙腈将样品中的蛋白质洗脱掉后，胞壁酸在阳离子交换色谱中分离，柱后添加络合物铜-1,10-邻菲啰啉 [$Cu(phen)_2^{2+}$]溶液。该络合物与胞壁酸的衍生产物可以在相对低的电势下氧化检测。反应如下：

$$Cu(phen)_2^{2+} \xrightarrow[\text{pH 11,95℃}]{\text{胞壁酸}} Cu(phen)_2^{+} \xrightarrow[\text{40mV}]{\text{氧化}} Cu(phen)_2^{2+}$$

检测限为 4×10^{-12} mol。采用低电势氧化能得到低背景噪声和电极系统的高稳定性。

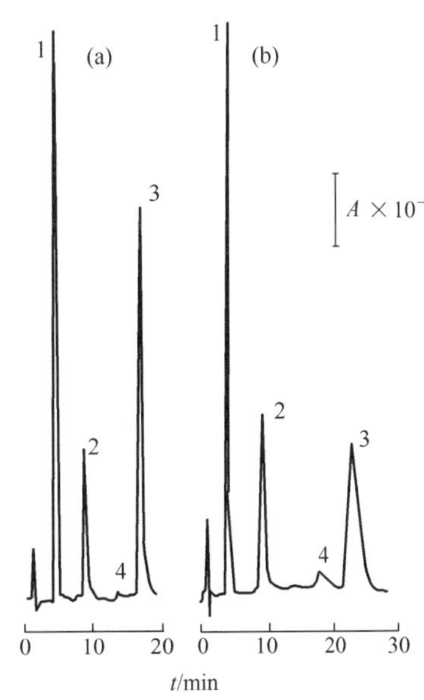

图 8-63　反相色谱分离检测苯酚和二甲氧基苯

(a) 固定相为 RP-8；(b) 固定相为 RP-2
色谱峰：1—苯酚；2—1,2-二甲氧基苯；3—1,4-二甲氧基苯；4—1,3-二甲氧基苯

（四）手性衍生法

本书第七章第二节手性检测器中曾提到，手性化合物的高效液相色谱分析方法主要有三种，其中一种是用手性试剂与外消旋体反应，在分子内导入另一手性中心，柱前衍生反应生成一对非对映异构体，两者之间无镜像关系，物理化学性质不同，可以用常规的色谱分离条件进行分离。选用该法分离通常基于以下原因：

① 不宜直接拆分，如游离胺类在手性固定相上色谱分离效果不显著，生成中性化合物能显著改善；

② 添加某些基团，以增加色谱系统的对映异构选择性；

③ 提高紫外或荧光检测的效果。

一般手性衍生法需要满足以下条件：

① 溶质分子至少有一个官能团供衍生；

② 手性衍生试剂尽可能达到对映体纯，并且没有选择性地与两种溶质对映体反应；

③ 反应条件必须温和、简便、完全，在溶质与衍生试剂间不发生消旋化；

④ 生成的非对映异构体容易被裂解为原来的对映异构体。

此外，衍生试剂的结构特点要利于衍生物非对映体的分离。衍生物非对映体之间的构象差异越大，分离效果越好。这种差异主要取决于：

① 两个手性中心之间的距离（最好为 2～4 个原子）；

② 手性中心附近基团的体积（在手性中心附近多含环状结构）；

③ 极性或可极化基团的存在促使氢键或其它分子内相互作用，稳定了一定的构象。

1. 手性氨基酸类化合物的衍生

色谱分离的许多手性化合物是伯胺和仲胺的氨基衍生物，大多数手性衍生试剂可用于这些化合物的衍生反应（表 8-9）。在这些衍生试剂中，有些是羧酸衍生物，更多的是用酰氯化物、酸酐或活泼的酯衍生物直接将伯胺、仲胺转变成非对映体羧胺或磺胺衍生物。

一个典型的例子是苯异丙胺的手性组成测定。反应式如下：

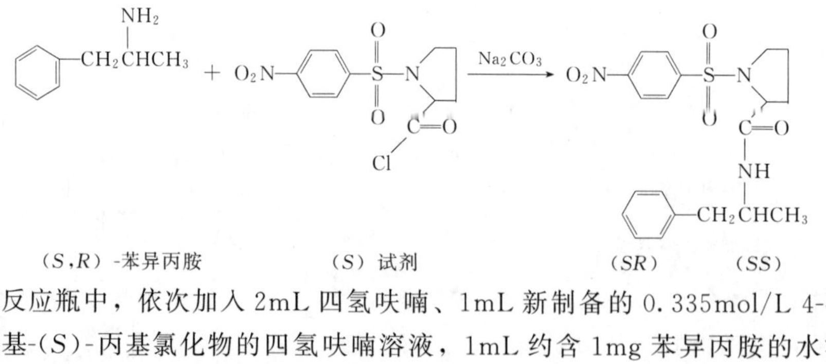

（S,R）-苯异丙胺　（S）试剂　（SR）　（SS）

在反应瓶中，依次加入 2mL 四氢呋喃、1mL 新制备的 0.335mol/L 4-硝基苯基磺酸基-(S)-丙基氯化物的四氢呋喃溶液，1mL 约含 1mg 苯异丙胺的水溶液和 0.07mL 10% Na_2CO_3 水溶液。反应瓶密封后，在 65℃ 反应 1h。剩下的溶液用 10mL 氯仿萃取 3 次，硫酸镁干燥，蒸发溶剂。残余物用 2.5mL 流动相(氯仿：庚

表 8-9　伯胺和仲胺的手性衍生

被分离的化合物	试　剂	固定相	检　测
氨基酸酯	(－)-α-甲氧基-α-甲基-1-萘乙酸	正相	UV(280nm)
α-苯乙胺	O-甲基苯乙酰氯	正相	UV(255nm)
苯异丙胺	1-[(4-硝基苯)磺酰基]-脯氨酰氯	正相或反相	UV（262nm 或 254nm）
胺	(＋)-10-樟脑磺酰基	正相	UV（254nm）
氨基酸	(＋)-10-樟脑磺酰氯和对硝基苯	正相	UV（254nm）
丙醇	叔丁氧羧基-L-亮氨酸和三氟乙酸	反相	荧光（210nm/340nm）
氨基酸	N-羧基-L-苯丙氨酸（或 L-亮氨酸）酐	反相	UV（210nm）
2,5-二甲氧基-4-甲基苯异丙胺	叔丁氧基-L-亮氨酸-N-羟琥珀酰亚胺酯	离子交换或反相	UV（208nm）
氨基酸甲基酯	(－)-1,7-二甲基-7-降冰片基异硫氰酸或（＋）-新薄荷基异硫氰酸	正相	UV（250nm）
β-阻断剂	1-萘乙基异硫氰酸酯	反相	UV（290nm）荧光（285nm/330nm）
氨基酸	N-氟甲氧羧基-L-对异硫氰酸苯丙氨酸甲酯	反相	UV

烷，体积比＝4∶1)溶解，进样 5μL。色谱柱为 LC-Si 柱，紫外 254nm 检测。

异氰酸酯和异硫氰酸酯试剂可与伯胺、仲胺反应生成脲和硫脲衍生物。该试剂与氨基醇类化合物反应只选择性地与氨基反应，下式就是氨基酸与 2,3,4,6-四氧乙酰基-β-D-吡喃葡糖苷基异硫氰酸酯（GITC）试剂的反应：

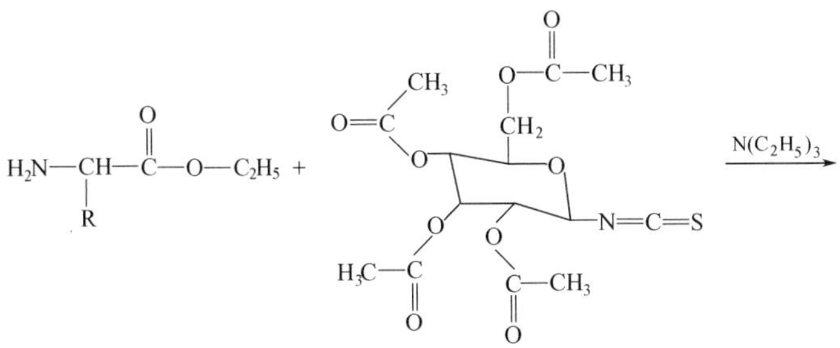

$$H_2N-\underset{R}{\underset{|}{CH}}-\overset{O}{\overset{\|}{C}}-O-C_2H_5 + \text{(GITC)} \xrightarrow{N(C_2H_5)_3}$$

(GITC)

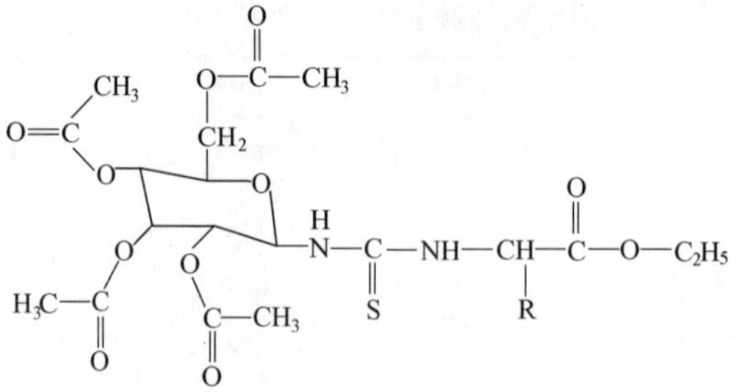

衍生反应相当简单：50μg 氨基酸乙酯溶解在 50μL 含有 0.2%三乙胺的乙腈溶液中，然后加入 50μL 含 0.5%GTIC 的乙腈溶液。反应 1h 后，进样 5μL。色谱柱为 25cm×4.6mm 的 C_{18} 柱，流动相为甲醇-水（体积比＝40：60）溶液，紫外检测在 250nm。

另外一种氨基酸衍生的办法是使用邻苯二甲醛和 *N*-乙酰基-L-半胱氨酸为衍生试剂：

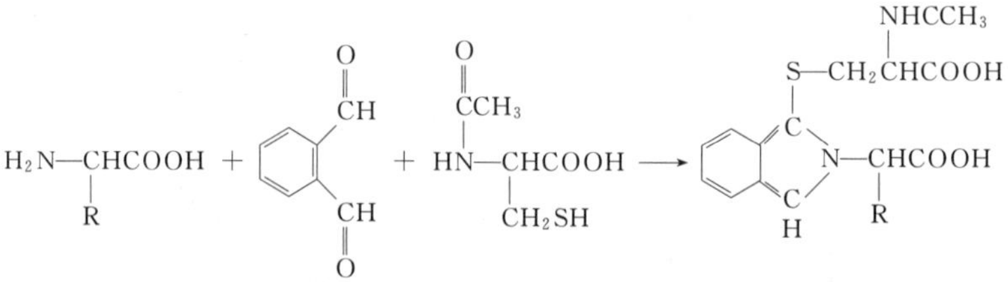

在 10μL 含 0.1%盐酸的氨基酸溶液中，加入 30μL 0.1mol/L 的硼酸钠溶液和 20μL 衍生试剂溶液（8mg 邻苯二甲醛和 20mg*N*-乙酰基-L-半胱氨酸溶解在 1mL 甲醇中）。2min 后，直接进样。荧光检测：激发波长 360nm，发射波长 405nm。检测限低于 ng。色谱图见图 8-64[59]。

2．羟基化合物的衍生

羧酸衍生物作为衍生试剂，手性衍生伯醇和仲醇形成非对映体酯（表 8-10）。其中试剂 1-(1-萘基）乙基异氰酸酯可以同玉米黄质和叶黄素的仲羟基形成非对映体氨基甲酸酯。该试剂也作为一种氨基醇类衍生试剂，只选择性地与氨基反应。

表 8-10　伯醇和仲醇的手性衍生

被分离的化合物	试　剂	固定相	检测
杀鼠灵	苄酯基-L-脯氨酸和双环己基碳化二亚胺和咪唑	正相	UV 254nm
杀鼠灵	1-萘基氯代甲酸	正相	UV 310nm
β-阻断剂	(*R*,*R*)-*O*,*O*-双乙酰基(双苯甲酰基,双对甲苯酰基,双乙基,双苯基)酒石酸酐	反相	UV 254nm
醇	(＋)/(－)-2-甲基-1,1′-双-萘基-2-羧基腈	正相	荧光激发波长:342nm 发射波长:420nm
玉米黄质	(1-萘基)乙基异氰酸酯	正相	UV 443nm

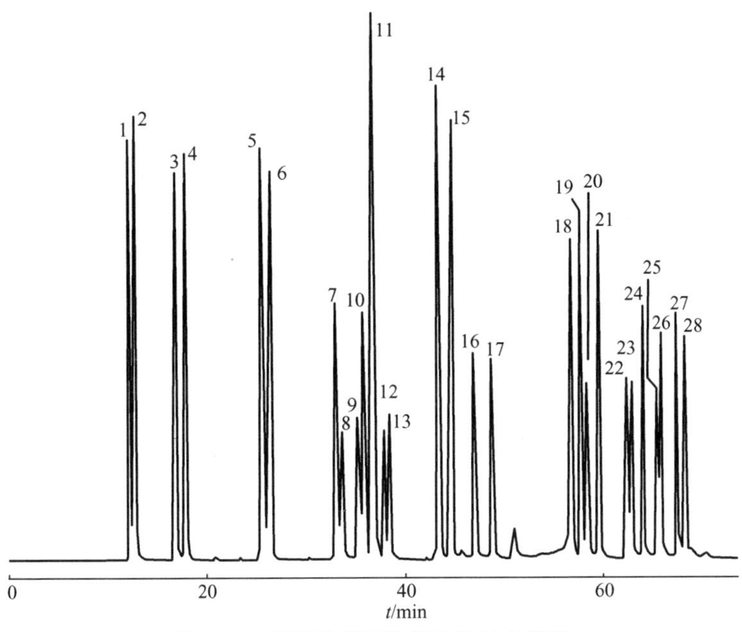

图 8-64 氨基酸对映体衍生物的色谱图

色谱柱：ODS，5μm，20cm×6mm

流动相：A，50mmol/L 乙酸钠；B，甲醇

梯 度：0→16min，0→20%B；16min→22min，20%B；22min→40min，20%B→40%B；40min→46min，40%B；46min→65min，40%B→60%B

色谱峰：1—D-Asp；2—L-Asp；3—L-Glu；4—D-Glu；5—D-Ser；6—L-Ser；7—D-Thr；8—L-His；9—D-His；10—L-Thr；11—Gly；12—L-Arg；13—D-Arg；14—D-Ala；15—L-Ala；16—L-Tyr；17—D-Tyr；18—L-Val；19—D-Met；20—L-Met；21—D-Val；22—D-Phe；23—L-Phe；24—L-ILe；25—D，L-Lys；26—D-ILe；27—D-Leu；28—L-Leu

3. 羧基化合物的衍生

表 8-11 总结了羧基的衍生反应的应用。大多数衍生试剂是手性醇或伯胺，与羧酸反应形成酯或酰胺非对映异构体。反应可以使用偶合试剂（如碳化二亚胺）或催化剂（如冠醚）。也有在反应前，用乙二酰氯或磺氯化物将羧酸转变成活泼的氯衍生物。例如在衍生氟代联苯异丙酸时，用(S)-(—)-1-苯乙胺作为衍生试剂，1,1′-羧基二咪唑（CDI）作为偶合试剂。反应式如下：

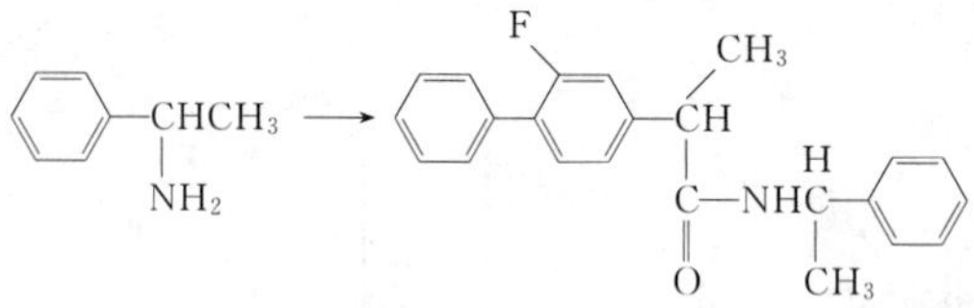

表 8-11 羧基的手性衍生

被分离的化合物	试 剂	固定相	检测
扁桃酸	1,2-二溴辛烷和 18-冠-6	正相	UV 254nm
类异戊二烯酸	*R*-(－)/*S*-(－)-*α*-甲基-对硝基苯胺和草酰氯	正相	UV 254nm
2-[3-(2-氯代苯氧基-苯基)]-丙酸	2-氨基丁醇和草酰氯	正相	UV 254nm
拟除虫菊酯杀虫剂	(－)-1-(1-苯基)乙胺和亚硫酰氯	正相	UV 240nm
N-保护的氨基酸	D-/L-邻-(4-硝基苯基)-酪氨酸甲酯和碳化二亚胺	正相	UV 270nm

二、柱后衍生技术

柱后衍生过程的流程如图 8-65 所示。

柱后衍生最典型的例子是氨基酸分析仪。氨基酸分析仪也是化学反应检测器的典型应用。氨基酸混合物经色谱柱分离后，依次与茚三酮或邻苯二甲醛相遇，在一定条件下发生反应，生成的衍生物用光度法（茚三酮衍生物在 440nm 或 570nm）或者荧光法（邻苯二甲醛衍生物）检测。因为样品混合物是先分离后衍生，便于建立色谱分离条件和实现连续的自动化分析，但流动相作为介质参与反应可能会影响反应产率或检测结果。

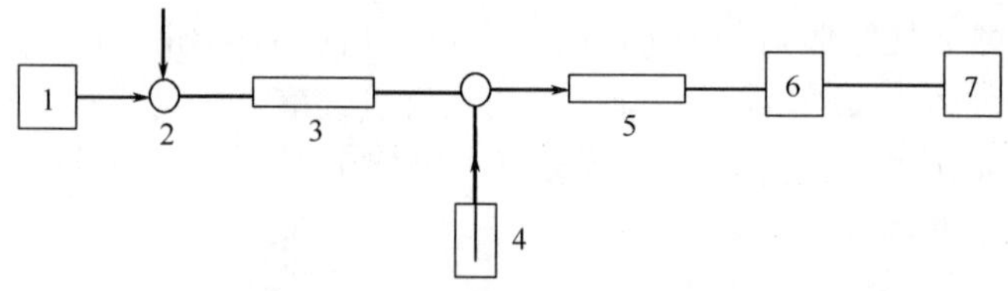

图 8-65 柱后衍生流程图

1—泵；2—进样阀；3—色谱柱；4—衍生化试剂泵；5—反应器；6—检测器；7—记录仪

在柱后衍生过程中要注意流动相组成与反应介质的一致性，特别是当流动相组成为梯度变化时。另外，被测组分从色谱柱出来后到达检测器之间的体积要非常小，否则会引起组分的色谱带变宽。为了保证反应的连续自动化进行，应选择反应速度快的衍生化试剂。

近年来对于柱后衍生用的反应器的设计有许多理论上的研究，提出了多种方案。根据反应速度的快慢设计反应器，归纳起来有三大类。

1. 毛细管式柱后反应器

如图 8-66(a)所示，毛细管内径很小（0.2～0.3mm），减少了色谱峰在反应器中的扩散，适用于反应时间小于 30s 的衍生反应，如荧光胺和邻苯二甲醛等的衍生反应。

这种管式反应器是最简单的反应器，分直管式和螺旋管式两种，材料可以是玻璃、聚四氟乙烯或不锈钢。峰展宽大小与液体流型及反应器的尺寸有关，反应管内径越小，反应液在管内停留时间越短，峰展宽越小。

2. 空气分割式柱后反应器

如图 8-66(b)所示，有的衍生反应时间长，需要使用较长的螺旋管，但会带来严重的峰展宽。空气分割式反应器是在操作过程中，使空气不断地进入系统，由于空气的隔离，流体的流动被分割，减少了液体在流动时的扩散。在进入检测池前，这些气泡被排出。如果衍生化反应时间较长（配位体交换反应等），采用这种螺旋管式空气分割反应器，能抑制峰展宽，效果较为理想。

3. 填充管式反应器

如图 8-66(c)所示，填充管式反应器，又称床式反应器。它类似于短填充柱，里面充满惰性玻璃微球，适用于中等速度的衍生反应（0.5～4min）。由于床式反应器中填充物的存在，峰展宽与填充物粒径、反应器大小、反应速度、压降等因素都有关联。例如，为降低峰展宽而采取的减小填充物粒径，会使压降增大，填充物粒径大小和反应器管长度受到压降的限制。

当然，有的床式反应器中的填充物也参与反应，如催化或固定化酶反应。

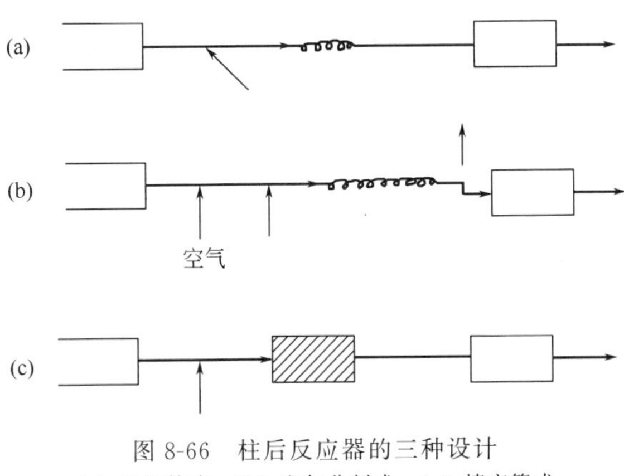

图 8-66　柱后反应器的三种设计

(a) 毛细管式；(b) 空气分割式；(c) 填充管式

三、固定化酶反应器

酶是一种具有特殊的三维空间构象的蛋白质，它能够催化构成生命活动的许多化学反应。在溶液中，酶很易变性或失活，如果将酶固定在热体上，就会大大提高它的稳定性，使以往一次性应用的酶试剂可重复使用而不降低功效。许多对检测器不响应的化合物，通过酶转换后，生成高响应值的化合物。在标记方法中，固定化酶反应器（IMER）引起重视，就是因为它的灵敏度高、选择性好，比较简单。由于酶的专属性，提高了测定复杂体系中痕量化合物的选择性。HPLC-IMER 联用已广泛应用于临床分析，成为人体血清、血浆、尿、脑脊髓液及组织中微量成分分析的有力手段。

（一）固定化方法

酶的固定化可采用物理和化学两种方法，物理方法中酶仅吸附在固体表面，化学方法是在酶与载体之间形成共价键。硅胶、玻璃微球、氧化铝、聚丙烯酰胺、葡聚糖凝胶、琼脂糖凝胶和纤维素都可以用作载体。固定化酶的稳定性与载体、温度、溶剂、pH 值和系统中酶的抑制剂及去活剂有关。多数情况下，酶反应速率是 pH 值的函数。固定化酶反应器与液相色谱联用时要注意除去流动相中的固体微粒、细菌和金属离子，否则酶易失活。

（二）固定化酶反应器在液相色谱中的应用

1. 甾族化合物

用苯基柱分离从血清中萃取出来的各种胆汁酸，柱后流出物与烟酰胺腺嘌呤二核苷酸(NAD)混合，通过 3α-羟基类固醇脱氢酶(3α-HSD)固定化酶反应器，生成 NADH，在 340nm 处测定其紫外吸收，或者采用荧光光度法测定，激发和发射波长分别为 365nm 和 465nm，检测限达 10pmol。利用 NADH 与吩嗪甲氧基硫酸盐的氧化态反应进行电化学检测，比直接氧化检测 NADH 更灵敏，选择性更好。

此外，用硫酸酯酶酶解血清中的雄性激素，HPLC 分离后，3β-HSD 和 17β-HSD固定化酶反应器使 Δ^5-3β-羟基类固酶生成 NADH，荧光检测的检测限为 ng 级。

其它的应用例子有固定化胆固酶氧化酶反应器氧化胆固酶类化合物。使胆甾醇转变为胆甾基-4-烯-3-酮，在 241nm 测定其吸光度，灵敏度高。

2. 乙酰胆碱和胆碱

将含乙酰胆碱和胆碱的组织提取液，用 ODS 柱分离后进入乙酰胆碱酯酶（AchE）和胆碱氧化酶（ChoE）固定化酶反应器：

$$(CH_3)_3\overset{+}{N}CH_2CH_2O\underset{\underset{O}{\|}}{C}CH_3 + H_2O \xrightarrow{AchE} (CH_3)_3\overset{+}{N}CH_2CH_2OH + CH_3COOH$$

$$(CH_3)_3\overset{+}{N}CH_2CH_2OH + O_2 + H^+ \xrightarrow{ChoE} (CH_3)_3\overset{+}{N}CH_2\overset{\overset{O}{\|}}{C}H + H_2O_2$$

再用电化学方法测定 H_2O_2，检测极限达 pmol。类似的例子还有测定血浆和血细胞中的胆碱，脑组织中的乙酰胆碱和胆碱等。

3. 糖类

用 HPLC-UV 检测痕量糖，常常需要通过衍生化来提高响应。采用阳离子交换柱分离，半乳糖氧化酶和过氧化酶固定化检测水苏糖、棉籽糖、蜜二糖和半乳糖，固定酶的载体为亲水乙烯基高聚物珠。此法灵敏度高，对低聚糖专属性好。

用 HPLC 测定亚硫酸盐制浆废液中的糖时，基体组成严重干扰。因此将柱后流出液分成两路检测，两路选择性不同，一个反应器含葡萄糖脱氢酶、半乳糖脱氢酶和旋光酶，另一个反应器除以上三种酶外，还含有木糖异构酶。在线连接安培检测器，检测糖类氧化时生成的 NADH。糖的全部浓度都能检测。

4. 糖苷和糖苷酸

葡萄糖苷酸的分析常要涉及母体化合物与葡糖醛酸之间的键的水解。将葡萄糖苷酸酶固定在多孔玻璃上，经 C_{18} 柱分离后的组分进入酶反应器，可用电化学方法检测水解产物苯酚。

将硫酸酯酶和 β-葡萄糖苷酸酶同时固定在氨丙基-多孔玻璃上，初始药物轭合物经 C_{18} 柱分离后通过 30mm 长的酶反应器。反应产物用电化学检测器检测，从而对药物轭合物进行定性和定量分析。将一些特殊的抑制剂加入流动相中，可对硫酸酯或葡萄糖苷酸轭合物选择性水解。

利用类似的原理，用葡萄糖苷酶反应器检测植物中的氰化糖苷。经 C_8 柱分离的糖苷，在酶作用下生成氰醇，进而分解生成 CN^-。用电化学方法可测定 1pmol 糖苷。

5. 其它

游离脂肪酸的分析在生化和临床研究中越来越重要。利用酰基-辅酶 A 氧化酶和合成酶固定反应器，以甲醇-磷酸盐缓冲液为流动相，C_8 柱分离 C_6～C_{17} 的脂肪酸，可以实现对痕量脂肪酸的分析。

侧链 α-酮酸含量增高与代谢紊乱有关。血清样品在去蛋白和过滤后，经 C_{18} 柱分离，采用铵盐和 NADH 的缓冲液为流动相，亮氨酸脱氢酶反应器，根据荧光强度的降低可检测侧链 α-酮酸含量。类似地，经过 C_{18} 柱分离后的侧链氨基酸与 NAD^+ 混合，进入上述反应器，生成的 NADH 用荧光检测器检测，可测定血清中的游离侧链氨基酸。

固定化酶反应器作为一种固相化学反应检测器，已经有了许多重要的应用，仍在不断发展中。

参考文献

[1] Walters S M, et al. J Chromatogr, 1984, 317: 533.
[2] Gross G A Grüter A. J Chromatogr, 1992, 592: 271.
[3] Hisanobu Yoshida, et al. J Chromatogr, 1982, 240: 493-496.
[4] Schmidt G J, Scott R P W. Analyst, 1985, 110: 757.
[5] Berthod A, et al. Anal Sci, 1987, 3: 405-411.
[6] Delorme N. Radiochimica Acta, 1991, 51/52: 105-110.
[7] Howard D D, Joseph W. Anal Chim Acta, 1984, 166: 163-170.
[8] Cui H, Horiuchi K, Dutta P, et al. Anal Chem, 2005, 77: 1303-1309.
[9] Huang X Y, Ren J C. Trac-Trend Anal Chem, 2006, 25: 155-166.
[10] Wu C C, Wu R G, Huang J G, et al. Anal Chem, 2003, 75: 947-952.
[11] He X W, Chen Q S, Zhang Y D, et al. Trac-Trend Anal Chem, 2014, 53: 84-97.
[12] Chen Q, Wu J, Zhang Y, et al. Anal Chem, 2012, 84: 1695-1701.
[13] Gustafsson M, Hirschberg D, Palmberg C, et al. Anal Chem, 2004, 76, 345-350.
[14] 范学海．生物技术通报，2014(6)：62-66.
[15] Snyder D T, Pulliam C J, Ouyang Z, et al. Anal Chem, 2015, 88: 2-29.
[16] 周浩林．仪表技术，2014，4：1-6.
[17] Xu W, Manicke N E, Cooks G R, et al. Jala, 2010, 15: 433-439.
[18] 韩文念，徐国宾，高艳艳，等．质谱学报，2007，28：242-252.
[19] Li L F, Chen T C, Ren Y, et al. Anal Chem, 2014, 86: 2909-2916.
[20] He M Y, Xue Z H, Zhang Y N, et al. Anal Chem, 2015, 87: 2236-2241.
[21] Yang M, Kim T Y, Hwang H C, et al. J Am Soc Mass Spectrom, 2008, 19: 1442-1448.
[22] 林森，等．实用傅里叶变换红外光谱学．北京：中国环境科学出版社，1991.
[23] Smith S L, et al. Appl Spectrosc, 1983, 7: 192.
[24] Hellgeth J W, Tayeor L T. Anal Chem, 1987, 59: 295.
[25] 翟纯．波谱学杂志，1996，13(4)：403-409.
[26] Momplaisir G M, Lei T, Marshall W D. Anal Chem, 1994, 66: 3533.
[27] Balcaen L, Anal Chim Acta, 2015, 894, 7-19.
[28] 郑令娜. 化学进展，2010，22(11)：2199-2206.
[29] Kretschy D, Koellensperger G, Hann S. Anal Chim Acta, 2012, 750: 98-110.
[30] Guo Y. J Anal At Spectrom, 2009, 24(9): 1184-1187.
[31] Vickrey Thomas M. Liquid Chromatography Detectors. New York: Marcel Dekker Inc, 1983.
[32] Zolotov Y A, et al. Analyst, 1989, 114: 1337-1339.
[33] Cabalín L M, et al. Anal Chim Acta, 1996, 318: 203-210.
[34] 甘宾宾，蔡卓，蒋世琼，等．中国卫生检验杂志，2008，18：955-957.
[35] 罗强，刘文涵，张清义. 浙江工业大学学报，2001，29(4)：374-377.
[36] Zhang Y, Huang X, Xie Y, et al. J Med Plants Res, 2011, 5(10): 1955-1961.
[37] 胡海燕，朱馨乐，胡昊，等．中国兽药杂志，2010，44：48-50.
[38] 曹磊，赵洁丽．环境科学与管理，2009，34：124-127.
[39] Gouveia F S, Nording M L. Anal Chem, 2014, 86: 1186-1195.
[40] Kolniak Ostek J, Oszmiański J. Int J Mass Spectrom, 2015, 392: 154-163.

[41] Kientz Ch E. J Chromatogr，1991，550：461-494.
[42] Krejci M，et al. J Chromatogr，1981，218：167.
[43] Gluckman J C，Novotny M. J Chromatogr，1985，333：291.
[44] Gluckman J C，et al. J Chromatogr，1986，367：35.
[45] Karnicky J F，et al. Anal Chem，1987，59：327.
[46] Driscoll J N，et al. J Chromatogr，1984，302：43-50.
[47] M de Wit J S，Jorgenson J W. J Chromatogr，1987，411：201.
[48] Maris F A. Chromatographia，1986，22：235.
[49] Mishalanie E A，Birks J W. Anal Chem，1986，58：918.
[50] 达世禄．色谱学导论．武汉：武汉大学出版社，1999.
[51] 陈洪，达世禄，吴采樱．色谱，1989，7(1)：10-14.
[52] Barber W E，et al. J Chromatogr，1984，301：25.
[53] Maiti B，et al. Analyst，1989，114：731-733.
[54] Denkert M，et al. J Chromatogr，1981，218：31-43.
[55] Pantelis G R，Donald J P. Anal Chem，1988，60：454-459.
[56] Pantelis G R，Donald J P. Anal Chem，1988，60：1650-1654.
[57] Allison L A，Mayer G S，Shoup R E. Anal Chem，1984，56：1089.
[58] Kok W Th，Brinkman U A Th，Frei R W. Anal Chim Acta，1984，162：19.
[59] Nimura N，Kinoshita T. J Chromatogr，1986，352：161.

符 号 表

A	吸光度；电极表面面积
a	吸光系数
AAS	原子吸收光谱（仪）
AES	原子发射光谱（仪）
b	光程
c	浓度
$c_{\min}$	最小检测浓度
CCD	电荷耦合阵列检测器
CD	圆二色检测器
CL	化学发光
CLD	化学发光检测器
D	检测限；扩散系数
DAD	光电二极管阵列检测器
E	电位
ECD	电化学检测器；（气相色谱用）电子捕获检测器
ELSD	蒸发光散射检测器
E_{m}	荧光发射波长
ESR	电子自旋共振光谱（仪）
E_{x}	荧光激发波长
F	流量；荧光强度；法拉第常数
FID	火焰离子化检测器
FL	荧光
FLD	荧光检测器
FPD	火焰光度检测器
FTIR	傅里叶变换红外光谱（仪）
G	电导
HPLC	高效液相色谱仪
h	峰高
I	光强度，透射光强度 i 电流
I_0	入射光强度
ICP	电感耦合等离子体光谱（仪）
l	检测池长
LALLS	小角度激光散射仪
LC	液相色谱
LIF	激光诱导荧光检测器
MALLS	多角度激光散射仪
M	高聚物分子量
$m_{\min}$	最小检测量
MOR	磁旋光检测器
MS	质谱（仪）
m	质量
N_{D}	（检测器）噪声
NMR	核磁共振
n	折射率
n_0	溶剂的折射率
n_{i}	溶质的折射率
OMA	多通道分析仪
PAD	光声检测器
PCD	光电导检测器
PDA	光电二极管阵列检测器
PID	光离子化检测器
PTD	光热偏转检测器
p	压力
Q	量子效率
R	响应信号；电阻
R_{c}	热透镜信号
R_{θ}	瑞利比
RI	示差折光检测器
RIFS	满标量程折光值
S	灵敏度
SERS	表面增强拉曼光谱（仪）
TID	热离子化检测器；热镜
UV	紫外吸收检测器（光谱）

UV-Vis	紫外-可见光检测器（光谱）	$[\theta]$	摩尔椭圆度
V	（洗脱）体积	η	黏度
$W_{1/2}$	半高峰宽，半峰宽	η_r	相对黏度
w	质量分数	λ	波长
θ	散射角，入射角	δ	扩散层厚度
θ'	折射角	ε	吸光系数